以 知 为 力　识 见 乃 远

THE
KING'S HARVEST

惟王受年

从农业起源到秦帝国的中国政治生态学

A Political Ecology of China from the First Farmers to the First Empire

BRIAN LANDER

[加] 兰德 著　　王泽、杨姚瑶 译

中国出版集团 东方出版中心

图书在版编目（CIP）数据

惟王受年：从农业起源到秦帝国的中国政治生态学 /
（加）兰德（Brian Lander）著；王泽，杨姚瑶译. —
上海：东方出版中心，2023.8（2024.4重印）
ISBN 978-7-5473-2234-5

Ⅰ.①惟… Ⅱ.①兰… ②王… ③杨… Ⅲ.①环境-
历史-中国-古代 Ⅳ.①X-092

中国国家版本馆CIP数据核字（2023）第125229号

上海市版权局著作权合同登记：图字09-2023-0159号

Copyright © 2021 by Yale University
Originally published by Yale University Press

审图号：GS（2023）1610号
本书中所使用的地图由中华地图学社提供

惟王受年：从农业起源到秦帝国的中国政治生态学

著　　者　[加] 兰德（Brian Lander）
译　　者　王　泽　杨姚瑶
责任编辑　朱宝元
封扉设计　安克晨

出 版 人　陈义望
出版发行　东方出版中心
地　　址　上海市仙霞路345号
邮政编码　200336
电　　话　021-62417400
印 刷 者　山东韵杰文化科技有限公司

开　　本　890mm×1240mm　1/32
印　　张　14.125
字　　数　326千字
版　　次　2023年8月第1版
印　　次　2024年4月第2次印刷
定　　价　98.00元

献给我的父母，并纪念柳伊（Elizabeth）

载芟载柞，其耕泽泽。

千耦其耘，徂隰徂畛。

侯主侯伯，侯亚侯旅，侯强侯以。

有嗿其馌，思媚其妇，有依其士。

有略其耜，俶载南亩。

播厥百谷，实函斯活。

驿驿其达，有厌其杰。

厌厌其苗，绵绵其麃。

载获济济，有实其积，万亿及秭。

为酒为醴，烝畀祖妣，以洽百礼。

有飶其香，邦家之光。

有椒其馨，胡考之宁。

匪且有且，匪今斯今，振古如兹。

——《诗经》中的祭祀诗，约公元前9世纪*

* 本书引语是《诗经》第290篇《载芟》。这首诗历来被视作是周王室的颂诗，不过中国北方众多贵族世家的世系都可以追溯到久远的周王，并可能在他们自己的宗庙里唱过这首诗。参见程俊英、蒋见元著：《诗经注析》，北京：中华书局，1991年，第980页；James Legge 理雅各, *The Book of Poetry* (Taipei: SMC, 1991), 600; Arthur Waley, *The Book of Songs: Translated from the Chinese* (Boston and New York: Houghton Mifflin, 1937), 162; Bernhard Karlgren 高本汉, *The Book of Odes* (Stockholm: Museum of Far Eastern Antiquities, 1950), 250; Bernhard Karlgren, *Glosses on the Book of Odes* (Stockholm: Museum of Far Eastern Antiquities, 1964), 163〔［瑞］高本汉著，董同龢译：《高本汉诗经注释》，上海：中西书局，2012年］; Martin Kern, "Bronze Inscriptions, the *Shijing* and the *Shangshu*: The Evolution of the Ancestral Sacrifice during the Western Zhou," in *Early Chinese Religion: Shang Through Han* (*1250 BC – 220 AD*), edited by John Lagerwey and Marc Kalinowsky (Leiden, Netherlands: Brill, 2009); Mark Edward Lewis, *The Construction of Space in Early China* (Albany: State University of New York Press, 2006), 80。

中文版序

　　中文里有一个人们耳熟能详的词——"走马观花"，字面意思是"骑在疾驰的马上看花"，也有"概览一份详实的记述""忙于生计以致忽略了让生活更有意义的小美好"等诸多词义。我读到兰德的这本优秀的新著时，这些词义都跃入了脑海。《惟王受年：从农业起源到秦帝国的中国政治生态学》(*The King's Harvest: A Political Ecology of China from the First Farmers to the First Empire*) 这本书，一方面是对中国西北部陕西省关中地区环境史的详实记述，另一方面则是赫然在目地提醒，这里的现代生活已经离地里长出的鲜花百草诸物很遥远了，这里曾经是中国大部分文明的中心地带，是周秦汉唐的都城。古人是骑在马背上观花，今人则是飞在 12 000 米的高空上，高到看不见花，也看不见地面上的绝大多数自然景物。就算是在地面上旅行，我们也是坐在密闭的火车车厢里，以每小时 300 公里的速度疾驶（至少在中国是如此）。车厢前头的电视屏幕里倒偶尔能看到花，但是谁知道旅游视频里的花闻起来是什么味道呢？

　　这让我想起了 30 年前骑行关中的几次难忘经历。我当时在准备西周（前 1046—前 771）文化的研究，有必要实地踏察西周的京畿。1992年夏，相随友人罗泰（Lothar von Falkenhausen）、李永迪，自西安出发，前往周原和周公庙，去往周人的故乡。我们在咸阳渡过渭河，再沿河谷西上，经过武功县，北转扶风县。到了周原后，我在工作中的发掘区漫步了一整天，对周原遗址的规模（仅15平方公里）、对周原考古工作者所面临的挑战和机遇都有了基本认识。我们继续骑行到了周公庙，不过来得早了，这里的考古发掘十余年后才会开始，而当时印象最深刻的是晚上宿在当地寺庙时被跳蚤咬了。第二年9月，我和另一位朋友普鸣（Michael Puett）一起从西安转向东骑行，想要一路骑到东周都城，今天的河南省洛阳市。不过我们没走多远，起码没在自行车上骑出多远。刚到临潼时，也就是周幽王丧生于骊山脚下、西周至此告终之处，普鸣声称他感到身体不适。于是，我们的自行车之旅也在骊山脚下告终了。我们把自行车装在高速大巴上，坐车继续往东到了华阴，即西岳华山之北。普鸣在当地一家宾馆休息，我趁那段时间去爬了华山。

两趟旅行走得都不远，往东、往西加起来也才一百多公里，但实地经历对我来说是至关重要的，我亲身感受到周原台地高亢于西安西北的渭河滩地，感受到华山与秦岭山脉横隔关中之东南、卫护关中于其内。骑行穿过夏秋时节收获累累的田地，也让我对关中地区的精耕细作留下了难忘的印象，料想西周时期的农业也应如此。

我自顾自地在兰德教授《惟王受年》的序言里作自传般的忆旧，是想说明：我在关中两次骑行数日之所见，比起兰德徜徉自然之所得可要差远了，他先是在加拿大的育空地区待过，后来又在中国旅居了五年。兰德将新兴的环境史领域与传统政治史研究的精髓相结合，细心关注考古学材料，为我们带来了一部长时段（longue durée）的关中历史。多数研究关注的是该地的人众和行政机构，偶尔涉及某几项养活大量人口的水利工程；而兰德关注的是自然环境，以及自然环境如何被人类改造并最终被人类重塑。

兰德首先介绍了关中地区的原始生活环境，始自公元前4500年左右的新石器时代的仰韶文化，那时的人们刚开始在小型社群中生活。书中对渭河流域的姜寨村做了详尽的描述，指出时人可利用的丰富自然资源：各种各样的野生动物，犀牛、原始牛、熊和鹿，以及多种小型猫科动物和黄鼠狼等几十个物种，这些动物提供了肉食和毛皮；水生动物，如鱼、蛙、蟾蜍、乌龟，还有蝾螈、螺和蚌类，这些动物都是当时食谱中的一部分；还有大量的鸟类，如麻雀、燕子、喜鹊、乌鸦。这儿还有丰富的野生水果、坚果树，以及各类可食用、药用或用作轻便衣料的植物。正如兰德所言，"这个地方之后的居民会眼馋姜寨人丰富的食谱"。

随后，兰德回顾了接下来近四千年里不断扩张的农业和行政管控的发展历程。其中的各个节点，首先是公元前2000年左右新石器时代即将结束之时，然后是公元前500年左右孔子的时代，一直到公元前207年秦朝覆亡。在公元前2000年，人们依旧生活在小村庄里，但他们此时主要食用驯化植物，尤其是各种黍类；牛、羊自中亚传入，与最早驯化的猪和狗相伴。虽然一部分人积累起了财富，但相对而言，绝大多数人都比新石器时代早期的姜寨先民生活得更贫乏，至少在营养方面是如此。考古学证据表明，过度依赖黍类为食会导致龋齿，而单一栽培也增加了因气候或疫病而导致的作物歉收的风险。

贫富分化和生业难题促使地方强豪统治下的城郭兴起，最终发展为君王乃至皇帝统治的大型领土国家。越来越多的物种被引入关中的生活环境，包括同样来自中亚的马——统治者控制了马匹，高高凌驾于平民之上。人民为换取安全保障而向这些统治者交税，但具有讽刺意味的是，这些税收主要用于供养日益庞大的军队，以此扩大国家的规模，从而进一步扩大纳税人群。上述步骤成了秦国的国策，兰德对此有十分细致的研究，书中不仅讨论了一般称为秦朝的十四年（前221—前207）间的历史，还包括了此前秦国从一个地方小势力发展为古代世界首屈一指的大国的六百年开拓史。秦国的崛起，不单是靠攻伐同时代的其他诸侯国，而且是从渭河流域向外扩张到南部的深山密林和北部的干旱平原，及至秦帝国建立，自然生活环境已经发生了变化。秦国以弓弩刀剑尽灭诸国，却是靠犁的革新和大规模灌溉工程才使边缘的林地和草原皆可耕作，甚至使远在北方的盐碱地也变得多产。

这些变化的背后都有高昂的代价。兰德将《孟子》中的牛山故事置于篇首：

> 牛山之木尝美矣，以其郊于大国也，斧斤伐之，可以为美乎？是其日夜之所息，雨露之所润，非无萌蘖之生焉，牛羊又从而牧之，是以若彼濯濯也。人见其濯濯也，以为未尝有材焉，此岂山之性也哉？

孟子（约前372—前289）时代千年之后，唐代大诗人杜甫（712—770）写下《春望》一诗。这首诗是杜甫的名作之一，作于安史之乱后的伤怀之时，但却有着乐观的首联第一句——"国破山河在"。30年前的自行车之旅，使我看到山河确乎如旧，但已不尽如人意。1992年，我第一次去西安，到后第一天早晨，醒来看到伦敦一般的雾霾时，还觉得有些好看。等到1993年底离开时，我就不再这么想了，断断续续在西安住了几个月，只见过一两次太阳。曾经生长于此的野生动物，在那时要么是被猎杀殆尽，要么是因栖息地被破坏而离散消亡。曾经盛产各种鱼类的江河溪流，已被化学品和化肥染黑了。兰德说道，据他所见，该地区古时已有的动物仅有会飞的鸟类至今仍保持着一定的数量。

兰德的《惟王受年》讲述了一个关于关中地区的新故事。它曾经是君王之所获，但现在是凡人之所获。牛山之木不可复生，但通过《惟王受年》这样的书，我们知道了历史上的得与失，我们至少可以理解一些"山之性"。明白了山之性，至少能理解一点人之性。

夏含夷（Edward L. Shaughnessy）
2022年6月

目　录

1

致　谢

从安大略省的乡村走上中国古代史研究，这是一条漫长而曲折的路，我能一路走来，离不开家人、朋友和政府的支持与帮助。我有幸在一个富裕且相对"社会主义"的国家长大，大学只收取象征性的学费，使我能够接受文科教育，这种教育对许多人来说已经变得遥不可及。我在奥斯古德（Osgoode）镇中学第一次接触到环境问题和东亚历史，在维多利亚大学洛恩·哈蒙德（Lorne Hammond）教授的环境史课上找到了自己的志业，并在此受到了格雷格·布鲁（Greg Blue）教授学识的启发。在香港大学，陈汉生（Chad Hansen）教授鼓励我学习中文，慈继伟教授扩展了我的思想观念。我的研究方法在很大程度上得益于在荷兰奈梅亨拉德堡德大学（Radboud University）的一个学期里对欧洲学术的接触，我在那里从哈勃·兹瓦特（Hub Zwart）和彼得·莱文斯（Pieter Lemmens）身上，并从第一届欧洲环境史会议中学到了很多。在克卢恩国家公园担任加拿大公园管理局讲解员的两个夏天，给我上了一堂精彩的自然历史速成课。

在华东师范大学的一年里，我开始认真学习中文。随后，在麦吉尔大学方丽特（Griet Vankeerbergen）教授和叶山（Robin

Yates）教授的教导下，得到了关于早期中国研究的非常好的入门。之后，我在兰州大学待了一年，从吴景山教授那里了解到中国悠久的历史地理学传统，并准备了后来成为本书的研究计划。感谢刘莉教授和孙周勇研究员的帮助，他们让我有机会参加陕西省考古研究院对秦王陵的发掘；感谢丁岩研究员和全体工作人员。

我很荣幸能在哥伦比亚大学东亚语言与文化系跟随李峰教授攻读博士学位。李峰先生对早期中国有着很深的了解，对学生也很热情，他是理想的博士生导师，也是一直支持学生的良师。我尤其有幸能在归城勘探调查期间向李峰和梁中和教授学习考古学，这是一次美好的体验。韩明士（Robert Hymes）教授和曾小萍（Madeleine Zelin）教授教了我中国历史和历史研究方法的许多知识。我还从中国研究的同学身上学到了许多，包括史蒂芬·博杨顿（Stephen Boyanton）、凯文·巴克鲁（Kevin Buckelew）、赵家华（Glenda Chao）、陈恺俊、戴安德（Anatoli Detwyler）、妮娜·达西（Nina Duthie）、郭旭光（Arunabh Ghosh）、罗娓娓、吴敏娜、格雷格·帕特森（Greg Paterson）、何汉平（Ho Han-Peng）、侯昱文（Nick Vogt）、王紫（Chelsea Wang）和王思翔。我也从同学马硕（Maxim Korolkov）的著作中学到了很多关于秦史的知识。创新理论和经验学跨学科中心的比尔·麦卡利斯特（Bill McAllister）等研究员使我在哥伦比亚大学的最后一年变得丰富多彩。我的论文指导委员会〔韩明士、李峰、罗德里克·坎贝尔（Roderick Campbell）、郭珏、叶山〕提出了许多有价值的建议。我尤其想感谢叶山先生在过去十五年里对我的鼓励和指导。

在武汉大学简帛研究中心的一年，我获得了不可或缺的训练。

感谢陈伟先生等人的招待和照顾。在与曹方向、窦磊、何有祖、黄杰、鲁家亮、罗小华、郑威、田成方的交流中，我获益良多。感谢夏含夷（Edward L. Shaughnessy）教授在古文字暑期研讨会上介绍我进入武汉大学。我在盖尔·赫穆拉（Gail Chmura）、多萝西·佩蒂特（Dorothy Peteet）、沃利·布洛克（Wally Broecker）的课程中学习了古生态学和气候学；也要感谢汤姆·麦戈文（Tom McGovern）教授让我在纽约市立大学参加他的课程，并感谢他和班大为（David Pankenier）教授的田野指导。加里·克劳福德（Gary Crawford）教授和善地让我在他位于多伦多大学的实验室待了一个月，为我介绍植物考古学的理论和方法。

在陕西师范大学学习期间，郭妍利对我多有帮助，我很感谢她和历史系的各位同学，他们让我保持了积极的思考。我从黄春长教授和他的实验室的学生（包括郭永强和刘涛）那里学到了很多。我还要感谢张莉教授和陕西师范大学西北历史环境与经济社会发展研究院邀请我去汇报研究成果。关于其他的研究帮助，我要感谢梁云、王志友、秦建明、胡松梅，尤其感谢焦南峰先生把我引介给上述诸位老师。还要感谢焦南峰、孙周勇和陕西省考古研究院为我提供了本书中的一些图片并允许我使用。需要补充的是，在中国生活和旅行的五年中，我遇到了许多热情而又体贴的人，我对中国的了解大多来自与中国各地人们的日常交流。

在哈佛大学环境中心担任两年的博士后研究员，使我有时间和资源来扩充研究，并促使我更努力地思考已有研究与现实问题的相关性。尤其要感谢丹·史拉格（Dan Schrag）、吉姆·克莱姆（Jim Clem）等研究员，以及我的主持教授傅罗文（Rowan Flad），他把我介绍给我最好的合作者博凯龄（Kate Brunson）。我也从森林史合作研究者约翰·李（John Lee）、孟一衡（Ian M. Miller）和布拉德·戴维斯（Brad Davis）那里学到了很多。到了布朗大学，历史系和环境与社会研究所的同事让我有家的感觉，为我提供了一个理想的研究环境，并在一些困难时期给予我莫大的支持。感谢包筠雅（Cynthia Brokaw）、乔纳森·柯南特（Jonathan Conant）、南希·雅各布斯（Nancy Jacobs）、张倩雯（Rebecca Nedostup）、埃米莉·欧文斯（Emily Owens）、卢卡斯·里佩尔（Lukas Rieppel）、涩泽尚子（Naoko Shibusawa）和克里·史密斯（Kerry Smith）。尤其要感谢罗伯特·赛尔夫（Robert Self）和蒂蒙斯·罗伯茨（Timmons Roberts）的慷慨和指导。罗伯特·赛尔夫热情地组织了一个书稿讨论会，他、秦大伦（Tamara Chin）、芭丝谢芭·德穆思（Bathsheba Demuth）、傅罗文、葛拉罕·奥利佛（Graham Oliver）、濮德培（Peter Perdue）和张玲阅读了我的书稿并提供了大量意见。他们的阅读与建议是我的荣幸，都在帮助我把这部作品变得更完善。我的学生们也促使我思考本书中涉及的许多问题。

本书的研究让我意识到自己的求学得到了国家的大力支持。中国和加拿大政府资助了我在中国的三年学习：我在兰州和武汉的几年都是由中加学者交换项目（Canada-China Scholar's Exchange Program）资助的，而我在上海的语言学习是由维多利亚大学—华东师范大学学生交流项目资助的。我在荷兰的一学期是由加拿大和欧盟资助的海岸调查交流项目（Coastal Inquiries Exchange Project）的一部分。此外，我学习和工作过的美国私立大学都得到了大量的政府支持。

　　我要感谢多年来所有阅读我的文稿并提出意见的老师、朋友和同事，他们还有沈柯寒（Graham Chamness）、约翰·切瑞（John Cherry）、斯图尔特·科尔（Stewart Cole）、加里·克劳福德、马德莱娜·德罗安（Madelaine Drohan）、本杰明·海因（Benjamin Hein）、哈克（Yizchak Jaffe）、苏米特·古哈（Sumit Guha）、鲁惟一（Michael Loewe）、大卫·洛德（David Lord）、马立博（Robert Marks）、孟一衡、泰特·波莱特（Tate Paulette）、帕克·范·沃尔肯堡（Parker Van Valkenburgh）、罗泰（Lothar von Falkenhausen）和唐纳德·沃斯特（Donald Worster）。同时，也对被我遗漏的人和建议表示歉意。感谢剑桥大学出版社的两位匿名审稿人、耶鲁大学出版社的一位匿名审稿人和马瑞诗（Ruth Mostern）提出的非常有益的建议。耶鲁大学出版社的编辑琼·汤姆森·布莱克（Jean Thomson Black）在出版过程中为我提供了专业指导。我还要感谢伊丽莎白·西尔维亚（Elizabeth Sylvia）、玛丽莲·马丁（Marilyn Martin）和玛丽·帕斯蒂（Mary Pasti）。感谢林恩·卡尔森（Lynn Carlson）制作了许多地图。

　　深深感谢家人的鼓励，包括我的岳父、岳母和我的姐妹们。如果没有父母对我漫长的求学生涯的耐心支持，本书不可能完成。他们对园艺的热爱播种下了我对农业的兴趣，他们对旅行的热情引领我来到中国。我想把这本书献给我的父母和我的爱人柳伊（Elizabeth Lord）。我与她相遇时，正初次提出本书的构想，到如今书中每一部分都有她的帮助。就在我完成本书的时候，柳伊因癌症离世，虽然她很遗憾没能看到这本书的面世，但它是我们十五年的幸福和爱情的见证。

年　表

关中新石器时代

老官台	约 6000—5000
仰韶	约 5000—3000
龙山	约 3000—1800

青铜时代

二里岗	约 1550—1300
商	约 1250—1046
周	1046—256
西周	1046—771
东周	771—256*
春秋	771—476
战国	476—221

周代诸侯国

晋	约 1040—403
韩	403—230*

魏	403—225*
赵	403—222*
鲁	约 1040—256
齐	约 1040—221*
燕	约 1040—222*
楚	约 1000—223*
秦	约 900—207
郑	806—375
蜀	？—316*

注：所有年份均为公元前（BCE），星号（＊）表示为秦所灭之国及灭国之年。［编者注：书中公元纪年换算与中文学界换算微有差异，今据英文原著。］

导　论

　　21岁那年的夏天，我是在加拿大育空地区克朗代克河畔的一个绿色小帐篷里度过的。一个世纪的淘金热已经摧毁了克朗代克河谷，但育空仍是一片荒野，面积跟四川省差不多，仅有3万人，驼鹿的数量是人的两倍。那个夏天让我隐约感到人仅仅是万类之一，而不是主导者。8月，在北方短夏的尾巴，我飞到了香港。我现在还记得香港人口密度给我带来的震惊——九龙地区每平方公里有差不多3万人。我简直惊呆了，虽然很喜欢这座城市，但还是觉得它是一个满目疮痍的地方。那年，我在中国各地旅行，看到人类破坏了次大陆大部分地区的自然生态系统，这种印象就更为深刻了。就连松鼠也从大多数地方消失，只能在山里生存。

　　那年，我在香港大学学习早期中国哲学，被孟子的一段话触动了：

　　　　牛山之木尝美矣，以其郊于大国也，斧斤伐之，可以为美

乎？是其日夜之所息，雨露之所润，非无萌蘖之生焉，牛羊又
从而牧之，是以若彼濯濯也。人见其濯濯也，以为未尝有材
焉，此岂山之性也哉？

（牛山的树木曾经是很茂盛的，因为它长在大都市的郊外，
老用斧子去砍伐，还能够茂盛吗？当然，它日日夜夜在生长
着，雨水露珠在润泽着，不是没有新条嫩芽生长出来，但紧跟
着就放羊牧牛，所以变成那样光秃秃了。大家看见那光秃秃的
样子，便以为这山不曾有过大树木，这难道是山的本性吗？）

孟子以此喻指人性，此言也深刻反映了人们看待环境的方式。但
我当时还没有把它想得这么深。我只是惊讶地发现，长久以来，
人们一直在改变环境。而我原以为环境问题只是现代现象。我
开始好奇，在人类主导自然环境之前，中国的自然生态系统是
什么样子的？我去图书馆查阅，逐渐发现没人写过我想要的英
文著作。[1]

本书是我思考这些问题的结果，但它与我当时探寻的议题有
很大不同。那时，我把"环境"（the environment）当作人类社
会之外的一切事物，比如说北美洲无人的国家公园。像北美洲的

---

[1] 所引《孟子》原文和白话文翻译，参见杨伯峻译注：《孟子译注·告子章句上》，北
京：中华书局，1960年，第263页。英译参见 James Legge, *The Works of Mencius*
6A (Taipei: SMC, 1991), 407; D. C. Lau, *Mencius: A Bilingual Edition* (Hong
Kong: The Chinese University of Hong Kong Press, 2003), 250 – 51. 很久以后，
我读到了段义孚（Yi-fu Tuan）1969年出版的 *China: The World's Landscapes* (Chicago:
Aldine, 1969)〔[美] 段义孚著，赵世玲译：《神州：历史眼光下的中国地理》，北
京：北京大学出版社，2019年〕一书。该书实际上已讨论了人类对中国环境的
影响。

许多人一样，我把人类历史当作一种向自然推进、把自然地区开发为城镇和农田的过程，一种从自然到文明的简单过渡。回到加拿大后，我接触到环境史这一领域，才意识到我被自然与人类社会的二分法深深误导了。我决定将环境史的方法应用于中国古代史研究。在通读传世文献时——学好中文前读的是译本——我发现很少有明确讨论环境变化的内容。幸运的是，考古学和古生态学领域提供了大量的相关材料。中国近几十年的基建热潮给了考古学家大展宏图的机会，他们发掘出了源源不断的新材料，小至种子、骨头，大至道路、城址。新发现中最令人震惊的，应当是巨量的竹木简牍文献，其中许多是早期中华帝国——秦汉时代——的律令和日常行政文书。这些文献中包含了丰富的关于环境问题的信息，这使我逐渐体悟到国家本身就是环境变化的推动者。[2]

本书将政治体制的比较研究与环境史的方法相结合，以此考察早期中国国家形成的生态学。它追溯了中华文明的中心地带——黄河流域中部——从农业起源一直到第一个帝国灭亡的发展过程。本书聚焦于陕西省的关中盆地（地图1）。在中国之外，该地以西安市和守卫秦始皇陵的兵马俑而闻名于世。在东亚，该区域作为周、秦、汉、唐这些中国历史上最伟大帝国的首都而赫赫有名，

2　William Cronon，"The Trouble with Wilderness; or, Getting Back to the Wrong Nature," in *Uncommon Ground: Toward Reinventing Nature*（New York：W. W. Norton，1996），69–90。有关环境史领域的详细综述，参见Radkau, *Nature and Power*〔〔德〕约阿希姆·拉德卡著，王国豫、付天海译：《自然与权力：世界环境史》，保定：河北大学出版社，2004年〕。

3　其历史重要性近于西方历史中的罗马。关中盆地位于中国主要农业区的最西北，这片广袤的耕地平原拥有绝佳的自然屏障，使之成为对外军事征服的最佳根据地。因此，关中盆地屡屡成为帝国的首都。黄河流域是研究早期国家的理想着眼点，因为它是地球上少数几个农业和国家共同进化的地方之一。正如本书将要表明的，政治组织的建立需要重构自然和社会，以便为国家提供资源和劳动力。反过来，政治制度一旦建立，就会成为环境变化的巨大动力。人类成为东亚的优势物种，原因之一就是他们的政治制度在扩大并维持农业方面非常成功。[3]

　　在大多数语言中，中国之名源于"Qin"（秦），比如英文的"China"。名之源与实之源是非常相称的，因为秦朝建立的帝国制度为目前谓之中国的政治实体助益极多。当然，秦朝先进的官僚制度是漫长历史发展的结晶。这个迈向中国的政治实体，其起源可以追溯到大约4 000年前黄河流域中部的城郭，由此产生了商、周、秦、汉的国家谱系。中国境内的其他地方，也有同样先进的新石器社会，但把这些考古学文化称作"中国"并不合时宜，因为它们对中国政治与文化传统的初步形成贡献甚微。这些地区后来被征服和垦殖，成为"中国"。中华文化的形成，始终是一个征服者与被征服者融合的过程，但长远来看，帝国的中心往往占据上风。从环境角度来看，这些帝国有着扩大农业的根本动机，并

3　"重构自然"（reorganization of nature）一词源自Donald Worster, *The Wealth of Nature: Environmental History and the Ecological Imagination*（New York: Oxford University Press, 1993）, 57。

在东亚环境的驯化中发挥了关键作用。[4]

　　本书讨论了从大约一万年前农业起源到公元前207年秦帝国灭亡的政治权力生态学。在中国，学界会觉得这是一个非常宏阔的题目。可由于北美人对中国历史知之甚少，他们会将其视为一个很专业的论题。我写这本书的最大目的，是让专业以外的西方人也能关注中国古代环境史的重要性。为了鸟瞰这段时间发生的变化，我们可以设想在四个不同的时期中普通人的生活。我们将看到农业系统如何与时俱进，最终变得足够多产，足以产出大量且稳定的粮食盈余。政治机构逐渐兴起，用粮食盈余来养活非农业人口，如基础设施建设者或军事人员。政治机构因时扩张，控驭了更多的土地和人口。到了本书末尾的公元前3世纪，国家已经发展到足以动员几千万人的资源。国家驭使广土众民改变了生态系统，这是人类仍处于各个分散的小群体时难以企及的伟力。

6

　　我们的第一站是位于今天西安附近的姜寨村，遗址年代约为公元前4500年，考古学家称之为"仰韶文化"。那时，姜寨村坐落在林草混交生态系统上，其间零星地点缀着灌木丛和落叶阔叶树。秦岭高耸于南面。这个村庄有几百人，他们住在用篱笆架和草拌泥建成的房屋里，所有房屋围绕中央广场围成一圈。狗和猪

4　春秋战国的五百年里，秦是距内亚最近的汉语国家。秦亡后，陕西人也长期被称为"秦人"。因此，"Qin"（秦）在内亚语言里指"China"（中国），继而传遍亚欧大陆。Endymion Wilkinson, *Chinese History: A New Manual* (Cambridge, MA: Harvard University Asia Center, 2013), sec. 12.2〔〔英〕魏根深著，侯旭东等译：《中国历史研究手册》，北京：北京大学出版社，2016年，12.2"中国"和"中国人"〕；Paul Pelliot伯希和, *Notes on Marco Polo* (Paris: Adrien-Maisonneuve, 1959), 1: 268–78。纳入考虑的其他区域性新石器时代文化，如石峁文化、红山文化、石家河文化、良渚文化；当然还不止这些。

206

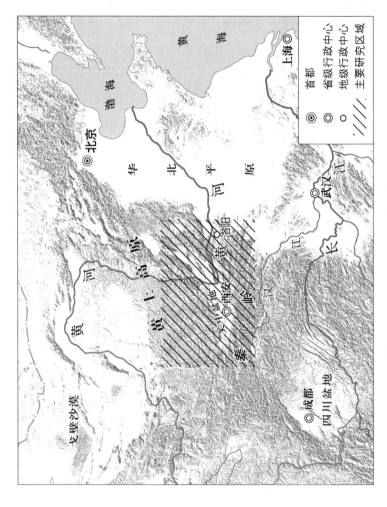

地图 1：黄河流域与长江流域（矩形部分表示研究区域）。

6

是当时仅有的驯化动物，自由放养着。这里聚落分布稀疏，又栖息着老虎、野水牛等危险动物，这也许是村庄被壕沟包围的原因之一。每年，人们都会焚烧聚落周边部分土地上的树木、杂草来种植黍类（millets），[5] 形成吸引鹿的错落有致的植被，如此更易狩猎。姜寨居民还捕捉其他野生动物，猎得兽肉和赖以为衣的毛皮。他们也能把麻或其他植物的纤维织成布。他们还能捕鱼、龟等水产，采集各种各样的野生植物，作为食物、药物或衣料。夏秋两季，姜寨人会收集野果和坚果，吃完后扔在聚落旁的种子，经常会长成树。这个地方之后的居民会眼馋姜寨人丰富的食谱。[6]

第 2 章的主题是华北农业系统的长期发展。几千年来，人们学会了驯化与种植越来越多的动植物。新物种的驯化，增强了人类改变环境的能力，而人类也不断培育优种、发展技术。农业还使得人口增加，自然生态系统愈发被人类的农田、果园和牧场所取代。科技的进步帮助学者认识当时人们的食谱和改造环境的手段。土壤研究有助于了解不断变化的气候。花粉化石使我们了解了区域的植被。烧过的种子、宏体化石揭示了当时人们种植的作物及其中杂草的生长情况。动物骨骼告诉我们先民饲养或狩猎的动物种类。人骨骼的稳定同位素让我们知道先民所食，人骨骼还提供了他们的健康状况。古 DNA 分析使我们能够追溯人类种群和驯化

5　英文里 "millets" 意为小米（*Setaria italica*）、黍（*Panicum miliaceum*）和其他几种谷物。我们这里用 "黍" 翻译 "millets"。

6　Christian E. Peterson and Gideon Shelach, "Jiangzhai: Social and Economic Organization of a Middle Neolithic Chinese Village," *Journal of Anthropological Archaeology* 31, no. 3（2012）: 265 – 301.

7　物种的谱系。上述领域的研究显示，姜寨以及其他仰韶文化遗址的人，都是从繁多的野生物种与栽培物种中获得食物与生活资料。因此，仰韶人比许多后裔更强健，不过在未开发的环境中会有更大地踩到蝮蛇、撞上野熊之类的风险。

让我们跨越2 500年进入"未来"，到公元前2000年，龙山文化晚期。许多事物看起来跟此前没什么不同。大部分人照样居住在小聚落，照样穿着兽皮或麻布，狗和猪照样到处乱跑。但情况已发生很大变化。农业系统得到改进，人们培育出了种类更多、产量更高的黍类。人们仍在猎鹿，但野生动物比早期要少。过去人们只吃野果，但此时已经开始种植杏和桃。驯化的牛、羊已从中亚传来。牛、羊可以在以前对人们几乎没有用处的干草地上生存，这就需要人们带着牧群远离住地去放牧。仰韶时期的贫富差别并不显著，龙山晚期则出现了拥有畜群和玉器等财产的富裕家族。人们的饮食结构也没有仰韶时期那么多样，穷人只吃得起黍类，有时甚至到了影响健康的地步。接下来的四千年里，营养不良是贫穷的农民挥之不去的诅咒。容纳数千人的城郭出现了。陶寺遗址曾存在较大的城郭，富裕的社会上层住在宫殿区，占有大量高等级器物。住在城郭周边的普通农民，必须为首领耕种，并且同其他城郭聚落打仗。

仰韶时期的人们尚处在相对平等的社群中，几千年后则必须为政体纳税、服役。政治制度如何在城郭形成，并汲取腹地的资源？部分家族如何世袭掌权，并汲取其他多数家庭的物资和劳动力？细节无从知晓，但变化确已发生。第3章将讨论东亚政体的形成，以及它如何逐渐增强汲取广土众民资源盈余的能力。这一过程始于龙山时期，此时城郭开始形成，明显的阶级分化出现。东亚史上的首个国家，目前争议最小的是位于今天河南郑州的二里岗文化。二里岗文化兴盛于公元前1500年至公元前1300年之间，影响至于广域。继二里岗之后的是位于今天安阳的殷商（约前1250—前1046），它作为首个出土文字、马匹、战车的遗址而闻名。公元前1046年，周王率军征伐黄河流域大部，在此建立了等级分明的政治联盟。周朝定都于今天的西安附近，又称西周（前1046—前771）。公元前771年，周室衰微，以东方的洛阳为新都。此即各国内部、诸侯之间冲突纷扰不断的东周时期（前771—前256）。

龙山晚期再往后跨越1500年，即公元前500年，秦国已经占据了关中的西周王畿，东方的孔子在山东默默无闻地教书。在过去的1500年里，农业又有发展。比起龙山时期，牛、羊更为常见。鸡从南方传入，与猪和狗并见于乡间地头。田间的菜蔬种类繁多，人们在房前屋后种上果树、坚果。据我们现在所知，牛耕约始于此时。

社会分为统治者和被统治者。统治者拥有马匹和锋利的金属兵器，凌驾于普通人之上，这会让龙山时期的社会上层歆羡不已。马匹需要牧场、牧人和舆人，这使得成为社会上层的成本大大提高，权贵与平民截然二分。这一时期的国家权力非常分散，由各支世袭贵族或者说宗族掌握，宗族掌控着各自的封地与产业。平民虽有分地，但还得为封君耕作公田，承担筑城修路之类的劳役。男丁还需参加每年秋收后的冬狩大阅。闲平之时，大阅就会有大猎，务多得兽。除了大猎，老百姓也会打一些小型毛皮动物以备冬衣，千年来莫不如此。

第4章记述了秦国六百年来从边陲小国到称霸天下的历史。秦国的历史，即东周时期的历史，是一个各国并争的时代。旷日持久且耗费日巨的战争，迫使国家开辟新财源。各国因权力分散而国力不足，诸国致力于与世袭贵族争夺税收与徭役。税役既广，疆域人口日增，诸国必须发展官僚机构来管理国土和民户。秦起初是为周室牧马的小国，周王逃离肥沃的关中盆地之后，秦据有其地，自此渐为大国。秦的崛起，始于公元前4世纪雄主秦孝公与名臣商鞅（卒于公元前338年）发起的图强变法。商鞅变法建立了平民亦能以军功得爵的新爵制：爵级越高，土地、特权就越多。这一变法彻底重组了社会结构和农业环境，使秦国成为东亚的超级大国，并在公元前221年尽灭诸国，建立了秦帝国。

现在让我们想象一下关中公元前210年的生活世界，那时正值秦帝国鼎盛之时。孔子的时代仅仅过去三个世纪，但世界已然巨变。关中人居于大国之京畿，国家是他们生活世界的主导。仰韶时期野有蔓草的风景大多被农田取代。秦国修建了郑国渠来引泾河水灌溉关中东北部，连这片泽卤之地都得到了垦殖。华北低地的自然生态系统已经消失，不过山区仍有大量的野生动物。即使在更为荒芜的山林池沼，也多有人采集狩猎，为城中集市提供山林草场中的物产。黍类仍是主要的粮食作物，但人们也种植大豆、小麦、稻米以及各种水果、坚果和蔬菜。铁器更为普及，但多数农具仍是木器或石器。农民多养猪和鸡，耕牛需要草场，多数人还养不起。山羊和驴更为常见，偶有西北绝域之人带着骆驼来到秦都。男丁必须服兵役，远赴他乡乃至一去不归的情况也不少见。

10

但也有人热衷于参军，因为善战者田宅厚赏指日可待。男子一成年，国家就会鼓励他们结婚，组建自己独立的家庭。此举基本消灭了数世纪前尚普遍存在的大族。

秦朝在其第一位皇帝的统治下（前246—前210）国力臻于顶峰，之后便轰然倒塌。第5章分析了秦这一时期的政治制度生态学。秦的国力基于农户交付的粮食税。这些粮食储存在遍布帝国的粮仓中，用来供养在帝国的各项工程上埋头苦干的人乃至牛马。秦帝国不仅要求多数男性服劳役、兵役，还大量征发刑徒。劳力多用于道路、水利等时或惠及当地百姓的基础工程。秦帝国还修建了长城、始皇陵等巨型工程，后者以兵马俑而闻名。秦朝的大军征服了东亚次大陆的大片地区，帝国疆域之大，从首都至最远的新地要跋涉数月之久。地方社会的文书信息不断传递至都城，使得中央官署能决定整个国家资源和劳动力的使用，借此，官吏们牢牢掌控着帝国制度。由此，秦帝国有了形塑东亚生态系统的巨大力量。秦帝国在开发森林的同时，也颁布了保护森林的法律。正如商鞅时代那样，秦政将农业置于制度中心：在籍农民越多，可征之税、军中之兵也越多。可是，秦朝的税役攫取，难以让百姓归心，它被人民起义推翻了。

秦朝的官僚机构和重农主义为汉帝国继承，汉帝国存续了四个世纪，其规模与同时代的罗马帝国大致相当。[7] 汉朝是第一个在

7　关于这一比较研究，参见 Michael Nylan and Griet Vankeerberghen, eds., *Chang'an 26 BCE: An Augustan Age in China*（Seattle：University of Washington Press, 2015）；Walter Scheidel, *Rome and China: Comparative Perspectives on Ancient World Empires*（Oxford：Oxford University Press, 2009）〔［奥］沃尔特·（转下页）

东亚大部分富饶流域建立持久和平的政权，疆域自朝鲜半岛远至越南。与罗马帝国一样，汉朝也建立了一套后世力图效仿的政治模式。但罗马帝国从未能被欧洲统治者重建，而中国的中央集权官僚帝国却能一次又一次地被重塑。当代中国正是承继了这一历史遗产并焕然一新。就连入主中原的北方牧民群体也很快认识到这一点，被征服的新臣民已经有了一套行之有效的制度，用以从劳动人民中汲取资源盈余，征服者采纳了其中的大部分。历朝历代，中华国家的权力都建立在农业基础之上，土地增殖、人民生聚是国家的基本动力。以现代标准看来，中华国家的权力相当有限。但它们每次都能在广袤的地域中一定程度上维持数世纪的和平，为人类的繁衍生息创造了更好的条件，并将东亚次大陆几乎所有的低地生态系统开垦为农田。

11   本书虽是第一部研究早期中国环境史的英文专著，但相关研究已有悠久的学术史。20世纪20年代，卡尔·魏特夫（Karl Wittfogel）结合了马克思和韦伯的思想，从政治权力的环境角度提出了颇有影响力的学说。[8] 我从李约瑟（Joseph Needham）关于

（接上页）施德尔主编，李平译：《罗马与中国：比较视野下的古代世界帝国》，南京：江苏人民出版社，2018年）。公元前2世纪中期，罗马的泛地中海帝国已经建立，秦帝国也已在秦朝正式建立的数十年前形成了行政通达的帝国。

8 魏特夫早年关于中国社会物质基础的著作对欧洲和亚洲的一整代学人产生了深远的影响，但在他向鹰派人士批判欧文·拉铁摩尔（Owen Lattimore）等人，并出版了偏颇怪异的《东方专制主义》（*Oriental Despotism*，1957）一书后，汉学家有意回避了他，并淡化了他带来的思想影响。关于魏特夫的早期作品，参见Karl A. Wittfogel, "The Foundations and Stages of Chinese Economic History," *Zeitschrift für Sozialforschung* 4（1935）: 26 – 60〔[美]魏特夫格著，冀筱泉译：《中国经济史的基础和阶段》，陶希圣主编：《食货半月刊》第6卷第1期〕；Ulrich Vogel, "K. A. Wittfogel's Marxist Studies on China（1926 – 1939）," *Bulletin of* （转下页）

中国水利的大著中首次了解到这些观点。伊懋可（Mark Elvin）的开创性著作《大象的退却》（*The Retreat of the Elephants*），认为战争是早期中国环境变化的重要推动力，书中详细阐述了这一观点。尽管有上述著作的影响，但在我刚从事这一环境史课题时，国家、战争的概念并未在我的考虑之内。我最初受到美国环境史研究和中国历史地理学家的启发，尤其是史念海先生，他撰写了黄土高原土地开发与水土流失的文章。[9] 我刚开始学习早期中国环境史的时候，所见早期环境史料很少，政治组织史料却很多。这

（接上页）*Concerned Asian Scholars* 11，no. 4（1979）：30 – 37；Timothy Brook and Gregory Blue，*China and Historical Capitalism: Genealogies of Sinological Knowledge*（Cambridge: Cambridge University Press，1999），104，143 – 147〔［加］卜正民、［加］格力高利・布鲁主编，古伟瀛等译：《中国与历史资本主义：汉学知识的系谱学》，北京：新星出版社，2005年〕；Neil Smith，"Rehabilitating a Renegade? The Geography and Politics of Karl August Wittfogel," *Dialectical Anthropology* 12，no. 1（1987）：127 – 36。

9　对我影响最大的美国环境史学家是唐纳德・沃斯特（Donald Worster）。东亚学界中有大量关于早期中国环境史的研究，包括史念海：《河山集》（共9集），北京：生活・读书・新知三联书店，北京：人民出版社，西安：陕西人民出版社，西安：陕西师范大学出版社，1963—2006年；［日］原宗子（Hara Motoko）：《「農本」主義と「黄土」の発生——古代中国の開発と環境2》，東京：研文出版，2005年；王子今：《秦汉时期生态环境研究》，北京：北京大学出版社，2007年；［日］村松弘一（Koichi Muramatsu）：《中国古代環境史の研究》，東京：汲古書院，2016年。两项重要研究也涵盖了这一阶段，即 Eugene Anderson's *Food and Environment in Early and Medieval China*（Philadelphia: University of Pennsylvania Press，2014）和 Robert B. Mark's *China: An Environmental History*，2nd edition（Lanham: Rowman & Littlefield，2017）〔［美］马立博著，关永强、高丽洁译：《中国环境史（第2版）》，北京：中国人民大学出版社，2022年〕。我此前的研究，可参见 "Environmental Change and the Rise of the Qin Empire: A Political Ecology of Ancient North China," PhD diss.，Columbia University，New York，2015。马瑞诗（Ruth Mostern）的 *The Yellow River: A Natural and Unnatural History*（New Haven，CT: Yale University Press，2021）讨论了我最初设想的问题，当然该书要宏大得多。

不禁让我深思早期中国政治权力的性质。古地中海环境史的研究，虽然不太涉及政治制度生态学，也对本书起到了示范和启发作用。[10]

本书综合了中国考古学家发掘和整理出版的大量资料。考古学家发掘了大量资料，且随着近二十年环境考古学和古生态学的科研经费的增加，资料的整理质量也有了显著提高。没有这些资料，本书是不可能完成的。[11]新石器时代考古比历史时期考古更具创新性，本书的结构安排即源自中国史前考古和历史时期考古学家在研究上的不同侧重。从事史前考古（约公元前1300年之前）的中国学者一直对生计与环境关注有加，近来更注重采用科学方法，并开始在国际期刊发表文章。相比之下，历史时期的考古学者倾向于以传世文献为框架进行研究，而传世文献多出自社会上层——或者说往往记录权贵的历史，带有强烈的上层偏向。历史时期考古极大增进了人们对中国上古史的理解，尤其是证实了早

12

---

10 讨论古地中海环境的著作，有 Peregrine Horden and Nicholas Purcell，*The Corrupting Sea: A Study of Mediterranean History*（Oxford：Wiley-Blackwell，2000）〔［英］佩里格林·霍登、［英］尼古拉斯·普塞尔著，吕厚量译：《堕落之海：地中海史研究》，北京：中信出版社，2018年〕；Alfred T. Grove and Oliver Rackham，*The Nature of Mediterranean Europe: An Ecological History*（New Haven，CT：Yale University Press，2001）；以及 Kyle Harper，*The Fate of Rome: Climate, Disease, and the End of an Empire*（Princeton，NJ：Princeton University Press，2017）〔［美］凯尔·哈珀著，李一帆译：《罗马的命运：气候、疾病和帝国的终结》，北京：北京联合出版公司，2019年〕。

11 如需了解近五十年来的相关考古新发现，本书可与何炳棣（Ping-ti Ho）*The Cradle of the East: An Inquiry into the Indigenous Origins of Techniques and Ideas of Neolithic and Early Historic China, 5000 – 1000 B.C.*（Chicago：University of Chicago Press，1975）对读。

期文献中有大量合于史实的信息。[12] 但是，考古工作的重心在大型城址、墓葬，这对了解农民的生计帮助有限，而农民是当时人口的绝大多数。我们目前对新石器时代姜寨遗址的认识，要比对周朝八百年中的任何村落的了解都要多。这就是为什么第2章讨论新石器时代的农业可以细致入微，而关注周朝的第3章则主要涉及政治和行政管理。幸运的是，出土行政文书提供了日常统治的丰富细节。

鉴于本书所关注的是承载东亚知识传统的经典文本的形成时期，我应当解释为何思想在本书的叙述中只占很小一部分。英文学界中研究周代的学术著作，大多数着眼于文本和思想。本书对物质的关注，部分是为了纠正对社会上层之所思所写的过分重视。更重要的是，我不认为人们关于自然的抽象观念曾对社会对待环境的方式产生过多大的影响。早期中国的思想家秉持着相同的观念：农业和人口的扩张是一件好事。他们呼吁可持续地获取自然资源，并非认识到了自然的内在价值，而仅仅是为了人类利益而最大化利用生态系统的理性分析。对早期中国思想的生态意涵感兴趣的学者，往往会被庄子等原始道家所吸引，但我认为，对当时现实影响最大的思想家，是商鞅这样的政治理论家。[13]

---

12 关于中国历史时期考古学，该文仍有参考价值：Lothar von Falkenhausen, "On the Historiographical Orientation of Chinese Archaeology," *Antiquity* 67, no. 257（1993）: 839 - 49〔［美］罗泰著，陈淳译：《论中国考古学的编史倾向》，《文物季刊》1995年第2期〕。

13 对中国的自然思想的讨论，参见 Mark Elvin, *The Retreat of the Elephants: An Environmental History of China*（New Haven CT: Yale University Press, 2004）〔［英］伊懋可著，梅雪芹、毛利霞、王玉山译：《大象的退却：一部中国环境史》，南京：江苏人民出版社，2014年〕；Hans Ulrich Vogel and Günter Dux, eds., *Concepts of Nature: A Chinese-European Cross-Cultural Perspective*（Leiden, Netherlands: Brill, 2010）。

在写作本书时，我很清楚有人会认为这又是一部将世界性的环境问题归咎于中国的作品。[14] 然而，正如第1章所示，前现代中国的政治制度与同时代的其他地方并无根本区别。这一制度相当有效且经久不衰，但在现代标准下已显得微弱。此外，我对中华帝国的生态学了解得越多，便越明白自己在加拿大的中产阶级生活是由英美帝国强制改造世界生态系统而实现的。我有幸旅行并了解世界，是因为欧洲人征服了世界的大部分地区，驱逐了原住民，为像我的家族一样的移民提供土地，重组世界经济为我们输送资源。[15] 欧洲帝国建立了工业资本主义的全球体系，这套体系有效地养肥了他们自己，以至于殖民地人民即使想摆脱经济从属地位，也只能别无选择地走向高消耗的发展方式。西方人经常批评当代中国的资源密集型增长模式，把中国置于除此之外别无选择的境地，就好像这种模式不是西方发明的。正如本书所示，国家之间的竞争是数千年来环境破坏的主要原因。

我想21岁时的自己可能会觉得这本书跟"环境"关系不大，它太关注人类社会了。但此后二十年的生活却告诉我，我们环境的故事，就是我们社会自身的故事。由于经济生产力是政治权力

14　关于将全球性环境问题归咎于中国的学术作品，可参见 Elizabeth Lord，"The New Peril：Re-Orientalizing China through Its Environmental 'Crisis,'" Fairbank Center for Chinese Studies（Harvard University）blog，May 21，2018。

15　关于欧洲帝国主义，参见 John F. Richards，*The Unending Frontier：An Environmental History of the Early Modern World*（Berkeley：University of California Press，2003）；James Belich，*Replenishing the Earth：The Settler Revolution and the Rise of the Anglo World，1783 – 1949*（Oxford：Oxford University Press，2009）；以及 Corey Ross，*Ecology and Power in the Age of Empire：Europe and the Transformation of the Tropical World*（Oxford：Oxford University Press，2017）。

的基础，国家就有促进经济增长的根本动机，这意味着消耗更多的资源。虽然化石燃料提供了远超以往的能源，但是食物和资源的主要来源仍是植物，而种植需要土地。我们如果要减少人类社会对地球生物圈的破坏，就必须设计出优先考虑长期可持续发展而非经济增长的政治制度。这意味着我们需要对政治体制到底是什么有更深入的理解。这就是下一章的主题。

第1章

政治权力的本质

凡有地牧民者，务在四时，守在仓廪。国多财则远者来，地辟举则民留处。

——《管子·牧民》，公元前4世纪的政论*

数千年的历史，在地球的生命史中不过弹指一挥间，人类却已成为地球表面的统治者。论重量，地球上超过95%的哺乳动物是人类及其家畜。这引发了地球史上最大规模的生物灭绝之一。这一切为何发生？简单的答案是，我们为供养自己竭泽而渔，留给

---

* 本章引言是《牧民》的开篇。《牧民》是战国时期最著名的散文之一，也是《管子》的第一篇。本篇与大多数先秦散文类似，作者不详。"务在四时"意为统治者应该让他的臣民只在农闲时服徭役或兵役，以免减少他们的收成和税入。黎翔凤撰，梁运华整理：《管子校注》卷一《牧民第一》，北京：中华书局，2004年，第2页；W. Allyn Rickett, *Guanzi: Political, Economic and Philosophical Essays from Early China: A Study and Translation* (Princeton, NJ: Princeton University Press, 1985, 1998)。

其他生灵的却少之又少。[1]

如果我们想要理解人类究竟有多么成功（至今为止），我们不该只回望几十年或者几百年，而是应当纵览几千年的历史，回到农业起源之时。驯化动植物让人类建立了自己的生态系统，在地球上横行扩张。人类用少数为自己生产的物种取代特定区域内的大多数物种，较之狩猎采集时期，人口得以空前增长。农业使得人类生产出食物和资源盈余，可以供养非农业人口。久而久之，政治体制便在大量农业人口之食物与劳动力盈余的供养下形成了。随着政治组织日渐庞大而高效，比之小而分散的群体，统治者得以调动人力更深刻地改变生态系统。在将地球的原貌改造为人类生态系统的过程中，政治组织起到了关键作用，同时也是造成人类现在面临的环境危机的关键因素。政治组织注定也是解决环境问题的关键。

瓦尔特·本雅明（Walter Benjamin）写道，人类的文化财富"不仅要归功于创造它们的伟大思想和天才的努力，还要归功于同时代人无名的辛劳。任何文明的记载亦是野蛮的证词"。如本雅明所言，我用"文明"（civilization）一词来指代精英剥削劳动力以积累财富的社会，精英们以此促进艺术和科学的进步，然后这些

15

---

1 世界上所有人的总干生物量约为6 000万吨碳（0.06 Gt C），家畜为1亿吨碳（0.1 Gt C）。所有野生哺乳动物的总生物量已降至700万吨碳（0.007 Gt C）。Yinon M. Bar-On，Rob Phillips，and Ron Milo，"The Biomass Distribution on Earth," *Proceedings of the National Academy of Sciences* 115，no. 5（2018）：6506 – 11；Vaclav Smil，*Harvesting the Biosphere: What We Have Taken from Nature*（Cambridge，MA：MIT Press，2013），226 – 29；Gerardo Ceballos，Paul R. Ehrlich，and Rodolfo Dirzo，"Biological Annihilation via the Ongoing Sixth Mass Extinction Signaled by Vertebrate Population Losses and Declines," *PNAS* 114，no. 30（2017）：E6089 – 96。

进步可被视为这些文明优于其他社会的证据。史书常把诸如雕塑、寺庙等艺术杰作称为时代的标志，但社会支持专业艺术家的唯一方式，是残酷地调用奴隶、雇佣劳动者和纳税农民生产的资源。在人类世（Anthropocene），我们必须进一步扩展上述论点，认识到人类文明的所有成就，都是建立在破坏生态系统，并人为地用农田和牧场取代自然的基础之上的。只有将大片的森林、草原和湿地改造为农田，人类社会才有可能生产足够的盈余，来支持专门从事艺术、学术、治理和战争的人。[2]

　　每人每日需要至多 3 000 卡路里的食物来维持生存，此外还需要衣物、住所以及取暖和烹饪所需的燃料。所以，一部分地表面

2　引自 Walter Benjamin, "Theses on the Philosophy of History," in *Illuminations*（New York: Schocken, 1968）, 256〔［德］汉娜·阿伦特编, 张旭东、王斑译:《启迪: 本雅明文选》, 北京: 生活·读书·新知三联书店, 2008 年, 第268—269页〕。"人类世"（Anthropocene）一词之所以深刻有力, 是因为它简洁地概括出人类改造地球是一个科学事实, 是一个影响每个人的全球现象。但是, 当一些人比其他人更应该承担环境责任时, 此词似乎也让人类平均分担了环境责任: Donna Haraway, "Anthropocene, Capitalocene, Plantationocene, Chthulucene: Making Kin," *Environmental Humanities* 6, no. 1（2015）: 159 - 65; Jason W. Moore, *Capitalism in the Web of Life: Ecology and the Accumulation of Capital*（London: Verso, 2015）, 169 - 73。英文单词 "natural" 和 "nature" 具有广泛的含义, 环境学者经常在如何（或是否）应该使用它上存在分歧。对我来说, 只要环境不是由人类创造或依赖人类的, 就可视为自然环境, 生态系统的 "自然性" 程度, 从全无人类影响到完全人为。认为一切都是自然, 或者完全拒绝使用这一术语的人, 都陷入了人类世的范式。应记住的是, 人类只是在最近的地质时期才成为地球生态系统中的主导力量。更实际地说, "自然" 是讨论人类对生态系统影响程度的最佳概念。Raymond Williams, "Ideas of Nature," in *Culture and Materialism: Selected Essays*（London: Verso, 2005）, 67 - 85; Donald Worster, *The Wealth of Nature: Environmental History and the Ecological Imagination*（New York: Oxford University Press, 1993）, 171 - 83。

积必须用于生产每个人赖以生存的资源，而这些土地本可以为其他物种所用。故此，人口是衡量前工业社会之环境影响的重要指标，这与当下一个富人消耗的资源多于数十个穷人不同。两千年前，华北低地的人口超过了4 000万。如果我们将之乘以当时官府人均授田面积，可知大约有36万平方公里土地为人所用——相当于德国国土的面积，低地自然生态系统大部分已被农田取代。[3]

依靠采集、渔猎为生的人仅仅消耗了所在地区生物生产力的一小部分。驯化动植物使人们得以清除无用的草木，建立起服务于生产的生态系统。这极大地提升了一定区域内的人口容量，促进了人口增长。在中国北方，这一过程起自新石器早期黍类和家猪的驯化，随后上千年里，数十种不同的植物被本地驯化。从公元前3000年开始，来自中亚的驯化牛、绵羊、山羊和马使人类开发了草场和其他边缘环境。久而久之，农业聚落成为人工的生态系统，农业聚落不仅是人类和家畜的住所，亦是杂草、老鼠、蝙蝠、麻雀和昆虫的家园。密集的人口和家畜也是滋生疾病的理想温床。疾病对个体并不友好，但吊诡的是，疾病使得农业人口相比于缺乏抗体的采集者具有显著的生物学优势。随着农业社会发展出能够调动大量人口完成特定目标的政治组织，与非农业人群相比，

3　关于人类能量学，参见 Vaclav Smil, *Energy in Nature and Society: General Energetics of Complex Systems* (Cambridge, MA: MIT Press, 2008), 119 - 202。如第5章所述，秦及汉初向平民授予1顷（45 700平方米、11.3英亩）的土地。这一时期的家庭平均约为5人，因此，人均约有9 000平方米。关于汉代的人口分布，参见 Hans Bielenstein, "Chinese Historical Demography A.D. 2 - 1982," *Bulletin of the Museum of Far Eastern Antiquities* 59 (1987): 12, 193。

农业社会的比较优势进一步增强。[4]

　　我们人类是独特的动物，能够创造出丰富多样的文化和社会经济结构。尽管我们像动物一样会吃、会呼吸和繁殖，我们的社会也可用生态学家研究其他物种的方式来理解，但是，人类社会有自己的逻辑，所以我们必须把社会和生态科学结合起来理解人类自身，这正是我研究中国早期政治组织的方法。如果生态学是"对于有机体的分布和数量情况以及决定分布和数量的相互作用的研究"，政治生态学便可被定义为研究国家的形式与组织如何影响生物分布和数量。大体来说，国家鼓励人们用可以创造应税盈余的物种，尤其是谷物和其他驯化的动植物，取代不能创造应税盈余的生态系统。[5]

　　在化石燃料的使用极大增加我们可用的能源之前，人类社会中

4　从考古遗址的密度可推断人口的增长：Dominic Hosner et al., "Spatiotemporal Distribution Patterns of Archaeological Sites in China during the Neolithic and Bronze Age: An Overview," *The Holocene* 26, no. 10 (2016), 1583；Nathan D. Wolfe, Claire Panosian Dunavan, and Jared Diamond, "Origins of Major Human Infectious Diseases," *Nature* 447, no. 7142 (2007)：279 – 83。

5　"political"定义为："国家的、属于国家的或与国家的形式、组织和行政有关的。"《牛津英语大词典》在线版（*OED Online*，牛津大学出版社），2015年2月5日查阅。"生态学"的定义出自 Michael Begon, Colin Townsend, and John Harper, *Ecology: From Individuals to Ecosystems*, 4th edition (Malden, MA: Blackwell, 2005), xi〔Michael Begon、Colin R. Townsend、John L. Harper 著，李博、张大勇、王德华主译：《生态学——从个体到生态系统（第四版）》，北京：高等教育出版社，2016年，"绪言"〕。政治生态学的已有研究不像本书这样关注国家，但同样关注环境问题和权力关系之间的交叉点。Paul Robbins, *Political Ecology: A Critical Introduction*, 2nd edition (Chichester: J. Wiley & Sons, 2012)〔〔美〕保罗·罗宾斯著，裴文译：《政治生态学：批判性导论（第二版）》，南京：江苏人民出版社，2019年〕。

208

17 几乎所有的能源都来自植物的光合作用。统治者不必亲自照料庄稼和牲畜。他们只需驱使农民和牧民去做——这意味着政治权力就是控制人民。统治者获取更大的权力仅有以下几种方式：寻找更多的人民和土地来攫取劳动力和资源；提高农业生产率来增加每个农民的应税盈余；以及寻找更好的方式从经济中汲取剩余价值，例如，通过铸造货币，不同类型的财富更容易相互转换，由此，政权得以从更广泛的经济活动中分一杯羹。所以，农业国家有极强的动机去占领并开发新的领地，鼓励农业集约化，以及促进经济与人口增长。这是农业国家的内在经济逻辑。中国早期的政治思想家商鞅早已明确指出："民胜其地，务开；地胜其民者，事徕。"[6]

社会分层的演进，即小部分统治者依靠大部分民众的劳动而生存，这与驯化动植物有相似之处。正如人们用几千年的时间完全驯化了动植物，像国家这样的复杂社会结构的演进，也是人类花费数千年适应被管理、缴赋税和服劳役，来支撑少数统治者的利益的过程。对非洲和欧亚大陆的人来说，放牧和治民的相似之处是显而易见的。《管子·牧民》是中国早期最著名的政治理论著作之一，本章引言即《牧民》篇首。在欧亚大陆的另一端，可见《旧约》中的赞美歌词"耶和华是我的牧者"，这有助于将人间之主的权力合法化，同时颂扬了天上之主。牧民之喻认为，政治权力既要有驱民之力，也要能保民之安。但牧民之喻很少承认，牧

---

6 蒋礼鸿：《商君书锥指》，北京：中华书局，1986年，第42页；Yuri Pines 尤锐，*The Book of Lord Shang: Apologetics of State Power in Early China*（New York：Columbia University Press，2017），158。

人与羊的关系会以屠宰告终。[7]

牧民之喻表明，只要政治权力存在，人们便在寻求描述政治权力的方式。在中文中，"国家"一词可以狭义地指代治理机构，或者更广泛地描述包括政府和被统治人口的现代民族国家。这里，我用的是前一种意义。我将国家定义为一种从社会汲取资源的组织，国家以此来供养行政人员，宣扬使民众接受威权的意识形态，支持用以武力防御、扩张领土、控制臣民的武装力量。这一定义对有幸生活在现代福利国家的我们来说似乎有些悲观，但是许多前现代国家都是寄生性或掠夺性的，臣民所交之税少有回报。帝国本质上是巨大的国家，但国家规模的扩大需要不同的统治之术。幅员越辽阔，统治者就越需要控制他们无法亲临的地区，统治语言和文化不同的人。不论领土规模大小，有能力的统治者都会重视税收，进而重视辖地的经济生产力。统治者的权力越大，便可调动越多的劳动力扩大经济生产、重塑水系、征服和垦殖领土，并进一步扩张农业。[8]

18

7 Guillermo Algaze, *Ancient Mesopotamia at the Dawn of Civilization: The Evolution of an Urban Landscape* (Chicago: University of Chicago Press, 2008), 129。关于牧羊这一政治隐喻，参见 Rob Wiseman, "Interpreting Ancient Social Organization: Conceptual Metaphors and Image Schemas," *Time and Mind* 8, no. 2 (2015): 159 - 90; 以及 Michel Foucault, *Security, Territory, Population: Lectures at the Collège de France 1977 - 78* (Houndmills: Palgrave Macmillan, 2009)〔[法] 米歇尔·福柯著，钱翰、陈晓径译:《安全，领土与人口:法兰西学院课程系列: 1977—1978》，上海:上海人民出版社，2018年〕。

8 Charles Tilly, "War Making and State Making as Organized Crime," in *Bringing the State Back In*, edited by Peter Evans, Dietrich Reuschemeyer, and Theda Skocpol (Cambridge: Cambridge University Press, 1985), 169 - 91〔[美] 查尔斯·梯利:《发动战争与缔造国家类似于有组织的犯罪》，收入 [美] 彼得·（转下页）

这种描述方式强调了上层视角，但是，从劳动者视角考察政治组织也很重要。民众总是能搞清楚是谁在收纳租税，总是拥有集体的力量来要求回报。国家最重要的职能之一是减轻风险和灾难。农业社会常常受到洪涝、地震和风暴的影响，也会受到多种病虫害的威胁。解决这些问题是统治者们使其财富与权力合法化的一种方式。如果统治者成功地动员劳力修建利民的基础设施——例如防御外敌的城墙和防范洪水的堤坝——民众便会对他们的统治者歌功颂德。由于税收常以谷物的形式收取，当农作物歉收时，统治者们就能大张旗鼓地重新分配粮食，这增强了他们的合法性，并确保他们的臣民能够生存下来缴纳更多的税。统治者动员民众应对洪水或是外敌入侵等短期威胁时，便证明了领袖

（接上页）埃文斯等编著，方力维等译：《找回国家》，北京：生活·读书·新知三联书店，2009年，第228—261页〕; James C. Scott, *Against the Grain: A Deep History of the Earliest States* (New Haven, CT: Yale University Press, 2017) 〔[美] 詹姆斯·斯科特著，翁德明译：《反谷：谷物是食粮还是政权工具？人类为农耕社会付出何种代价？一个政治人类学家对国家形成的反思》，台北：麦田出版社，2019年]; Bruce G. Trigger, *Sociocultural Evolution: Calculation and Contingency* (Oxford: Blackwell, 1998), 208 - 22; Walter Scheidel, "Studying the State," in *The Oxford Handbook of the State in the Ancient Near East and Mediterranean*, edited by Peter Bang and Walter Scheidel (Oxford: Oxford University Press, 2013), 5 - 57; Terence D'Altroy, "Empires Reconsidered: Current Archaeological Approaches," *Asian Archaeology* 1 (2018): 95 - 109; Michael Mann, *The Sources of Social Power* (Cambridge: Cambridge University Press, 1986), 146 - 54 〔[英] 迈克尔·曼著，刘北成、李少军译：《社会权力的来源》（第一卷），上海：上海人民出版社，2007年，第198—210页〕。我对国家的定义基于Bruce G. Trigger, *Understanding Early Civilizations: A Comparative Study* (Cambridge: Cambridge University Press, 2003), 195 〔[加] 布鲁斯·G. 崔格尔著，徐坚译：《理解早期文明：比较研究》，北京：北京大学出版社，2014年，第143页〕。

的重要性；这还表明政治组织的其他能力与军事主义从来都是不可分割的。国家还动员劳动力修建诸如水渠、道路、桥梁等分散的小群体难以完成的大型基础设施。国家不仅因其为人民福祉而改变环境的能力广受赞誉，还因其防止不利变化的能力而被感恩戴德。随着农业人口的增长，更多土地用于种植少数几种主要作物，社会往往会变得越来越复杂，而人所依赖的生态系统却越发简化。政治结构在保持农业生态系统的适应性中扮演着至关重要的角色。[9]

在论证了国家在环境史上的重要作用之后，我还应强调，国家只是征服了地球的人类社会结构中的要素之一。大多数前现代国家在地方上几无影响；它们对民众的影响仅限于收取赋税或组织劳役，甚至常通过地方精英或包税人（tax farmers）完成赋役。前现代的中国和其他地方一样，环境变化的主要推动者是那些普通人，下至在边疆垦殖的贫农，上到排干湿地辟为农田的富户，都因为对改善生活条件的向往而改变着环境。帝国虽能构筑起遍布广袤地域的行政网络，但仍不足以防止官吏营私之弊，也无力于为触碰地方强豪利益的官吏撑腰。人们的垦殖常常是自发的而不受国家支持，有时甚至是非法的。此外，在本书所涵盖的这段时间里，有关商业的记录虽然很少，但商业也是改变环境、促进动植物的

19

9　Paul Halstead and John O'Shea, eds., *Bad Year Economics: Cultural Responses to Risk and Uncertainty* (Cambridge: Cambridge University Press, 1993); Trigger, *Sociocultural Evolution*, 208 - 22; Mann, *The Sources of Social Power*, 146 - 54.

商品化以及提高社会生产力和消费力的一个重要因素。[10]

国家并非环境变化背后的主要推动力量。它们更应被描述为数百年来对广大地域的农业提供弱激励的机构。国家仅仅是维护了基础设施、保持了东亚每次数百年的基本稳定，从而助力于农业扩张、人口增殖以及自然的商品化。尽管国家只是偶尔才有能力积极开拓新的地区，或建设新的基础设施，但这些行为通常具有长效性影响。相比其他地区，古代中国更加依赖农业，或者至少说，对保护野生生态系统的动机更小。南亚统治者有保护森林的动力，是因为他们需要天然森林提供战象，而中国统治者则完全有理由用农业、造林业和水产业取代森林。此外，传统政治结构的持久性，也是东亚低地几乎没有留下野生动物的痕迹的原因之一。[11]

---

10 高估前现代国家力量的典型是卡尔·魏特夫的《东方专制主义》，他将自己在纳粹德国极权主义下的痛苦投射到了想象中的前现代"东方"国家。关于前现代国家的相对弱势，参见 Scheidel, "Studying the State," 16－18。关于税收，参见 Madeleine Zelin, *The Magistrate's Tael: Rationalizing Fiscal Reform in Eighteenth Century Ch'ing China*（Berkeley：University of California Press, 1984）〔［美］曾小萍著，董建中译：《州县官的银两——18世纪中国的合理化财政改革》，北京：中国人民大学出版社，2005年〕。关于非法农业垦殖，请参见 John Robert Shepherd, *Statecraft and Political Economy on the Taiwan Frontier, 1600－1800*（Stanford, CA：Stanford University Press, 1993）〔［美］邵式柏著，林伟盛译：《台湾边疆的治理与政治经济（1600—1800）》，台北：台湾大学出版中心，2016年〕；James Reardon-Anderson, *Reluctant Pioneers: China's Expansion Northward, 1644－1937*（Stanford, CA：Stanford University Press, 2005）和 Peter Perdue, *Exhausting the Earth: State and Peasant in Hunan, 1500－1850*（Cambridge, MA：Harvard University Council on East Asian Studies, 1987）。

11 关于印度的大象，参见 Thomas R. Trautmann, *Elephants and Kings: An Environmental History*（Chicago：University of Chicago Press, 2015）。

统治者与被统治者

六千年前，黄河流域的人们生活在相对平等的社会中。数千年后，他们已经习惯向帝国政府缴纳赋税，尽管他们并不乐意。社会是如何分成统治阶级和被统治阶级的呢？尤其是，大部分人是如何接受一小部分人统治的呢？遗憾的是，这一过程在任何地方都没有完善的史料记载。

通过寻求考古证据，我们得以探索政治权力的起源。这些证据显示，一部分人让其他人为他们劳作或提供资源。当一个聚落中一些墓葬和房屋变得更大、更富有时，我们就知道部分群体已经找到从其他人身上攫取剩余价值的办法了。当人们开始建造宫殿和要塞，我们就有理由认为一部分人已经获得了命令其他多数人劳动的权力。当一些城邑远大于其他城邑，我们就可以猜测这些城邑正从腹地获取资源。当然，其中任何一个过程都可能发生倒退。也许，一个成功控制了周围聚落的雄才大略者，仅仅在一场叛乱中便被推翻，或是其领地在无能的继承者管理下土崩瓦解。早期政体很不稳定。[12]

新石器晚期，社会经济分层加剧，考古证据表明，早在最大的聚落还不过数千人时，人们已经开始为统治者出力出物。一部

---

12 Norman Yoffee, *Myths of the Archaic State: Evolution of the Earliest Cities, States and Civilizations*（Cambridge: Cambridge University Press, 2005）.

分人结伙强迫其他人纳税，这样的情形或许不太可能。反之，最早的税收关系可能是自愿性和协商性的。最有可能的情形是，地方组织的成立是为了执行许多人认为有价值的任务，例如协调争端、组织灌溉、作战，或是祈雨。地方组织提供这些服务的同时，社群中的人们也许会愿意为之出力出物。一旦村一级的地方组织形成，用以调动劳力和食物盈余，这便为野心勃勃的人积累财富和权力提供了完美的工具。然后，一旦许多社群都有这样的组织，其中之一就会通过恩威并施的方式征服周边，进而形成区域政治体。在早期的中国文本中，祭祀和宴饮对于建立政治忠诚度和政治联合体尤为重要，我们确信早在文字发明之前祭祀、宴饮之仪就已用于这些目的。[13]

21　关于政治制度的长期形成，最好的历史记载之一来自古代美索不达米亚，这也提供了一段如何改变汲取方式的有趣历史。寺庙与粮仓已经存在于相对平等的新石器时期城邑，它们可能是与管理社群资源（包括农业资源）有关的共同财产。由于管理者拥有社群中最大的粮仓和其他资源，他们获得了极大的权力与威信。到了公元前三千纪后期，该地绝大多数人臣服于根深蒂固的大家族，寺庙亦由祭祀家族控制，不过这一过程的细节还未能确知。部分大家族最终获得足以征服周边地区的权力，并形成了世界上

---

13 Anne P. Underhill, *Craft Production and Social Change in Northern China*（New York：Kluwer Academic/Plenum Publishers，2002）；Roel Sterckx, *Food, Sacrifice, and Sagehood in Early China*（Cambridge：Cambridge University Press，2011）〔［英］胡司德著，刘丰译：《早期中国的食物、祭祀和圣贤》，杭州：浙江大学出版社，2018年〕。

第一批国家。这类国家一次次建立又崩溃。公元前三千纪后期，一个精英家族成功建立起对大众的统治，即乌尔第三王朝（the Third dynasty of Ur）。彼时，每一个富裕家庭的收入都来自农民的辛勤劳动，农民对自己的土地有一定的控制权，同时向统治者提供盈余。后来，精英阶层成功控制了大部分良田，这使得许多人无以为生，不得不以租地或分成的形式用劳动力和粮食盈余来换得土地。[14] 这一由自耕农供养公共机构转变为民众出卖劳动力以维持生计的渐进过程，是人类历史上最为重大的社会变革之一。只要这种汲取关系被理解为农民提供粮食或劳力以换取服务，获取盈余的人就必须为此类汲取寻找正当理由。但如果统治阶级可以直接控制土地，汲取关系似乎就倒转了：农民将从土地所有者手中租赁土地，而不再是提供无偿的劳动——这样一来，统治阶级将拥有显著优势。这一转变形成了一种更为精巧复杂的汲取方式，卡尔·马克思（Karl Marx）称之为"生产者同生产资料的分离"，马克思误以为这是资本主义的特征。通过迫使劳动者寻求劳动而非被要求劳动，这种汲取方式掩盖了剥削关系。[15]

---

14 同第3章涉及的法语/英语单词"levée/levy"和汉语的"赋"一样，美索不达米亚语中的"ilku"一词最初指的是力役，后来用于税收，这证明了劳役可以轻易地转化为税收。Mario Liverani, *Uruk: The First City*（London：Equinox，2006），20 – 25；Michael Jursa and Juan Carlos Moreno García, "The Ancient Near East and Egypt," in *Fiscal Regimes and the Political Economy of Premodern States*, edited by Andrew Monson and Walter Scheidel（Cambridge：Cambridge University Press，2015），115 – 66。

15 Karl Marx, *Capital: A Critique of Political Economy*, vol. 1, chap. 26（London：Lawrence and Wishart，1959）〔［德］马克思著，中共中央马克思恩格斯列宁斯大林著作编译局译：《资本论：政治经济学批判》第一卷，北京：人民出版社，2004年〕；Ellen M. Wood, "The Separation of the 'Economic' and the（转下页）

农民与土地所有权的分离在人类历史上屡见不鲜，但这并非早期国家的特征。早期国家的农民往往拥有土地但不纳税，而是向领主贡献农业、军事和其他各种劳动。这使得国家在收获季节从劳动者手中获取粮食盈余，在农闲时节回馈给为国家服役的劳动者。例如，印加（Inka）和阿兹特克（Aztec）农民在自有地上收获粮食的同时，还在全部收成归精英或国家所有的其他地块上耕种。此外，他们还为国家提供兵役和劳役。正如我们将在第3章讨论的，这一情形与中国的周代非常相似。农业力役很容易转变为税收，税收又可以和非农业的劳役结合而并行。商业体系能够将谷物与劳力转化为其他商品，但在商业体系建立之前，劳动力和粮食税是国家汲取盈余的唯一方式。随着市场的发展，产生了商品和劳动力可以相互转化的商业体系，国家由此更容易从经济活动中汲取财富。尤其是货币的使用，使得国家可以将粮食税和劳役转换为货币支付，这些钱可以长期储存起来，并用于各种用途。另一方面，强有力的国家也会建立商品交换的标准以便进行行政管理，这客观上也促进了商业的发展。这一过程发生在秦帝国时期。[16]

（接上页）'Political' in Capitalism," in *Democracy against Capitalism: Renewing Historical Materialism*（Cambridge: Cambridge University Press, 1995），19 – 48〔[加] 艾伦·梅克森斯·伍德著，吕薇洲、刘海霞、邢文增译：《民主反对资本主义——重建历史唯物主义》第1章《资本主义"经济"与"政治"的分离》，重庆：重庆出版社，2007年〕。

16 Trigger, *Understanding Early Civilizations*, 375 – 94〔[加] 布鲁斯·G. 崔格尔著，徐坚译：《理解早期文明：比较研究》〕; Terence D'Altroy, "The Inka Empire," in *Fiscal Regimes and the Political Economy of Premodern States*, 31 – 70; Michael Smith, "The Aztec Empire," in *Fiscal Regimes and the Political Economy of Premodern States*, 71 – 114; Terence D'Altroy and Timothy Earle, "Staple Finance, Wealth Finance and Storage in the Inka Political （转下页）

国家如何发展

在上述美索不达米亚的例子中，政治体制首先出现在分散的社群里，其中之一发展壮大，最终征服各方。然后，它与地方群体争夺该地区的盈余。这是人类政治组织发展史上的核心动力之一：不同的精英群体为该地生产的有限盈余而竞争。由于复杂社会中有各种成组织的权力群体，追求集权的中央政府一定会削弱其他势力，反之亦然。如果一个国家想要变得强大，它必须掌握更多的劳力生产盈余，这就减少了留给其他精英的空间，这些精英有可能会团结一致阻止这种情况发生。例如，这就是为什么罗马的政治精英要阴谋刺杀恺撒（Julius Caesar）以阻止他成为君主的原因，这还能解释美国的寡头们为何宣扬"小政府"（small government）的美德。[17]

（接上页）Economy," *Current Anthropology* 26（1985）：186 – 206；Gabriel Ardant，"Financial Policy and Economic Infrastructure of Modern States and Nations," in *The Formation of National States in Western Europe, edited by Charles Tilly and Gabriel Ardant*（Princeton, NJ：Princeton University Press, 1975），166；Maxim Korolkov马硕，"Empire-Building and Market-Making at the Qin Frontier：Imperial Expansion and Economic Change, 221 – 207 BCE," PhD diss., Columbia University, 2020。

17 Andrew Monson and Walter Scheidel，"Studying Fiscal Regimes," in *Fiscal Regimes and the Political Economy of Premodern States*, 19；Shmuel N. Eisenstadt, *The Political Systems of Empires*（New Brunswick NJ：Transaction, 1993）〔［以］S. N. 艾森斯塔德著，沈原、张旅平译，张博伦校：《帝国的政治体系》，北京：商务印书馆，2021年〕。

早期政治组织由一小撮人操纵，他们以血缘和信任为维系纽带。统治者拥有的权力极其有限，不得不以礼物或宴饮的形式分配财物以笼络追随者们。当他们征服了新的领地，统治者们所能做的仅仅是为自己保留最好的土地，并将剩余的土地分给他们的追随者，由此为追随者提供了分庭抗礼的手段。即使统治者通过武力或是恩惠、联姻等手段收买而成功统辖了其他精英，他们也得费时费力维系追随者的忠诚。中国青铜时代的国家就是这样，西周因周王向功臣和宗室分封土地与臣民而逐渐衰落。但是，西周封国联盟在军事上非常强大，这说明当精英致力于实现共同利益时，弱中央集权国家也可能强大。[18]

如果我们将国家置于集权化的谱系中，大部分高度集权的国家是现代的，而许多前现代政治制度的权力相当分散，更像是国家联盟而非单一国家。我们这些生活在工业社会的人，已经逐渐习惯庞大而复杂的国家结构，但这一切实现的前提，是因为我们的社会拥有远超古代国家的能量和资源。农业社会生产的盈余较少，所以即使统治者成功征服了广袤的地域，增加开支去直接管理也不太划算。将区域管理权委托给当地人是更高效的办法。当中央权力足够强大时，这类政治体才能作为一个整体运转，但是，随着政权的衰落，它们变得更像独立国家的联盟。统治者直接管理自己的领地，但管不住他名义上的附庸。这就是"封建"

---

18 Timothy Earle, *Bronze Age Economics: The Beginnings of Political Economies* (Boulder, CO: Westview, 2002)。对于军阀生活的有益解释，参见 Alex de Waal, *The Real Politics of the Horn of Africa: Money, War and the Business of Power* (Cambridge: Polity, 2015)。

（feudal），但即使是较强的近代早期国家，中央政府对地方权力结构的控制也经常是相对有限的。国家的集权程度越低，统治者对环境的影响力就越弱。[19]

尽管我们可能认为统治者会想要加强他们的控制，但是仅有极少数前现代国家产生了直接管理广大地区的行政结构，因为没有必要。让其他人去汲取财富并上交一部分收益，这样做的成本更低。例如，罗马帝国通常笼络征服地的统治精英，利用他们现有的剥削制度，其中之一是包税制（tax farming），统治者出售其领地特定区域的征税权给遭人唾骂的包税人，即基督教福音书中永世出名的"税吏和娼妓"（tax farmers and loose women）。在近代早期欧洲，包税制仍然很普遍。但中国的中央集权官僚体制却在前现代世界中与众不同，它赋予了国家极大的行政权力和稳定性。当然，即使在中华帝国，豪族在地方社会的权力也比中央政府大。但中国的官僚体制传统才是其帝国制度扩张之广、延续之久，以 24

---

19 Douglas E. Streusand, *Islamic Gunpowder Empires：Ottomans, Safavids and Mughals*（Boulder, CO：Westview, 2011）, 20 - 21；John W. Hall, "The Muromachi Bakufu," in *The Cambridge History of Japan*, vol. 3, edited by Kozo Yamamura（Cambridge：Cambridge University Press, 1990）, 193 - 202〔[美]约翰·惠特尼·霍尔：《室町幕府》，[美]山村耕造主编，严忠志译：《剑桥日本史（第3卷）：中世日本》，杭州：浙江大学出版社，2020年，第175—180页〕；John F. Richards, *The Mughal Empire*（New York：Cambridge University Press, 1993）, 77 - 93；Charles Tilly, *Coercion, Capital, and European States, A.D. 990 - 1990*（Cambridge, MA：Basil Blackwell, 1990）, 104 - 8〔[英]查尔斯·蒂利著，魏洪钟译：《强制、资本和欧洲国家：公元990—1992年》，上海：上海人民出版社，2012年〕。近期关于分权体制的一个例子，是20世纪上半叶的英国及其定居者殖民地。 209

及周期性崩溃之后，每每重建于旧基之上的主要原因之一。[20]

官僚体制对环境史尤为重要，因为与松散的治理形式相比，官职等级制赋予了统治者更多的权力去控制地方环境。官僚制逐渐发展，以便中央政府直接从生产者中汲取资源，而在此之前，生产者向地方精英缴纳税款。这要求政府雇佣更多的官僚，并寻求系统地控制他们的方式。"官僚制"（Bureaucracy）的词义为"办公桌的统治"（rule by desk）。该词起初是一个贬义词，暗指文吏不应执政，而应由武人或贵族掌权。这个词表明了文书的核心地位，它通常象征着连篇累牍、繁文缛节和其他与受规则约束的公共政府打交道时涉及的问题。研究早期文明的学者常常用"官僚制"来指代任何从事文书工作的政治组织，但这一概念太过宽泛，用作分析工具是不切实际的。对官僚制最实用的描述依旧来源于马克斯·韦伯（Max Weber）。他强调：（1）行政实践的普遍原则，每个官职都有一个明确界定的合法权力范围；（2）官职被看作任职者唯一的，至少是主要的职业；（3）明确界定的官职等级，成功的官员在职业生涯中有望升迁；（4）官吏训练制度；（5）享有货币形式的固定薪金报酬，薪金标准按照等级序列划分。这极为准确地描述了中华早期帝国的官僚体制，我将使用"官僚制"指代具有

---

20 罗马帝国在公元3世纪的危机后，为了应对收入短缺，才建立了官僚制度。参见 Samuel E. Finer, *The History of Government from the Earliest Times*, vol. 1: *Ancient Monarchies and Empires* (Oxford: Oxford University Press, 1997), 532 - 604 〔[英]芬纳著，马百亮、王震译：《统治史（卷一）：古代的王权和帝国——从苏美尔到罗马》，上海：华东师范大学出版社，2010年，第356—418页〕。所引《圣经》，参见《马太福音》9:10, 11:19, 21:31；《马可福音》2:15；《路加福音》5:30, 7:34, 15:1。

这五个特征的体制。[21]

相比于组织松散且依赖统治者自身能力的政治制度，官僚制是一种更为稳定的统治形式。鉴于世袭君主制时常不可避免地产生能力平平、年龄幼小或者精神疯癫的统治者——从这一层面上看，民主制还是稍微好点儿——通过放权给"学成文武艺，货与帝王家"的人，官僚制极大强化了国家的延续性。官僚制的另一个优势在于，相比国家行政权力为富人所掌握，它更倾向于驱使仅靠俸禄为生的人，由于食禄之官依赖的是统治者，这便难以产生跟国家分庭抗礼的权力基础。文书行政增强了中央政府的权力，因为文书用于官府之间的消息往来（如告知其他官署之所为）、保存档案、监督官吏。在中国，这些做法出现于东周时期（前771—前256）。在早期国家仅仅要求文吏保持最基本的文书记录并传递信息时，东周各国正在扩张与集权，这就需要起用越来越多的官吏，这些官吏不仅被用于治理百姓，还被用于互相监督。

25

从政府的角度来看，这似乎是好事，但是官僚制的成本相对较高。农民只能提供有限的劳动力和粮食盈余，一个国家的官僚体系越庞大，就越可能把人们推向贫穷和饥饿。上文我使用了"盈余"（surplus）一词，似乎它的意思很明确，但事实上，一个人被迫提供的劳力和资源因人而异。从最基本的意义上说，"盈余"仅

---

21 Max Weber, *Economy and Society: An Outline of Interpretive Sociology*（Berkeley：University of California Press, 1978）, 956 – 75〔［德］马克斯·韦伯著，阎克文译：《经济与社会》第1卷，上海：上海人民出版社，2010年，第1095—1116页］；Eugene Kamenka, *Bureaucracy*（Oxford：Blackwell, 1989）；Tilly, *Coercion, Capital, and European States*, 107 – 17〔［英］查尔斯·蒂利著，魏洪钟译：《强制、资本和欧洲国家：公元990—1992年》〕。

指一个人生产出的超出其生存所需的一切东西。历史上许多不幸的农民确实无法生产出比生存所需多得多的东西，在这种情况下，"盈余"的基本意义是有用的概念。然而，从国家的角度来看，重要的是如何推动其臣民生产更多的产品。如商鞅认为，国家应当迫使以采集等业为生的游食之民定居务农，否则就无法从他们手中收税。这说明租税征收者的压力往往迫使人们生产更多的产品，这又促进了农业的集约化。但是，攫取过多又会让百姓消极抵抗、逃亡或是反叛，甚至推翻整个王朝。因此，统治者通常选择"审慎而持久的剥削程度"而不是"取之尽锱铢"的策略。秦帝国的崩溃证明了这一选择的明智之处，事实上，秦帝国始终是中国历史上赋敛过度之害的前车之鉴。[22]

暴力、父权制与增强国力

从村落大小的社会转变为强大的国家，这一过程伴随着男性相对权力的增强。被男人统治不是人类社会的自然状态，小型社会的民族志研究记录下的各种性别关系揭示了这一事实。但是，出于某种神秘的原因，全世界的农耕国家都由男性国王统治。女

---

[22] Christopher T. Morehart and Kristin De Lucia eds, *Surplus: The Politics of Production and the Strategies of Everyday Life* (Boulder: University Press of Colorado, 2015)。Pines, *The Book of Lord Shang*。此语转引自 Trigger, *Understanding Early Civilizations*, 388 〔〔加〕布鲁斯·G. 崔格尔著，徐坚译：《理解早期文明：比较研究》，第277页〕。该书引自 Max Weber's *The Agrarian Sociology of Ancient Civilizations*。

性仅在没有血统合适的兄弟时——或是成功从丈夫手中夺取权力时——才能继承王位，但即使在这些情况下，维持国家运转的人大多数仍是男性。由此，父权制（patriarchy）是大型政治组织的核心特征。我认为，国家一直是父权制的关键原因在于，国家均由有等级组织的男性武装群体建立。我犹豫地提出这个理论，因为无法证明，但父权制是人类历史上国家与帝国的核心特征，应该加以分析，而非视若理所当然。这一理论与本研究尤为相关，因为男性在政治制度中的主导地位可以说比家庭内部的性别分工更深刻地影响了人类社会对待环境的方式。[23]

26

如果环境史学家要把人类社会视为生态系统来研究，我们就必须认真对待人类是哺乳动物和灵长目生物这一事实。无论他们承认与否，所有社会理论都预设了某种人性观，这些人性观往往在理解人类和其他动物之间的关系上有所差异。人文学科目前流

---

23 关于男性主导，参见 Trigger, *Understanding Early Civilizations*，71〔［加］布鲁斯·G. 崔格尔著，徐坚译：《理解早期文明：比较研究》，第53页〕; Kate Millett, *Sexual Politics*（Urbana：University of Illinois Press，2000），25〔［美］凯特·米利特著，钟良明译：《性的政治》，北京：社会科学文献出版社，1999年〕。当然，人类不能简单地分为两性；两者之间存在某种生物连续性，但授精与怀孕始终是互斥的，这是人类社会普遍承认的二元性。关于父权制不是所有人类社会的特征的证据，参见 Martin King Whyte, *The Status of Women in Preindustrial Societies*（Princeton，NJ：Princeton University Press，1978）; Eleanor Leacock, "Women's Status in Egalitarian Society：Implications for Social Evolution," in *Myths of Male Dominance：Collected Articles on Women CrossCulturally*（New York：Monthly Review Press，1981），133 – 82; Alice Schlegel, ed., *Sexual Stratification：A Cross-Cultural View*（New York：Columbia University Press，1977）。理解父权制需要一种全球性的方法，而不仅仅是关注欧洲传统，如 Gerda Lerner, *The Creation of Patriarchy*（New York：Oxford University Press，1986）和 Val Plumwood, *Feminism and the Mastery of Nature*（New York：Routledge，1993）。

行的人性观认为，人类拥有极强的适应能力，因此会以文化性的而非生物性的视角看待我们社会的方方面面。这个想法占据主导地位是有充分理由的，即人们经常倾向于争辩说，他们自己喜欢的社会愿景实际上是我们物种的生物学本性。典型的例子是欧洲的种族主义。这也是那些以男性主导为自然规律之人的首选思路。尽管如此，当我们探索人类社会的生物学领域时，我们必然会犯错误，但在研究重要话题时，犯错总比完全回避问题要好。

生物学家一般认为，以提高个体基因繁殖成功率为目的的性冲动，常常在哺乳动物的行为中起到某种作用。在整个前现代人类社会中，有权有势的男性常常性剥削多个女性，在繁衍大量后代的同时阻止其他男性生育，这些都是有史可稽的。这一点在中国也有史可证，富人往往妻妾成群，贫民却难以娶妻。这表明权力欲与性欲密不可分。有权有势的男性，不仅有更多的途径获取性资源（当然，性资源不单单是女性），而且可以说，与其他物种一样，他们的成功繁衍与对领土或资源的控制息息相关。女性极少能参与古代战争，但她们常常是"战争的起因、赌注和受害者"。[24]

---

24 Laura Betzig, *Despotism and Differential Reproduction: A Darwinian View of History* (New York: Aldine, 1986); Walter Scheidel, "Sex and Empire: A Darwinian Perspective," in *The Dynamics of Ancient Empires: State Power from Assyria to Byzantium*, edited by Ian Morris and Walter Scheidel (Oxford: Oxford University Press, 2009), 255 – 324; Sebastian Lippold et al., "Human Paternal and Maternal Demographic Histories: Insights from High-Resolution Y Chromosome and MtDNA Sequences," *Investigative Genetics* 5, no. 1 (2014); Simon Blackburn, *Lust* (New York: New York Public Library, 2004), chap. 13; David Reich, *Who We Are and How We Got Here: Ancient DNA and the New Science of the Human Past* (Oxford: Oxford University Press, 2018), 137 – 40, 231 – 46〔［美］大卫·赖克著，叶凯雄、胡正飞译：《人类起源的故事：我们是谁，我们从哪里来》，（转下页）

除了男性在平均体型上大于女性，在现代节育措施诞生之前，世界上两性的主要差异在于，前现代社会的女性成年后的绝大多数时间在孕育和抚养下一代。但这项工作，以及她们的其他劳动，对社会来说至少和男性的工作一样重要，所以这并不会自然导致她们的地位较低。我怀疑，男性主导地位随着社会发展而日益强化的原因在于，群体暴力在政治机构的发展过程中起到了关键作用。随着政治机构的发展，有组织的暴力和实施暴力的群体的社会价值由此提高了。相互竞争的武装政体的兴起创造了一种新动态，在这种动态中，有组织的暴力被认为是保护社群的必要手段，而在这方面表现出色的男性获得了社会声望和军事权力，这是支配社会的理想地位。当然，女性总是有决定自己人生的自主权，但与男性相比，她们的社会权力有所削弱，并且越来越与她们作为男性的妻子和母亲的角色相关联。[25]

暴力存在于所有人类社会，但不同的是人类对待暴力的方式。许多小型社会有着妥善减少暴力和削弱等级制度的方法。政治制度的建立，需要打破这些旧俗，代之以崇尚暴力的制度。成功的国家建立者，诸如周人和罗马人高度重视军事实力，并将战争视

27

（接上页）杭州：浙江人民出版社，2019 年〕；T. H. Clutton-Brock, *Mammal Societies. Chichester*（England：John Wiley & Sons，2016）；Wilkinson, *Chinese History*, sec. 38.15.3〔〔英〕魏根深著，侯旭东译：《中国历史研究手册》，38.15.3 "皇帝后宫的规模"〕。此语引自 Jacqueline Fabre-Serris and Alison Keith, *Women and War in Antiquity*（Baltimore：Johns Hopkins University Press，2015），3。

25　例如，Xiang Liu and Anne Kinney, *Exemplary Women of Early China: The Lienü Zhuan of Liu Xiang*（New York：Columbia University Press，2014）〔（汉）刘向著，〔美〕司马安（Anne Behnke Kinney）编译《列女传》〕中，几乎每个故事都从一个男人开始，然后再描述一个女人，就好像女性的重要性源于男性。

作基本的国之大事。可以说，世界史上所有的帝国都是由文化上特别好战的群体建立起来的，例如罗马、中华帝国、早期伊斯兰哈里发国家（Islamic caliphates）、成吉思汗的蒙古帝国和现代欧洲。一些人也许会认为，所有的人类群体都容易发生暴力，成功统治他者的群体只是善于打仗和治理而已，但这种说法忽视了文化在人类社会中的关键作用，并且将暴力文化视作标准文化了。削弱等级制度的社会敌不过崇尚暴力的社会，那么后者的价值观也就成为典范了。鉴于战争、增强国力与资源利用之间的关系，好战文化的胜利是世界环境史上的一个重要趋势。[26]

纵观历史，战争不仅是国家最初形成的重要因素，同样也是政治组织壮大的关键所在。战争高昂的成本促使政府提高剥削手段，寻求新的收入来源。用于战争的海量财富也常带来行政与技术的创新。在一个政体的内部，军事上的失败往往会削弱已有的统治集团，并促进改革。战争通常还会摧毁那些在调动资源方面逊于对手的政体，例如分权的波兰王国被邻国吞并，曾经煊赫一时的内亚牧民群体被俄国罗曼诺夫王朝和中国清朝征服。显然，战争

28

---

26 Nam C. Kim and Marc Kissel, *Emergent Warfare in Our Evolutionary Past*（New York：Routledge，2018）；Pierre Clastres, *Society against the State: The Leader as Servant and the Humane Uses of Power among the Indians of the Americas*（New York：Urizen，1977）；Bruce G. Trigger, "Maintaining Economic Equality in Opposition to Complexity: An Iroquoian Case Study," in *The Evolution of Political Systems: Sociopolitics in Small-Scale Sedentary Societies*（New York：Cambridge University Press，1990），119 – 45；Mark Edward Lewis, *Sanctioned Violence in Early China*（Albany：State University of New York Press，1990）；William Harris, *War and Imperialism in Republican Rome，327 – 70 B.C.*（Oxford：Clarendon，1985）；Elvin, The Retreat of the Elephants, chap. 5〔[英]伊懋可著，梅雪芹、毛利霞、王玉山译：《大象的退却：一部中国环境史》，第5章〕。

通常由呈等级结构的武装男性群体发起，这使他们可以随心所欲地将自己的意志强加给自己的人民和军力不足以与之抗衡的其他人民。资源集中对军事成功的重要性是人类文明形成的核心要素，同时也是我们面临的生态危机的核心要素。[27]

战争也是世界上大多数地区至今由国家统治的原因。虽然，所有社会的进步都要经过特定的社会发展阶段的观点（社会进化论）在学术界之外仍被广为接受，但社会的规模与复杂程度实际上并没有必然的增长趋势。即使社会确实渐渐变得阶层分化和中央集权，但社会也可以向另一个方向发展。大多数人现在都是国家的属民，原因很简单，因为历史上的国家和帝国征服了世界大部分地区。即使在华北——一个从某种程度上说确实由小村落发展为

---

27 Jonathan Haas，*Evolution of the Prehistoric State*（New York：Columbia University Press，1982）〔〔美〕乔纳森·哈斯著，罗林平等译：《史前国家的演进》，北京：求实出版社，1988 年〕；Robert L. Carneiro，"The Role of Warfare in Political Evolution：Past Results and Future Projections，" in *Effects of War on Society*，edited by G Ausenda（Republic of San Marino：Center for Interdisciplinary Research on Social Stress，1992），87 - 102；Samuel E. Finer，"Stateand Nation-Building in Europe：The Role of the Military，" in *The Formation of National States in Western Europe*，edited by Charles Tilly and Gabriel Ardant，84 - 163；Richard Bensel，*Yankee Leviathan：The Origins of Central State Authority in America，1859 - 1877*（Cambridge：Cambridge University Press，1990）；Roy Bin Wong and Jean-Laurent Rosenthal，*Before and Beyond Divergence：The Politics of Economic Change in China and Europe*（Cambridge，MA：Harvard University Press，2011）〔〔美〕王国斌、〔美〕罗森塔尔著，周琳译：《大分流之外：中国和欧洲经济变迁的政治》，南京：江苏人民出版社，2018 年〕；Tilly，*Coercion，Capital，and European States*，139；Peter Perdue，*China Marches West：The Qing Conquest of Central Eurasia*（Cambridge，MA：Belknap Press of Harvard University，2005）〔〔美〕濮德培著，叶品岑等译：《中国西征：大清征服中央欧亚与蒙古帝国的最后挽歌》，台北：卫城出版公司，2021 年〕。

大帝国的典型案例中，也只能从宏观角度看到这种社会增长趋势。如果我们深入研究中国历史上任何一个特定时期，我们看到的不会是政治力量不断增长的必然趋势，而是持续的波动。[28]

正如所有社会的发展都没有固定的轨迹一样，战争与政治组织之间也没有直接的关联性。这取决于更广泛的地缘政治背景。竞争对手少且收入稳定的国家，几乎没有寻求新的税收来源的压力。反之，那些强敌环伺、战火频仍的国家则面临着巨大的压力，急需寻求新的方式从它的臣民中汲取资源。罗马国家就是前一种情况的例子。几个世纪以来，罗马无需复杂的税收管理制度，因为它从掠夺和对征服地区征税中获得了足够的收入。罗马没有面临重大军事威胁，又靠剥削意大利以外的区域获得了大量财富，因此，罗马贵族尽可以限制政府的权力与扩张，以免其威胁自己的巨额财富。只有在3世纪收入持续短缺之后，罗马才不得不发展官僚制度，理顺税收制度。与此相似的是，中国的汉、唐、清帝国也在很长一段时间内没有强大的对手。[29]

29　　　反之，当群雄并立之时，任何增加财政收入的办法都将带来优势。为昂贵的战争所迫而改进剥削手段的国家，包括在亚历山大大帝（Alexander the Great）死后为瓜分帝国而相互攻伐的希腊化国家、近代早期的欧洲国家、战国时代的中国，以及攻打匈奴的汉帝国。其中许多的制度创新是不可持续的，但其他创新为建立

---

28 Kathleen R. Smythe, "Forms of Political Authority: Heterarchy," in *Africa's Past, Our Future*（Bloomington: Indiana University Press, 2015）, 103 - 20.

29 这种关于罗马的描述是基于Monson 和 Scheidel，*Fiscal Regimes and the Political Economy of Premodern States*, 208 - 81。

更强大、更具侵略性的国家奠定了基础，查尔斯·蒂利（Charles Tilly）清楚地解释了这一动态过程：

> 有效率的军事机器的建立，给统辖范围之内的人口，带来了沉重的负担：税收、兵役、物资征用，等等。建立军事机器这一行为本身——其时它就运作起来了——就产生了一种制度安排，能够将资源输送到政府用于其他目的。（因此，欧洲几乎所有主要的税收都始于"额外征收"，指定用于特定的战争，而逐渐成为政府财政收入的固定来源。）它产生了执行政府意志、镇压强有力的抵抗的工具——军队。它确实有助于促进地区团结、中央集权、政府机构从其他组织中分化出来、对强制手段的垄断，这一切基本的国家缔造进程。战争缔造了国家，而国家也造成了战争。

正如后续章节所述，中国的东周时期与此情况差不多，也可以适用这段引文。虽然当前所论的是（历史上）增强国力之改革，但值得一提的是，中华人民共和国 70 年来的历史都处于强国大计之中，以此应对敌对外国势力的威胁；强国改革取得了地缘政治的成功，又导致了环境的危机，这两者并不矛盾。[30]

---

30 引自 Charles Tilly and Gabriel Ardant，eds.，*The Formation of National States in Western Europe*，（Princeton NJ：Princeton University Press，1975），42；Andrew Monson，"Hellenistic Empires," in *Fiscal Regimes and the Political Economy of Premodern States*，edited by Andrew Monson and Walter Scheidel（Cambridge：Cambridge University Press，2015），169－207；Victoria Tin-bor Hui，*War and State Formation in Ancient China and Early Modern Europe*（Cambridge：（转下页）

210

在长期势均力敌的战争中取得成功的关键，在于通过提高国家行政能力来为战争调动资源和人力。东周时期的诸侯接管了与它们对立的精英群体的臣民和土地，控制了以前由平民共享的资源，这与近代早期的欧洲一样。除了简单地从更多的现有经济中汲取资源外，强有力的官僚政府还可以重组社会和环境，使之更易于控制和开发，从而汲取更多资源。詹姆斯·斯科特（James Scott）描述了近代早期的欧洲国家如何努力让行政人员更清晰地了解国家的领土，将社会和景观重塑为与行政类别和方法相匹配的结构。他认为，当人们从这些方面考虑强国改革时，"固定姓氏的创建，度量衡的标准化，土地调查和人口登记制度的建立，土地永久占有（freehold tenure）的出现，语言和法律条文的标准化，城市规划以及运输系统的组织等看来完全不同的一些过程，其目的都在于清晰化和简单化"。秦帝国实际上实现了上述大部分（尽管其土地占有权并非永久），并且为了合理化行政，可能比世界上任何一个国家在社会精简化上都走得更远。但秦朝崩溃了，此后的王朝都没有长期保持准确的人口或土地记录。所以，斯科特是对的，国家只有在现代才真正实现了这些目标。但中国的官僚制程度要比其他国家更强，国家在东亚文化中占据了不同寻常的中心地位，政府对中国社会有着相当深远的影响，以至于死后世界也被理解成官僚体制，为阴司官吏所撰的宗教性文书，也在模仿现实官吏

（接上页）Cambridge University Press, 2005）〔[美]许田波著，徐进译：《战争与国家形成：春秋战国与近代早期欧洲之比较》，上海：上海人民出版社，2018年〕；Chun-shu Chang 张春树，*The Rise of the Chinese Empire*（Ann Arbor: University of Michigan Press, 2007）。

的文书。[31]

　　自此，尽管两千年来政治实践不断变化，但秦帝国的行政结构和统治之术却一直流传下来。这并非因为中国是一成不变的，而是因为每一位新统治者都需要一套行政管理制度，而中国无与伦比的修史传统为受教育阶层提供了前朝行政的详细记载。虽然中国的文化精英们声称他们的思想来自儒家经典中记载的周朝统治者的智慧，但实际上，他们对秦汉制度更为了解，秦汉制度在司马迁的《史记》、班固的《汉书》和范晔的《后汉书》等文本中都有明确阐述。这些由中央政府官员修撰的史书，包含对汉代行政制度的详细解释，以及帝王将相生动的传记，为心怀抱负的官吏提供了前人之鉴。这些史书广为流传，东亚各地的学者都从中

31　引自 James C. Scott, *Seeing Like a State: How Certain Schemes to Improve the Human Condition Have Failed* (New Haven, CT: Yale University Press, 1998), 2〔〔美〕詹姆斯·C.斯科特著，王晓毅译，胡搏校：《国家的视角——那些试图改善人类状况的项目是如何失败的》，北京：社会科学文献出版社，2004年，第 2 页（译者注："freehold tenure" 在中译本中作 "自由租佃制度"）〕; Benjamin Schwartz, "The Primacy of the Political Order in East Asian Societies," in *China and Other Matters* (Cambridge, MA: Harvard University Press, 1996), 114 - 38。关于中国历史后期国家与纳税人之间的关系，参见 Denis Twitchett, *Financial Administration under the T'ang Dynasty* (Cambridge: Cambridge University Press, 1963)〔〔英〕杜希德著，丁俊译：《唐代财政》，上海：中西书局，2016年〕; Ray Huang, *Taxation and Governmental Finance in Sixteenth-Century Ming China* (London: Cambridge University Press, 1974)〔黄仁宇著，阿风、许文继、倪玉平、徐卫东译：《十六世纪明代中国之财政与税收》，北京：生活·读书·新知三联书店，2001年〕; Kung-chuan Hsiao, *Rural China: Imperial Control in the Nineteenth Century* (Seattle: University of Washington Press, 1967)〔萧公权：《中国乡村：论十九世纪的帝国控制》，北京：中国人民大学出版社，2014年〕。关于死后世界的官僚化，参见 Donald J. Harper, "Resurrection in Warring States Popular Religion," *Taoist Resources* 5, no. 2 (1994): 13 - 28。

学习到实用的行政管理方法和普遍的政治智慧。这在中国行政管理历史中创造了一些连续性。自从这些文献成书以来，该地的人们一直在阅读，这正是更广泛的历史延续性之一端。不同于欧洲，
31 东亚的知识体系自古至今从未断绝。自秦朝以来，除了短暂的战时中断，中国的某些地方一直存在着官僚政府。

中华帝国已经改变了它们的环境——尽管这样的观点毋庸置疑，但探讨它们改造环境的方式还是有价值的，我们将在第6章回到这个主题。最为明显的是分布各地的汉语人群、他们广泛的集约农业以及现代中国的国境线，这些都是许多世纪征服和同化的产物。随着各类生态系统转化为农田，各种语言群体逐渐被汉语人群所取代。一旦征服了某一领土，国家就会兴建基础设施，并为该地的垦殖提供军事支持。中华帝国存在的第一个千年内，帝国直接经营农田与林地。国家还通过修建运河、灌溉系统以及堤坝来改造水文系统，将湿地变成农田。政府对黄河的治理极大地影响了华北平原的历史。国家还推广新作物与新耕作方法，防止饥荒以促进人口增长。对于同样改造环境的邻国而言，中华帝国当仁不让地成了它们的榜样。本书下面将要讨论帝国制度是如何产生的。

第2章

实函斯活：人类如何建立自己的生态系统

今是土之生五谷也，人善治之则亩数盆，一岁而再获之，然后瓜桃枣李一本数以盆鼓，然后荤菜百蔬以泽量，然后六畜禽兽一而剸车，鼋鼍、鱼鳖、鳅鳣以时别，一而成群，然后飞鸟凫雁若烟海，然后昆虫万物主其间，可以相食养者不可胜数也。

——《荀子》，公元前3世纪*

驯化动植物使人类得以主宰世界上陆地表面的广袤区域。人草共生关系，即人类与禾本科植物的联盟是我们生态系统的核心。

---

* 本章引言出自《荀子》第十篇。"五谷"是一个惯用语，指的是黍、稷、麦、菽和稻（在南方）或麻（在北方）。"六畜"是猪、狗、鸡、马、牛和绵羊/山羊。（清）王先谦：《荀子集解》卷第六《富国篇第十》，北京：中华书局，1988年，第184—185页；John Knoblock, *Xunzi: A Translation and Study of the Complete Works*, vol. 2（Stanford, CA: Stanford University Press, 1988）, 127 - 28; Eric L. Hutton 何艾克, *Xunzi: The Complete Text*（Princeton, NJ: Princeton University Press, 2014）, 88 - 89; 张波、樊志民主编：《中国农业通史（战国秦汉卷）》，北京：中国农业出版社，2007年，第20页。

33　　人类如今用大片的土地来种植小麦、玉米和水稻。猪和牛现在也几乎占全球哺乳动物总量的一半。驯化物种不仅为我们提供食物，还为我们提供建筑材料、药物、衣服乃至陪伴。每一个被驯化的新物种都可被视作人类生态工具箱中的一个工具。由于每个物种在不同的土壤和气候中繁衍生息，它们都为人类开发了一个新的环境，使人类得以用人造的生态系统取代自然生态系统。人类开垦的土地越多，获得的阳光和水就越多，人口由此得以增长。本章探讨这一过程在中国北方是如何发生的。[1]

　　华北农业系统的历史，是一段自然景观日益驯化的历史。新石器时代（即农业时代）早期的人们种植黍类，同时也捕鱼、狩猎和采集野生植物。随着农业的发展，人们学会了种植更多的植物，饲养更多的动物，并将它们培育成所需的性状。猪和狗在村落周围觅食，后来鸡也加入其中。水果树和坚果树可以种植在过于陡峭而无法种植谷物的土地上。反刍动物，诸如牛、羊，使人们得以开发此前几乎无法利用的草原和旱地。随着农业系统日渐复杂，人们有能力生产盈余，来供养从事手工业、战争、宗教和行政方面的专门人员。农业盈余是文明的基础。到公元前一千纪末，黄河流域低地的大部分森林和草地已被粮田、菜地和果树所取代。野生动物逐渐从自然景观与人们的饮食中消失。

　　本章回顾了华北农业系统从起源到周代（前1046—前221）的形成过程。本章综合了考古学家和科学家在过去二十年中发表的

1　Bar-On, Phillips, and Milo, "The Biomass Distribution on Earth"。以十亿吨碳（Gt C）生物量计算，牛重达6 100万吨（0.061 Gt C），猪重达2 100万吨（0.021 Gt C），这两个物种占全世界哺乳动物生物量1.67亿吨（0.167 Gt C）的48%。

成果，以及《诗经》等古代文献中的信息。比较考古证据与传世文献、出土文献，可见不同类型的材料各有偏颇，我们可以推测各种材料的缺漏之处。本章中讨论的多数历史进程发生在欧亚大陆各地，因此，我们将综合考量大趋势和黄河流域中部的具体案例。在新石器时期绝大部分时间里，黄河流域中部是东亚人口最稠密的地区之一。但在讨论驯化动植物之前，我们将回顾所研究区域的地理环境，并简要描述因农业文明兴起而改变的各种生态系统。

地理、气候与生态 34

本书关注的是陕西关中盆地及其周边地区：北部是干旱的黄土高原，南部是森林茂密的秦岭山脉以及向东延伸至河南洛阳之"中原"的谷地（地图 2）。关中盆地位于黄河最大支流渭河的下游，因此我将这整个地区称为黄河流域中部。中国早期的大多数国家和王朝都立基于今西安附近的关中中部，或是关中以东 300 公里的洛阳。古代东亚最肥沃、人口最多的地区是关中东部的华北平原，但都城常定在关中，因为它被群山和黄河环绕，形成了一个天然的四塞之地。关中地区也没有时或淹没华北平原的大规模洪涝灾害。本节将回顾该地的气候和自然地理，然后再讨论其生态。读者如果对这些议题感兴趣，可以参阅我的其他著作。[2]

---

2 下一节概括自 Brian Lander，"Birds and Beasts Were Many：The Ecology and Climate of the Guanzhong Basin in the Pre-Imperial Period，" *Early China* 43（2020）：207 – 45。该文原为本书之一章。也可参阅 Brian Lander and Katherine （转下页）

35

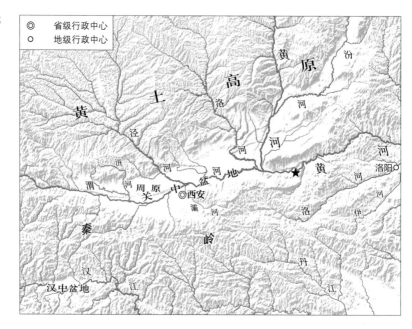

地图2：关中盆地及周边地区。

如需了解其在东亚的位置，地图1的矩形区域即表示此图的范围。此图中的星形表示
下文图1黄土峁的大致位置。

　　东亚的气候和植被主要受季风影响。随着欧亚大陆春夏两季
的变暖，暖空气上升，水汽从海洋吹向内陆，因此大部分降雨发
生在夏季。寒冷的冬季与之相反，干冷的空气自内亚而来。本书
研究区域位于北纬34°左右，洛杉矶和黎巴嫩也是如此，但它比这

（接上页）Brunson, "Wild Mammals of Ancient North China," *Journal of Chinese
History* 2, no. 2（2018）: 291 – 312〔白倩译：《中国古代华北地区的野生哺乳动
物》，《黄河文明与可持续发展》第16辑，开封：河南大学出版社，2020年，第
153—185页〕和史念海：《古代的关中》，《河山集》，北京：生活·读书·新知三
联书店，1963年，第26—66页。

些地方更冷，因为它大部分地区的海拔超过400米。季风的波动意味着年降水量的剧烈变化，一些年份低至400毫米，而有些年份则有900多毫米。该地区的高蒸发率也减少了可用于种植的水分。虽然大多数年份降雨量充足，足以让农民在没有灌溉的情况下种植黍，但再耐旱的黍类也抗不过最干旱的一些年份。该地的农民现已有条件灌溉，可以种植各种作物，但在本书所涵盖的大部分时期，农民靠的是耐旱黍类，这类作物除了大旱之年外都能存活。

气候在塑造区域的地表方面也发挥了重要作用。在过去的数百万年里，全球降温，内亚的大部分地区变成了沙漠，其植被过于稀疏而无法防风固沙。狂风把这些沙尘吹向了东部，在400平方公里的区域内已经堆积成数十米深的土层，其中大部分位于渭河以北。这种土壤被称为黄土，这片区域被称为黄土高原（图1）。较浅的黄土沉积存在于更大的区域内。在华北肥沃的河谷地带中，大部分土壤是由黄土高原流失的黄土构成的。由于农民和他们的牲畜破坏了黄土地区保持土壤的植被，更多的土壤被冲入水道，抬高了河床，增加了下游洪水的频次。[3]

在过去的200万年中，地球的气候在寒冷的冰期和较暖的间冰

---

3 Tristram R. Kidder and Yijie Zhuang 庄奕杰，"Anthropocene Archaeology of the Yellow River，China，5000 - 2000 BP，" *The Holocene* 25，no. 10（2015）: 1627 - 39; Joseph Needham、Ling Wang，and Gwei-djen Lu，*Science and Civilisation in China*，vol. 4.3: *Civil Engineering and Nautics*（Cambridge：Cambridge University Press，1971）〔[英] 李约瑟著，王玲、鲁桂珍协助，汪受琪译：《李约瑟中国科学技术史》第4卷《物理学及相关技术》第3分册《土木工程与航海技术》，北京：科学出版社，上海：上海古籍出版社，2008年〕; Mostern，*The Yellow River*。在中国，关中盆地通常被认为是黄土高原的一部分，但我认为该地海拔较低，可视作独立区域。

图1：在河南省灵宝县的黄土峁上俯瞰黄河。

期之间来回摆动。人类文明是在被称为全新世（Holocene，过去11 000年）的当前间冰期内出现的。在两万年前最近的一次冰期内，中国北方是一片寒冷的草原，这里栖息着现已灭绝的猛犸象和披毛犀等物种。一部分物种从冰期一直存活到了历史时期，包括马、人、梅花鹿和原始牛（aurochs，家牛的野生祖先）。随着气候变暖，树木向北迁移至黄河流域，在大约一万年前的全新世早期，气候达到与现在相近的温度。[4]

4　Yong-Xiang Li 李永项，Yun-Xiang Zhang 张云翔，and Xiang-Xu Xue 薛祥煦，"The Composition of Three Mammal Faunas and Environmental Evolution in the Last Glacial Maximum, Guanzhong Area, Shaanxi Province, China," *Quaternary International* 248（2012）: 86 – 91；祁国琴：《中国北方第四纪哺乳动（转下页）

　　距今大约 7 000 年至 3 000 年前，这一时期被称为全新世大暖期（Holocene Megathermal），气候比 20 世纪的气候略为温暖湿润。气温大约高出 1.5℃，每年降水量多出 200 毫米。早期的学者通常认为，考虑到在华北发现的物种现在仅存在于遥远的南方，当时的气候比现在温暖得多。他们推断，由于诸如犀牛之类的动物现在生存于热带地区，中国北方一定有过热带的气候。但气候科学的进步表明，这些物种在黄河流域灭绝，实际上是人类活动而不是气候变化导致的。我们对东亚哺乳动物的"自然"范围的认识，是基于科学家在过去两个世纪的观察，而当时的人类活动已经改变了中国的生态系统。事实上，华北全新世大暖期的气候与今天没有太大区别。例如，当时关中盆地的气候与东南仅数百公里外的今河南南部的气候相似。这一温暖和湿润的时期在距今 4 000 年到 3 000 年前结束，气候变得略为凉爽和干燥一些。总体而言，自此至今的气候始终如是。[5]

37

（接上页）物群——兼论原始人类生活环境》，吴汝康、吴新智、张森水主编：《中国远古人类》，北京：科学出版社，1989 年，第 333—334 页；同号文：《第四纪以来中国北方出现过的喜暖动物及其古环境意义》，《中国科学》2007 年第 7 期；Qiaomei Fu 付巧妹 et al., "DNA Analysis of an Early Modern Human from Tianyuan Cave, China," *Proceedings of the National Academy of Sciences* 110, no. 6（2013）: 2223 – 27。

5　黄春长在 2013 年告诉我：据他和他的同事估计，全新世中期气温高出 1.5℃，降水量多出 200 毫米，但这些数据很难证实，因为它们基于几条证据。除了黄春长的研究，还可参见 Hou-Yuan Lu 吕厚远 et al., "Phytoliths as Quantitative Indicators for the Reconstruction of Past Environmental Conditions in China II: Palaeoenvironmental Reconstruction in the Loess Plateau," *Quaternary Science Reviews* 26, nos. 5 – 6（2007）: 759 – 72, 以及 Z. – D. Feng 冯兆东 et al., "Stratigraphic Evidence of a Megahumid Climate between 10 000 and 4 000 Years B.P. in the Western Part of the Chinese Loess Plateau," *Global and Planetary Change* 43, no. 3 – 4（转下页）

　　试图将这一时期干燥的气候与人类社会的变化联系起来，这种做法是很有诱惑力的。然而，古气候数据显示的只是长期平均水平的渐变，而非真正影响农民的短期事件，例如干旱和暴风雨。唯一的例外是大洪水，它会留下独特的细颗粒沉积物（fine-grained sediments）。干燥的趋势可能会在降雨量仅够种植黍类的边缘地带留下痕迹。但在大多数情况下，我们仍然缺乏必要的证据来理解气候在这一时期的作用。将这一时期的气候视作单独的变量则更为麻烦，因为牛羊恰好在同一时间来到此地。放牧牛羊有助于人们在干旱的土地上维持生存，而此时，黄土高原的大片区域正变得过于干燥而难以耕种。

　　中华文明始终以可耕种的河谷平原为基础。这些是地质历史上年轻部分的景观，由从周围黄土和岩石剥蚀下的沉积物组成。就地质而言，渭河与其东边的黄河流淌于华北板块和华南板块之间的一条长达1 000公里的东西向地质裂缝中。这两个板块是在两亿多年前拼合在一起的。华北板块已有20多亿年的历史，其地貌随着时间的推移而逐渐磨蚀。这就是黄土高原的丘陵低矮起伏的原因，而在被厚厚的黄土层覆盖后，黄土高原近来在地质学上更引人注目，这些黄土层会被侵蚀，形成陡峭的沟壑。在关中以南，

211　　（接上页）（2004）：145 - 55。关于古代气候和动物群，参见 Joris Peters et al., "Holocene Cultural History of Red Jungle Fowl（*Gallus gallus*）and Its Domestic Descendant in East Asia," *Quaternary Science Reviews* 142（2016）：102 - 19; Lander and Brunson, "Wild Mammals of Ancient North China"; Samuel T. Turvey and Susanne A. Fritz, "The Ghosts of Mammals Past: Biological and Geographical Patterns of Global Mammalian Extinction across the Holocene," *Philosophical Transactions of the Royal Society B* 366, no. 1577（2011）：2564 - 76。

秦岭中陡峭的山坡和狭窄的山谷要年轻得多，在过去五千万年里才与青藏高原同时隆起。秦岭山脉的最高点位于太白山（海拔3 767米），向东逐渐降低。由于高山的低温迫使从海洋向西北移动的云层形成降水，秦岭被茂密的森林所覆盖。这给秦岭以北带来了雨影效应，因此关中盆地和黄土高原相对干燥。

中国北方的植被通常为欧洲或北美的人所熟悉，因为这三个地区的森林同步进化，植物也在三个地区之间不断迁移。北温带森林形成于温暖的五千万年前的北极地区，并逐渐向南移动，覆盖了北半球的大片地区。从那时起，全球变冷，山脉隆起，阻止了降水进入大陆，导致干燥的内陆地区的森林为草原取代。这一过程使欧亚大陆和北美的沿海或山区都有森林，中间则被广阔的内陆草原和沙漠隔开。在森林和草原这两类生物群落之间的是稀树草原（savannas），树木和灌木生长在其中较为潮湿的地区，而禾本与草本植物则占据了较干燥的地区。关中盆地就是位于东部森林和内亚草原之间的边界地带。在人们将其改造为农田之前，关中盆地大部分地区都覆盖着禾本植物、灌木和草本植物，如紫菀属（asters）和蒿属（artemisia）植物，而树木生长在山谷和其他湿润地区，包括橡树、榆树、柏树和松树。[6]

不同于欧洲和北美的温带森林——与热带雨林因海洋和沙漠

6　Katherine J. Willis and Jennifer McElwain, *The Evolution of Plants*（Oxford: Oxford University Press, 2014）, 225 – 64; Lander, "Birds and Beasts Were Many"; Hui Shen 沈慧 et al., "Forest Cover and Composition on the Loess Plateau during the Middle to Late-Holocene: Integrating Wood Charcoal Analyses," *The Holocene* 31, no. 1（2021）: 8 – 49.

而隔绝，东亚的林区从马来西亚一直延伸到西伯利亚，形成从热带雨林到寒温带针叶林的连续分布。因为它们可以随着气候变化，自由地南北迁徙，这使得该地区的动植物变得非常多样化。东亚也没有受到冰川作用的影响，因为内亚非常干燥而无法形成冰盖（ice sheets）。相比之下，在过去的200万年中，欧洲和北美的动植物被冰川反复摧毁。在这些地方，向南迁移的植物群被地中海和墨西哥湾阻隔，其中许多种类最终灭绝了。正因为如此，东亚拥有北半球最多样化的温带生态系统。这种多样性为人们提供了种类繁多的动植物来驯化，并促进了东亚文明的兴起。但是，文明却极大地减少了这种多样性，农田取代了东亚低地几乎所有的自然生态系统。现在生长在黄河流域低地的树木大多是人工种植的，基本是果树或杨树之类的速生树木。森林仅存在于秦岭这样的高山上。[7]

华北地区原来也是各种动物的家园（图2）。大型食草动物包括犀牛、原始牛、野水牛、野马和几种鹿。食肉动物包括虎、豹、豺、狼、黑熊、棕熊、貉以及各种小型猫科动物和黄鼠狼。鼹鼠、鼢鼠、竹鼠、岩松鼠、豪猪和獾在地下挖掘洞穴，松鼠在林间蹦蹦跳跳。还有各种蟾蜍、壁虎、蜥蜴和蛇也生活在森林和草原上。这些物种大多数现已消失，或成了珍稀动物。只有鸟类因为会飞，仍然保留着一些它们以前的多样性。我观察了该地区的鸟类，发现现在最常见的鸟类是麻雀、燕子、楼燕、鸹、鸽子、鹊

7　关中平原现在最常见的树木是杨树（青杨、黑杨、小叶杨和毛白杨）、泡桐（毛泡桐）、梓树（梓桐）、槐树、白榆、臭椿、柳树、侧柏、圆柏，以及红松（油松）。参见陕西省地方志编纂委员会：《陕西省植被志》，西安：西安地图出版社，2011年，第538页。

鸧和喜鹊。黑鸢和乌鸦，如秃鼻乌鸦和寒鸦，曾经很常见，但现在也很稀有了。夏天雨季，水道沿岸以及排水不畅之处的湿地也曾生机勃勃。这里是硬壳和软壳龟、青蛙、蟾蜍和蝾螈的家园。人们经常食用淡水螺和蚌类。秦岭的水道仍是世界上最大的两栖动物——濒危的中国大鲵的栖息地，这种动物可长达 2 米，重达 50 公斤。在西安以南的溪流中，我见过绿头鸭、鸳鸯、翠鸟、白鹭、黑冠夜鹭和鹬；当然，各种鱼类也栖息在河流与湿地中。[8]

以上就是关中地区早期农民居住的环境。尽管他们数千年来越来越依赖驯养的动植物，但在本书的整个研究时段内，人们还

图 2：黄河流域中部的本土哺乳动物。

较大的动物显示在右侧，较小的动物以不同的比例显示在左侧。如需了解更多信息，可参见 Brian Lander and Katherine Brunson, "Wild Mammals of Ancient North China," *Journal of Chinese History* 2, no. 2 (2018): 291 – 312（白倩译：《中国古代华北地区的野生哺乳动物》，《黄河文明与可持续发展》第 16 辑，第 153—185 页）。

8　相关详情，参见 Lander, "Birds and Beasts Were Many"；Lander and Brunson, "Wild Mammals of Ancient North China"〔白倩译：《中国古代华北地区的野生哺乳动物》，《黄河文明与可持续发展》第 16 辑，第 153—185 页〕；及 Samuel T. Turvey et al., "Long-Term Archives Reveal Shifting Extinction Selectivity in China's Postglacial Mammal Fauna," *Proceedings of the Royal Society B* 284, no. 1867（2017）：20171979。关于大鲵，参见 Xiao-ming Wang 王小明 et al., "The Decline of the Chinese Giant Salamander *Andrias davidianus* and Implications for Its Conservation," *Oryx* 38, no. 2（2004）：197 – 202。淡水螺的学名是中国圆田螺（*Cipangopaludina chinensis*），淡水蚌类的学名为圆顶珠蚌（*Unio douglasiae* 或 *Nodularia douglasiae*）。Fengjiang Li 李丰江 et al., "Mid-Neolithic Exploitation of Mollusks in the Guanzhong Basin of Northwestern China: Preliminary Results," *PLoS One* 8, no. 3（2013）：e58999。关于黄河水系的鱼类，见黄河水系渔业资源调查协作组：《黄河水系渔业资源》，沈阳：辽宁科学技术出版社，1986 年；Jonathan Watts, "30% of Yellow River Fish Species Extinct," *Guardian*, January 18, 2007, www.theguardian.com/news/2007/jan/18/china.pollution。

40

在捕鱼、狩猎和采集野生植物、蘑菇和水产。神话中从"狩猎—采集者"到"农民"的转变，实际上是转变为"农民—渔民—狩猎—采集者"。

食物生产的起源，公元前8000—前5000年

动植物的驯化使人类征服了世界。近至几十年前，大多数学者还认为这是一件大好事。这并不奇怪，因为学者们往往来自农业社会，在农业社会中，人们普遍认为定居农业的生活比采集渔猎的生活要好。这种农业偏见如此强烈，以至于学者们直到最近才意识到这一点。随后一些人走得更远，将前农业时代的生活理想化。我们现在知道，采集者往往能够认识到自己种植食物的可能性。与其说是对农业一无所知，不如说他们可能会选择避免农业，因为他们已经有了良好的饮食，不会被农业生活繁重的劳动和单调的饮食种类所吸引。农业之所以成为全球主要的生业模式（subsistence strategy），并不是因为它让生活变得更好。相反，农业创造了更为密集的人口，由此，农业社会有数量上的优势、复杂的社会组织和疾病来征服采集人群。整个汉藏语系可能起源于黄河流域的早期农民，他们随着人口的持续增长、不断同化或消灭其他语言而遍布整个大陆。[9]

42

9　Bruce D. Smith, "Low-Level Food Production," *Journal of Archaeological Research* 9, no. 1（2001）: 1－43〔［美］布鲁斯·史密斯著，陈航、潘燕译，陈淳校：《低水平食物生产》，《南方文物》2013年第3期，第151—165页〕；（转下页）

　　农业可能起源于全新世，因为这是晚期智人（modern *Homo sapiens*）在世界各地散布的第一个间冰期。农业在异常稳定的全新世气候中蓬勃发展。最早的现代人在8万年前就来到了东亚。旧石器时代（前农业时代）的人们似乎已经在末次冰期后的温暖气候中生存繁衍。他们发明了陶器和更好的石制工具，并发现了许多利用植物性食品的新方法，这是他们自己种植食物的前奏。他们的物质文化遗存只剩下石器，但旧石器时代的人们对有机材料的使用特性以及如何将其加工成食物、衣物和工具有着深刻的了解。诸如编织篮子之类的技术，其遗迹保存在陶器印痕中，这些技术对旧石器时代的生活至关重要。[10]

（接上页）Gary W. Crawford, "Early Rice Exploitation in the Lower Yangzi Valley: What Are We Missing?" *The Holocene* 22, no. 6（2012）: 613 - 21; Marshall Sahlins, *Stone Age Economics*（Chicago: Aldine, 1972）〔［美］马歇尔·萨林斯著，张经纬、郑少雄、张帆译:《石器时代经济学》，北京: 生活·读书·新知三联书店，2009年〕; Laurent Sagart et al., "Dated Language Phylogenies Shed Light on the Ancestry of Sino-Tibetan," *Proceedings of the National Academy of Sciences* 116, no. 21（2019）: 10317 - 22; Peter Bellwood, "Asian Farming Diasporas? Agriculture, Languages, and Genes in China and Southeast Asia," in *Archaeology of Asia*, edited by Miriam T. Stark（Oxford: Blackwell, 2006）, 96 - 118。

10　Wu Liu刘武 et al., "The Earliest Unequivocally Modern Humans in Southern China," *Nature* 526, no. 7575（2015）: 696 - 99; Li Liu and Xingcan Chen, *The Archaeology of China: From the Late Paleolithic to the Early Bronze Age*（Cambridge: Cambridge University Press, 2012）, 42 - 74〔刘莉、陈星灿著，陈洪波、乔玉、余静、付永旭、翟少东、李新伟译:《中国考古学: 旧石器时代晚期到早期青铜时代》，北京: 生活·读书·新知三联书店，2017年〕; 中国社会科学院考古研究所、陕西省考古研究所:《陕西宜川县龙王迪旧石器时代遗址》，《考古》2007年第7期，第3—10页; Li Liu刘莉 et al., "Plant Exploitation of the Last Foragers at Shizitan in the Middle Yellow River Valley China: Evidence from Grinding Stones," *Journal of Archaeological Science* 38, no. 12（2011）: 3524 - 32。

"农业革命"一度被认为是一场瞬时事件，但事实上，它始于一万多年前，且尚未结束。中国早期驯化史的考古研究还不发达，我们也不太了解动植物最初是如何在此被驯化的。民族志研究表明，在小型采集社会中，人们通常会从一个特定的区域获得资源，他们经常返回以分享食物的地方就是区域中心。他们必须深入了解每年的各个时段都有哪些野生动植物，并且通常有制度来规范资源获取。基于这些知识，人们以各种方式改变自己的环境，其中一些改变方式促进了有用的动植物的生长，而且减少了对人类无用的生物。例如，他们可能会焚烧森林从而形成吸引鹿群的草地，或改造水道以便于捕鱼。鉴于人类深刻了解自己的生态系统以及如何改造它们，生活在华北这样物产丰富地区的古人，一定明白如何向更加注重食物自给的生业模式转变，但只要获取野生43 资源更为容易，就没有这样做的具体动力。他们的主要目标之一，肯定是在食物匮乏的冬春两季减少挨饿的风险。早期农业也许是采集者在思索如何从他们刚改造的环境中获取食物时产生的意外结果。[11]

考古学家不再简单一分为二地看待野生物种和驯化物种。当人们割草和播种时，禾本科植物会迅速进化出适合人类耕作的特性。但如果人们停止收获，它们很快便会发展出野生所需的特性。当我们考虑人类如何在没有任何驯化物种的情况下重组生态系统时，野生与驯化二分法的不足之处也很明显。仅仅靠吃完水果后丢在

---

11 本段基于 Bruce D. Smith, "A Cultural Niche Construction Theory of Initial Domestication," *Biological Theory* 6, no. 3（2011）: 260 – 71；以及加里·克劳福德（Gary Crawford）的建议。

村落旁的种子，就经常能长成一片片意料之外的果园。这些水果、坚果树创造了比人类个体寿命更长久的具有生产力的景观，创造了人类与树丛果林之间世代绵延的关联，人们可能会感觉到对树丛果林的某种所有权。人类偏爱更大更美味的水果，从长远来看，这是一个改变植物本身的选择过程，但早在此之前，人类的活动就改变了环境。动物的驯化也是一个漫长的过程，其间人们照看着捕猎所需物种的数量，但还没有有意识地培育动物的理想特性。我在求学时得知，人类已经捕获并有意识地驯化了他们的目标动物。然而，事实证明，人类经过数千年的放牧，才发展出有意识地捕捉和驯服动物的技术。这一漫长过程确实发生在马和骆驼身上，但这是一种相对少见的驯化方式。[12]

第一个与人类结盟——这显然是一种平等的关系——的物种是一种强大的肉食动物。狼曾经遍布北半球，从苔原到森林，深入到欧亚与美洲的沙漠。狼在等级森严的群体中生活并狩猎，高速奔跑以击倒大型食草动物。它们还猎杀各种各样的小型动物，如蛇、鸟和啮齿动物。狼群可能因残羹剩饭被吸引到人类聚落，并逐渐与人类形成共生关系（symbiotic relationship）；此后，人们饲养狼来培养它们有用的特性。在华北，关于狗的最早证据可追溯到大约一万年前，但我们可以假设它们此前已经存在，因为在更远的北方，有更早关于狗的证据。狗帮助人们狩猎和放牧，但它们最有用的特性是忠于饲主，以及对任何陌生物种的示警与攻

44

12　Melinda A. Zeder，"The Domestication of Animals，"*Journal of Anthropological Research* 68，no. 2（2012）：161 – 90.

击行为。再加上它们有卓越的听觉和嗅觉，这些特性使狗成为完美的警报器。成群结队的狗不仅能震慑大型哺乳动物，如老虎和外人，还能猎杀钻进粮仓等食物储藏之处的小动物。狗群在聚落周围形成了一个对熟悉的人和动物来说安全的区域，又足以威慑几乎任何规模的侵入者——这一特点对小型营地的狩猎者和村落里的耕作者来说都很有用。而且最重要的是，它们还可充当食物。[13]

　　黍类是中国北方历史上最重要的农作物，是使人们逐渐转向定居的关键植物（图3）。该地区驯化的主要谷物是黍（*Panicum miliaceum*）和粟（*Setaria italica*）。这两种谷物都是一年生禾本植物，茎粗壮，籽实有硬壳保护，干燥后可储存数年之久。与存活数年的多年生植物不同的是，一年生植物会长出种子，然后在每年年底死亡。诸如黍类和大豆等一年生植物在春天发芽，那时季风雨落在黄土地上。它们专在被人类干扰的生态系统中繁殖，应

---

13 我要感谢 Sasha 和 Otis 向我提供了许多关于狗的行为的见解。Laurent A. F. Frantz et al., "Genomic and Archaeological Evidence Suggest a Dual Origin of Domestic Dogs," *Science* 352, no. 6290（2016）: 1228 – 31; Olaf Thalmann et al., "Complete Mitochondrial Genomes of Ancient Canids Suggest a European Origin of Domestic Dogs," *Science* 342, no. 6160（2013）: 871 – 74; Melinda A. Zeder, "Pathways to Animal Domestication," in *Biodiversity in Agriculture: Domestication, Evolution, and Sustainability*, edited by Paul Gepts（Cambridge: Cambridge University Press, 2012）, 227 – 59; Liu and Chen, *The Archaeology of China*, 96 – 98〔刘莉、陈星灿著，陈洪波、乔玉、余静、付永旭、翟少东、李新伟译：《中国考古学：旧石器时代晚期到早期青铜时代》〕; Greger Larson et al., "Rethinking Dog Domestication by Integrating Genetics, Archeology, and Biogeography," *Proceedings of the National Academy of Sciences* 109, no. 23（2012）: 8878 – 83。

图 3：正在吃粟子的麻雀。

麻雀与鸽子、老鼠等动物一样，趁着农业的发展成为农业生态系统中常见的一员。

当是聚落周围地区常见的植物。[14]

　　黍类是最容易种植、生长最快的谷物之一，它们需水较少，这

---

14 Sheahan Bestel et al., "The Evolution of Millet Domestication, Middle Yellow
　River Region, North China: Evidence from Charred Seeds at the Late Upper
　Paleolithic Shizitan Locality 9 Site," *The Holocene* 24, no. 3（2014）: 261 – 65;
　Xiaoyan Yang 杨晓燕 et al., "Early Millet Use in Northern China," *Proceedings of
　the National Academy of Sciences* 109, no. 10（2012）: 3726 – 30; Robert N. Spengler,
　"Anthropogenic Seed Dispersal: Rethinking the Origins of Plant Domestication," *Trends
　in Plant Science* 25, no. 4（2020）: 340 – 48; Bruce D. Smith, *The Emergence of
　Agriculture*（New York: Scientific American Library, 1995）, 20.

也是世界上大多数地区都能种植黍类的原因。黍的生长期约为两个月，可在降水量为400至500毫米的地区种植；而粟的生长期为三个月，且需要更多的水。最近的研究表明，人类在开始培育黍类之前已经有数千年的野生黍类食用史。随着人们开始采集、播种，黍类进化出利于种子传播的特性以适应人类活动，由此开始了被驯化的过程。中国北方的一些新石器时代早期遗址有大量的粮食储藏坑，这是东亚地区已知最早的人类靠谷物为生的遗址。磁山遗址储存的黍最早可追溯到公元前8000年，而目前广为认同的显示出驯化的形态学证据的最早黍类，可追溯到公元前6000年左右。[15]

与世界其他地区一样，种植谷物使人们储存了大量的食物，从而促进了人口增长、人口密度增加和农业人群的地域扩张。谷物的广泛种植也催生了政治组织，因为谷物长于地面、同一时间全部成熟，不同于其他农作物；这使得社会上层更容易从收成中分一

15 Shouliang Chen陈守良 et al., *Flora of China*, vol. 22: *Poaceae*（Beijing: Science Press and St. Louis: Missouri Botanical Garden Press, 2006 Flora of China）, 22:508, 535 – 36（《中国植物志》英文版，第22册）; Silas T. A. R.Kajuna, *Millet: Post-Harvest Operations*（Food and Agriculture Organization of the United Nations, 2001）, 40; Houyuan Lu吕厚远 et al., "Earliest Domestication of Common Millet（Panicum miliaceum）in East Asia Extended to 10, 000 Years Ago," *Proceedings of the National Academy of Sciences* 106, no. 18（2009）: 7367 – 72; Liu and Chen, *The Archaeology of China*, 83 – 84〔刘莉、陈星灿著，陈洪波、乔玉、余静、付永旭、翟少东、李新伟译：《中国考古学：旧石器时代晚期到早期青铜时代》〕; Zhijun Zhao赵志军, "New Archaeobotanic Data for the Study of the Origins of Agriculture in China," *Current Anthropology* 52, no. S4（2011）: S295 – 306; Xinyi Liu刘歆益, Harriet V. Hunt, and Martin K. Jones, "River Valleys and Foothills: Changing Archaeological Perceptions of North China's Earliest Farms," *Antiquity* 83, no. 319（2009）: 82 – 95; Anderson, *Food and Environment*, 37.

杯羹。谷物、蜂蜜和野果也被用来发酵酿酒，酒不仅可以缓解疼痛和减少感染，而且在小到家庭聚会、大至宗教政治仪式的社会生活中起着重要作用。酿酒甚至有可能是早期采集者种植谷物的主要动机。尽管人们也种植小麦、水稻和大豆，但在本书的研究时段内，黍类仍然是该地区的主要谷物。[16]

从任何标准上说，最早种植黍类植物的人都不算是农民。他们仍旧在一年中的特定时间在有鱼类或坚果等野生资源的地方之间迁徙。这种季节性的循环迁转使他们在特定的地方种植黍类，之后又返回收割。当其他食物充足时，他们可以选择减少播种，但如果他们愿意，也可以种很多黍类植物。尽管早在公元前8000

46

16 Halstead and O'Shea, *Bad Year Economics*；Jared M. Diamond, *Guns, Germs, and Steel: The Fates of Human Societies*（New York：W. W. Norton，1999），chap. 7〔［美］贾雷德·戴蒙德著，王道还、廖月娟译：《枪炮、病菌与钢铁：人类社会的命运》，北京：中信出版社，2022年〕；Patrick E. McGovern, *Uncorking the Past: The Quest for Wine, Beer, and Other Alcoholic Beverages*（Berkeley：University of California Press，2009）；Li Liu刘莉 et al., "The Origins of Specialized Pottery and Diverse Alcohol Fermentation Techniques in Early Neolithic China," *Proceedings of the National Academy of Sciences* 116，no. 26（2019）：12767 – 74；Brian Hayden, "Were Luxury Foods the First Domesticates？ Ethnoarchaeological Perspectives from Southeast Asia," *World Archaeology* 34，no. 3（2003）：458 – 69；Jianping Zhang 张健平 et al., "Phytolith Evidence for Rice Cultivation and Spread in Mid – Late Neolithic Archaeological Sites in Central North China," *Boreas* 39，no. 3（2010）：592 – 602；Yunbing Zong宗云兵 et al., "Selection for Oil Content during Soybean Domestication Revealed by X-Ray Tomography of Ancient Beans," *Scientific Reports* 7，no. 1（2017）：43595；Scott, *Against the Grain*〔［美］詹姆斯·斯科特著，翁德明译：《反谷：谷物是食粮还是政权工具？人类为农耕社会付出何种代价？一个政治人类学家对国家形成的反思》〕。Sheahan Bestel 等人在 "Wild Plant Use and Multi-Cropping at the Early Neolithic Zhuzhai Site in the Middle Yellow River Region, China" 一文中揭示，新石器时代的人们会采集油菜、大麻和野枣。

212

年，华北平原的磁山遗址的人们就在储存粮食，但考古学家尚未在关中地区找到任何在公元前10000年和前7000年之间的遗址（地图3）。此外，随后老官台时期（前6000—前5000）的考古遗址分布零散稀疏，文化堆积较薄。尽管缺乏考古证据，但对土壤中的炭屑研究表明，在老官台时期，焚烧行为显著增加。这大概是该地区第一批农民烧地以耕种的证据。在世界各地，早期的农民往往定期焚烧聚落周围的植被。这可能破坏了本该保持土壤的植被，造成了可见于考古学证据的水土流失，尽管我们最早的证据来自后期。[17]

---

17 关中地区最新的前老官台遗址，可能是刘士莪发表的《陕西韩城禹门口旧石器时代洞穴遗址》，《史前研究》1984年第1期，第45—55页。关于炭屑的证据，请参阅Chun Chang Huang黄春长 et al., "High-Resolution Studies of the Oldest Cultivated Soils in the Southern Loess Plateau of China," *Catena* 47（2002）：38 – 39；Zhihai Tan谭志海 et al., "Holocene Wildfires Related to Climate and Land-Use Change over the Weihe River Basin, China," *Quaternary International* 234, nos. 1 – 2（2011）：167 – 73；Chun Chang Huang黄春长 et al., "Charcoal Records of Fire History in the Holocene Loess—Soil Sequences over the Southern Loess Plateau of China," *Palaeogeography, Palaeoclimatology, Palaeoecology* 239（2006）：34；Chun Chang Huang黄春长 et al., "Holocene Colluviation and Its Implications for Tracing Human-Induced Soil Erosion and Redeposition on the Piedmont Loess Lands of the Qinling Mountains, Northern China," *Geoderma* 136, nos. 3 – 4（2006）：844；Xiaoqiang Li李小强 et al., "Holocene Agriculture in the Guanzhong Basin in NW China Indicated by Pollen and Charcoal Evidence," *The Holocene* 19, no. 8（2009）：1213 – 20。火的普遍使用，参见Stephen J. Pyne, *Fire: A Brief History*（Seattle: University of Washington Press, 2001）, 48 – 84［［美］斯蒂芬·J. 派因著，梅雪芹、牛瑞华、贾珺等译，陈蓉霞译校：《火之简史》，北京：生活·读书·新知三联书店，2006年，第70—123页］，以及 Neil Roberts, "Did Prehistoric Landscape Management Retard the Post-Glacial Spread of Woodland in Southwest Asia？" *Antiquity* 76（2002）：1002 – 10。关于新石器时代人类造成的水土流失，参见Arlene Rosen, "The Impact of Environmental Change and Human Land Use on Alluvial Valleys in the Loess Plateau of China during （转下页）

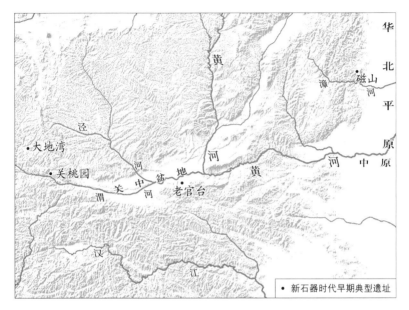

地图3：文中提及的新石器时代早期遗址。

在二十多处老官台文化遗址中，大地湾遗址是保存和发掘最好的。大地湾遗址位于关中西北100公里的丘陵地带。在公元前六千纪的大部分时间里，该遗址季节性地被人占据，这些人主要靠采集和狩猎为生，但也会种植和储存黍子以供自己食用和喂狗。关中出土的手工制品表明，农业并非当时生业的重心。这其中包括各种非农业工具，如骨箭镞、贝制和石制切割工具，以及可能用于刺鱼的带刺骨矛头。根据小样本的人骨骼稳定同位素分析，他 47

（接上页）the Middle Holocene，" *Geomorphology* 101（2008）：298 – 307 和 Arlene M. Rosen et al.，"The Anthropocene and the Landscape of Confucius：A Historical Ecology of Landscape Changes in Northern and Eastern China during the Middle to Late-Holocene，" *The Holocene* 25，no. 10（2015）：1640 – 50。

们还是吃了不少的黍类（尽管食用量要少于数千年后的人类），以及大量的鱼类和软体动物。[18]

虽然人口稀少，但人类似乎仍然减少了平原上动物的多样性。在关中以西的森林覆盖的山区考古遗址中，动物的多样性显著高于平原地区。哺乳动物种类最为丰富的是关桃园遗址，该遗址位于关中以西山区渭河上游的一个高度约三十米的台地上。该遗址出土了一些农业工具，但遗址的动物群以及矛和鱼钩等工具表明，这些人从事了大量的狩猎和捕鱼活动。大约一半的动物遗骸来自七种鹿。其他动物骨骼包括鲤鱼、鹰、鹤、野鸡、川金丝猴、狐狸、猪獾、黑熊、犀牛、水牛、原始牛和斑羚（类似于山羊）。很明显，为数不多的人类充分利用了该地区多种多样的野生动物。后来的大多数遗址发现的物种要少得多。值得注意的是，我们目

---

18 关于大地湾，请参见 Loukas Barton et al., "Agricultural Origins and the Isotopic Identity of Domestication in Northern China," *Proceedings of the National Academy of Sciences* 106, no. 14（2009）: 5523 – 28; 以及甘肃省文物考古研究所编著: 《秦安大地湾: 新石器时代遗址发掘报告》，北京: 文物出版社，2006年，第21—76页。关于关中遗址出土的工具，参见北京大学考古教研室华县报告编写组:《华县、渭南古代遗址调查与试掘》,《考古学报》1980年第3期，第297—328页; 西安半坡博物馆等:《渭南北刘新石器时代早期遗址调查与试掘简报》,《考古与文物》1982年第4期，第1—10页; 中国社会科学院考古研究所编著:《临潼白家村》，成都: 巴蜀书社，1994年，第21—26页。关于饮食，参见 Pia Atahan et al., "Early Neolithic Diets at Baijia, Wei River Valley, China: Stable Carbon and Nitrogen Isotope Analysis of Human and Faunal Remains," *Journal of Archaeological Science* 38, no. 10（2011）: 2815; Ekaterina A. Pechenkina et al., "Reconstructing Northern Chinese Neolithic Subsistence Practices by Isotopic Analysis," *Journal of Archaeological Science* 32, no. 8（2005）: 1176 – 89; Rui Wang, "Fishing, Farming, and Animal Husbandry in the Early and Middle Neolithic of the Middle Yellow River Valley, China," PhD diss., University of Illinois, Urbana Champaign, 2004, 157 – 63。

前还没有一个非常典型的动物群记录，因为此前的中国考古学家在挖掘中很少使用筛网，因而遗漏了大多数小型动物的骨骼。[19]

就总数而言，鹿和猪占据了该地新石器时代遗址出土的动物遗骸的大部分。野猪生活在各种各样的环境中，以能吃几乎所有的东西而闻名，包括橡子、昆虫、菌类和腐肉。与狗一样，猪也被人类聚落的可食用废弃物所吸引，人们也许会乐得如此，这既清理了聚落，又便于人类宰杀、食用猪肉。几千年来，猪以半家养的形式与人类生活在一起。大地湾遗址的多数猪在幼年时就被宰杀了，这表明它们受到了人的管理，但猪骨骼碳同位素分析表明，它们主要吃野生食物。人类对猪的驯化不一定是有意的，但他们显然更喜欢那些不太易怒好斗的猪。猪逐渐发展出了更温顺的品种，就像其他驯化动物一样，猪的脑容量也因此变小了。此时的人们还有大量野生动物可选择食用，因此，猪要到几千年后才能成为人们最喜爱的肉类来源。[20]

鹿能够在被人类干扰的环境中生存，这种能力使它们成为少数能够从早期农业扩张中受益的大型哺乳动物之一。粮田为鹿提供了集中的食物来源，吸引鹿来到聚落，人类得以猎杀它们。更重要的是，早期的农民开垦了大片土地，过了几个季节又弃之不顾，创造了一个错落有致的植被类型——这是鹿群完美的栖息地。华

48

---

19 关桃园遗址发掘报告，将关桃园第二期定于公元前 5350 年之前，文化上相似的第三期定为公元前 5350—前 4950 年。在这一时期，关桃园遗址的动物群种类要比同时期平原上的遗址多得多，如白家遗址。陕西省考古研究所、宝鸡市考古工作队编：《宝鸡关桃园》，北京：文物出版社，2007 年，第 282—325、358—363 页。

20 甘肃省文物考古研究所编著：《秦安大地湾：新石器时代遗址发掘报告》，第 895页；Barton et al., "Agricultural Origins"; Zeder, "The Domestication of Animals".

北出土的鹿中，最常见的是梅花鹿，它体型较大（60—140公斤），大多原产于东亚温带、亚热带森林地区。近亲马鹿也被捕杀。麋鹿的体型与梅花鹿和马鹿差不多，但它们和小獐子一样，主要栖息在河谷和湿地。低地的遗址常有这两种鹿。人类常常捕猎的还有狍——一种小型的北方物种，还有麝——一种体型与狗差不多的鹿，它们用锋利的犬牙保卫自己的森林领地。

人们还猎杀了其他几种大型哺乳动物，它们最终都从该地区消失了，而且其他动物从农业扩张中所得受益要比鹿少。亚洲双角犀牛（苏门答腊犀）原产于该地区，这表明犀牛目前分布于热带是人类将其从东亚温带地区灭绝的结果。家牛的野生祖先原始牛也原产于关中地区，但现已灭绝。由于原始牛的骨骼很容易与家牛混淆，因此人们对它们的历史知之甚少。许多遗址中出土的水牛，以及青铜时代礼器上常描绘的水牛，并不像学者曾经认为的那样是驯化水牛的祖先，而是一种现在也已灭绝的野生物种。驯化的水牛很可能是后来从印度来到中国的。关中地区出土的其他物种，有貊、野猫、豪猪、獾和羚羊。换句话说，那时候人类只是自然景观中的动物之一种。[21]

---

21 刘莉、杨东亚、陈星灿：《中国家养水牛起源初探》，《考古学报》2006年第2期，第141—176页；Dongya Yang杨东亚 et al., "Wild or Domesticated: DNA Analysis of Ancient Water Buffalo Remains from North China," *Journal of Archaeological Science* 35, no. 10（2008）: 2778 – 85; Jean A. Lefeuvre, "Rhinoceros and Wild Buffaloes North of the Yellow River at the End of the Shang Dynasty," *Monumenta Serica* 39（1990）: 131 – 57〔[法] 雷焕章著，葛人译：《商代晚期黄河以北地区的犀牛和水牛》，《南方文物》2007年第4期，第150—160页 〕; Brian Lander and Katherine Brunson, "The Sumatran Rhinoceros Was Extirpated from Mainland East Asia by Hunting and Habitat Loss," *Current Biology* 28, （转下页）

早期定居社会，公元前5000—前3000年

公元前四五千纪，即仰韶文化时期，黄河流域中部的人们开始大为依赖驯化动植物。此时，人们在村落定居，人口开始增长（地图4）。与早期的季节性营地相比，终年的定居留下了更多的考古遗存，关中地区有着全中国保存与发掘最为完好的几个新石器时代遗址。该地区是当时东亚人口最稠密的地区之一。花粉和动物考古证据都表明，人类是影响该地区生态的一个重要因素。尽管如此，当时的人口还是要比后世少得多。数百人居住的村落分散在各处，为野生动植物留下了充足的空间，而野生动植物在人类的饮食中仍然很重要。[22]

49

地图4：仰韶文化考古遗址。

每个点表示考古学家确定的属于仰韶文化（约前5000—前3000）的考古遗址。数字表示：① 北首岭，② 案板，③ 半坡，④ 姜寨，⑤ 零口村，⑥ 史家，⑦ 西坡。

（接上页）no. 6（2018）：R252 – 53. 关于野生绵羊和山羊的遗骸，参见北京大学考古教研室华县报告编写组：《华县、渭南古代遗址调查与试掘》，《考古学报》1980年第3期，第304页。关于其他动物，参见中国社会科学院考古研究所编著：《临潼白家村》，第123—127页；陕西省考古研究所编著：《临潼零口村》，西安：三秦出版社，2004年，第525—533页。

22　Can Wang王灿 et al.，"Prehistoric Demographic Fluctuations in China Inferred from Radiocarbon Data and Their Linkage with Climate Change over the Past 50, 000 Years," *Quaternary Science Reviews* 98（2014）：45 – 59. 这篇论文虽然是初步结论但颇令人信服。他们认为，新石器时代是中国第一个人口持续增长的时期。关于人类影响，请参见Li Liu, *The Chinese Neolithic: Trajectories to Early States*（Cambridge: Cambridge University Press, 2004），210 – 19〔［澳］刘莉著，陈星灿、乔玉等译：《中国新石器时代——迈向早期国家之路》，北京：（转第78页）

50

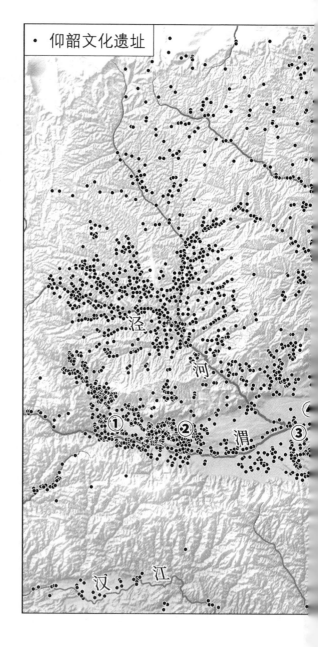

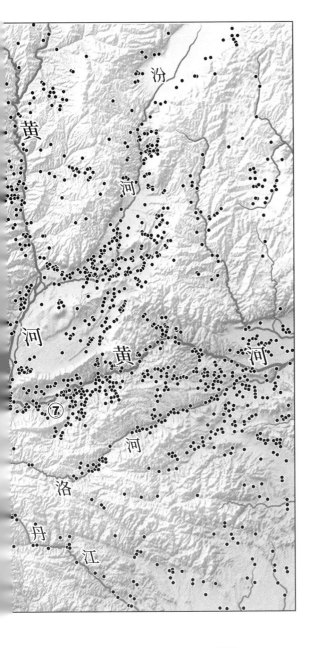

随着人类定居生活的发展，他们能够收集更多的东西，并投入更多的精力从事生产工作。此期出土陶器的数量和质量都提高了。[23]此前的人们大多身穿毛皮，但他们开始更多地使用诸如麻之类的植物来制作纺织品。我们能知道这一点，是因为这一时期的遗址中有许多纺轮，用来将纤维纺成线。这一时期也还有表明家庭出现了贫富分化的最早证据。虽然公元前五千纪聚落中的房屋大小大致相同，但后来的遗址中往往有一栋建筑与其他明显不同，而且尺寸要大得多，这表明要么一些家庭拥有优势地位，要么该建筑是为社群活动而建造的。墓葬中也有证据表明，男性开始占据比女性更高的社会地位，这说明一旦物质开始出现不平等，性别不平等也就开始了。[24]

本章中的考古遗址分布图显示，新石器时代的人们往往沿水道聚居，不会住在没有活水的平原。需要注意的是，地图4和地图5并非系统调查的结果，也没有描绘出该时段内的所有遗址。更确切地说，两图展现了特定考古学文化中考古学家确定的所有已知聚落。图中描绘了长时期内所有已知的遗址，即多数遗址并非同时存在。部分遗址有着很厚的文化层堆积，似乎反复有人定居，

（接第75页）文物出版社，2007年，第193—202页）；以及 Mayke Wagner 王睦 et al., "Mapping of the Spatial and Temporal Distribution of Archaeological Sites of Northern China during the Neolithic and Bronze Age," *Quaternary International* 290 – 91（2013）: 344 – 57。

213

23 Zhiyan Li 李知宴, Virginia Bower 包静宜, and Li He, *Chinese Ceramics: From the Paleolithic Period through the Qing Dynasty*（New Haven, CT: Yale University Press, 2010）, 47 – 58.

24 Liu, *The Chinese Neolithic*, 133 – 34〔［澳］刘莉著，陈星灿、乔玉等译：《中国新石器时代——迈向早期国家之路》，第121—123页〕。

而且甚至可能是长达几个世纪的定居，但其他遗址则堆积很薄，居住时间较短。毋庸置疑，此时仍有采集群体迁移到这里来开发利用季节性资源，而他们的短期聚落不太会被考古学家发现。即使是在长期居住的遗址内，人们也不会一直耕种同一块土地。他们会在每一片土地上耕种几年，然后抛荒数年再来烧地耕种。这一时期的土地资源丰富，村民们即使居于一地也可以进行较长时间的休耕，这样就不需要给田地施肥了。[25]

西安以东的姜寨和半坡早期仰韶文化遗址，是迄今为止关中地区从古至今发掘最好的村落。与这一时期的其他村落一样，遗址以一个公共空地为中心，周围有一圈房屋，房屋外圈掘有约五米深的壕沟。这些壕沟可能用于防御他人或野生动物，也可能用作园艺。村落内划分出的几个建筑群大小基本相同，表明当时社会经济分层程度较低。半坡是在20世纪50年代最早被充分发掘的中国新石器时代遗址之一。几十年来，它一直是学者们用以分析中国史前史的主要遗址之一。在该遗址发现了数千件手工制品，包括陶器、石制切割器、石磨以及各种由骨头和鹿角制成的工具，如针和箭头。器物类型包括用来盛水的壶、火上烹饪的三足器（鼎）、大型储存罐和绘以红色的食器。蚌制和陶制的切割器很可能用来收割谷物。纺轮的存在以及陶器上的篮纹印痕表明，人们将各种植物编织成纺织

52

25　关于考古遗址分布图，参见Yitzchak Jaffe et al., "Mismatches of Scale in the Application of Paleoclimatic Research to Chinese Archaeology," *Quaternary Research*（2020）: 1–20。关于休耕，参见Ester Boserup, *The Conditions of Agricultural Growth: The Economics of Agrarian Change under Population Pressure*（Chicago: Aldine, 1966）〔［丹］埃斯特·博塞拉普著，罗煜译：《农业增长的条件：人口压力下农业演变的经济学》，北京：法律出版社，2015年〕。

品和其他物品。他们似乎还吃了很多鱼。许多遗址发现了被认为是渔网坠的凹石，还有骨鱼钩和绘有鱼纹的陶器。[26]

姜寨遗址位于半坡遗址东北15公里处，由60多所房屋组成，大致分为五组，其中四组明显有一栋建筑比其他建筑大。这代表着村落划分为大家族集团。家庭之间存在财富差异，以及经济分工的迹象，这两点都表明社会正在逐渐分化为私人持有财富的家族集团。与其他同时代的遗址一样，姜寨的物质文化包括各种石制和骨制工具、纺轮以及陶器。[27]

姜寨的花粉记录显示，该地植物通常以蒿属和其他草本植物为主，此外还有针叶林和落叶林。从东边的零口村遗址采集的10个花粉样本表明，村民们清理了聚落周围的林地。公元前5400年之后的四个世纪里，零口村遗址的木本花粉从孢粉总数的平均17%下降到3%，而草本花粉则从平均13%上升到80%。早期的样本包括云杉、冷杉、松树、铁杉、榛子、白桦、橡树、榆树、朴树和枫杨的花粉，但在后期，常发现只剩下松树。人们可能清理了聚落周围的大部分森林，以备柴火和耕种。香蒲（*Typha*）的占比也

53

---

26 在北首岭和大地湾发掘了其他类似布局的村落，史家遗址也有相似的物质遗存。Kwang-chih Chang, *The Archaeology of Ancient China*, 4th edition（New Haven, CT: Yale University Press, 1986), 112 – 28〔张光直著，印群译：《古代中国考古学》，沈阳：辽宁教育出版社，2002年，第104—122页〕；周昕：《中国农具发展史》，济南：山东科学技术出版社，2005年，第64—71页；西安半坡博物馆、渭南县文化馆：《陕西渭南史家新石器时代遗址》，《考古》1978年第1期，第41—53页；中国科学院考古研究所、陕西省西安半坡博物馆编：《西安半坡：原始氏族公社聚落遗址》，北京：文物出版社，1963年，第75—80页（渔猎工具），第166—168页（鱼纹），图版75（石网坠）。

27 Peterson and Shelach, "Jiangzhai"; Liu, *The Chinese Neolithic*, 82〔[澳] 刘莉著，陈星灿、乔玉等译：《中国新石器时代——迈向早期国家之路》，第75页〕。

随之下降，这表明该地的湿地在减少。[28]

　　这一时期的人类骨架相对较高，少有生理缺陷。他们的牙齿也很好，少有龋齿，这与后来大量煮食谷物之人的牙齿非常不同。所有迹象都表明，他们有着健康丰富的食谱，包括野生和被驯化的动植物。人骨骼同位素分析表明，仰韶人比早期人更依赖黍类和猪。黍类是仰韶村落的主食，在半坡发现的栗子、榛子、松子和朴树子表明坚果和水果也很重要。在其他新石器时代遗址还发现了野生核桃，关中可能也会采集。坚果营养丰富，不易腐坏，应该是一年中某些时候的重要食物来源。如果农作物歉收，橡子等味道较差的坚果仍能提供充足的食物。由于农业人口在接下来的数千年里持续增长，人们砍伐了森林和坚果树，从而降低了农业社会对农作物歉收的适应力。此外，还有证据表明这一时期的人们可能还酿造过啤酒。[29]

28　陕西省考古研究所编著：《临潼零口村》，第445—450页；西安半坡博物馆、陕西省考古研究所、临潼县博物馆编：《姜寨：新石器时代遗址发掘报告》，北京：文物出版社，1988年，第539—542页。

29　Pechenkina et al.，"Reconstructing Northern Chinese Neolithic Subsistence Practices"；Ekaterina Pechenkina，Robert A. Benfer，and Zhijun Wang，"Diet and Health Changes at the End of the Chinese Neolithic：The Yangshao/Longshan Transition in Shaanxi Province，" *American Journal of Physical Anthropology* 117（2002）：15 – 36；西安半坡博物馆编：《西安半坡》，北京：文物出版社，1982年，第30页。野生核桃是山核桃（*Juglans mandshurica*）；驯化的胡桃（*J. regia*）种在汉代或更晚的时候从西亚传入。参见河北省文物管理处、邯郸市文物保管所：《河北武安磁山遗址》，《考古学报》1981年第3期，第336页；以及Ruth Beer et al.，"Vegetation History of the Walnut Forests in Kyrgyzstan（Central Asia）：Natural or Anthropogenic Origin？" *Quaternary Science Reviews* 27，nos. 5 – 6（2008）：621 – 32；Li Liu刘莉 et al.，"Making Beer with Malted Cereals and Qu Starter in the Neolithic Yangshao Culture，China，" *Journal of Archaeological Science：Reports* 29（2020）：102134。

在这些早期的村落里，猪和狗自由地游荡。尽管人们仍然吃大量的鹿和其他动物，猪在此时已经成为人类社群不可缺少的一部分。猪能自己觅食，也能清理村落垃圾、吃掉多余或变质的谷物。中国新石器时代的猪是本土家猪的祖先，而近代早期的欧洲人培育了自己的猪，成为全球养猪行业目前养殖的品种。关中人多吃野生动物，河南人吃的猪比邻居关中人更多。中国的家犬体型在逐渐变小。在世界各地的人类社群之中自由游荡的狗有着惊人的相似性，这表明体重约15公斤、棕色犬的特性具有一定的进化优势。从这一时期到最近几十年，中华大地上的人、狗和猪一直生活在同一片屋檐下，分享彼此的声音、气味，甚至疾病。[30]

54　　至此，人类已经减少了平原上野生动物的多样性，但农业村落仍然像是被荒野包围的人类前哨。从关中平原遗址发掘出的动物，包括野羊（可能是盘羊）、野马、貉、豺、獾、猪獾、刺猬、麝

---

30 Hua Wang 王华 et al., "Pig Domestication and Husbandry Practices in the Middle Neolithic of the Wei River Valley, Northwest China: Evidence from Linear Enamel Hypoplasia," *Journal of Archaeological Science* 39, no. 12（2012）：3662 – 70；Hua Wang 王华 et al., "Morphometric Analysis of Sus Remains from Neolithic Sites in the Wei River Valley, China, with Implications for Domestication," *International Journal of Osteoarchaeology* 25, no. 6（2015）：877 – 89；Pechenkina et al., "Reconstructing Northern Chinese Neolithic Subsistence Practices," 1186；Greger Larson et al., "Patterns of East Asian Pig Domestication, Migration, and Turnover Revealed by Modern and Ancient DNA," *Proceedings of the National Academy of Sciences* 107, no. 17（2010）：7686 – 91；Brian Lander, Mindi Schneider, and Katherine Brunson, "A History of Pigs in China: From Curious Omnivores to Industrial Pork," *Journal of Asian Studies* 79, no. 4（2020）：865 – 89；武庄、袁靖、赵欣、陈相龙：《中国新石器时代至先秦时期遗址出土家犬的动物考古学研究》，《南方文物》2016年第3期，第155—161页；Raymond Coppinger and Lorna Coppinger, *What Is a Dog?*（Chicago：University of Chicago Press, 2016）。

鼹、五种鹿科动物（马鹿、梅花鹿、麝、獐和狍），以及野鸡、鹈鹕、鹰、鹤、鲤鱼、甲鱼和淡水螺。这表明人们从森林、湿地和山区收集肉类蛋白质。同时代的大地湾遗址位于西部山区，出土了更多种类的野生动物。除上述动物外，还有豹、虎、豹猫、鼹鼠、犀牛、野马、苏门羚，以及一根神秘的大象骨头。这些动物中的大多数曾经居住在平原上（像山羊一样的苏门羚和盘羊只生活在高山上），因此，关中平原没有其他动物，可能是人类活动导致的。当然，就算是在新石器时代遗址中没有发现某种动物的骨骼，也不能论定该地区无此动物。[31]

现在让我们将目光转向公元前四千纪，即仰韶文化的后半期。这一时期的人口继续增长。一些遗址比任何早期遗址都要大，并且有大型建筑物和夯土墙，这表明社会分层和聚落间的暴力冲突不断加剧。特别是河南仰韶中期的西坡遗址、关中西部仰韶晚期的大地湾遗址和案板遗址，都比区域内的其他聚落大得多，它们可能是区域中心。这三个聚落都有一座远大于其他房屋的建筑，

---

[31] 中国科学院考古研究所、陕西省西安半坡博物馆编：《西安半坡：原始氏族公社聚落遗址》，第255—269页；西安半坡博物馆、陕西省考古研究所、临潼县博物馆编：《姜寨：新石器时代遗址发掘报告》，第504—538页；中国社会科学院考古研究所编著：《宝鸡北首岭》，北京：文物出版社，1983年，第146页；Rowan Flad, Yuan Jing 袁靖, and Li Shuicheng 李水城, "Zooarchaeological Evidence for Animal Domestication in Northwest China," in *Late Quaternary Climate Change and Human Adaptation in Arid China*, edited by David Madsen, Fa-Hu Chen 陈发虎, and Xing Gao 高星（Amsterdam: Elsevier, 2007), 182 – 84；甘肃省文物考古研究所编著：《秦安大地湾：新石器时代遗址发掘报告》，第861—910页。北首岭遗址从老官台文化晚期到仰韶文化时期一直有人类活动，但动物考古学报告没有区分地层。淡水螺是中华圆田螺（*Cipangopaludina cathayensis*）。

证明存在日益增长的不平等或集中的仪式活动。[32]

在公元前四千纪，狩猎与农耕的此消彼长仍在继续。在姜寨，锄头和其他农具的比例增加到了所发现工具总数的三分之一。这些工具的质量也有所提高，大多数石器都经过磨光，并且钻了许多孔。新的农业工具开始使用，比如矩形到半圆形的石刀和陶刀，还有石制和蚌制镰刀，这两种镰刀可能都是用来收割谷物的。与仰韶早期一样，渔网坠和纺轮可作为时人制作绳子和布料的证据。鱼叉的数量似乎在逐渐减少，但网坠却没有减少。渔网使用的增加可能表明，随着捕捞压力的增加，大型鱼类变得越来越少见，使得鱼叉不如渔网好用。渔网可以捕捉到更小的鱼类，这会对鱼类种群产生更大的影响。[33]

粟逐渐超过黍，成为主要作物。随着黍类用地的扩大，适应

---

32 Liu, *The Chinese Neolithic*, 85 – 89〔〔澳〕刘莉著，陈星灿、乔玉等译：《中国新石器时代——迈向早期国家之路》，第76—82页〕；Xiaolin Ma 马萧林, *Emergent Social Complexity in the Yangshao Culture: Analyses of Settlement Patterns and Faunal Remains from Lingbao, Western Henan, China（c. 4900 – 3000 BC）*（Oxford: Archaeopress, 2005）, 45 – 50; Anne P. Underhill and Junko Habu, "Early Communities in East Asia: Economic and Sociopolitical Organization at the Local and Regional Levels," in *Archaeology of Asia*, edited by Miriam T. Stark（Oxford: Blackwell, 2006）, 131 – 32; 西北大学文博学院考古专业编著：《扶风案板遗址发掘报告》，北京：科学出版社，2000年；甘肃省文物考古研究所编著：《秦安大地湾：新石器时代遗址发掘报告》，第131—132页。

33 北京大学考古学系著，中国社会科学院考古研究所编：《华县泉护村》，北京：科学出版社，2003年，第31—47页；西安半坡博物馆、陕西省考古研究所、临潼县博物馆编：《姜寨：新石器时代遗址发掘报告》，第285—298、350页；陕西省考古研究所编著：《西安米家崖——新石器时代遗址2004—2006年考古发掘报告》，北京：科学出版社，2012年，第159、170页；陕西省考古研究院、西北大学文化遗产与考古学研究中心编著：《高陵东营——新石器时代遗址发掘报告》，北京：科学出版社，2010年，第58页（纺轮）。

人类活动的各种植物涌入，成为农业杂草，最显著的是野黍，还有马齿苋、委陵菜、猪殃殃、紫苏、藜（灰菜）和蓼等草本植物。藜和紫苏也许已有种植。大豆是一种杂草似的植物，长于人类聚落的周围，种子富有营养。从某种程度上说，人们开始选择和种植含油量较高的大豆，最终将之培育成了含油量更高的品种。人们还种植旱稻，这在当时的长江流域是一种成熟的作物，但它比黍类需要更多的水，因而在黄河中游地区仍是次要作物。[34]

34　Pengfei Sheng生膨菲 et al., "North-South Patterning of Millet Agriculture on the Loess Plateau: Late Neolithic Adaptations to Water Stress, NW China." *The Holocene* 28, no. 10（2018）: 1558; Xiaoqiang Li李小强 et al., "Early Cultivated Wheat and Broadening of Agriculture in Neolithic China," *The Holocene* 17, no. 5（2007）: 555 – 60; Xin Jia贾鑫et al., "The Development of Agriculture and Its Impact on Cultural Expansion during the Late Neolithic in the Western Loess Plateau, China," *The Holocene* 23, no. 1（2013）: 85 – 92; Xinying Zhou 周新郢 et al., "Early Agricultural Development and Environmental Effects in the Neolithic Longdong Basin（Eastern Gansu），" *Chinese Science Bulletin* 56, no. 8（2011）: 762 – 71; Keyang He贺可洋 et al., "Prehistoric Evolution of the Dualistic Structure Mixed Rice and Millet Farming in China," *The Holocene* 27, no. 12（2017）: 1885 – 98; Jixiang Song宋吉香 et al., "A Regional Case in the Development of Agriculture and Crop Processing in Northern China from the Neolithic to Bronze Age: Archaeobotanical Evidence from the Sushui River Survey, Shanxi Province," *Archaeological and Anthropological Sciences* 11（2017）: 667 – 82; Gyoung-Ah Lee et al., "Archaeological Soybean（ *Glycine max* ）in East Asia: Does Size Matter？" *PloS One* 6, no. 11（2011）: 1 – 12; Jianping Zhang张健平 et al., "Phytolith Evidence for Rice Cultivation"; Yunbing Zong宗云兵 et al., "Selection for Oil Content during Soybean Domestication"; Mitchell Ma, "The Prehistoric Flora of Yangguangzhai," *Pamphlet distributed at the Society for East Asian Archaeology Conference* （Boston, 2016）。最后一篇文章是一项未发表的研究，列出了杨官寨遗址以下每种谷物的数量：狗尾草类（foxtail grass type），第1563页；粟（foxtail millet），第1184页；豆科（bean family），第806页；禾本科（grass family），第470页；黍（broomcorn millet），第179页；马齿苋（purslane），第117页；藜（chenopod），第19页；猪毛菜（salsola），第13页；紫苏（perilla），第10页；蓼（polygonum），第3页；鸡头米（foxnut，芡实），第2页。

214

　　黍类的蛋白质含量超过10%，但赖氨酸和其他氨基酸含量较低，因此过度依赖这类作物会导致营养不良和龋齿。仰韶文化中期的西坡遗址出土的头骨口腔健康状况不佳，表明这些人的饮食过度依赖谷物。该遗址的人口密度高于关中的任何遗址。营养不良的最早迹象来自当时最大的聚落，这恐怕不是巧合。日益增长的人口往往过度开发可以狩猎或采集的资源，迫使他们更加依赖谷物，这是中国历史上多数时段的普遍饮食趋势。相比较小的聚落，西坡遗址的男女在体型上的差异更大，这表明男孩在食物匮乏时会受到优待。加之上述男女墓葬差异日益扩大的证据，我们可以隐约地看出性别不平等的形成。生活方式向定居的转变让女性有了更多的孩子，这降低了她们的流动性，并且女性被限制居家劳作，这引发了更为明显的劳动性别分工。[35]

　　人们不断地尝试、培育更多植物。几种世界上最受欢迎的水果都是在中国驯化的，但我们对这段历史知之甚少。植物遗存的考古学研究在中国还是一个新兴领域，考古学家发现的更有可能是全年食用的植物，而非水果等季节性植物。公元前一千纪的《诗经》中有诗歌提到枣（即红枣）和几种李属水果，可能包括桃子、杏子和樱桃。最早的桃核发现于公元前四千纪的长江下游遗址，与现代培育的桃核差不多；遗传学研究表明，樱桃可能最早驯化

---

35 Ekaterina Pechenkina, Robert A. Benfer, and Xiaolin Ma 马萧林, "Diet and Health in the Neolithic of the Wei and Yellow River Basins, Northern China," in *Ancient Health: Skeletal Indicators of Agricultural and Economic Intensification*, edited by Mark Cohen and Gillian Crane-Kramer (2007), 255 - 72; FAO (Food and Agriculture Organization of the United Nations), *Sorghum and Millets in Human Nutrition* (Rome: FAO, 1995).

于四川盆地附近。《诗经》中还提到了各种梨或野苹果以及光皮木瓜，尽管这些都不一定是驯化了的。驯化后的苹果现在是该地最常见的水果之一，可能在过去两千年的某个时候从中亚传入中国。我们相信不久后的研究将会揭示华北果树栽培的悠久历史。种植水果和坚果树，可以让人们开发不宜耕种的坡地，还可以在离家较远的地方种植树木，只需在收获时多加注意即可。[36]

正如这一时期人们对栽培植物的依赖与日俱增，驯化动物与野生动物的比值也增加了。这在西坡等大型遗址尤为明显，那里的猪占动物遗骸的五分之四以上。猪和梅花鹿仍然是关中大多数遗址最常见的动物。除此之外，东营遗址中有原始牛、野水牛、獐

---

36 《诗经》提到桃、李、常棣，还有梅，尽管我们尚不能确定，但一般认为是桃（山桃，*Prunus persica*）、李（中国李，*P. salicina*）、樱桃（中国樱桃，*P. pseudocerasus*）和果梅（*P. mume*）。郁和唐棣等植物，可能也是李属之一种。甘棠、杜和檖一般认为是梨（*Pyrus* sp.）或沙果（*Malus* sp.）之一种，不一定是人工培育的。枣被称为"棗"和"棘"。木瓜可能是指光皮木瓜（*Pseudocydonia sinensis*）。Emil Bretschneider, "Botanicon Sinicum: Notes on Chinese Botany from Native and Western Sources: Part 2," *Journal of the North China Branch of the Royal Asiatic Society* 25（1893）: 1 - 468; Robert N. Spengler, *Fruit from the Sands: The Silk Road Origins of the Foods We Eat*（Berkeley: University of California Press, 2019）〔［美］罗伯特·N. 斯宾格勒三世著，陈阳译：《沙漠与餐桌：食物在丝绸之路上的起源》，北京：社会科学文献出版社，2021 年］; Jing Zhang 张静 et al., "Genetic Diversity and Domestication Footprints of Chinese Cherry［*Cerasus pseudocerasus*（Lindl.）G. Don］as Revealed by Nuclear Microsatellites," *Frontiers in Plant Science* 9（2018）: 238; Yunfei Zheng 郑云飞 et al., "Archaeological Evidence for Peach（*Prunus persica*）Cultivation and Domestication in China," *PLoS One* 9, no. 9（2014）: 1 - 9; 张帆：《频婆果考——中国苹果栽培史之一斑》，《国学研究》第 13 卷，2004 年，第 217—238 页;（三国吴）陆玑著，（清）赵佑撰：《毛诗草木鸟兽虫鱼疏校正》，刘世珩刻聚学轩丛书本，1903 年，无页码，目录后第 59 页。（译者注：即该版本卷上第 28 页，《丛书集成续编》第 83 册，第 153 页。）

和麝、獾、猫和野羊的遗骸。直到随后的龙山时期，驯化的羊和牛的到来之后，驯化动物才取代野生动物进入人们的食谱。[37]

随着农业用地的增加，各种动植物开始在这里栖息。杂草和昆虫在农田里繁殖，刺猬、野兔和仓鼠也是如此。小鼠和大鼠等啮齿动物从聚落中的所有食物分得了一杯羹。麻雀、鸽子和其他鸟类，专门吃农作物及其害虫。蝙蝠和燕子学会了在建筑物中栖息，这是捕杀村落周围活动的昆虫的绝佳位置。家猫还没有从西南亚抵达中国，但野猫经常到人类聚落来猎杀上面这些小动物。农村正在形成自己的生态系统。[38]

---

37 在西坡发现的80%以上的动物遗骸（标本数量或重量皆是）属于家猪，其中大部分死于两岁前。鹿只占动物遗骸总数的不到十分之一；还有熊、野鸡/鸡、豪猪、羚羊、野马、原始牛、猕猴、野兔、蚌、蛤蜊和青蛙的遗骸。Ma, *Emergent Social Complexity*, 64 – 81；陕西省考古研究院、西北大学文化遗产与考古学研究中心编著：《高陵东营——新石器时代遗址发掘报告》，第199页；宝鸡市考古工作队、陕西考古研究所宝鸡工作站编：《宝鸡福临堡：新石器时代遗址发掘报告》，北京：文物出版社，1993年，第221—224页；西北大学文博学院考古专业编著：《扶风案板遗址发掘报告》；John Dodson et al., "Oldest Directly Dated Remains of Sheep in China," *Scientific Reports* 4（2014）：7170。后项研究使用同位素数据证明，仰韶时期遗址出土的骨骼属于家羊，但这一论点是基于野羊食用少量C4植物的不确定假设。

38 最能适应农业景观的哺乳动物，包括褐家鼠（*Rattus norvegicus*）和黄胸鼠（*R. tanezumi*）、北杜鼠（*Niviventer confucianus*）、黑线姬鼠（*Apodemus agrarius*）、大仓鼠（*Tscherskia triton*）、东北刺猬（*Erinaceus amurensis*）、托氏兔（*Lepus tolai*），以及至少三种蝙蝠——大棕蝠（*Eptesicus serotinus*）、灰长耳蝠（*Plecotus austriacus*）和东亚伏翼（*Pipistrellus abramus*）。这些鸟类，包括原鸽（*Columba livia*）、树麻雀（*Passer montanus*）、家燕（*Hirundo rustica*）、金腰燕（*Hirundo daurica*）和烟腹毛脚燕（*Delichon dasypus*）。Andrew T. Smith and Yan Xie, eds., *A Guide to the Mammals of China*（Princeton, NJ: Princeton University Press, 2008）〔［美］史密斯、解焱主编：《中国兽类野外手册》，长沙：湖南教育出版社，2009年〕；Jean-Denis Vigne et al., "Earliest 'Domestic' Cats in China Identified as Leopard Cat（*Prionailurus bengalensis*），" *PLoS One* 11, no. 1（转下页）

215

农业社会在扩张，对环境的影响也随之扩大。对豫西地区进行的系统考古调查表明，仰韶中期的聚落比新石器时代任何时候都要大，数量也要多。这些调查还显示，或是因为环境退化，人口最稠密的地区后来被废弃。同样，对黄河下游泥沙淤积的研究表明，华北的水土流失大约在此时开始加剧，其中至少部分是由人类活动引起的。当地也有证据表明，关中的农民开始通过添加有机质和矿质颗粒来改造土壤。在青铜时代之前，仰韶文化晚期可能是关中地区人口密度和遗址规模最大的时期。[39]

57

复杂社会的兴起，公元前3000—前1046年

公元前3000年后，社会加速变革。使用甲骨占卜开始盛行，多室建筑变得越来越普遍，陶器制作技术不断改进，冶金术从中

（接上页）（2016）：e0147295。关于杂草，参见北京大学考古文博学院、河南省文物考古研究所编著：《登封王城岗考古发现与研究2002—2005》，郑州：大象出版社，2007年，第916—958页；以及 Jingping An 安金平，Wiebke Kirleis, and Guiyun Jin 靳桂云，"Changing of Crop Species and Agricultural Practices from the Late Neolithic to the Bronze Age in the Zhengluo Region, China," *Archaeological and Anthropological Sciences* 11（2019）：6273 – 86。

39 关于遗址的废弃，参见 Ma, *Emergent Social Complexity*, 19, 25; Jiongxin Xu 许炯心，"Naturally and Anthropogenically Accelerated Sedimentation in the Lower Yellow River, China, over the Past 13,000 Years," *Geografiska Annaler. Series A: Physical Geography* 80, no. 1（1998）：67 – 78。关于土壤的添加物，参见 Yijie Zhuang 庄奕杰，"Geoarchaeological Investigation of Pre-Yangshao Agriculture, Ecological Diversity and Landscape Change in North China," PhD thesis, Cambridge University, Cambridge, England, 2012, 190。

亚传入。随着牛、羊和马的到来，人们越来越依赖驯化物种，这使得人们可以开发此前难以利用的旱地。这些动物为人类提供了一种全新的生业模式，这要求一部分人口流动起来；这些动物也成为一种重要的新财富形式。此时，鸡从南方传来，与猪和狗一起作为其他杂食动物在人类聚落觅食。正如我们将在下一章中讨论的，这一时期的社会分层与不平等加剧。龙山时期（约前3000—前1800）见证了华北大部分地区大型城郭的崛起，随后的青铜时代（前2000—前500）则见证了东亚第一批城邑和国家的出现。[40]

在这两千年里，关中与关东的社会形态发生了巨大而难以理解的分化。当陶寺、二里头和二里岗等城邑在几百公里之外繁荣发展时，关中的聚落却比此前数量更少了，规模也更小了。这种分道扬镳始于公元前三千纪，并随着时间的推移而加剧。关中的变化轨迹很难确定，因为考古学家是根据陶器来确定多数遗址的相对年代的，而一个地区出土的特定陶器类型可能是在其他地区采用新类型很久之后才生产的。二里头的城邑和文化源于龙山文化，

40 中国社会科学院考古研究所陕西六队：《陕西蓝田泄湖遗址》，《考古学报》1991年第4期，第435—437页；中国社会科学院考古研究所编著：《武功发掘报告：浒西庄与赵家来遗址》，北京：文物出版社，1988年，第14、98页；梁星彭、李森：《陕西武功赵家来院落居址初步复原》，《考古》1991年第3期，第245—251页；Li, Bower, and He, *Chinese Ceramics*, 72 - 102；Rowan Flad傅罗文，"Divination and Power: A Multiregional View of the Development of Oracle Bone Divination in Early China," *Current Anthropology* 43, no. 3（2008）：408；Jianjun Mei梅建军，"Early Metallurgy and Socio-cultural Complexity: Archaeological Discoveries in Northwest China," in *Social Complexity in Prehistoric Eurasia: Monuments, Metals and Mobility*, edited by Katheryn M. Linduff and Bryan K. Hanks（Cambridge: Cambridge University Press, 2009）, 215 - 34。

并在公元前1900年至前1500年间繁荣于洛阳，而关中地区的物质文化则保留了更为传统的龙山文化特征。随后，强大的二里岗在更远的东方崛起。二里岗人似乎在公元前1500年后迁入关中东部，在随后的几个世纪里，他们的文化逐渐融合并取代了关中西部当地的陶器类型。[41]

关中与周围地区的分化非常缓慢。在公元前三千纪，关中的人口在周原和渭河以南的缓坡地最多（地图5）。其中一些地区的聚落密度相当高，大部分土地可能在某种程度上都被开发了。关中盆地的东北部仍然人烟稀少，康家、白家遗址的鹿和水牛遗存比例很高，这表明该地仍是许多大型野生动物的家园。然而，即使是在这些地区，人们似乎也比以前更加依赖农业。与周边地区一样，有证据表明关中的不平等在龙山时代加剧了。这包括人祭可能存在的证据和在家庭之间的围墙，这些围墙可能是用以分隔单个家庭财富的。但与东部地区不同的是，关中几乎没有大型城邑，也没有表明社会经济发生分层的上层物品或随葬品丰富的墓葬。

58

59

---

41 在关中只有一处遗址发现了二里头文化的遗迹，即关中东部的南沙村遗址。关中东部的陶器与二里头文化的陶器有一些相似之处，二里头毕竟也是龙山文化的区域性产物。Liu, *The Chinese Neolithic*，215 - 16〔[澳]刘莉著，陈星灿、乔玉等译：《中国新石器时代——迈向早期国家之路》，第197—198页〕；北京大学考古教研室华县报告编写组：《华县、渭南古代遗址调查与试掘》，《考古学报》1980年第3期，第315—320页；Li Liu刘莉 and Xingcan Chen陈星灿, *State Formation in Early China*（London：Duckworth, 2003），74；张天恩：《关中商代文化研究》，北京：文物出版社，2004年；Pauline Sebillaud史宝琳，"La distribution spatiale de l'habitat en Chine dans la plaine Centrale à la transition entre le Néolithique et l'âge du Bronze（env. 2500 - 1050 av. n. è.），" PhD diss., École pratique des hautes études, 2014, vol. 1, 307, vol. 2, 223 - 31。

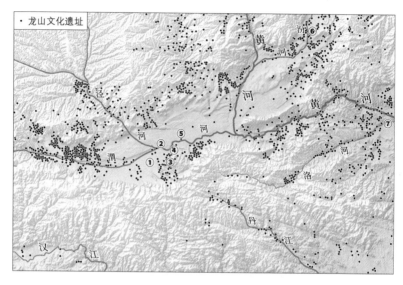

地图5：龙山文化考古遗址。

每个点表示考古学家确定的属于龙山文化的考古遗址。大多数遗址可定为公元前三千纪，但关中的一些遗址可能是公元前二千纪早期的。这些数字表示：① 沣西和客省庄，② 东营，③ 老牛坡，④ 姜寨，⑤ 康家和白家村，⑥ 陶寺。同时，还包括⑦ 后龙山时代的二里头遗址，位于地图上的东部边缘。双槐树遗址就在二里头附近。因为我们没有列甘肃龙山文化遗址的分布图，所以左上角没有点位。

在公元前二千纪，关中的人口下降了。[42]

---

42 Liu, *The Chinese Neolithic*, 47, 60 – 63, 101, 209 – 10〔［澳］刘莉著，陈星灿、乔玉等译：《中国新石器时代——迈向早期国家之路》，第42页（人牲），第54—57页（康家遗址），第92页（围墙），第193页〕; Liu and Chen, *The Archaeology of China*, 215, 257〔刘莉、陈星灿著，陈洪波、乔玉、余静、付永旭、翟少东、李新伟译：《中国考古学：旧石器时代晚期到早期青铜时代》〕; Guanghui Dong 董广辉 et al., "Response of Geochemical Records in Lacustrine Sediments to Climate Change and Human Impact during Middle Holocene in Mengjin, Henan Province, China," *Frontiers of Earth Science in China* 3, no. 3（2009）: 279 – 85. 考古调查发现，有些遗址可能相当大，例如武功的史家遗址，但尚未挖掘。国家文物局主编：《中国文物地图集·陕西分册》下册，西安：西安地图出版社，1998年，第476页。

　　公元前三千纪的遗址中出土的工具表明，日益依赖农业的趋势仍在继续。除了农具外，大多数遗址都有臼、杵、骨针和纺轮。许多遗址都发掘出储物坑，可能用于储存粮食。农具革新的考古学证据十分稀少，但这并不意味着农业实践在原地踏步。毫无疑问，几千年来，人们一直在尝试摸索种植方法、作物品种、灌溉和其他技术。正如我们将在下一章中讨论的，早期文献揭示了人们在狩猎和农田清理时都使用火。在公元前三千纪，河南某些地区聚落的规模相当庞大，足以破坏周围的植被并造成水土流失。虽然我们无法量化这些活动的影响程度，但人类显然正在用火与耕作来改变他们聚落周围的环境。[43]

　　除了黍类，人们还种植水稻、小麦和大豆。可能还一直在尝试培育藜科植物和燕麦。大豆似乎仍是次要作物。小麦在公元前三千纪从西方传入，它原产于夏季干旱、冬季潮湿的地中海，难以在此繁荣生长。东亚农民花了数千年的时间才培育出适合当地

43　出土工具的遗址包括：中国社会科学院考古研究所编著：《武功发掘报告：浒西庄与赵家来遗址》，第 61—69、98 页；西安半坡博物馆：《陕西双庵新石器时代遗址》，《考古学集刊》第三集，1983 年，第 51—68 页；陕西省考古研究院、西北大学文化遗产与考古学研究中心编著：《高陵东营——新石器时代遗址发掘报告》，第 125—133 页；陕西省考古研究所编著：《西安米家崖——新石器时代遗址 2004—2006 年考古发掘报告》；中国科学院考古研究所编著：《沣西发掘报告：1955—1957 年陕西长安县沣西乡考古发掘资料》，北京：文物出版社，1963 年，第 49—69 页；西安半坡博物馆、陕西省考古研究所、临潼县博物馆编：《姜寨：新石器时代遗址发掘报告》，第 322 页；黄河水库考古工作队陕西分队：《陕西华阴横阵发掘简报》，《考古》1960 年第 9 期，第 20—32 页；陕西省考古研究所康家考古队：《陕西临潼康家遗址发掘简报》，《考古与文物》1988 年第 5 期，第 215—228 页；《陕西省临潼县康家遗址 1987 年发掘简报》，《考古与文物》1992 年第 5 期，第 11—24 页。关于河南的大型遗址，参见 Sebillaud, "La distribution spatiale de l'habitat," 309 - 11。

气候的小麦品种，但要到汉代人们将其磨成面粉后，小麦才流行开来。对于担心歉收的农民来说，黍类仍是更可靠的选择。我们知道，这一时期还种植杏和桃，因为它们在公元前二千纪早期与黍类以及风格与黄河流域相似的手工艺品一起传到了中亚。关中的发掘坑中还出土过野生杏仁和文冠果。保存在土壤中烧焦的木材也揭示了桃树和杏树的传播，更有力地证明了公元前二千纪用火的增加。有一些证据表明，此时日益增加的用火和耕作导致了水土流失。[44]

---

44 Can Wang 王灿 et al., "Temporal Changes of Mixed Millet and Rice Agriculture in Neolithic - Bronze Age Central Plain, China: Archaeobotanical Evidence from the Zhuzhai Site," *The Holocene* 28, no. 5（2018）: 747, 讨论了粟的日益流布；Gyoung-Ah Lee et al., "Plants and People from the Early Neolithic to Shang Periods in North China," *Proceedings of the National Academy of Sciences* 104, no. 3（2007）: 1089; Gyoung-Ah Lee and Sheahan Bestel, "Contextual Analysis of Plant Remains at the Erlitou-Period Huizui Site, Henan, China," *Bulletin of the Indo-Pacific Prehistory Association* 27（2007）: 49 - 60; 赵志军、徐良高:《周原遗址（王家嘴地点）尝试性浮选的结果及初步分析》,《文物》2004年第10期, 第89—96页; Xin Jia 贾鑫 et al., "The Development of Agriculture", 其中提到了甘肃堡子坪遗址出土的1 200颗藜科种子, 表明人们吃过这些种子; Xinying Zhou 周新郢 et al., "Early Agricultural Development"; Lee et al., "Archaeological Soybean（*Glycine max*）in East Asia"; Rowan Flad 傅罗文 et al., "Early Wheat in China: Results from New Studies at Donghuishan in the Hexi Corridor," *The Holocene* 20, no. 6（2010）: 955 - 65; Chunxiang Li 李春香 et al., "Ancient DNA Analysis of Desiccated Wheat Grains Excavated from a Bronze Age Cemetery in Xinjiang," *Journal of Archaeological Science* 38, no. 1（2011）: 115 - 19; Xiaoqiang Li 李小强 et al., "Early Cultivated Wheat"; 王欣、尚雪、蒋洪恩等:《陕西白水河流域两处遗址浮选结果初步分析》,《考古与文物》2015年第2期, 第100—104页。关于黍类优于小麦之处, 参见 Ling Zhang 张玲, *The River, the Plain, and the State: An Environmental Drama in Northern Song China*（Cambridge: Cambridge University Press, 2016）, 224 - 28。关于东亚水果来到中亚, 参见 Chris Stevens et al., "Between China and South Asia: A Middle Asian Corridor of Crop （转下页）

麻在此时可能已种植数千年，但此时才有最早有据可证的纺织品，见诸陶器和泥土上的织物印痕。其他植物纤维可能也曾使用，人们也会穿毛皮和皮革。大量的纺轮和陶器上的织物印痕表明，布料已广泛使用。最近在洛阳东北的双槐树遗址出土了一块类似蚕形的牙雕，这表明人们已经学会解开蚕茧并将其织成布。[45]

60

尽管很少有遗址出土保存完好并妥善研究的动物遗骸，但我们知道猪和鹿仍然是人们肉食的主要来源。在东营遗址，猪与鹿的比值要高于早期，但梅花鹿仍然是康家遗址最常见的动物。康家三分之二的猪和羊在满 30 个月前就被杀了，大多数狗也是在幼年

（接上页）Dispersal and Agricultural Innovation in the Bronze Age," *The Holocene* 26（2016）；以及 Spengler, *Fruit from the Sands*〔〔美〕罗伯特·N. 斯宾格勒三世著，陈阳译：《沙漠与餐桌：食物在丝绸之路上的起源》〕。关于黄角子（*Xanthoceras sorbifolium*）和山杏（*Armeniaca vulgaris*），参见 Liu, *The Chinese Neolithic*, 55〔〔澳〕刘莉著，陈星灿、乔玉等译：《中国新石器时代——迈向早期国家之路》，第 50 页〕。关于桃树、杏树的炭屑记录，参见 Hui Shen 沈慧 et al., "Forest Cover and Composition on the Loess Plateau"。关于用火与水土流失，参见 Chun Chang Huang 黄春长 et al., "Charcoal Records of Fire History"；Chun Chang Huang 黄春长 et al., "Holocene Colluviation"；以及 Xiaoqiang Li 李小强 et al., "Holocene Agriculture in the Guanzhong Basin"。

45　关于出土的织物印痕，参见中国科学院考古研究所甘肃工作队：《甘肃永靖大何庄遗址发掘报告》，《考古学报》1974 年第 2 期，图版 6，M75:1（陶器印纹）；Dieter Kuhn, *Science and Civilisation in China*, vol. 5.9: *Textile Technology*; *Spinning and Reeling*（Cambridge：Cambridge University Press，1988），23，272 – 79〔《李约瑟中国科学技术史》第 5 卷《化学及相关技术》第 9 分册《纺织技术：纺纱与缫丝》〕；杨宽：《西周史》，上海：上海人民出版社，1999 年，第 307 页（泥土印痕）。约公元前 2000 年的麻籽，参见 Xin Jia 贾鑫 et al., "The Development of Agriculture"。关于双槐树遗址的讯息尚未正式公布。（译者注：参见李曼、刘彦琪、吴金涛：《一件牙雕蚕的修复保护》，《大众考古》2017 年第 11 期，第 53—55 页；郑州市文物考古研究院：《河南巩义市双槐树新石器时代遗址》，《考古》2021 年第 7 期，第 31 页。）

时被杀的，这表明它们是由人饲养的肉食。这两个遗址都有淡水蚌、鲶鱼、野鸡、野兔、狐狸、狗、猫、獐、水牛和牛。康家遗址还有鲤鱼、天鹅、乌龟、黑熊和老虎，而东营有麝与绵羊。与早期相比，大型食草动物的占比有所下降。尽管有这些动物骨头，但我们不应该假设人们吃了很多肉。学者们将康家遗址与仰韶时期遗址的人类遗骸进行了比较，发现人类身高明显下降，并有可能贫血的证据，这是由营养不良或慢性寄生虫引起的。此外，缺牙、龋齿更多，牙齿磨损更少，所有这些都表明人们吃的肉变少了、煮熟的谷物变多了，而且还有点营养不良。虽然样本量很小，但这些材料支持了我们的大致印象，即随着人们越来越依赖谷物，他们的饮食变得越来越单一和营养匮乏。[46]这一发现并非东亚独有。随着世界各地的农耕人群更为定居化，更加依赖谷物，并且日常接触更多的家养哺乳动物，他们的健康状况往往会受到影响。特别是以谷物为主的饮食不如采集者的饮食多样化，会导致营养不良。这种饮食还会引发龋齿，在没有牙医的世界里，这可不是个小问题。居住在永久聚落也助长了疾病的传播。膨胀的人口可能会催生长期存在于人类社会的疾病，以及生活在人类消化道中的蛔虫和绦虫等寄生虫。自从人类离开非洲以来，结核病就一直伴

---

46 陕西省考古研究院、西北大学文化遗产与考古学研究中心编著：《高陵东营——新石器时代遗址发掘报告》，第199页；Pechenkina, Benfer, and Wang, "Diet and Health Changes at the End of the Chinese Neolithic"。关于康家遗址，参见 Liu, *The Chinese Neolithic*, 261〔［澳］刘莉著，陈星灿、乔玉等译：《中国新石器时代——迈向早期国家之路》，第237页〕。根据 Pechenkina, Benfer, and Ma ("Diet and Health in the Neolithic," 260)，贫血"可因长期能量缺乏、食物矿物质成分不足或慢性寄生虫而生"。

随着人类，在新石器时代的华北地区曾发展出一种特强毒株。家养牛科动物（牛、绵羊和山羊）的到来可能也增加了疾病。由于人类靠近动物，寄生虫和诸如流感、天花之类的疾病，可以在人类与家养禽类和哺乳动物之间传播。遗憾的是，我们对中国其他疾病的早期历史知之甚少，不过可以确知的是，后来的中国人遭受了天花、肺病（如肺炎）、痢疾和发热疾病（如伤寒、斑疹伤寒和流感）等种种疾病。得病对个人来说不是好事，但疾病使农业社会在流行病学上比采集社会更具优势。生活在人口稀少地区的人，往往要比多病多疾的农业社会之人——尤其是那些有牲畜的人——更加健康；但当这两类社会遇到了后者的疾病时，疾病为农业社会提供了强大的优势。这就是为什么现在美洲和澳大利亚的大多数人是欧亚大陆和非洲人民的后裔。[47]

61

---

47 Charlotte Roberts，"What Did Agriculture Do for Us? The Bioarchaeology of Health and Diet，" in *The Cambridge World History*, vol. 5, edited by Graeme Barker and Candice Goucher（Cambridge：Cambridge University Press, 2015），93 – 123；Wolfe, Dunavan, and Diamond, "Origins of Major Human Infectious Diseases"；Diamond, *Guns, Germs, and Steel*, 195 – 214〔[美]贾雷德·戴蒙德著，王道还、廖月娟译：《枪炮、病菌与钢铁：人类社会的命运》〕；Hui-Yuan Yeh, Xiaoya Zhan詹小雅, and Wuyun Qi齐乌云, "A Comparison of Ancient Parasites as Seen from Archeological Contexts and Early Medical Texts in China," *International Journal of Paleopathology* 25（2019）：30 – 38；Iñaki Comas et al., "Out-of-Africa Migration and Neolithic Coexpansion of Mycobacterium tuberculosis with Modern Humans," *Nature Genetics* 45, no. 10（2013）：1176 – 82（关于结核病）；Angela Ki Che Leung, "Diseases of the Premodern Period in China," in *The Cambridge World History of Human Disease*, edited by Kenneth Kiple（Cambridge：Cambridge University Press, 1993），354 – 62〔梁其姿：《中国古代的疾病》，[英]肯尼思·F. 基普尔主编，张大庆主译：《剑桥世界人类疾病史》，上海：上海科技教育出版社，2007年，第301—307页〕。

这是我们有明确证据证明欧亚大陆间文化交流的第一个时期。在这一时期，牛、羊、马、小麦和冶金术都来到了东亚，并逐渐改变了东亚社会。正如我们将在下一章中讨论的，冶金和马匹极大地提高了统治者凌驾被统治者之上的权力。对大多数人的生活和环境产生更直接影响的是牛科动物。由于它们是反刍动物，进化出了以草类等低质量植物为食的能力，因此牛科动物能在干旱和高山环境中繁衍生息，鹿等食草动物则难以在这类环境中生存。牛科的驯化，为人类的发展开辟了全新的环境，人类的牧群逐渐取代了土生土长的动物群。因为牧畜的是群居动物，人们可以放牧成群的牛羊，这就形成了牧民这一新的社会经济角色，他们可以长期远离定居点，逐水草而居。牛、绵羊和山羊最初是在西亚驯化的。这些动物再加上马，它们就是即将在欧亚大草原上形成的游牧群体的生业基础。牛、羊早在公元前四千纪就来到了东亚，但直到 2 000 年后才开始广泛流行。公元前二千纪末，鸡传到了黄河流域，但也要到后来才广泛流行开来。[48]

---

48 L. G. Fitzgerald-Huber，"The Qijia Culture：Paths East and West，"*Bulletin of the Museum of Far Eastern Antiquities* 75（2003）：55 - 78；Flad，Yuan，and Li，"Zooarchaeological Evidence"；E. E. Kuzmina，*The Prehistory of the Silk Road*（Philadelphia：University of Pennsylvania Press，2008）〔［俄］叶莲娜·伊菲莫夫纳·库兹米娜著，［美］梅维恒英文编译，李春长译：《丝绸之路史前史》，北京：科学出版社，2015年〕；Choongwon Jeong et al.，"Bronze Age Population Dynamics and the Rise of Dairy Pastoralism on the Eastern Eurasian Steppe，"*PNAS* 115，no. 48（2018）：E11248 - 55；以及 Jing Yuan 袁靖，Jian-Ling Han 韩建林，and Roger Blench，"Livestock in Ancient China：An Archaeozoological Perspective，"in *Past Human Migrations in East Asia：Matching Archaeology，Linguistics and Genetics*，edited by Alicia Sanchez-Mazas（London：Routledge，2008），86；Dawei Cai 蔡 大伟 et al.，"The Origins of Chinese Domestic Cattle as Revealed by Ancient（转下页）

人类将牛科动物纳入生业模式之中，这会产生缓慢渐进而又重大的社会和环境影响。牛可以拉车，东亚人在这一时期可能已经使用它们来拉轻型犁。美索不达米亚人自公元前四千纪以来就一直在用牛耕地，东亚人可能很熟悉这种做法，不过在中国还没有充分的证据证明这一点。牛科动物成了重要的财富源泉，这是最明显的社会影响。每头牲畜都是肉、皮革和潜在劳动力的来源，牧群就是宝贵的财产，也就是说草原有了新的价值。牛逐渐取代猪成为主要的牺牲，这表明它们被视为宝贵的动物。[49]

我们已无从得知那时候的人是否食用过牛奶。牛、羊的产肉速度虽不如猪快，但在早期的欧洲和美索不达米亚，牛、羊的奶就很受欢迎了。早在公元前3000年，内亚东部的人们就开始食用

62

（接上页）DNA Analysis," *Journal of Archaeological Science* 41（2014）：423 - 34；Dawei Cai 蔡大伟 et al.，"Early History of Chinese Domestic Sheep Indicated by Ancient DNA Analysis of Bronze Age Individuals," *Journal of Archaeological Science* 38，no. 4（2011）：896 - 902；Peng Lu 吕鹏 et al.，"Zooarchaeological and Genetic Evidence for the Origins of Domestic Cattle in Ancient China," *Asian Perspectives* 56，no. 1（2017）：92 - 120；Masaki Eda et al.，"Reevaluation of Early Holocene Chicken Domestication in Northern China," *Journal of Archaeological Science* 67（2016）：25 - 31；Peters et al.，"Holocene Cultural History of Red Jungle Fowl"。

49 Francesca Bray，*Science and Civilisation in China*，vol. 6.2：*Agriculture*（Cambridge：Cambridge University Press，1984），138 - 66〔《李约瑟中国科学技术史》第6卷《生物学及相关技术》第2分册《农业》；［英］布瑞（白馥兰）著，李学勇译：《中国农业史》，台北：商务印书馆，1994年〕；游修龄：《中国农业通史：原始社会卷》，北京：中国农业出版社，2008年，第279页；Minghao Lin 林明昊 et al.，"Pathological Evidence Reveals Cattle Traction in North China by the Early Second Millennium BC," *The Holocene* 28，no. 8（2018）：1205 - 15；J. N. Postgate，*Early Mesopotamia：Society and Economy at the Dawn of History*（Abingdon-on-Thames，England：Taylor & Francis，1992），163 - 64；Lu et al.，"Zooarchaeological and Genetic Evidence," 108。

牛、羊奶，在随后的上千年里，牛、羊奶成为他们日常饮食的一部分。中国人饮食中少有奶制品通常是因为乳糖不耐，而欧洲人在进化出能够消化乳糖的基因之前，就通过制作减少乳糖的产品，诸如奶酪和酸奶，来消化牛奶。加工奶制品还是内亚人饮食的核心，他们对乳糖的耐受性仅略高于中国人。一般认为，只有在公元一千纪内亚征服华北后，该地人民才开始接受奶制品。然而，古代中国食奶有限可能不是因为文化或生理上对奶制品的排斥，而仅仅是因为人口稠密的黄河低地少有牛科动物。[50]

家养动物往往与它们的野生近亲生活在同类的栖息地。因此，家养畜群的扩大减少了野生动物可用的土地。在家养近亲的不断扩张中，唯一生存下来的大型野生动物是野猪。相比之下，家养牛、羊和马的扩张可能导致了原始牛和野马的灭绝，导致了许多其他物种数量的下降。牛、羊等大型牧群经常吃树苗，影响森林的生长。这意味着在人们砍伐聚落周围的树木后，地表更有可能保持光秃秃的状态。而牛科动物比鹿类更适应在砍树毁林和过度放牧后的贫瘠植被上生存。因此，牛科动物使得人类社会对家养

---

50 Marten Stol, "Milk, Butter and Cheese," *Bulletin on Sumerian Agriculture*, vol. 7: *Domestic Animals of Mesopotamia*, 1993, 99 – 113; Jeong et al., "Bronze Age Population Dynamics"; Shevan Wilkin et al., "Dairy Pastoralism Sustained Eastern Eurasian Steppe Populations for 5 000 Years," *Nature Ecology & Evolution* 4, no. 3 (2020): 346 – 55; Andrew Curry, "The Milk Revolution," *Nature* 500, no. 7460 (2013): 20 – 22; Hsing-Tsung Huang, *Science and Civilisation in China*, vol. 6.5: *Fermentations and Food Science* (Cambridge: Cambridge University Press, 2000), 248 – 57〔黄兴宗著，韩北忠译:《李约瑟中国科学技术史》第6卷《生物学及相关技术》第5分册《发酵与食品科学》，北京：科学出版社，上海：上海古籍出版社，2008年〕; Yimin Yang杨益民 et al., "Proteomics Evidence for Kefir Dairy in Early Bronze Age China," *Journal of Archaeological Science* 45 (2014): 178 – 86。

动物造成的环境退化更有适应力。随着农业和畜牧业将鹿类赶出人类的环境和食谱，鹿与早期农业人口之间形成的某种共生关系逐渐消失。

牛科动物与轻微而持久的干旱气候同时到来，即中全新世暖期（mid-Holocene warm period）的结束。气候当然有助于畜牧业成为华北干旱黄土地区的一项重要生业模式。这一时期气候变化的最早证据是，公元前三千纪晚期在欧亚大陆大部分地区都能感受到的气候波动。当时关中发生了大洪水，不过大洪水不一定影响到大多数人居住的地区。长江流域的城市文明在这一时期神秘地衰落了，但北方的社会却在繁荣发展，因此，我们必须在气候解释之外寻找原因。此时，瘟疫在欧亚大陆的其他地区传播，这提醒我们注意漫长的疾病史前史，这一点刚进入学界的研究视野。也许最重要的是，我们必须考虑到日益军事化的政体与其邻国之间的关系，这是下一章探讨的主题。[51]

63

---

51 Yongjin Wang汪永进 et al., "The Holocene Asian Monsoon: Links to Solar Changes and North Atlantic Climate," *Science* 308, no. 854（2005）: 854 – 57; Yanjun Cai蔡演军 et al., "The Variation of Summer Monsoon Precipitation in Central China since the Last Deglaciation," *Earth and Planetary Science Letters* 291, nos. 1 – 4（2010）: 21 – 31; Chengbang An安成邦, Zhao-Dong Feng冯兆东 and Loukas Barton, "Dry or Humid? Mid-Holocene Humidity Changes in Arid and Semi-Arid China," *Quaternary Science Reviews* 25（2006）: 351 – 61; Huining Wu仵慧宁 et al., "A High Resolution Record of Vegetation and Environmental Variation through the Last 25 000 Years in the Western Part of the Chinese Loess Plateau," *Palaeogeography, Palaeoclimatology, Palaeoecology* 273, nos. 1 – 2（2009）: 191 – 99; Z.-D. Feng冯兆东 et al., "Holocene Vegetation Variations and the Associated Environmental Changes in the Western Part of the Chinese Loess Plateau," *Palaeogeography, Palaeoclimatology, Palaeoecology* 241, nos. 3 – 4（2006）: 440 – 56; Chun Chang Huang黄春长 et al., "Holocene Palaeoflood Events（转下页）

217

公元前二千纪末又是一个气候不稳定加剧的时期。西安南部一个洞穴的气候记录显示，此时的气候既有非常潮湿的年份，也有非常干燥的年份。黄河、渭河和泾河也发生了巨大的洪水，远远超过了现代的所有记录。关中的地层学研究清楚地表明了全新世大暖期的结束：中全新世（mid-Holocene）较湿润环境下产生的深色土壤恢复为浅褐色黄土。这一转变在整个地区并非同步发生，一份年代明确的地层剖面显示，该地的变化要晚几个世纪。尽管有细部的不同，总的干旱趋势是明显的。气候变化差不多正是周及其盟友征服殷商的时候，气候是否促使了周人伐商？这是一个很有意思的猜想方向。此后周朝的气候与现代气候非常相似，所

（接上页）Recorded by Slackwater Deposits along the Lower Jinghe River Valley, Middle Yellow River Basin, China," *Journal of Quaternary Science* 27, no. 5 (2012): 485 – 93; Chun Chang Huang 黄春长 et al., "Extraordinary Floods of 4100 – 4000 a BP Recorded at the Late Neolithic Ruins in the Jinghe River Gorges, Middle Reach of the Yellow River, China., *Palaeogeography, Palaeoclimatology, Palaeoecology* 289 (2010): 1 – 9; Chun Chang Huang 黄春长 et al., "Extraordinary Floods Related to the Climatic Event at 4 200 a BP on the Qishuihe River, Middle Reaches of the Yellow River, China," *Quaternary Science Reviews* 30 (2011): 460 – 68; Peter Clift and R. Alan Plumb, *The Asian Monsoon* (Cambridge: Cambridge University Press, 2008), 203 – 10; Roberts, *The Holocene: An Environmental History*, 3rd edition (Oxford: Blackwell, 2014), 220 – 21; Wenxiang Wu 吴文祥 and Tung-sheng Liu 刘东生, "Possible Role of the 'Holocene Event 3' on the Collapse of Neolithic Cultures around the Central Plain of China," *Quaternary International* 117 (2004): 153 – 66; Fenggui Liu 刘峰贵 et al., "The Impacts of Climate Change on the Neolithic Cultures of Gansu-Qinghai Region during the Late Holocene Megathermal," *Journal of Geographical Sciences* 20, no. 3 (2010): 417 – 30; Nicolás Rascovan et al., "Emergence and Spread of Basal Lineages of Yersinia pestis during the Neolithic Decline," *Cell* 176, no. 1 (2019): 295 – 305.

以我们在本书的余下部分将较少讨论气候。[52]

进入青铜时代，论据的性质发生了变化。随着中国考古学家越来越接近文本时代，他们的学术重点转向了利用考古学确定历史文献中提到的地点和事件。这意味着他们会集中精力发掘城市和墓葬，而村庄不是关注重点。像二里头和二里岗这样的城邑中心备受关注，是因为考古学家把它们和历史文献中提到的夏朝与商朝联系在了一起。在陕西，位于西安以东的老牛坡遗址与二里岗有着明显的联系，而位于泾河上游的碾子坡遗址可能是周人伐商之前开辟的聚落。

公元前二千纪，关中发现的遗址很少，发掘过的更少。遗址中

52　Yanjun Cai 蔡演军 et al., "The Variation of Summer Monsoon"（西安南部洞穴）; Chun Chang Huang 黄春长 et al., "Sedimentary Records of Extraordinary Floods at the Ending of the Mid-Holocene Climatic Optimum along the Upper Weihe River, China," *The Holocene* 22, no. 6（2012）: 675 - 86; Chun Chang Huang 黄春长, et al., "Holocene Palaeoflood Events"; Xiaogang Li 李晓刚 and Chun Chang Huang 黄春长, "Holocene Palaeoflood Events Recorded by Slackwater Deposits along the Jin-Shan Gorges of the Middle Yellow River, China," *Quaternary International* 453（2017）: 85 - 95; Chun Chang Huang 黄春长 et al., "Abruptly Increased Climatic Aridity and Its Social Impact on the Loess Plateau of China at 3100 B.P." *Journal of Arid Environments* 52, no. 1（2002）: 87 - 99; Chun Chang Huang 黄春长 et al., "Climatic Aridity and the Relocations of the Zhou Culture in the Southern Loess Plateau of China," *Climate Change* 61（2003）: 361 - 78; Chun Chang Huang 黄春长 et al., "Extraordinary Floods of 4100 - 4000 a BP," 6; Chun Chang Huang 黄春长 et al., "Charcoal Records of Fire History," 31; Chun Chang Huang 黄春长 et al., "Holocene Dust Accumulation and the Formation of Polycyclic Cinnamon Soils（Luvisols）in the Chinese Loess Plateau," *Earth Surface Processes and Landforms* 28, no. 12（2003）: 1259 - 70; Hao Long 隆浩 et al., "Holocene Climate Variations from Zhuyeze Terminal Lake Records in East Asian Monsoon Margin in Arid Northern China," *Quaternary Research* 74（2010）: 46 - 56.

64　有一系列与此前龙山时代相似的工具和器物，如矩形石刀、骨箭头和骨针、甲骨和纺轮，还有一些青铜器和铜箭头。老牛坡是关中公元前二千纪规模最大、发掘最彻底的遗址。该遗址在公元前1450年至前1220年的地层内，出土了成组的石刀和石锄、箭头、甲骨和骨制工具。老牛坡遗址的渔网坠数量远超同时代其他遗址。鱼类、软体动物和其他水生动物似乎仍然是水道附近聚落的重要蛋白质来源，人们还用青铜制作小鱼和龟。公元前二千纪中后期，碾子坡遗址出土的骨头有牛、猪和狗，还有少量野马、山羊和鹿。到公元前二千纪后期出现文字时，关中地区的社会已经完全农业化了，而周代文献表明时人仍被各种各样的野生动植物所包围。[53]

周代，公元前1046—前221年

大约在公元前1046年，一个来自关中的联盟向东进军华北

---

53 刘士莪编著：《老牛坡：西北大学考古专业田野发掘报告》，西安：陕西人民出版社，2002年。关中先周遗址见于北京大学考古系商周组、陕西省考古研究所：《陕西耀县北村遗址1984年发掘报告》，《考古学研究》第2辑，1994年，第283—342页；北京大学考古系商周组：《陕西扶风县壹家堡遗址1986年度发掘报告》，《考古学研究》第2辑，1994年，第343—390页；宝鸡市考古工作队：《陕西武功郑家坡先周遗址发掘简报》1984年第7期，第1—15页。关于青铜鱼和青铜龟，参见陕西省考古研究所、陕西省文物管理委员会等编：《陕西出土商周青铜器》第1册，北京：文物出版社，1979年，第66—72页；中国社会科学院考古研究所编著：《南邠州·碾子坡》，北京：世界图书出版公司北京公司，2007年，第490—492页。在碾子坡200多个灰坑出土的11 484已鉴定样本中，1/2是牛，1/3是猪，7%是狗，还有一些绵羊/山羊和马。

平原，征服了商朝，建立了周王朝。周立基于关中与洛阳，统治了近三个世纪（西周时期，前1046—前771）。公元前771年，王室衰微，东迁洛阳，周王室在洛阳作为名义上的天子苟延残喘了五百年，史称东周时期。东周是一个大变革时代，尤其是后半段的战国时期，当时商业和国家权力都在急剧扩张。这一时期虽然发生了巨大的社会变化，但大多数农民仍继续使用木、石和骨制工具。本节将讨论该时期的植物，其次是动物，最后总结其耕作方法。

在公元前二千纪的大部分时间里，关中的人口密度远低于关东地区。而周王朝的建立使关中成了重要的政治中心和富庶的农业区。由于关中曾经人口稀少，因此自然资源可能比人口稠密的东部地区更丰富。这一点是周灭商之后将朝廷迁回关中的好理由，周人同时在洛阳也建立了一个行政中心。土壤研究表明，大约在这个时候，关中盆地东端的水土流失开始显著加剧，这可能是农业扩张造成的。[54]

周代是第一个有传世文献流传至今的时期，这意味着我们的论据与此前大为不同。这一时期的考古学材料主要是墓葬，而这些墓葬并没有告诉我们多少生计信息，但源于西周的《诗经》提到了大量的动植物。周代社会基本上是农业社会，但《诗经》表明，野生动植物在人们的生计与文化方面都发挥了重要作用。西周时期还没有市场存在的证据，人们消耗的资源几乎全部来自周围地区。此后的数百年，随着城市化、商业化进程和强有力的中央集

65

54　Chun Chang Huang 黄春长 et al.，"Holocene Colluviation."

权国家的发展，社会发生了深刻的变化，改变了农民的生产条件。可惜的是，关于周代农耕的物质材料非常有限，因为考古学家还没有发掘和公布这一时期任何村庄的信息。虽然我们对农耕技术的变化知之甚少，但可以肯定的是，当时的农业激励机制和农民的压力发生了深刻的变化。

我们对这一时期农业的理解，与此前无文献可据的时期不同，文献告诉我们当时的耕作方法，告诉我们在考古学中难以保存至今的作物。黍类仍然是这一时期的主食，是《诗经》中最常见的谷物。麻的种植不仅是为了获取纤维，也为了麻籽，麻籽在文献中经常被列为"五谷"之一。大豆算不上重要的粮食作物，但随着时间的推移，它的种植范围越来越广。红豆和绿豆也在东亚驯化了。大豆能够在贫瘠的土壤中生长并通过固氮来改善土壤，大豆种植或因此而扩大，因为战国秦汉时期人口密度的增加导致了休耕时间的减少。大豆在一些地区作为救荒作物种植，但在关中未必如此，因为它们不如黍类耐旱。大豆难以消化，因而不受人重视。直到人们学会把大豆变成豆芽、豆腐和各种酱汁，它们才广受欢迎，而这些豆制品的发明大多出现在本书所涵盖的时段之后。周人也食用肉酱和腌菜，后世发展出复杂的大豆加工方法，似乎是对动物蛋白可用量减少的应对之策。直到汉代石磨的传播，小麦才被广泛食用，人们可以将其磨成面粉，做成饼和面条。小麦逐渐成为该地区的主食。[55]

66

55《诗经》中最常见的黍类（millets）之名，是稷和黍；粱和粟比较少见。最常见的豆类（beans）之名是菽。"菽"一般指大豆，但也可以指红豆（*Vigna angularis*）和绿豆（*V. radiata*），参见 Gary W. Crawford, "East Asian （转下页）

《诗经》极为有用，因为书中提到了很少或从未在考古学中保存下来的果蔬。这为我们打开了一扇窗，得以了解可能已经培育良久的各类物种。时人种植了几种李属水果，可能包括桃、李、樱桃和果梅。在周原的一个灰坑里发现了数百粒野生或培育的杏仁，以及一些较小的野生李属植物种子。这个坑可能已经用火处理过，以确保干燥，杏干可能是放在那里作为水果储存；或者也有可能只保留了种子，因为杏仁可以加工后食用。另一个坑里有将近200颗枣核。这些可能是作为水果储存的，因为枣核是不能食用的，而枣干可以长期储存。野枣树有尖锐的刺，多种作树篱，而驯化的枣树果实较大。两种枣树之果都富有营养，可以食用。现

（接上页）Plant Domestication," in *Archaeology of Asia*, edited by Miriam T. Stark（Oxford: Blackwell, 2006）, 77 - 95, 以及 Donald J. Harper, *Early Chinese Medical Literature: The Mawangdui Medical Manuscripts*（London: Kegan Paul, 1997）, 223〔夏德安：《马王堆医书译注》〕。值得注意的是，豌豆和蚕豆至汉代才传入中国。张波和樊志民在《中国农业通史》中指出，随着休耕时间的减少，大豆变得流行起来，这一说法似乎合理，但证据很少。关于关中的大豆，见Cho-yun Hsu, *Han Agriculture: The Formation of Early Chinese Agrarian Economy*, 206 B.C. - A.D 220（Seattle: University of Washington Press, 1980）, 102〔许倬云著，程农、张鸣译：《汉代农业——早期中国农业经济的形成》，南京：江苏人民出版社，1998年，第109—110页〕。关于食品保存和大豆的历史，参见Huang, *Science and Civilisation in China*, vol. 6.5〔黄兴宗著，韩北忠译：《李约瑟中国科学技术史》第6卷《生物学及相关技术》第5分册《发酵与食品科学》〕。关于日益增长的小麦消费量，参见Ligang Zhou周立刚 et al., "Human Diets during the Social Transition from Territorial States to Empire: Stable Isotope Analysis of Human and Animal Remains from 770 BCE to 220 CE on the Central Plains of China," *Journal of Archaeological Science: Reports* 11（2017）: 211 - 23; 以及 Xin Li李昕 et al., "Dietary Shift and Social Hierarchy from the Proto-Shang to Zhou Dynasty in the Central Plains of China," *Environmental Research Letters* 15, no. 3（2020）: 035002。

在，枣干可以加到汤和茶中，既美味又有药用价值。如前所述，《诗经》中也提到了一些可能是梨、野苹果和木瓜的水果。"枸"可能指的是拐枣（Hovenia dulcis），关中地区现在还在吃拐枣甜甜的果柄。柿子是该地区现在最常见的水果之一，直到汉代以后甜柿品种和嫁接技术的发展，柿子才被广泛种植。桑树之叶可用来养蚕，桑椹也可食用。[56]

坚果可能是一种重要的食物来源。栗子和榛子常见于《诗经》，栗子至今仍在华北广受欢迎。如本章第三节所述，新石器时代的人吃野核桃，《诗经》虽未载核桃，两周之人可能也食用。野生核桃比驯化核桃要小，后者可能在汉代以后传入东亚，此后成了华北大部分地区最重要的坚果。时人还种植了各种各样的葫芦和甜瓜。葫芦（Lagenaria siceraria）也能食用，但更因其可晒制成轻便的盛水容器而广受喜爱。早在一万年前，葫芦就从非洲传入东亚。葫芦种子在华北各地都有出土，上文提到的出土杏仁的周原灰坑里就有葫芦种子。这个灰坑里还有150多枚甜瓜籽（Cucumis melo）。甜瓜原产于亚洲，甘甜的可作为水果食用，不太甜的则作为蔬菜食用。[57]

---

56 遗传学研究表明，樱桃在公元前1000年前率先在四川盆地驯化。Zhang et al., "Genetic Diversity and Domestication Footprints of Chinese Cherry"；陕西省考古研究院、北京大学考古文博学院、中国社会科学院考古研究所、周原考古队编著：《周原：2002年度齐家制玦作坊和礼村遗址考古发掘报告》，北京：科学出版社，2010年，第717—723页〔李属植物的种子很可能属于杏（P. armeniaca 或 P. mandshurica）〕；Z. Luo 罗正荣 and R. Wang 王仁梓，"Persimmon in China: Domestication and Traditional Utilizations of Genetic Resources," Advances in Horticultural Sciences 22, no. 4（2008）: 239 - 43。

57 《诗经》中的"栗"，英文为"Chestnuts"（Castanea mollissima）；"榛"，（转下页）

　　《诗经》中还提到了各种蔬菜。由于考古学家不太可能挖掘出太多蔬菜的种子，我们对传世文献之前的蔬菜史所知极为有限。此时，芜菁（*Brassica rapa*）可能以多种形式存在，如大头菜、白菜和卷心菜。其他芸薹属植物倘若此时亦有种植，也不足为奇，如青菜和油菜。葵菜也是一种绿色蔬菜。当时的菜肴中没有多少气味浓烈的调味品，所以我们可以肯定小葱或大葱在烹饪中发挥了重要作用。麻麻的花椒（*Zanthoxylum* sp.）后来与新大陆的辣椒结合，创造了以麻辣闻名的川菜，而早在此前，花椒就已用于调味了。[58]

　　（接上页）英文为"hazelnuts"（*Corylus* sp.）。这些野生核桃是山核桃。葫芦在《诗经》中被称为瓜、瓞、瓟、瓠或壶。关于核桃，参见 Berthold Laufer, *Sino-Iranica: Chinese Contributions to the History of Civilization in Ancient Iran, with Special Reference to the History of Cultivated Plants and Products*（Chicago: Field Museum of Natural History, 1919）, 254 – 75〔［美］劳费尔著，林筠因译：《中国伊朗编：中国对古代伊朗文明史的贡献》，北京：商务印书馆，2001年〕; Paola Pollegioni et al., "Ancient Humans Influenced the Current Spatial Genetic Structure of Common Walnut Populations in Asia," *PLoS One* 10, no. 9（2015）: 1 – 16. 关于葫芦，参见 Logan Kistler et al., "Transoceanic Drift and the Domestication of African Bottle Gourds in the Americas," *Proceedings of the National Academy of Sciences* 111, no. 8（2014）: 2937 – 41. 关于甜瓜，参见陕西省考古研究院、北京大学考古文博学院、中国社会科学院考古研究所、周原考古队编著：《周原：2002年度齐家制玦作坊和礼村遗址考古发掘报告》，第717—723页; Patrizia Sebastian et al., "Cucumber（*Cucumis sativus*）and Melon（*C. melo*）Have Numerous Wild Relatives in Asia and Australia, and the Sister Species of Melon Is from Australia," *Proceedings of the National Academy of Sciences* 107, no. 32（2010）: 14269 – 73; Yukari Akashi et al., "Genetic Variation and Phylogenetic Relationships in East and South Asian Melons, Cucumis melo L., Based on the Analysis of Five Isozymes," *Euphytica* 125, no. 3（2002）: 385 – 96.

58 《诗经》中的"葑"可能是指某种或多种芜菁（*Brassica rapa*）。青菜（Chinese cabbage）拉丁名即 *Brassica chinensis*，油菜（canola）拉丁名即 *B. campestris*，葵菜（mallow）拉丁名即 *Malva verticillata*（《诗经》中的"葵"）。（转下页）

中国许多果蔬都有一段漫长的驯化种植史，但我们对此几乎一无所知。毫无疑问，培育任何植物的第一步都是发现其野生形态的有用特性，而在《诗经》中，寻觅野生植物是常见的主题。《诗经》中提到了许多不同的野生和驯化植物，表明当时显然是一个乡村社会，人们大多熟知各种植物的特性及其文化意义。上述诸种之外，《诗经》中还有许多可食植物，这些植物已难以确知所指为何物，但传统上认为是可食用的叶类植物，其中一些在当时可能已经有人种植。还需注意的是，动植物一直可入药。[59]

植物也是纺织品的主要来源。时人有用毛皮制衣，当然也有用加工编织的植物纤维（尤其是麻）制作衣物。《诗经》中屡屡提及麻，还提到沤麻以软化纤维。西安北部的泾阳出土了周代的粗麻织物，其他地方也发现了更古老的麻织物。进入公元二千纪，麻

（接上页）《诗经》中的"韭"指的是薤头（*Allium chinense*）或韭菜（*A. tuberosum*）。《诗经》中的"椒"可能指花椒（Sichuan pepper）。Bray, *Science and Civilisation in China*, vol. 6.2: *Agriculture*, 345 - 46, 521〔《李约瑟中国科学技术史》第6卷《生物学及相关技术》第2分册《农业》；〔英〕布瑞（白馥兰）著，李学勇译：《中国农业史》〕; Bretschneider, "Botanicon Sinicum," 169 - 73, 195 - 203。本段提及的农作物英文名称为大头菜（turnips）、白菜（bok choi）、卷心菜（napa cabbage）、青菜（Chinese cabbage）、小葱（chives）、大葱（green onion）。

59 《诗经》中提及采集未确知的农业植物的篇章，包括第1、3、8、13、15、35、54、72、108、125、155、167、169、188、205、226和299篇。Hsuan Keng, "Economic Plants of Ancient North China as Mentioned in Shih Ching（Book of Poetry），" *Economic Botany* 28, no. 4（1974）: 401 - 2。关于植物的医用，参见Harper, *Early Chinese Medical Literature*〔夏德安：《马王堆医书译注》〕；以及 Georges Métailié, *Science and Civilisation in China*, vol. 6.4: *Traditional Botany, an Ethnobotanical Approach*（Cambridge: Cambridge University Press, 2015）〔《李约瑟中国科学技术史》第6卷《生物学及相关技术》第4分册《传统植物学：民族志视角》〕。

仍然是一种常见的衣料，后来才逐渐被棉花取代。《诗经》中还提到了另一种纺织作物苎麻，以及用来制作鞋子和其他粗织物的葛藤。在西安以西的西周都城丰镐，考古学家发现了鉴定为丝绸的织物印痕。桑树的叶子可用于喂蚕，桑树是《诗经》中最常提到 68 的植物。织布是理想的女性职业，这一观点被《诗经》和其他经典文本奉为圭臬，后来在巩固中国的性别分工观念方面发挥了重要作用。[60]

木本植物为人们提供了大量的材料和能量。人们消耗的大部分木材都用于生火做饭或取暖。砍伐和收集木材一定会对聚落周围的林地产生重大影响，而木柴短缺是人口增长的直接后果之一。人们使用各种各样的木材来制作工具、建造房屋，这些房屋通常是半地穴式的，带有泥墙。在中国，从旧石器时代到近几十年塑料普及之前，人们一直靠嫩枝、树皮、草和藤蔓来编织制作日常生活中的许多基本物品。从篮子到袋子，再到渔网和篱笆，柔韧的植物是人们所用最重要的原材料之一。早期文献中经常提到各种篮子。它们可能由芦苇、草、藤蔓和根须等各种材料制成。人

---

60 麻织品，在《诗经》第150篇《蜉蝣》中被称作"麻衣"，在《诗经》第154篇《七月》中被称作"褐"。"沤麻"见于《诗经》第139篇《东门之池》。葛藤（Kudzu vine）即《诗经》第2篇《葛覃》中的"葛"（Pueraria sp.），苎麻（ramie）即《诗经》第139篇《东门之池》中的"纻/苎"（Boehmeria nivea）。关于麻织品，见 Kuhn, *Science and Civilisation in China*, vol. 5.9: *Textile Technology*; *Spinning and Reeling*, 15 – 44〔（《李约瑟中国科学技术史》第5卷《化学及相关技术》第9分册《纺织技术：纺纱与缫丝》）〕。关于出土的织物，参见葛今：《泾阳高家堡早周墓葬发掘记》，《文物》1972年第7期，第7页；孙永刚：《大麻栽培起源与利用方式的考古学探索》，《农业考古》2016年第1期，第16—20页；中国社会科学院考古研究所编著：《张家坡西周墓地》，北京：中国大百科全书出版社，1999年，图版200。

们还戴着用草或竹编织的帽子，现在仍然如此。尽管这一时期瓦片已经普及，但大多数周人可能还是用茅草做屋顶。[61]

出土的骨骼表明，关中人吃的肉大多是猪、牛和羊。出土的其他动物包括马、水牛、梅花鹿、熊、野兔、龟、鲤鱼、蚌类和鸡。野鸡现在也很常见，动物考古学家最近才有办法区分鸡和野鸡的骨骼，但对鸡的驯化仍然知之甚少。鸡的驯化可能与猪和狗的情况相似，鸡最初也是被食物吸引到人类聚落，人们发现鸡的作用，并将它们纳入人类社群。鸡比大型哺乳动物产肉快得多，这就使得穷人吃鸡和鸡蛋的频率要比吃猪或牛肉高得多。[62]

与上一时期一样，鱼类可能是最重要的蛋白质来源之一。由于考古学家很少发掘过这一时期的农村聚落，我们缺乏此前可见的渔网坠和其他捕鱼工具的例证。然而，时人确实制作了玉石和金属鱼。他们还创作了关于鱼的歌谣，比如或许是在宗庙祭祀献鱼时唱的颂歌。虽然《诗经·国风》第24首（《何彼秾矣》）提到

---

61 《诗经》第291篇《良耜》中，"草帽"一词常写作从竹的"笠"和从草的"苙"。《汉语大词典》，武汉：湖北辞书出版社，成都：四川辞书出版社，1986年，第2959页。关于房屋，参见中国科学院考古研究所编著：《沣西发掘报告：1955—1957年陕西长安县沣西乡考古发掘资料》，第75页。

62 西安西部的沣西遗址是西周都城之一，遗址中猪占动物遗骸的40%，其次是牛、羊（均为15%）。在周原的一个制玦作坊，牛的遗骸占到17%，猪占23%，羊占21%，狗占14%，山羊占5%，羊占3%。这些比例都是基于最小个体数（MNI）。袁靖、徐良高：《沣西出土动物骨骼研究报告》，《考古学报》2000年第2期，第246—256页；陕西省考古研究院、北京大学考古文博学院、中国社会科学院考古研究所、周原考古队编著：《周原：2002年度齐家制玦作坊和礼村遗址考古发掘报告》，第724—751页；林永昌、种建荣、雷兴山：《周公庙商周时期聚落动物资源利用初识》，《考古与文物》2013年第3期，第39—47页；Peters et al., "Holocene Cultural History of Red Jungle Fowl"。

了用丝线制成的钓丝，但主要的捕鱼方法应当还是用渔网和陷阱。　69
渔网坠在新石器时代聚落中很常见，周代遗址虽无此物，但《诗
经》中记载了各式各样的渔网和陷阱。如筑起堤堰引鱼入笼的鱼
梁。浅水中可以编网为鱼梁，或者把一排削尖的木桩打入河底，
形成一堵放小鱼游出而拦大鱼入网的屏障。随着越来越多平坦的
旱地转为农田，人们也加大了对湿地的开发，这些湿地分布在河
道沿岸以及平原上排水不畅之处。麋鹿和獐这两种栖息在湿地的
动物最终从黄河流域消失，水牛也因此灭绝。人们还可以采一些
水产，如螺、蚌和三种以上的龟。[63]

　　一个人的地位越高，吃的肉就越多，各类社会大多如此。统
治阶级不仅拥有更多的畜产，还可以猎杀大型野生动物。随着政
治组织的发展，他们的领导人将定期狩猎作为一种军事训练形式，
并为祭祀祖先提供牺牲。这类狩猎活动可能是重要的食物来源。
《诗经·小雅·吉日》描述了战车准备、狩前祭祀、周原附近漆
河与沮河的群鹿，以及狩猎本身："吉日庚午，既差我马。兽之所
同，麀鹿麌麌。漆沮之从，天子之所。瞻彼中原，其祁孔有。儦
儦俟俟，或群或友。悉率左右，以燕天子。既张我弓，既挟我矢。

63《诗经》中的渔网，有网、罛和罜。捕鱼陷阱则有罩、笱和罶，其中一些可能安
　装在堰（"梁"）上。《诗经》第170篇《鱼丽》和281篇《潜》和鱼有关，而《诗
　经》第35篇《谷风》提到了带鱼笼的堰。中国社会科学院考古研究所编著：《张
　家坡西周墓地》，第282—299、450—455页，图版159—160、182—191。林永　219
　昌、种建荣、雷兴山：《周公庙商周时期聚落动物资源利用初识》，《考古与文
　物》2013年第3期，第39—47页。乌龟（Reeves' turtles）是在周公庙出土的，草
　龟（Chinese pond turtles）和花龟（Chinese stripe-necked turtles）都是在张家坡
　出土的。

发彼小豝，殪此大兕。""豝"是野猪，而"兕"是野水牛。[64]

虽然统治阶级可以继续猎杀鹿群及其他大型野生动物，但平民们却不能如此，他们的猎物要小得多了。野生鹿骨与家养鹿骨的比值持续下降，清楚地表明人类的土地开发日益密集，这一趋势自农业社会肇始以来一直在持续。鹿的形象在西周文物中多有描绘，但在随后的数百年里逐渐减少。随着耕地的开发，低地上的鹿群越来越少，而其他大部分土地被用来放牧牛、绵羊和山羊。低地农民数量增加的同时，牧区牧民的数量也增加了。[65]

在周代，游牧民继续在干旱的内亚扩张（"牧民"是指高度依赖放牧牲畜的人，而"游牧民"仅指高度流动的牧民）。由于周和秦是从黄土高原迁至关中北部和西部的，传统上认为周秦之人与畜牧业有关，但事实上，他们与黄土高原上大多数人一样，实行农牧结合。农业人口的密度越来越大，使得宜耕土地上的牧场逐渐减少，但黄土高原上始终有大量的土地可供放牧。

本节的最后，让我们来关注耕作技术。得益于文献记载，我们

64 "漆沮"即漆河和沮河。引文出自《诗经》第180篇《吉日》。Karlgren, *The Book of Odes*，124;（清）阮元校刻：《十三经注疏》，北京：中华书局，1980年，第429页。参见Lefeuvre, "Rhinoceros and Wild Buffaloes North of the Yellow River"〔法〕雷焕章著，葛人译：《商代晚期黄河以北地区的犀牛和水牛》，《南方文物》2007年第4期，第150—160页〕。

65 文物中鹿的形象，例如卢连成、胡智生、宝鸡市博物馆编：《宝鸡强国墓地》，北京：文物出版社，1988年，第338—348页；高功：《龙行陈仓、鹿鸣周野——石鼓山西周墓地出土青铜器赏析》，《收藏界》2015年第3期；中国社会科学院考古研究所编著：《张家坡西周墓地》，彩版15—23，图版24是完整的（梅花？）鹿，作为殉鹿随葬坟墓；Roel Sterckx, "Attitudes towards Wildlife and the Hunt in Pre-Buddhist China," in *Wildlife in Asia: Cultural Perspectives*，edited by John Knight（London: Routledge Curzon, 2004），15 – 35。

对这一时期的耕作技术有了更多的了解。现代的农民会觉得周代的农业很原始，但对仰韶时期的人们来说，此时的农业看起来相当精耕细作。与仰韶先民相比，周人的家养动植物要多得多，可以开发的土地类型也就更广泛了。得益于作物种类的多样化、作物品种的改良以及农业技术的进步，周代的单位面积产量也更高。我们虽然大致了解了时人利用的动植物，但对农业的许多关键要素仍知之甚少，例如休耕时间的安排、不同的种植技术、肥料、灌溉以及何时开始用畜力拉犁。复种、垄沟种植和施肥等做法始见于周代文献，但如果以此为依据，认为它们是新兴技术，或认为此时已有广泛传播，那就有问题了。农业实践因微观气候、土壤类型、人口密度、毗邻市场以及许多其他因素而异。有的学者引用轶闻性质的史料，以此论证农作物产量在东周、秦汉近千年内有所增加。学者们得出产量增长的结论并不意外，但问题是这一结论仍难以证明。[66]

　　灌溉是历史学家们十分关注的话题，但它在中国的起源仍是未解之谜。小规模灌溉在长江流域新石器时代的稻农中肯定很常见，可能在黄河流域也很常见，但很难找到考古证据。关中人工治水的最早证据是，在西安以西的沣河两岸、西周都城丰镐遗址发掘的壕沟和水池。一条宽十多米、深数米的壕沟在镐京周围绵延了

---

66 Bray, *Science and Civilisation in China*, vol. 6.2, 105, 162〔《李约瑟中国科学技术史》第6卷《生物学及相关技术》第2分册《农业》，［英］布瑞（白馥兰）著，李学勇译：《中国农业史》〕; John Knoblock and Jeffrey Riegel, *The Annals of Lü Buwei: A Complete Translation and Study*（Stanford, CA: Stanford University Press, 2000）, 656; 关于产量增长，参见张波、樊志民主编：《中国农业通史（战国秦汉卷）》，北京：中国农业出版社，2007年，第177—189页。

71 至少四公里。其中一部分建于低洼处，这一低洼地带本是湿地或湖泊，后来汉代开凿昆明池，这是最深的部分。这条壕沟可能用于排水，以及划定城界、拱卫城邑。这证明西周人有能力建设灌溉基础设施，但我们不知道是否他们所为。在一件有铭文的西周青铜礼器上有关于治水的模糊证据，器铭中所赐之物有300多个某种"川"。有学者认为，这些"川"是农田之间的小型灌溉或排水沟渠。[67]

至于肥料，最基本的土地增肥方式是休耕，即放任植物在田地上生长一段时间，然后再烧草为灰，犁入土壤。休耕和耕作一样古老，但最早的证据是《诗经·良耜》所云："其镈斯赵，以薅荼蓼。荼蓼朽止，黍稷茂止。"《月令》中记载，被夏雨沤过的植物"可以粪田畴，可以美土疆"。荀子也说过"多粪肥田"。虽然早期的农民可以通过农田休耕、燃烧植被的方式提高土壤肥力，但人口密度的增加导致了休耕时间的减少，迫使农民想另外的办法改善土壤质量。几千年来，猪在中国农业中保持着重要地位，原因之一就是它们的粪便提供了必要的肥料。[68]

---

67 宜侯夨簋的铭文记载了赐"川"，有学者认为指的是"甽"，指田地之间的沟渠。马承源主编：《商周青铜器铭文选》第3册，北京：文物出版社，1988年，第34—35页。关于护城河，参见中国社会科学院考古研究所丰镐队：《西安市长安区丰京遗址水系遗存的勘探与发掘》，《考古》2018年第2期，第26—46页；中国社会科学院考古研究所、西安市文物保护考古研究院阿房宫与上林苑考古队：《西安市汉唐昆明池遗址区西周遗存的重要考古发现》，《考古》2013年第11期，第3—6页。

68 《诗经》第291篇《良耜》，（清）阮元校刻：《十三经注疏》，第602页；Legge, The Book of Poetry, 604。《月令》引文，参见Knoblock and Riegel, Annals, 153。《荀子》引自（清）王先谦：《荀子集解·富国篇第十》，北京：中华书局，1998年，第183页；Knoblock, Xunzi, vol. 2, 127。

　　关于牛耕起于何时，早期中国的研究者一直有争议。商代已有马拉战车，但直到战国时期的文献中才有牛耕的明确证据。畜力是非常重要的，这使得有牛家庭的财富要远远多于人力耕田者。牛耕的亩产量比种果种菜要少，但每多投入一单位的人力就能生产出更多粮食，从而增加了占有田地的富人的收入。他们还可以把牛租给别人来增加收入。牛还能粪便肥田和拉车。随着华北农业中心人口的增长，土地取代劳动力成为农业生产的限制因素，比起在稀缺的土地上放牧牛群，多用人力精耕细作的成本更低。[69]

　　牛耕最早的明确证据来自公元前5或4世纪的文献。甲骨文和西周金文中并没有发现牛耕的证据。长江流域新石器时代遗址出土的三角形石器常被称为犁，但当时并无家牛来拉犁。这件犁可能是靠人来拉的，但更有可能是用于他途的。有的动物考古学家认为，出土的牛骨显示出由牵引重物引起的病理变化，不过这方面暂无定论。考古学家还发现，西周都城丰京的牛被杀时年龄相对较大，说明这头牛用于役使。另一种可能的解释是，当时的牛拉的是车，而非犁。公元前3世纪左右，牲畜才用上更有效的胸带式挽具，此前的挽具有一条绕在喉咙上的带子，当动物用力拉时

72

69　这段文字是基于 Paul Halstead，"Plough and Power: The Economic and Social Significance of Cultivation with the Ox-Drawn Ard in the Mediterranean," *Bulletin on Sumerian Agriculture*，vol. 8：*Domestic Animals of Mesopotamia* 2，1995，11 – 22 和 Amy Bogaard，Mattia Fochesato，and Samuel Bowles，"The Farming-Inequality Nexus: New Insights from Ancient Western Eurasia," *Antiquity* 93，no. 371（2019）：1129 – 43。

很容易窒息，颈带式挽具严重阻碍了畜力的广泛应用。[70]

　　早期中国用牛的一条重要材料，见于赵豹说赵王不可与秦战之论据："秦以牛田，水通粮，其死士皆列之于上地，令严政行，不可与战。"秦国幅员辽阔，官吏有地养牛。依据律令规定，官府可将牛借给农民。官府也知道大多数人养不起牛，所以他们为百姓提供牛。在墓葬中放置牛车模型的做法可能起源于战国时期的秦并向东传播，这也表明牛在秦国更为常见。早期中国的畜力是人们经常讨论的议题，问题的关键，看似是时人是否熟悉这项技术；然而，更大的问题可能是如何养牛养马。东亚农业中，动物起到的作用一般要小于近东或欧洲。到这一时期结束时，黄河流域核心农业区的人口非常多，几乎没有养牛的土地——这就是牛耕虽然为时人所知，但却没有广泛用于农业的原因。[71]

70　早期牛耕史料，如徐元诰撰，王树民、沈长云点校：《国语集解·晋语九》，北京：中华书局，2002年，第453页。关于古文字材料，参见裘锡圭：《甲骨文所见的商代农业》，《古文字论集》，北京：中华书局，1992年，第164页。"耕"这个字常翻译为"犁地"，但是其本义常常仅是指"种地"或"耕作"。Liu and Chen, *The Archaeology of China*, 116 - 17〔刘莉、陈星灿著，陈洪波、乔玉、余静、付永旭、翟少东、李新伟译：《中国考古学：旧石器时代晚期到早期青铜时代》，第125—126页〕；袁靖、徐良高：《沣西出土动物骨骼研究报告》，《考古学报》2000年第2期，第246—256页；Bray, *Science and Civilisation in China*, vol. 6.2, 166 - 67〔《李约瑟中国科学技术史》第6卷《生物学及相关技术》第2分册《农业》，［英］布瑞（白馥兰）著，李学勇译：《中国农业史》〕；Joseph Needham and Ling Wang, *Science and Civilisation in China*, vol. 4.2: *Mechanical Engineering* (Cambridge: Cambridge University Press, 1965), 303 - 33〔［英］李约瑟著，王玲协助，汪受琪译：《李约瑟中国科学技术史》第4卷《物理学及相关技术》第2分册《机械工程》，北京：科学出版社，上海：上海古籍出版社，1999年〕；Smil, *Energy in Nature and Society*, 155 - 61。

71　（汉）刘向集录：《战国策·赵策一》，上海：上海古籍出版社，1985年，第618页；英译见于 James Crump, *Chan-Kuo Ts'e* (Oxford: Clarendon, 1970), （转下页）

　　本章引言中的《荀子》之语，可谓公元前3世纪华北农业系统的例证。谷物排在第一位，其次是水果和蔬菜，再往后才是动物，在大多数人的饮食中，动物远不如植物重要。到了荀子时代，华北低地的大型野生动物已所剩无几。原始牛、野马以及野生水牛最终都灭绝了。尽管低地的农业人口稠密，但山区和湿地仍然是各种鱼类、爬行动物、鸟类和野生植物的家园。这就解释了古代文献中为何经常提到"山泽"的物产。这两种景观不易转变为农田，所以仍是野生动物的栖息地。

73

　　许多学者鉴于周末数百年社会、经济和政治的深刻变化，想当然地认为农业生产力有所提高。但大多数人可能仍用着与新石器时代先民相似的农具，这表明影响农业的主要因素是社会的，而非技术的。一方面，市场的扩大带来了更多机会，鼓励人们生产经济作物、种植更多粮食以获得收入。另一方面，国家施加的压力至少跟市场作用一样重要，各国试图从农民身上攫取更多的劳动力和资源，迫使他们勤务农、多产粮。国家对人民与环境的权力越来越大，这是本书以下部分的主题。

　　（接上页）336。关于秦国的租牛，参见睡虎地秦墓竹简整理小组编：《睡虎地秦墓竹简》，北京：文物出版社，1990年，图版第25页，简126—127；A. F. P. Hulsewé, *Remnants of Ch'in Law: An Annotated Translation of the Ch'in Legal and Administrative Rules of the 3rd Century B.C. Discovered in Yün-Meng Prefecture*, Hu-Pei Province, in 1975（Leiden, Netherlands: Brill, 1985），74（《徭律》）。关于牛车模型，参见Lothar von Falkenhausen罗泰，"Mortuary Behaviour in Pre-Imperial Qin: A Religious Interpretation," in *Religion and Chinese Society*, edited by John Lagerwey（Hong Kong: Chinese University Press, 2004），132。

第3章

74

有地牧民者：中国政治组织的兴起

日费千金，然后十万之师举矣。

——《孙子兵法》，公元前5世纪*

　　一切始于农业。通过驯化动植物，人类获得了建立生态系统的能力，可以生产出稳定的食物供给和其他材料。随着人类日益依赖少数几种农作物，农民开始储存粮食，以便在干旱、风雨、虫害影响农田收成时渡过难关。生产粮食盈余的能力促进了人类文明的发展，因为盈余粮食可以养活工匠、士兵、文吏和官僚等专

---

* 引言出自《孙子兵法》，传统认为是孙子所作。杨丙安校理：《十一家注孙子·作战篇第二》，北京：中华书局，1999年，第29页；Roger T. Ames安乐哲，*Sun-Tzu: The Art of Warfare: The First English Translation Incorporating the Recently Discovered Yin-Ch'üeh-Shan Texts*（New York: Ballantine, 1993），107。千金之"费"，包括了军事物资和后勤供给，士卒并无报酬。关于金币，参见François Thierry, *Monnaies chinoises: Catalogue*（Paris: Bibliothèque nationale de France, 1997），146。

职人员。统治者深知农业乃国运之所系，故经常想方设法扩大耕地面积。本章将回顾东亚农业政治系统的发展历程，上自其起源，下至于公元前3世纪的各个强国。

政治权力自始至终都是为了控制人口中的劳动力和资源盈余。由于粮食税是农业国家的主要收入，这些国家的根本利益就在于扩大农田、增加臣民和牲畜的数量，因此要减少无益于国家的自然生态系统所占的土地，而绝大多数生灵正栖息于其中。为了建立军队，国家不仅要动员士卒，还要调配物资为他们提供食物和住所。国家通常还会投入大量资源来建设意识形态体系，以促使百姓服从权威、缴纳赋税。国家修建道路等基础设施以便调动军队，还建造纪念性建筑来激发人们对政治体制的尊重。所有这些资源都是由人们开发环境而产生的。相较无国家社会，政治体制使领导人得以调动更多的劳动力和资源来改造环境。政治制度的形成为人类提供了强大的组织能力，农业生态系统得以取代自然生态系统。因此，纵观人类历史，政治组织在提高人类社会的生产力进而扩大环境影响力的方面，发挥了积极的作用。[1]

虽然强有力的政治制度在人类历史上只进化了寥寥数次，但它们无不致力于战争，故往往会征服周围的人民。[2]尽管人们有能力而且确实逃离了国家的赋税劳役，但国家占据了良田美地，把难以

1　该段概括了第1章。

2　Trigger, *Sociocultural Evolution*, 208; James C. Scott, *The Art of Not Being Governed: An Anarchist History of Upland Southeast Asia*（New Haven, CT: Yale University Press, 2009）〔[美] 詹姆斯·C.斯科特著，王晓毅译：《逃避统治的艺术：东南亚高地的无政府主义历史》，北京：生活·读书·新知三联书店，2016年〕。

进入的山区和湿地留给了籍外之民。国家控制着上佳之地，因而常常能统治大部分人口，并且希望治内人口继续增长。统治者也有保护自然生态系统的政治动机，例如，为建造船只而保护森林，为狩猎而保护野生动物，还有印度国王为确保战象供应而保护森林。[3] 但大多数统治者总有充分的理由将野生生态系统转变为农场、果园和牧场。因此，国家如何发展强大，归根结底是一个生态问题。

有人可能会猜想，当个人魅力型领袖号召人们的追随时，或者像日本导演黑泽明的电影《七武士》中那样，当惊慌失措的农民愿意花钱寻求强人庇护时，政治制度就诞生了。然而，政治制度的形成相当缓慢，犹如动物的驯化。就像野猪花了数千年才成为家猪一样，经历了无数代人之后，相对平等的社会才成为大多数人接受少数精英统治并习以为常的社会。

在本章中，我将回顾东亚政治制度的形成过程，从最早的城市到战国时期的中央集权官僚体制。本章无意于解释这些制度是如何或是为什么形成的，因为这是考古学家探索的核心问题之一。与之不同，我将探索这些政治制度的生态学，即考察政治制度如何影响动植物的分布以及资源与能源的流动？如何从社会中获取包括人力在内的各项资源？利用这些资源实现了什么？何以维持日益单一的农业生态系统的稳定性？我的总的假设是，国家权力的增长不一定对人类个体有利，但它使得农业生态系统在自然环境中扩张，并最终主宰东亚的生态。

在黄河流域，这一过程的开端可以追溯至 6 000 多年前的小型

76

3　Trautmann, *Elephants and Kings*.

农业村落，在这些村落里，曾经由社群共有的财产开始为个体家庭所有。如第1章所述，社会组织逐渐发展，这使得一部分人控制了社群的劳动力和资源盈余，并逐渐孕育出政治体制。到了公元前二千纪中期，二里岗国家可以动员足够的人力建造一座巨大的城池，并统治了黄河中游地区（地图6）。在安阳，殷商（约前1250—前1046）继承了二里岗的治国之术，并创造出了一种新的行政工具——文字。西周在公元前1046年征服了商朝，建立了地域远比商朝广大的贵族封国联盟。公元前771年，西周王室的崩溃导致了权力真空和长期的诸侯争霸，即东周时期（前771—前221）。诸侯国之间的区域性战争迫使各国革新行政手段以扩张土

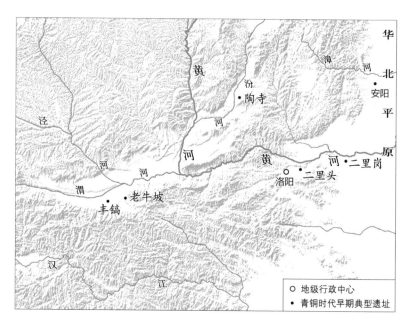

地图6：青铜时代的聚落。周王室治于周原、丰镐和洛阳。

地、吸纳人口，并从百姓手中攫取更多的粮食和劳动力。这催生了东亚第一批中央集权官僚国家，这些国家可以直接统治数百万民众所居的广袤土地。如接下来两章所述，秦国利用这些行政手段征服了东方六国，建立了中国的帝国制度。

东亚政治权力的起源

社会如何逐渐分化为统治者和被统治者？考古学证据为我们提供了一个大致的轮廓。最基本的是，聚落规模与能吸纳劳动力和原材料的周边地区的规模直接相关。因此，数千年来最大的聚落的扩张是权力机构和资源开采机构不断增长的间接证据。城邑周围越来越高大的城墙，反映了这些社群动员人们建筑、进攻或防御此类城墙的能力。墓葬亦是重要的证据，大型陵墓在规模和财富上的增长，表明统治阶级找到了垄断他人资源和劳动力盈余的方法。越来越多的兵器成为随葬品，也表明有组织的暴力——战争——愈受尊崇。倘若仔细观察这段历史的任何方面，都会清楚地看到我们已有的了解是多么有限，但宏观视角揭示了社会文化演变的过程。在这一过程中，社会日趋复杂，而政治结构变得更加精巧完备。[4]

77

---

4 Trigger，*Sociocultural Evolution*。本节参考了 Liu and Chen，*The Archaeology of China*〔刘莉、陈星灿著，陈洪波、乔玉、余静、付永旭、翟少东、李新伟译：《中国考古学：旧石器时代晚期到早期青铜时代》〕和 Gideon Shelach-Lavi，*The Archaeology of Early China: From Prehistory to the Han Dynasty*（New York：Cambridge University Press，2015）。

正如上一章所述，黄河流域最早的社会分层迹象可以追溯到公元前四千纪。这一时期的几个遗址相对较大，且拥有夯土墙，这表明聚落之间的社会经济分化和暴力行为日益加剧。案板、大地湾和西坡等遗址都比周围的城邑要大（见地图3、4）。每个遗址都有一处特别大的建筑，很可能是富裕家庭的房屋，或是公共礼仪活动的场所，抑或两者兼而有之。到了公元前三千纪（龙山时期），部分地区出现了相当可观的人口增长与社会分层加剧，男性主导开始出现。考古学家发现了二十多处这一时期的城邑，这表明中心城邑从周围村落网络中汲取劳动力和资源，以此攻伐他人并保护自己免受侵害。随葬品之间的差异揭示了日益严重的不平等。牛、羊自中亚而来，这使得一些人能够专门从事畜牧业，形成了一种积累财富的新形式，从而增加了人类社会的生态和经济复杂性。在关中，我们第一次看到了院墙，用以隔开各家各户及其畜栏，这表明财富越来越多地由家庭单独持有，而非公有。然而，与其他地区相比，关中的社会分层并不明显。[5]

5　Liu, *The Chinese Neolithic*, 85 – 89, 101, 117 – 58〔［澳］刘莉著，陈星灿、乔玉等译：《中国新石器时代——迈向早期国家之路》，第78—79、92、106—144页］；Underhill and Habu, "Early Communities in East Asia"; Anne P. Underhill, "Warfare and the Development of States in China," in *The Archaeology of Warfare: Prehistories of Raiding and Conquest*, edited by Elizabeth N. Arkush and Mark W. Allen（Gainesville: University Press of Florida, 2006）, 253 – 85；西北大学文博学院考古专业编著：《扶风案板遗址发掘报告》；Ma, *Emergent Social Complexity*, 45 – 50；甘肃省文物考古研究所编著：《秦安大地湾：新石器时代遗址发掘报告》，第401—428页；王玉清：《陕西咸阳尹家村新石器时代遗址的发现》，《文物》1958年第4期，第55—56页；Xiaoneng Yang 杨晓能, "Urban Revolution in Late Prehistoric China," in *New Perspectives on China's Past: Chinese Archaeology in the 20th Century*, edited by Xiaoneng Yang（New Haven, CT: Yale University Press, 2004）, 1 : 98 – 143.

公元前三千纪后半期，在长江和黄河流域出现了少数几个更大的中心城邑，显示出社会分层和政治组织的发展。丰厚的随葬品表明，统治阶级雇用工匠为他们制造珍宝。最值得注意的是，形制相近的精雕玉器在东亚的大片地区都有发现，这是长距离互动的证据。高大的城墙说明存在动员大量人口的组织，这些中心城邑至少有一处（良渚）改造了周边地区的水文环境。黄河中游最早的大型城邑是陶寺，它位于自关中东北步行几日即可到达的汾河流域。陶寺在公元前2300年至公元前1900年间臻于鼎盛。城墙之内占地面积超过289公顷，城墙内还有围绕大型建筑群的小城，将富人与其他居民隔开。陶寺遗址的少数墓葬中有数百件随葬品，而大多数墓葬中随葬品很少甚至没有，由此看来，其社会分层也很明显。大型墓葬用木棺，内有男性遗骸，偶有女性葬于一旁，这清楚地证明了此时男性拥有最高的地位。[6]

至公元前二千纪早期，这些城邑或已萎缩，或已消失。下一个千年，最大的中心城邑均位于今河南省。这些聚落受到了中国考古学家的极大关注，因为它们显然是中国帝制的祖源之地，而且 79

6　良渚遗址繁荣于公元前三千纪中叶以前。Liu and Chen, *The Archaeology of China*, 222 – 46〔刘莉、陈星灿著，陈洪波、乔玉、余静、付永旭、翟少东、李新伟译：《中国考古学：旧石器时代晚期到早期青铜时代》，第234—257页〕；Zhouyong Sun 孙周勇 et al., "The First Neolithic Urban Center on China's North Loess Plateau: The Rise and Fall of Shimao," *Archaeological Research in Asia* 14（2018）：33 – 45；Chi Zhang 张弛 et al., "China's Major Late Neolithic Centres and the Rise of Erlitou," *Antiquity* 93, no. 369（2019）：588 – 603；Bin Liu 刘斌 et al., "Earliest Hydraulic Enterprise in China, 5, 100 Years Ago," *PNAS* 114, no. 52（2017）：13637 – 42；David N. Keightley, "At the Beginning: The Status of Women in Neolithic and Shang China," *Nan Nü* 1, no. 1（1999）：26 – 27。

百年后的传世文献也提示了这些城邑的存在。洛阳以东的二里头，是与陶寺规模相近的城址，时代大约是公元前1700年至前1500年。城墙之内还有建有宫墙的建筑群，内有几座宫殿或宗庙之类大型建筑的夯土基址。作坊生产陶器、骨器和青铜器，少数墓葬中出土大量精美的物品，这清楚地显示了精英的地位。随着二里头的衰落，东边几公里处的偃师建起了另一处城邑。到了公元前1500年，偃师城已经发展为一个面积约200公顷、外有坚固城墙的城邑，外城内还有几处建筑群，夯土墙里是统治阶级的建筑和作坊。[7]

二里头的建立被视作东亚青铜时代的开始，因为它最早铸造了青铜礼器。青铜以前曾被用来制造刀和其他小型工具，但二里头是一段悠久传统的开始，该地统治阶级用青铜器皿在礼仪活动上宴饮。在下一个千年里，大量的青铜被用来制造此类器皿和兵器。统治阶级对于青铜兵器的垄断，使他们更容易将自己的意志强加给百姓。"青铜时代"一词是恰当的，因为青铜技术改变了社会，但需要指出的是，青铜极为珍贵，很少用于制造农具，因此对生计几乎没有影响。平民继续使用木器、石器和骨器耕种，直到一千年后铁的传播，但他们的君主现在便掌握着锋利的兵器。[8]

7　Sarah Allan, "Erlitou and the Formation of Chinese Civilization: Towards a New Paradigm," *Journal of Asian Studies* 66, no. 2（2007）: 461 – 96〔[美]艾兰:《二里头与中华文明的形成：一种新的范式》，杨民等译:《艾兰文集之四：早期中国历史、思想与文化（增订版）》，北京：商务印书馆，2011年，第266—315页。〕

8　Kuzmina, *The Prehistory of the Silk Road*, 46 – 49〔[俄]叶莲娜·伊菲莫夫纳·库兹米娜著，[美]梅维恒英文编译，李春长译:《丝绸之路史前史》〕; Katheryn M. Linduff, Han Rubin 韩汝玢, and Sun Shuyun 孙淑云, *The Beginnings of Metallurgy in China*（Lewiston, NY: Edwin Mellen, 2000）, 8 – 22; Jianjun Mei 梅建军, "Early Metallurgy"; 保全:《西安老牛坡出土商代早期文物》,（转下页）

在此后的百年内，随着二里岗城市与国家的发展，政治组织的规模也在急剧扩大。二里岗位于今河南省省会郑州，在二里头遗址以东90公里处，自公元前16世纪至前13世纪繁荣发展。遗憾的是，二里岗遗址深埋于现代城市之下，难以挖掘。但它长达7公里的外墙相当宏伟，包围着郑州1 800公顷的中心城区。外墙内有一座长方形的内城（300公顷），面积与二里头遗址相当，内城里有许多大型建筑，可能是宫殿区。此时青铜生产的规模和复杂程度都大幅提高，表明二里岗国家可以从外地获得大量的铜和锡，并且可以养活熟练的工匠。[9]

数千年来，宴饮在人们的社会生活中发挥了重要的作用。在二 80
里岗时期，统治者在仪式上常用明亮夺目的青铜器宴饮。如扉页所示，这些铜器一般饰有獠牙兽面纹。虽然这一时期的文献不足，

（接上页）《考古与文物》1981年第2期，第17—18页；西北大学历史系考古专业：《西安老牛坡商代墓地的发掘》，《文物》1988年第6期，第1—22页；西北大学文化遗产与考古学研究中心、陕西省考古研究院、淳化县博物馆：《陕西淳化县枣树沟脑遗址先周时期遗存》，《考古》2012年第3期，第30—33页。在老牛坡和其他遗址出土的圆柱形工具，一端是中空的，用来插入木柄，另一端则像斧头一样锋利（译者注：或指老牛坡遗址的铜锛）。这些工具可能用于锄地，但也可能是很好的兵器，因为这些遗址出土的所有其他青铜工具都是兵器，所以这些可能也是兵器。

9　官方分期认为，二里岗时期大约从公元前1600年持续到公元前1400年，但这两个时间点可能都应该推迟一点。二里岗下层遗址的碳14测年约为前1600年至前1450年。一些二里岗上层二期的遗存约为前1300年或稍晚。参见夏商周断代工程专家组编著：《夏商周断代工程1996—2000年阶段成果报告·简本》，北京：世界图书出版公司，2000年，第51—52、62—65页；Roderick Campbell 江雨德，*Archaeology of the Chinese Bronze Age：From Erlitou to Anyang*（Los Angeles：Cotsen Institute of Archaeology Press，2014），68 - 105；Robert L. Thorp 杜朴，*China in the Early Bronze Age：Shang Civilization*（Philadelphia：University of Pennsylvania Press，2006），62 - 116。

但几百年后的文献表明，此时的统治者认为他们的合法性来自各种神灵，包括祖先神灵。人们必须祭飨取悦祖先，至少不能触怒祖先而引发灾害。所以，他们在祭祀中供奉家畜和野生动物，有时还包括人牲。他们将动物烹调，盛于青铜器，以飨祖先。这些器皿上描绘的兽纹，可能是将动物与神灵世界联系了起来，祖先们便在其中享用祭品。在祭祀和狩猎中杀死动物、在战争中杀死敌人，便是统治的核心。宴饮的重要性也是如此，饮酒食肉之人在宴饮中巩固联盟、吸纳追随者。当然，政治组织的建立还需要统治阶级对百姓施加暴力，毕竟平民的劳动是统治者的权力基础。[10]

二里岗人在广袤的疆域上建立了分散的据点网络。以现代城市为参照，二里岗人的定居点西至今西安，东到今济南，北抵今北京，南达今长江流域的武汉。此外，即使二里岗遗址在公元前1400年左右被废弃后，二里岗文化依旧维持了一个多世纪的扩张。青铜时代的政体不可能管理如此辽阔的领土。二里岗更有可能经

---

10 Lewis, *Sanctioned Violence*；Underhill, *Craft Production and Social Change*；Constance A. Cook 柯鹤立，"Moonshine and Millet：Feasting and Purification Rituals in Ancient China," in *Of Tripod and Palate: Food, Politics and Religion in Traditional China*，edited by Roel Sterckx（New York：Palgrave Macmillan, 2005），9 - 33；Kwang-chih Chang, "The Animal in Shang and Chou Bronze Art," *Harvard Journal of Asiatic Studies* 41, no. 2（1981）: 527 - 54〔张光直：《商周青铜器上的动物纹样》，《中国青铜时代》，北京：生活·读书·新知三联书店，1983年，第313—342页〕；Sarah Allan, "The Taotie Motif on Early Chinese Ritual Bronzes," in *The Zoomorphic Imagination in Chinese Art and Culture*，edited by Jerome Silbergeld and Eugene Wang（Honolulu: University of Hawaii Press, 2016），21 - 66〔［美］艾兰著，韩鼎译：《商代饕餮纹及相关纹饰的意义》，《甲骨文与殷商史》新7辑，上海：上海古籍出版社，2017年，第313—346页〕。相比研究商周百姓生活中的动物，英文学界更加关注动物图案在商周艺术中的意义。

历了和几百年后的周人相似的发展史。周人也征服了这一大片疆域，并建立了一个由宗室和盟友治理的半独立垦殖地所组成的网络。下文将论及，周人的网络在王室衰微后的数百年间继续扩大并与当地民众融合。总之，二里岗人在广袤疆域内建立起了文化同一的社群，为后来的商周国家奠定了基础。[11]

　　二里岗衰落后，政治权力的中心移至东北约200公里处的安阳。彼时的黄河向北流经华北平原，在今北京附近入海。夏季洪水无常，每每外溢到平原的低地。考古研究表明，平原腹地少有聚落，不过该地的聚落很可能深埋在三千年的洪水沉积物之下。殷商的中心位于洪水多发的平原与太行山之间排水相对良好的地区。二里岗衰落后不久，这里建成的第一座城邑被称为"洹北"。这是一个占地近500公顷的城邑，数代人定居于此，后被废弃。洹北遗址尚未充分探明，但它与二里岗、安阳殷墟之间有明显的承继关系。著名的殷墟遗址就在洹北之南几公里处，是商王朝自公元前13世纪中期至周灭商时的都城，商人称之为"大邑商"，但为方便起见，我称之为"安阳"。[12]

81

11　Campbell, *Archaeology of the Chinese Bronze Age*, 77 – 87; Roderick Campbell 江雨德, *Violence, Kinship and the Early Chinese State: The Shang and Their World* (New York: Cambridge University Press, 2018); Liu and Chen, *State Formation in Early China*, 99 – 130.

12　这些文段是基于Campbell, *Violence, Kinship and the Early Chinese State*; David N. Keightley吉德炜, "The Shang: China's First Historical Dynasty," in *The Cambridge History of Ancient China: From the Origins of Civilization to 221 B.C.*, edited by Michael Loewe and Edward L. Shaughnessy (Cambridge: Cambridge University Press, 1999), 232 – 91〔《剑桥中国上古史》〕; David N. Keightley吉德炜, *Working for His Majesty: Research Notes on Labor Mobilization in Late Shang China (ca. 1200 – 1045 B.C.)* (Berkeley: Institute of East Asian Studies, （转下页）

221

安阳不仅是中国发掘最好的考古遗址，也是东亚最早出土文字的遗址。那里出土了数万枚刻有占卜记录的龟甲与兽骨，为我们提供了比任何早期遗址都要完备的政治经济史料。商王占卜的主要内容是收成、战争和祭祀。因为安阳是最早有文字的城邑，所以它是可与数百年后的传世文献所载地名、人名严格对应的最早的考古遗址。安阳比二里岗大得多。它没有外郭城，而是由各种聚落组成，占地约24平方公里，宫城约70公顷。王室陵园中有大型墓葬，在被盗掘一空之前，陵墓中堆满了贵重的陪葬品，如玉器、青铜器和东亚已知最早的马拉战车。安阳铸造了大量青铜器，证明商朝可以从远方获得大量稀有金属，其作坊生产的复杂程度可与任何古代文明匹敌。

商人并不会将所居城邑视作疆界明确之国家的都城，而是以王室所在地，特别是以王室祭祖的宗庙作为政治权力的中心。商人认为，世界上遍布强大的神灵，包括天空、方位、山脉、河流的神灵和祖先的神灵，这些都是祭祀的对象。时人认为，商王室的祖先神灵在统治中仍发挥着作用（虽然是间接作用），因而血缘关

（接上页）University of California，2012；Bagley）；Robert Bagley 贝格立，"Shang Archaeology，" in *The Cambridge History of Ancient China: From the Origins of Civilization to 221 B.C.*，edited by Michael Loewe and Edward Shaughnessy（Cambridge: Cambridge University Press，1999），124 - 231〔《剑桥中国上古史》〕；Thorp，*China in the Early Bronze Age*；Anne P. Underhill，ed.，*A Companion to Chinese Archaeology*（Chichester: John Wiley & Sons，2013），323 - 86。还可参见张兴照：《商代地理环境研究》，北京：中国社会科学出版社，2018年。许多学者将"二里岗—安阳"整个时期称为"商"，将公元前1200—前1046年称为"晚商"。本书避免使用这种称呼，是因为没有证据表明二里头遗址与安阳是由同一个王朝统治的。

系与政治权力是密不可分的。而且在更世俗的层面上，父系血缘关系（即宗族）又是社会划分的主要单位。商王室大宗宗庙是在安阳，但商朝也由其他宗族组成，其中一些宗族被认为是商王室的血亲。商王室还会与外姓宗族通婚并结成联盟。

82

　　父系血缘关系是政治组织的界定原则，这将在世的统治者与其强大的祖先结为一体。商朝国家由各个宗族的土地、人民组成，这些宗族虽接受王室统治，但大多数相对自治。商朝的军队由宗族聚集的武装追随者组成。商王难以指望这些宗族的拱卫，所以，他巡行四方，恩威并施，以协调与宗族的关系。联姻尤为有效。联姻所生之子将两姓紧密结合，使两个家族致力于促进后代的成功。这解释了这一时期乃至整个人类史上的婚姻为何一直是精英们关注的重点。当时完全是父权制，所有统治者都是男性，强大的祖先也是男性。然而，与中国历史后期相比，女性尚能在治理中发挥重要的作用。女性祖先一样可以接受供奉，不过女性祖先受祭祀的次数和重要性都不如男性祖先。至于本章所涉的两千年里平民性别关系的变化，目前了解得不多。但有证据表明，随着时间的推移，人们开始用更好的食物来养育男性子嗣，性别差距日益扩大。商人把男性俘虏献祭于神，这表明他们更愿意让女人活着，可能是认为她们没有威胁，也可能是因为她们能够生育孩子。[13]

---

13 Campbell, *Violence, Kinship and the Early Chinese State*, 190; David N. Keightley 吉德炜，"The Late Shang State: When, Where and What？" in *The Origins of Chinese Civilization*, edited by David N. Keightley（Berkeley：University of California Press, 1983），551 - 54; Liu and Chen, *The Archaeology of China*, 363 - 67〔[澳]刘莉著，陈星灿、乔玉等译：《中国新石器时代——迈向早期国家之路》，第380—384页〕; Yu Dong 董豫 et al., "Shifting Diets and the （转下页）

商朝政权的基础是其民众的劳动力盈余。民众提供了谷物和牲畜，不过我们对这一运作过程知之甚少。商朝的势力核心是向太行山东部及南部延伸的弧形可耕地。在弧形地带之外，商朝的势力并不稳定。他们的控制范围有时向西穿过山脉进入汾河与渭河流域，向东越过平原直至大海，在那里可以获得食盐。即使商朝的军事力量扩张到大片区域，我们也可以假设安阳主要依靠腹地的供应，因为粮食和其他大宗货物陆路运输的效率很低。这一逻辑见于《禹贡》。《禹贡》是几百年后成书的文献，最终载入《尚书》列为经典。《禹贡》所载五服制度，京畿附近的农民要向天子都城纳上连穗带秆、或穗或秆的未加工庄稼，并且服劳役。再远一些的民众，只要交上细米就可以了。再往外，普通农民就为其他封君服务了，因为他们无法将资源运至远处的王都。《禹贡》所描述的大致图景，似乎得到了受年卜辞的证实，不过我们对哪些社会群体承担了大部分农业劳动，或者国家是如何分配剩余价值的，仍知之甚少。可以推测，商王室最忠诚的臣民是各支近亲宗族的成员，但王室治下也有被奴役的俘虏和其他非宗族成员，我们并不知道这些群体所占的人口比例。可以确知的是，商王能够在短时间内调动数千人作战，王室官员可以直接管理农业生产，因此，商王的大部分粮食收入可能是由在王田上从事无偿劳动的臣民生产提供的。[14]

（接上页）Rise of Male-Biased Inequality on the Central Plains of China during the Eastern Zhou," *PNAS* 114, no. 5（2017）: 932 – 37。

14 Keightley, *Working for His Majesty*; Campbell, *Violence, Kinship and the Early Chinese State*, 125 – 26, 262; Roderick Campbell 江雨德, "Toward a （转下页）

在核心地带之外的方国会向商朝进贡。安阳出土了成千上万片用于占卜的龟甲，但却没有发现龟骨，这表明龟甲是从广阔的周边地区运来的。根据牛肩胛骨和龟腹甲（龟壳的底部）上的卜辞记载，关系密切的方国一般会定期上贡龟腹甲，而不那么密切的政治体往往会进贡俘虏和牛。鉴于龟甲是用于占卜的，俘虏和牛都是祭祀的牺牲，卜辞所记似乎多是与占卜有关的经济活动，不能代表商朝与方国的来往关系。虽如此，卜辞也记载了商王有时会从关系紧密的方国处征用人、牛、马和羊。[15]

安阳消耗的大量牲畜表明，牛和猪是商人从广阔腹地收集的两种主要资源。毕竟人们可以赶着家畜走到都城。一个制骨作坊有34吨骨头，这说明安阳能够调动大量的牛、猪和鹿，把它们的骨头、獠牙和鹿角制成工具和装饰性的骨笄。考古学家估计，这个作坊里有113 000头牛的遗骸，在投入使用的150年里，平均每天消耗两头牛，仅用牛骨就可以生产出400多万件手工艺品。这还

（接上页）Networks and Boundaries Approach to Early Complex Polities：The Late Shang Case，" *Current Anthropology* 50，no. 6（2009）：821 - 48；Monica L. Smith，"Territories，Corridors，and Networks：A Biological Model for the Premodern State，" *Complexity* 12，no. 4（2007）：28 - 35。关于《禹贡》，参见 Bernhard Karlgren，*The Book of Documents*（Göteborg：Elanders Boktryckeri Aktiebolag，1950），16 - 18 [［瑞］高本汉著，陈舜政译：《高本汉书经注释》，台北：中华丛书编审委员会，1970年]。

15　Campbell，*Violence，Kinship and the Early Chinese State*，258 - 61。大多数龟甲可能是花龟（*Ocadia sinensis*）和草龟〔*Mauremys*（此前为 *Chinemys*）*reevesii*]，不过可能也有其他龟种。李志鹏：《殷墟动物遗存研究》，中国社会科学院博士学位论文，北京，2009年，第12、42页；David N. Keightley吉德炜，*Sources of Shang History：The Oracle-Bone Inscriptions of Bronze Age China*（Berkeley：University of California Press，1985），157 - 70。

84　只是安阳三个类似的制骨作坊之一。如此大量的产品显然不是仅为当地使用而生产的，而是会流通到广大地区，可能是用来换取牲畜和其他商品的。安阳肯定还有屠宰场负责分配牛的各个身体部位：牛桡骨送到作坊做骨笄，肩胛骨送去占卜。我们可以肯定，牛肉也被分别送往不同的地方。还有一些作坊制作各种其他器物，比如可能分给农民的石镰，以及最著名的青铜礼器。[16]

　　安阳消耗的食物来自腹地，同时它还与诸多分散在黄河和长江流域的遥远方国结成了关系，获得更有价值之物。贝壳可能是经一系列的交易从南方的海洋传来。金属无疑是统治者最重要的奢侈品，但目前并不清楚青铜器中使用的铜、锡和铅的产地。其中一些金属可能来自长江流域甚至更远的南方，这些金属一定是通过某种形式的贸易而来，也许来自商王室和此地统治者的礼物交换。[17]

　　此时，来自内亚的家马帮助统治者巩固了对臣民的控制。不同于经过数千年的选择性繁殖而改变性状的家狗、猪和牛，马更多是被驯服而非驯化的。人们还未发展出骑马的技术，因此，他

---

16 Roderick Campbell 江雨德 et al., "Consumption, Exchange and Production at the Great Settlement Shang: Bone-Working at Tiesanlu, Anyang," *Antiquity* 85, no. 330（2011）: 1279 – 97; Keightley, *The Shang*, 278〔《剑桥中国上古史》〕。

17 Liu and Chen, *The Archaeology of China*, 359 – 72〔刘莉、陈星灿著，陈洪波、乔玉、余静、付永旭、翟少东、李新伟译：《中国考古学：旧石器时代晚期到早期青铜时代》，第375—389页〕; Yohei Kakinuma 柿沼阳平 "The Emergence and Spread of Coins in China from the Spring and Autumn Period to the Warring States Period," in *Explaining Monetary and Financial Innovation: A Historical Analysis*, edited by Peter Bernholz and Roland Vaubel（Cham: Springer International, 2014）, 79 – 126. 84; A. M. Pollard et al., "Bronze Age Metal Circulation in China," *Antiquity* 91, no. 357（2017）: 674 – 87。

们把马拴在战车上，战车是和马一并传入的。战车虽然不便在崎岖的地形上作战，不过它可以让统治阶级乘坐着骇人的马车，挥舞着锋利的兵器，趾高气昂地穿过民居。由于马匹需要牧场，还需要专人来喂养并维护相关设施，这使得成为社会上层的成本大大提高了，因此马匹成了区分有财有势的精英与平民的重要标准。《诗经》保留了有关马的诗，车马坑成了此后一千年贵族墓葬的必要组成部分，由此可以清楚地看出马的价值。[18]

　　狩猎是精英文化的重要组成部分。狩猎所得的食物部分用于祭祀。狩猎亦是一种军事训练。君王经常对狩猎进行占卜，例如，"允擒兕二、兕一、鹿二十一、豕二、麑百二十七、虎二、兔二十三、雉二十七"。这些猎物的数量常常达到数百只。狩猎的重点显然是大型动物。通过猎杀大型动物，他们消灭了农作物和人类的潜在威胁。正如一千年后的孟子所说："周公……驱虎豹犀象而远之，天下大悦。"此语表明，狩猎大型动物也可视作一种公共服务。平民百姓在一个野生动物环伺的地方耕种和放牧是非常困难的，鹿、水牛和野猪等动物会啃食自己庄稼，狼、虎和豹则会吃掉自己的牲畜或孩子，因此可以想见平民会寄希望于贵族猎杀大型动物。狩猎之人用火驱赶所捕猎的野物，狩猎活动为家畜和鹿群创造了理想的生存条件。鹿是一

85

---

18 Katherine Linduff, "A Walk on the Wild Side: Late Shang Appropriation of Horses in China," in *Prehistoric Steppe Adaptation and the Horse*, *edited by Martha Levine, Colin Renfrew, and Katie Boyle*（Cambridge, England: McDonald Institute for Archaeological Research, 2003）, 139 - 62; William Honeychurch, *Inner Asia and the Spatial Politics of Empire: Archaeology, Mobility, and Culture Contact*（New York: Springer, 2015）, 191 - 94, 201 - 11.

种大型野生动物，可以受益于粗放式农业下山林田地交错的植被。[19]

尽管王室狩猎不像大批平民的日常狩猎那样具有生态意义，但也可能对繁殖缓慢的大型动物产生了实质影响。华北的犀牛最终灭绝，原始牛和野水牛也已绝迹。在接下来的三千年里，狩猎仍是贵族之所好，这必然威胁到大型动物。不过，我确信大型哺乳动物消亡的主要原因是农田和家养食草动物逐渐占据了它们的栖息地。河南人口稠密的低地可能是东亚第一个大型动物永久消失的地方。[20]

青铜礼器上的动物形象往往过于抽象而无法识别本貌，但有一些图案是明确无疑的，例如水牛角上的圈纹（图4）。这些巨大而危险的生灵是商周青铜器上最常见的动物之一，我怀疑这与它们是精英热衷狩猎的猛兽有关。在精英文化中相当重要的马却极少

---

19 Magnus Fiskesjö, "Rising from Blood-Stained Fields: Royal Hunting and State Formation in Shang China," *Bulletin of the Museum of Far Eastern Antiquities* 73 (2001): 48 – 192. 卜辞引自该文第102页（《甲骨文合集》10197）；还可参见该文第106—128、142页。Keightley, *Working for His Majesty*, 161 – 68; Lewis, *Sanctioned Violence*, 150 – 57; Legge, *Mencius*, 3B. 280; 张政烺：《卜辞裒田及其相关诸问题》,《考古学报》1973年第1期，第93—120页。《诗经》第78篇《大叔于田》也提到了用火狩猎。

20 Edward H. Schafer薛爱华, "Hunting Parks and Animal Enclosures in Ancient China," *Journal of the Economic and Social History of the Orient* 11, no. 3 (1968): 318 – 43; Thomas Allsen, *The Royal Hunt in Eurasian History* (Philadelphia: University of Pennsylvania Press, 2006)〔［美］托马斯·爱尔森著，马特译：《欧亚皇家狩猎史》，北京：社会科学文献出版社，2017年〕; Lander and Brunson, "Wild Mammals of Ancient North China"〔白晴译：《中国古代华北地区的野生哺乳动物》,《黄河文明与可持续发展》第16辑〕; Lander and Brunson, "The Sumatran Rhinoceros"。

图 4：饰有野水牛角的青铜卣。注意提梁和壶盖上的水牛头。

图片来自波士顿美术博物馆，2021 年。

见于青铜器，这也表明铜器上的动物多是猎物。在安阳，有证据显示，相比在作坊和房屋中，野生动物遗骸在宫殿和宗庙中更为常见，这表明野生动物多被狩猎的精英食用。[21]

我第一次接触中国环境史，是在我的本科老师格雷格·布鲁（Greg Blue）给我伊懋可（Mark Elvin）的文章《三千年的不可持续增长》时。他开玩笑道："这怕不是在为商朝开脱！"[22] 好几年后我才明白这句话的有趣之处，但我最终明白了他说得有道理。事实上，二里岗和商代国家在中国环境史上发挥了重要作用，因为他们发展出了比此前规模更庞大的政治组织。这些组织在大范围内保持了长期稳定，促进了农业的传播和人口的增长。他们展示了成功的统治者如何垄断大量人口的劳动力和资源盈余，并以此制造复杂的铜器、战车、纪念性建筑和其他精妙的物品。他们还发明了文字，并开始在行政管理中使用这一强大的新工具。这些做法都启发了他们的对手，当商朝被推翻后，不出意外，征服者们并没有抛弃商代文明，而是效法继承。灭商的周人曾是商王朝的盟友，但在公元前1046年左右，周人率领西方部族联盟推翻商

---

21 据我所知，仅有的青铜马是2001年出土于洛阳唐宫西路的春秋时器，2013年展于洛阳市博物馆，以及1955年在李家村发现的西周盠驹尊。参见陕西省考古研究院、宝鸡市考古研究所、眉县文化馆编著：《吉金铸华章：宝鸡眉县杨家村单氏青铜器窖藏》，北京：文物出版社，2008年，第240—243页；Nicholas Vogt, "Between Kin and King: Social Aspects of Western Zhou Ritual," PhD diss., Columbia University, New York, 2012, 214 - 26；李志鹏：《殷墟动物遗存研究》，中国社会科学院博士学位论文，北京，2009年。

22 Mark Elvin伊懋可, "Three Thousand Years of Unsustainable Growth: China's Environment from Archaic Times to the Present," *East Asian History* 6 (1993): 7 - 46.

朝，建立了周朝。[23]

何以为周？周何以强大？从考古学的角度来看，关中发现的公元前二千纪的遗址很少，人们或许不会想到灭商之人来自于此。关中人烟稀少，但此地的居民与他们东部的邻居有很多共同之处。关中东部的二里岗早期遗址（约公元前1500年）的物质文化与二里岗本身非常相似，他们似乎是来自二里岗的垦殖者。在随后的一个世纪里，二里岗文化的影响遍及整个关中，不过关中盆地西部的文化还保留着当地的元素和周边其他地区的影响。安阳的商文化同样是首先到达了关中东部，继而影响了整个盆地。关中东部与安阳的联系更加紧密，而最终征服商朝的却是关中西部的周人。这也许不是巧合。他们离安阳足够远，可以保持一定程度的独立。[24]

23　陈梦家：《殷虚卜辞综述》，北京：中华书局，1957年，第291页；Jessica Rawson，"Western Zhou Archaeology，" in *The Cambridge History of Ancient China*，edited by Michael Loewe and Edward Shaughnessy（Cambridge：Cambridge University Press，1999），377 – 82〔《剑桥中国上古史》〕。

24　关于关中的人口密度，参见 Sebillaud，"La distribution spatiale de l'habitat，" 307 – 8，232。史宝琳（Sebillaud）假设考古遗址每40平方米有一名居民，由此估计，关中在1100年的龙山时期有80万人，在550年的二里岗—商时期（前1600—前1050年）有31.5万人。这意味着在龙山时期的任何一年，该地的人口占比都超过27%。然而，龙山文化可能在公元前2000年后在关中多持续了几个世纪。在这种情况下，这两个时期之间的人口差异会更小。关于关中的二里岗早期遗址，参见刘士莪编著：《老牛坡：西北大学考古专业田野发掘报告》，第35—46页；张天恩：《关中商代文化研究》，第2页。西安老牛坡遗址文化层的陶器带有部分陕西龙山文化（客省庄文化）的传统；它们不是二里岗风格，而是与西方远处天水地区同时代的陶器相似。关于二里岗的影响在关中的传播，参见刘绪：《商文化在西方的兴衰》，李永迪主编：《纪念殷墟发掘八十周年学术研讨会论文集》，台北："中央研究院"历史语言研究所，2015年；关于安阳对关中的影响，参见Campbell，*Archaeology of the Chinese Bronze Age*，85，116 – 18，153 – 55；张天恩：《关中商代文化研究》；Bagley，"Shang Archaeology，" 227 – 29〔《剑桥中国上古史》〕。

关中地区这一时期规模最大、发掘最彻底的遗址是老牛坡，位于西安以东俯瞰灞河的台地上。在二里岗时期，老牛坡还只是一个小聚落，考古学家在此发掘出了新石器时代晚期遗址都有的农具和渔具，以及制作青铜箭镞和戈（竖在杆上的匕首）的范模，至少后者明显是用来对付人类的。在老牛坡东南14公里处的炼铜遗址，是关中地区最早的冶炼证据。该遗址中有渔网坠、青铜箭镞、青铜戈、卜骨，以及两个粗加工的铜环。这可能是一个在东南方向的秦岭开采铜矿后进行冶炼的地方，铜矿冶炼之后被送往二里岗或偃师等中心。该遗址的五个小型墓葬中各有头骨、足骨或其他身体部位在埋葬前就有残缺的骨架，可能是在该遗址劳作的奴隶或刑徒的遗骸。[25]

至安阳时代，老牛坡已是一处大型遗址，拥有高等级建筑、重要的青铜冶铸业，以及与河南的商人风俗相近的墓葬。至公元前11世纪，这里已有随葬青铜礼器和人殉的大墓。这一时期还发现了该地首批明确的家马遗骸，分别见于老牛坡和沣西遗址，后者位于西安以西，此后成为西周的都城。老牛坡则随葬有安阳风格的马拉战车。社会经济完全不平等的时代已在关中到来，挥舞铜器、驾驶战车的精英们凌驾百姓之上，统治着那些使用与新石器时代晚期先民类似工具耕种的人。[26]

---

25 Liu and Chen, *State Formation in Early China*, 111, 71－73；西安半坡博物馆、蓝田县文化馆：《陕西蓝田怀珍坊商代遗址试掘简报》，《考古与文物》1981年第3期，第45—54页；霍有光：《试探洛南红崖山古铜矿采冶地》，《考古与文物》1993年第1期，第94—97页。

26 老牛坡的青铜时代遗存分为五个时期，其年代分期基于与河南陶器序列的相似性：第一期相当于二里岗下层（前1600—前1450年），第二期相当于（转下页）

居住在老牛坡及其周边遗址的不是周人，倒可能是商人的亲密盟友。历史记载表明，周是一个相对较小但军事力量强大的群体，在征服殷商之前，几代人曾在关中西部垦殖。《诗经·大雅》中的两首诗描绘了周人在关中西部周原的开发。这些诗歌大约可追溯至公元前 9 世纪或前 8 世纪，反映了当时的思想，而非诗中所述的早期事件。[27] 令人惊异的是，大约 3 000 年前的文本清晰地描述了垦殖的过程，下文将详引之。《皇矣》颂扬了周人先祖在平原上的垦殖劳动："作之屏之，其菑其翳。修之平之，其灌其栵。启之辟之，其柽其椐。攘之剔之，其檿其柘……帝省其山，柞棫斯拔，松柏斯兑。帝作邦作对。"（砍倒树木再清理，枯枝朽木全扫光。修剪整齐枝和叶，灌木丛丛新枝长。开出道路辟土地，柽柳椐树丛林间。拖出树枝再挑拣，挑选山桑和柘树……上帝视察此山丘，橡树松柏一扫清。上帝立国又立君。）[28]

（接上页）二里岗上层（前 1450—前 1300 年），第三期相当于殷墟一期和二期（前 1350—前 1220 年），第四期相当于殷墟四期（前 1080—前 1040 年），保存较差的第五期则稍晚一些。每一期的年代都是大致估算。陕西省考古研究院：《2010 年陕西省考古研究院考古调查发掘新收获》，《考古与文物》2011 年第 2 期，第 31—39 页；袁靖、徐良高：《沣西出土动物骨骼研究报告》，《考古学报》2000 年第 2 期，第 246—256 页；刘士莪编著：《老牛坡：西北大学考古专业田野发掘报告》，第 26—273 页；北京大学考古系商周组、陕西省考古研究所：《陕西耀县北村遗址 1984 年发掘报告》，《考古学研究》第 2 辑，1994 年，第 283—342 页；北京大学考古系商周组：《陕西扶风县壹家堡遗址 1986 年度发掘报告》，《考古学研究》第 2 辑，1994 年，第 343—390 页；宝鸡市考古工作队：《陕西武功郑家坡先周遗址发掘简报》1984 年第 7 期，第 1—15 页。

27 W. A. C. H. Dobson, "Linguistic Evidence and the Dating of the 'Book of Songs'," *T'oung Pao* 54, no. 4/5（1964）: 322 – 34; Kern, "Bronze Inscriptions," 182.

28 《皇矣》，《诗经》第 241 篇。（译者注：此处将作者英译的《诗经》回译为中文，参考了程俊英《诗经译注》。）（清）阮元校刻：《十三经注疏》，第 519 页。（转下页）

89   另一首颂扬周人来到关中的诗是《绵》。它描绘了周人抵达周原，发现此地土壤肥沃，他们灼烧龟甲占问何处可居。《绵》还描述了周人勘察和建设新居。墙体是将当地的黄土置于木制框架中夯实而成，这是该地至今可见的普遍做法：

> 周原膴膴，堇荼如饴。爰始爰谋，爰契我龟，曰止曰时，筑室于兹。乃慰乃止，乃左乃右，乃疆乃理，乃宣乃亩。自西徂东，周爰执事。乃召司空，乃召司徒，俾立室家。其绳则直，缩版以载，作庙翼翼。捄之陾陾，度之薨薨……乃立皋门，皋门有伉。乃立应门，应门将将。乃立冢土，戎丑攸行。肆不殄厥愠，亦不陨厥问。柞棫拔矣，行道兑矣。混夷駾矣！

> （周原肥沃非常，堇荼甜如饴糖。从此动手谋划，在此占于龟甲，卜兆停停止止，言可定居于此。于是人停此处，开辟左右荒芜，划定大小田界。找来司空，叫来司徒，建起新房。拉开绳墨直又长，树起夹板筑土墙，建起宗庙好端庄。响声呼号大地上，槌土轰轰声响亮……建起外门，外门甚高。建起内门，内门坚牢。建起冢土大丘，自此远行军兴。此后不减其祀，更不坠其高名。橡林一扫而空，道路尽可畅行。昆夷仓皇

（接上页）关于树名，《尔雅》认为"栵"是"栭"，由法国利氏学社（Institut Ricci）出版的《利氏汉法辞典》（*Le Grand Ricci*）认为是一种栗子（*Castanea seguinii*，茅栗）；又认为"椐"与榆树或榉树有关。《说文》将"檿"释为"山桑"，"柘"简单释为"桑"。关中地区有多种桑树。

逃净。）²⁹

　　"庙"和"冢土"是祭祀之处，是王朝的宗教中心，统治者在此祭
祀祖先和其他神祇。在诗中所述之事几百年后，这首诗可能会在
祭祀仪式上传唱。引文最后一行值得注意，清除多余植被和驱逐
多余部族之间隐约有联系。根据这首诗，周人通过攻击和驱逐当
地部族并夺取他们的土地而征服了关中，周人的后代也将遭受同
样的命运。

　　周王室的祖先从北方的黄土高原迁移到了周原地区，考古学材
料或能证实这一发展史。³⁰ 周人此后率领部族联盟攻伐商朝，后者
也多有其他部族效忠，老牛坡或即其中之一。考古学家努力寻找
伐商前的先周遗迹，但所得无几。鉴于考古学家对关中的关注不
亚于地球上任何地方，先周遗址的少见，可以说是证据的确不存
在。看来，周人之所以能够征服商，并不是基于复杂的城邑政治
体系，而是因为他们能够团结各支小部族，这些部族甚至小到没

90

29《绵》，《诗经》第 237 篇。（译者注：此处将作者英译的《诗经》回译为中文，参
　考了程俊英《诗经译注》。）"饴糖"（Malt sugar）也只是一种推测性的翻译。见
　Waley, *The Book of Songs*, 247; Karlgren, *The Book of Odes*, 189 - 90; Huang,
　Science and Civilisation in China, vol. 6.5, 457〔黄兴宗著，韩北忠译：《李约瑟中
　国科学技术史》第 6 卷《生物学及相关技术》第 5 分册《发酵与食品科学》〕。关于
　"冢土"，参见 Ichiro Kominami 小南一郎，"Rituals for the Earth," in *Early Chinese
　Religion: Shang through Han（1250 BC - 220 AD）*, edited by John Lagerwey and
　Marc Kalinowsky（Leiden, Netherlands: Brill, 2009），201 - 36。

30 Feng Li, *Early China: A Social and Cultural History*（Cambridge: Cambridge
　University Press, 2013），112 - 20〔李峰著，刘晓霞译：《早期中国社会和文
　化史概论》，台北：台湾大学出版中心，2020 年〕；Campbell, *Archaeology of the
　Chinese Bronze Age*, 168 - 71。

有留下可靠的考古学证据。这也符合关于周伐商的传世文献记载，文献将周描绘成一个团结诸多小部族共伐安阳的正义政体，而非强大的王国。灭商之后，周人需要发展新的制度，将他们的小联盟扩展成一个即使没有强大的中央政权也能保持控制力的组织。周人最终成功做到了这一点。[31]

西周

灭商（公元前1046年）之后，周人建立了一个适应力极强的国家联盟，在接下来的八百年里统治着黄河流域的大部分地区。周代是中华文明的黄金时期，后世成为经典的诸多文献都在当时编定成文。周代的文化意义，堪比同时代的印度文明、希伯来文明和希腊文明。八百多年中，周分封的诸侯国征服了其他民族并互相吞并，在黄河流域的文化同一和中华民族的形成中发挥了核心作用。有人进一步提出周代是汉语形成的关键时期，因为周代统治精英的语言与征服地区的语言在此时融合。周政权数百年来的稳定为农业人口的扩张创造了理想条件，周代也是中国北方环境史上的一个关键时期。西周初年，统治者可以轻易找到大型野生动物来捕猎，可见大部分地区仍是一片荒芜。到了周代末年，

223　31 Karlgren, *The Book of Documents*, 28 - 29; William H. Nienhauser 倪豪士, ed., *The Grand Scribe's Records*, vol. 1（Bloomington: Indiana University Press, 1994 - 2020）, 60 - 61;《史记》卷四《周本纪》, 第120—123页; Rawson, "Western Zhou Archaeology," 382〔《剑桥中国上古史》〕。

低地成了数千万人的家园，而大型动物已是遥远的记忆了。[32]

周代分为周王室定都于西方关中盆地的西周（公元前1046—前771）和王室衰微、迁于东都洛阳的东周（公元前771—前221）。虽然西周的衰落改变了整个周朝天下的政治态势，但周王室在公元前11世纪中期建立的许多诸侯国还是绵延了数百年。作为后来人，我们知道周代以帝制的建立而终结，因而我们对周代的理解往往会被帝制如何建立所牵引，但从其自身如何发展的角度去理解周代也有价值。后世的中华帝国少有享国数百年者，而周代的部分诸侯国却存续了整整八百年，它们建立了一个稳固的国家间外交体系，相比于帝制中国，各国关系更接近近代早期的欧洲。这类关系在东周时期尤为明显。东周时期一般分为春秋（前771—前476）和战国（前476—前221），这两个时期都是以历史文献命名的。东周时期的分期相当令人困惑，因为理论上来讲东周时期在公元前256年秦灭周时就结束了，但一般认为东周时期包括了战国时期，而战国时期要到公元前221年秦朝建立才告完

91

---

32 Lothar von Falkenhausen，*Chinese Society in the Age of Confucius（1000 - 250 BC）: The Archaeological Evidence*（Los Angeles：Cotsen Institute of Archaeology，2006）〔［美］罗泰著，吴长青、张莉、彭鹏译：《宗子维城：从考古材料的角度看公元前1000至前250年的中国社会》，上海：上海古籍出版社，2017年〕；Yitzchak Jaffe哈 克，"The Continued Creation of Communities of Practice—Finding Variation in the Western Zhou Expansion（1046 - 771 BCE），" PhD diss.，Harvard University，Cambridge，MA. 2016；Glenda E. Chao，"Culture Change and Imperial Incorporation in Early China：An Archaeological Study of the Middle Han River Valley（ca. 8th century BCE—1st century CE），" PhD diss.，Columbia University，New York，2017；Scott DeLancey，"The Origins of Sinitic，" in *Increased Empiricism: Recent Advances in Chinese Linguistics*，edited by Zhuo Jing-Schmidt（Amsterdam：John Benjamins，2013），73 - 100.

结。此外，秦帝国的建立并不代表周代彻底结束，因为秦本身就是周王分封的诸侯国之一。秦在公元前206年覆亡，是最后一个覆灭的周代国家。

周代继承了商代的治理方法，周代的国家代表了日益强大的行政机构在长期发展中的新阶段。周代与商代一样，缺乏管理广袤疆域所需的官僚体系，而它是将所得的土地和人口分封给了宗室和盟友。从环境角度来看，西周国家在维持农业社会的稳定和逐步扩张方面发挥了重要作用，但其环境影响力是有限的。西周国家的权力过于分散，以至于周王对王室直接拥有的土地（王畿）之外的土地利用几乎没有影响。

周制绵延久长的关键在于其政治性地整合了血缘关系与宗教，这种整合促使分散网络中的各个国家在保持经济独立的同时又继续作为周朝联盟的一部分而存在。灭商之后，周朝在黄河中下游的各个城邑驻军以建立统治，并将各城各邑分封给宗室或盟友。周人直接控制的区域，仅有关中和洛阳。这些诸侯国大多由世系可追溯到周朝建国之祖的贵族统治，追溯的世系有时也是虚构的。为尊崇共同祖先而举行的仪式，将诸侯国彼此之间以及诸侯国与周王室联系在了一起。我们视之为"政治"的许多活动，其实都是在宗庙中进行的关于祭祀先祖的仪式。诸侯国承认周王的至高无上地位，并在需要时随同作战，但无需缴纳实质性的贡赋。这一制度在政治权力的实际运行过程中具有很大的灵活性。与其他地方相比，早期中国政治制度的一个显著特点是在政治和宗教合法性上具有某种垄断性。中国没有像参议院或议会这样的精英协商会议；在公元第一个千年佛教到来之前，也没有独立占有土地的

92

宗教组织。[33]

　　我们对各个区域性诸侯国的内部行政知之甚少，因此我们将目光投向关中和洛阳的王畿，这是周王室管辖的唯一地区。其他大部分土地归经济上独立的贵族掌管，周王室只能管理自己的土地，所治之地应该也是相当可观的。虽然东方各国远离中央朝廷，且与王室渐行渐远，但关中的各支贵族仍是周朝统治阶级的核心。他们在周廷任职，与王室通婚，参与了宫中常见的派系斗争。同此前的商王一样，周王也有许多盟友和名义上的附庸，他们的忠诚难以保证，必须向他们授予赏赐和殊荣。一些铭文提到周王将城邑和土地赐给支持者。但周王却没有收到任何类似的回报，土地之赐使得周王室的大部分财富和权力逐渐转移到了其他家族，这也是王室衰微的原因之一。当然，贵族理当在战时提供资源和军队，这也是不小的开支。[34]

33　Feng Li，*Bureaucracy and the State in Early China：Governing the Western Zhou*（Cambridge：Cambridge University Press，2008），97 - 103，247，267，293 - 99〔李峰著，吴敏娜、胡晓军、许景昭、侯昱文译：《西周的政体：中国早期的官僚制度和国家》，北京：生活·读书·新知三联书店，2010年，第102—108、244—245、266、295—302页〕；Léon Vandermeersch 汪德迈，*Wangdao；ou，La voie royale：Recherches sur l'esprit des institutions de la Chine archaïque*（Paris：École française d'Extrême-Orient，1977）；Vogt，"Between Kin and King"；Yiqun Zhou 周轶群，*Festivals，Feasts，and Gender Relations in Ancient China and Greece*（Cambridge：Cambridge University Press，2010）。

34　关于周代家族，参见 David Sena，"Reproducing Society：Lineage and Kinship in Western Zhou China，" PhD diss.，University of Chicago，Chicago，2005；Edward Shaughnessy 夏含夷，"Toward a Social Geography of the Zhouyuan during the Western Zhou Dynasty，" in *Political Frontiers，Ethnic Boundaries and Human Geographies in Chinese History*，edited by Nicola Di Cosmo and Don J. Wyatt（London：Routledge Curzon，2010），16 - 34 和 "Western Zhou Hoards and 　（转下页）

西周的建立使关中从一片闭塞落后之地发展为繁荣的首都地区。随着人口的增长，越来越多的土地被开垦。与此前一样，关中平原西部，尤其周原，是主要的人口中心，而平原的东北部仍旧人烟稀少。周原是周人灭商前的旧居，灭商后仍是西周都城之一、祭祀之所，其他许多贵族也居于此。另一个人口中心是西安以西的丰、镐两城周边，此地也是西周的都城。考古学家在周原和丰镐都发掘出了贵族建筑的基址，可能是宫殿和宗庙。周原发掘的一座建筑，在布局和屋顶瓦片的使用方面都明显是后来中国建筑的先导。考古学家最近在这两处遗址都发现了河道或壕沟，并在丰京遗址发现了一个人工水域或水库，这可能是用于城邑供水的。[35]

93

（接上页）Family Histories in the Zhouyuan," in *New Perspectives on China's Past: Chinese Archaeology in the 20th Century*, edited by Xiaoneng Yang（New Haven, CT: Yale University Press, 2004), 255 – 67。关于周天子的赏赐，参见 Feng Li, *Landscape and Power in Early China: The Crisis and Fall of the Western Zhou, 1045 – 771 BC*（Cambridge: Cambridge University Press, 2006), 124〔李峰著，徐峰译，汤惠生校：《西周的灭亡：中国早期国家的地理和政治危机》，上海：上海古籍出版社，2007年〕；以及 Li, *Bureaucracy and the State*, 173 – 80〔李峰著，吴敏娜、胡晓军、许景昭、侯昱文译：《西周的政体：中国早期的官僚制度和国家》，第175—180页〕；晁福林：《春秋战国的社会变迁》，北京：商务印书馆，2011年，第31—34页。关于贵族的战时贡献，参见兮甲盘铭文，见于 Constance A. Cook 柯鹤立 and Paul R. Goldin 金鹏程, eds., *A Source Book of Ancient Chinese Bronze Inscriptions*（Berkeley: Society for the Study of Early China, 2016), 184 – 86。

35 国家文物局主编：《中国文物地图集·陕西分册》，第44—45页；中国社会科学院考古研究所编著：《中国考古学·两周卷》，北京：中国社会科学出版社，2004年，第56—62页；中国社会科学院考古研究所丰镐队：《西安市长安区丰京遗址水系遗存的勘探与发掘》，《考古》2018年第2期，第26—46页；中国社会科学院考古研究所、西安市文物保护考古研究院阿房宫与上林苑考古队：《西安市汉唐昆明池遗址区西周遗存的重要考古发现》，《考古》2013年第11期，第3—6页。

至今还未发现任何西周时期的城址，这似乎证实了周代社会主要由自给自足的庄园组成的传统观点。鉴于考古学家花费了大量时间和精力在此地寻找城邑遗址，西周城址的一无所获强烈表明此时无城。不幸的是，西周的都城丰、镐被后世的活动，尤其是近千年后昆明池的修建所摧毁，因此我们对其了解不多。虽然丰镐的城址规模无从得知，不过我们可以相当肯定，关中的西周聚落主要由相对自给自足的社群组成，几乎没有证据表明市场在经济中发挥了很大的作用。财富通常以礼物的形式在精英之间流通，大多数商品都在生产地附近消费。[36]

马拉战车成了西周统治阶级的标志，相比之下，商代只有安阳的统治者才能拥有它们。周人可能已经比商人更依赖于放牧，而周廷居于关中的位置让他们更容易掌控黄土高原的牧场，黄土高原位于野马的活动范围内，是理想的牧马场。此外，周原以北的泾河流域是周人疆域和更依赖畜牧业的人群之间的边界，后者可能是马的主要来源。和商代一样，周代的精英们经常狩猎，用以供奉祖先之祀、训练作战，还可猎得大量肉食自用（图 5）。[37]

36　Constance A. Cook 柯鹤立，"Wealth and the Western Zhou，" *Bulletin of the School of Oriental and African Studies* 60，no. 2（1997）：253 – 94；Richard von Glahn，*The Economic History of China: From Antiquity to the Nineteenth Century*，（Cambridge：Cambridge University Press，2016），11 – 43〔［美］万志英著，崔传刚译：《剑桥中国经济史：古代到 19 世纪》，北京：中国人民大学出版社，2018 年，第 10—34 页〕；裘锡圭：《市》，《裘锡圭学术文集》第 6 卷，上海：复旦大学出版社，2012 年，第 277—281 页。

37　Honeychurch，*Inner Asia and the Spatial Politics of Empire*，202 – 11；Sterckx，"Attitudes towards Wildlife and the Hunt，" 22.

西周都城丰镐的制骨作坊内发现有大量骨器、骨料的灰坑。该作坊主要制造骨笄，也制造骨镞和骨锥。大多数骨器由牛骨制成，但也有一部分是用马骨、水牛骨或鹿角制成的。商朝曾在安阳大规模制造骨笄，而为周朝贵族效力的工匠很可能也制造了小饰品、工具、时兴配饰等物，这类产品通过礼物经济广泛传播。不过，这类贸易规模较小，当时大多数人的环境影响还仅限于当地。与早期一样，此时的衣物由麻或皮革制成，《诗经》中提到了用貉绒

94

图 5：饰有狩猎场景的青铜盆，公元前 5 世纪。

图左侧，一辆驷马战车追逐着四只鹿，而车上之人则用长矛攻击一头野兽。图上侧是一辆双马战车。车上之人可能比步行之人地位更高。注意人们用弓箭猎鸟，而鱼则在图下侧。图中场景，似是以猎杀各种惊恐的鸟类和野兽为乐。

152

与狐皮制衣。[38]

尽管这一时期被称为青铜时代，周朝的农民却依旧使用着新石器时代先民所用的石器、骨器、木器。商、西周时期五百年里的青铜工具，在渭河流域仅发现了几百件。鉴于该地区发现了数以千计的青铜礼器、战车零件和兵器，青铜显然是用于礼仪和战争的奢侈材料。在公元前3世纪至前2世纪铁器传播前，平民使用的都是木器、石器和骨器。[39]

95

《诗经·七月》约成于春秋时期，是对西周时期社会生活最全面的描述，深深塑造了人们对周代社会的印象。这首诗描绘了宗族庄园内的四时劳作，并将统治者和被统治者之间的关系呈现为一种和谐的状态，平民们为贵族耕种劳作，年终共同宴饮。这首诗描述了一位农家女子被许给豳公之子，这表明封君和臣民之间没有社会身份的鸿沟——人们可能会以为一个小庄园里存在着这种鸿沟。不过，这首诗只描述了一类聚落，我们可以肯定当时还

---

38 中国社会科学院考古研究所丰镐队：《西安市长安区冯村北西周时期制骨作坊》，《考古》2014年第11期，第29—43页；Zhouyong Sun孙周勇，*Craft Production in the Western Zhou Dynasty（1046 – 771 BC）: A Case Study of a Jue-Earrings Workshop at the Predynastic Capital Site, Zhouyuan, China*（Oxford：Archaeopress，2008）。

39 青铜工具，包括141把镢、113把刀、38把锛子、30把斧头、15把铲子和4把锄头。其中，只有4把锄头是明确的农业工具；其余的青铜工具可用于木材加工、挖掘、采矿等。陈振中编著：《先秦青铜生产工具》，厦门：厦门大学出版社，2004年，第50—62页。出土的平民所用骨、石农具，有两处例子，参见中国科学院考古研究所编著：《沣西发掘报告：1955—1957年陕西长安县沣西乡考古发掘资料》，第20—23页；陕西周原考古队：《扶风云塘西周骨器制造作坊遗址试掘简报》，《文物》1980年第4期，第30页。

存在着其他形式的社会组织。[40]

　　尽管人们使用的农具类型具有连续性，但耕作方法很可能发生了变化。部分诗歌表明农民是集体劳作的，例如本书开篇所引《载芟》描述了农时劳作的场景。这首诗可能是在周人的宗庙仪式上唱的，诗中揭示了农业种植、祭祀祖先和政治权力之间的联系。诗中似乎还能读出普通农民在贵族之田劳作，受其监管并得其食。[41]

　　西周政权的基础是农民为封君提供的劳动力。根据后来的儒家思想，这种劳作制度以"井"字命名，其四条线将一块地整齐划分为九区。这通常被称为"井田制"，"井"原义为"取水之井"，"井田制"之名是取"井"之字形而非用其字义。井田制是将土地一分为九，其中八区被分配给各个家庭，中间的公田由各家共同耕种，公田收入归封君所有。在中国历史上，井田制一直被认为是古代圣王的政治制度，堪称中国的乌托邦思想。因此，关于西周政治经济的大部分争论，都集中在这一制度是否真的如后世文本所描述的形式那样存在过这一问题上。网格状均分土地之说显然是人为构拟的，但井田之说确实包含着一个真实的内核，即农

40　引自《诗经》第154篇《七月》。Cho-yun Hsu, *Ancient China in Transition: An Analysis of Social Mobility, 722 - 222B.C.* (Stanford, CA: Stanford University Press, 1965), 8 - 11〔许倬云著，邹水杰译：《中国古代社会史论——春秋战国时期的社会流动》，桂林：广西师范大学出版社，2006年，第11—13页〕；徐中舒：《〈豳风〉说》，江矶编：《诗经学论丛》，台北：崧高书社，1985年，第243—278页。

41　David N. Keightley吉德炜，"Public Work in Ancient China: A Study of Forced Labor in the Shang and Western Chou," PhD diss., Columbia University, New York, 1969, 296 - 300.

民可能的确要耕种封君之地，而自耕之私地不用纳税。[42]

　　这方面最早的证据来自《诗经》：第212篇《大田》提到"雨我公田，遂及我私"，第290篇《载芟》将在贵族土地上的集体劳作与祭祖之酒的生产联系了起来。这表明，在贵族土地上的劳动可能源于为生产祭祀共祖之物的集体耕作。正如下文所示，这种农业力役在此后的数百年里一直存在。儒家认为，这种劳役的剥削程度要低于向农民征收一定比例的农业税。与直接向农民征税不同的是，在贵族土地上劳作的农民没有辛勤耕耘的动力，因此要有田监去督工。我们关于土地所有权的唯一信息，来自记录了私人土地交换的铜器铭文，器铭表明土地归宗族或其他团体所有，可以在周王允许的情况下进行交换。[43]

96

42　关于井田制的经典性记载，来自《孟子》《周礼》和《汉书》。Legge, *Mencius*, 3A.244 – 45；（唐）贾公彦疏，彭林整理：《周礼注疏》，上海：上海古籍出版社，2010年，第711页（《地官·小司徒》）；《汉书》卷二四上《食货志上》，第1119—1120页；Nancy Lee Swann, *Nancy Lee. Food & Money in Ancient China: The Earliest Economic History of China to A.D 25*,（New York：Octagon，1974），116 – 20〔孙念礼译《汉书·食货志》〕；Joseph R. Levenson 列文森，"Ill Wind in the Well-Field: The Erosion of the Confucian Ground of Controversy," in *The Confucian Persuasion*, edited by Arthur F. Wright（Stanford, CA：Stanford University Press，1960），268 – 87。

43　关于监管农田之人，《诗经》第154、211和212篇提到的是"田畯"。金文中的"畯"（以及"俊"和"骏"等相关字形）有"大"的意思，可能与"上级"之义有关。《尔雅》和《说文》将"畯"解释为"农夫"，郑玄和孙炎都认为这是一个官名。（清）阮元校刻：《十三经注疏》，第591、2582页；方述鑫等编：《甲骨金文字典》，成都：巴蜀书社，1993年，第1064页。关于土地交换，参见Feng Li, "Literacy and the Social Contexts of Writing in the Western Zhou," in *Writing and Literacy in Early China*, edited by Feng Li and Branner（Seattle：University of Washington Press，2011），284；Li, *Bureaucracy and the State*, 156 – 58〔李峰著，吴敏娜、胡晓军、许景昭、侯昱文译：《西周的政体：中国早期的（转下页）

224

我们对西周时期的普通人知之甚少。青铜器铭文记载，周王会将数百人乃至数千人与土地一起赐给新立的封君或官员。这些人的身份可能是奴隶或农奴。当然也有可能是普通农民，赐民于封君仅意味着这些民众要为新领主服劳役。周王所赐，还有身份介于低级官吏和无定职的高级臣仆之间的人。周王赏赐的还有生产木、皮、陶、青铜诸器，掌管修缮建造的百工诸匠。周原发掘了一处石玦作坊，其中的工匠可能便是此类。[44]

周的大部分核心人口是以血缘世系（lineages）的形式为组织的，也可以称之为宗族（clans）。经过几个世纪的扩张，即使是高级贵族的后代，其中多数最终也难免沦为普通农民，这是世界各地贵族繁衍的共同模式。我们知道当时许多人都是宗族成员，但我们不能贸然假定所有人都是宗族的一部分。大批人口被周王赐

（接上页）官僚制度和国家》，第159—160页）；Laura Skosey 郭锦，"The Legal System and Legal Tradition of the Western Zhou（ca.1045 - 771 BCE），" PhD diss., University of Chicago，Chicago，1996，323 - 26，340 - 45。"彻"在《论语》中被称为一种赋税，一些学者认为它存在于西周。但"彻"似乎指的是规划田地，也许是计算田地能生产的粮食，而不是一种税收或劳役。"彻"也见于《诗经》第250篇《公刘》和259篇《崧高》中。在史墙盘铭中，"彻"似乎意为"规范、治理"。Karlgren，*Glosses on the Book of Odes*，79〔〔瑞〕高本汉著，董同龢译：《高本汉诗经注释》〕；（清）阮元校刻：《十三经注疏》，第543、566、2503页；何琳仪著：《战国古文字典：战国文字声系》，北京：中华书局，1998年，第932页；方述鑫等编：《甲骨金文字典》，第251页。

44 所赐之民常以百数，称作"鬲"和"庶人"，其意尚不明确。Keightley，"Public Work in Ancient China，" 155 - 78；Vandermeersch，*Wangdao*，1980，33 - 45，115；Li，*Bureaucracy and the State*，154〔李峰著，吴敏娜、胡晓军、许景昭、侯昱文译：《西周的政体：中国早期的官僚制度和国家》，第156页〕。关于作坊，参见 Sun，*Craft Production in the Western Zhou Dynasty* 和陕西省考古研究院、北京大学考古文博学院、中国社会科学院考古研究所、周原考古队编著：《周原：2002年度齐家制玦作坊和礼村遗址考古发掘报告》。

给了他的追随者，这一事实可能表明有些人并不属于任何宗族。如下所述，在两周八百年中，宗族作为社会组织的重要性逐渐下降。中央集权国家致力于削弱宗族的势力，因为宗族与之分庭抗礼、争夺人口，尤其是争夺人口产出的粮食和劳动力。但在秦汉帝国政治集权达到高峰后，宗族再次成为社会中的强大力量。这种关系我们可以总结如下：过去三千年来，政府集权的能力与豪族为自身利益调动地方人口和资源的能力呈反向变化。[45]

97

下面我们将更深入地探讨西周政府。国家财政来自何处，相关史料有限，但王室的大部分收入似乎都来源于自己的土地。目前还没有证据表明财富从其他宗族转移到了王室。王室反而需要向附庸赐以财物土田以维系其至高无上的地位，这一点稍显怪异，但在人类历史上其实很常见，政治领袖要将财富重新分配给强大的支持者们，而不是从他们手中获取财富。周王室拥有大量土地人众，足以在经济上独立于其他贵族，这也是历史上司空见惯的。俄罗斯的罗曼诺夫王朝和日本的德川幕府就是如此。[46]

---

45 朱凤瀚:《商周家族形态研究》，天津：天津古籍出版社，2004 年；Edwin G. Pulleyblank, "Ji 姬 and Jiang 姜: The Role of Exogamous Clans in the Organization of the Zhou Polity," *Early China* 25（2000）: 1 - 27〔[加] 蒲立本:《姬、姜：异姓族群在周人政体组织中的角色》，陈致主编:《当代西方汉学研究集萃 上古史卷》，上海：上海古籍出版社，2016 年，第 171—198 页〕。

46 Cook, "Wealth and the Western Zhou," 284 - 86; Eugene Cooper 顾 尤 勤, "The Potlatch in Ancient China: Parallels in the Sociopolitical Structure of the Ancient Chinese and the American Indians of the Northwest Coast," *History of Religions* 22, no. 2（1982）: 103 - 28; Marshall Sahlins, "Poor Man, Rich Man, Big-Man, Chief: Political Types in Melanesia and Polynesia," *Comparative Studies in Society and History* 5, no. 3（1963）: 296. 在 1857 年，俄罗斯帝国核心地区 45% 的农奴属于皇室。Dominic Lieven, *Empire: The Russian Empire and Its*（转下页）

　　周王室无疑是最大的土地所有者，不过他们也要与其他贵族共享关中和洛阳地区，各家贵族都有自己的田宅地产。周朝政府以周王及王室为首，但其他官员大多来自这些贵族世家。现存的西周行政文书仅有几十件青铜器的铭文，其中大约有60件青铜器的铭文记录了周王任命贵族为官的仪式。所任之人各有不同的官事，即西周政府是以具体的官事授予某人，这与官僚化程度更深的制度下将职责划分为正式职位不同。当时多有子承父业、所任之官事相近的情况。有些官事与环境有关，比如有的官员负责保护关中五个主要城邑的堰（五邑守堰）。"堰"字或指建在河流上用来捕鱼的人工水库或鱼梁，甚至还可能有"厕所"之义。有的官员负责管理或用于灌溉的"九陂"。有的负责管理森林、湿地或其他非农业土地（这些职位叫"林"和"虞"）。这些官员打理着王室所有地，而周王没有管理其他家族如何使用土地的真正权力。[47]

（接上页）*Rivals*（New Haven, CT: Yale University Press, 2001）, 265。

47 "堰"由"土"和"晏"组成，可能与"堰"是同一个字。Li, *Bureaucracy and the State*, 42 - 43, 72, 202 - 12〔李峰著，吴敏娜、胡晓军、许景昭、侯昱文译：《西周的政体：中国早期的官僚制度和国家》，第46—47、76、204—209页〕；Feng Li, "Succession and Promotion: Elite Mobility during the Western Zhou," *Monumenta Serica* 52（2004）: 1 - 35; Feng Li, "Literacy and the Social Contexts of Writing"。关于这一时期的关中政治地理，参见Li, *Landscape and Power*, 40 - 49〔李峰著，徐峰译，汤惠生校：《西周的灭亡：中国早期国家的地理和政治危机》，第48—59页〕。根据祭祀所用的养簋（《集成》4243），周廷任命官吏管理关中五个主要城邑附近的一个堰。"堰"被解释为"障"（张亚初、刘雨：《西周金文官制研究》，北京：中华书局，1986年，第22页），但这一意义没有东汉之前的例证，因此"堰"或与"偃"同。《周礼》郑玄注将"梁"解释为"水偃"，并将之定义为在大坝或堰中放置篮子或网，用来捕鱼之处〔（清）孙诒让著：《周礼正义》，北京：中华书局，1987年，第300—301页（《天官·敝人》）〕，而在《左传》中，"偃"似乎是指水库。杨伯峻编著：《春秋左传注》，（转下页）

职责明确的正式职务，总数可能不超过几十个，不过每个职 98
位可能有不止一人同时担任。许多官名有"史"之称，证明书写
在行政中具有重要作用。政府中有三个最高职位："司工"负责
建筑、公共工程和部分一般性的行政事务；"司土"之官最终被同
音的"司徒"取代，表明农田的管理在很大程度上就是劳动力的
管理；同理，主管军事之官被称为"司马"，说明了马对军队的重
要性。[48]

官吏是否获得俸禄，目前尚不清楚。官员应该因其服务而获得
报酬，这似乎是显而易见的；但即使在美国早期，许多人也认为只
有那些富裕到可以无偿服务的人才能免于腐败。西周的官员很可
能不需要报酬——他们毕竟是有土地的贵族——或者与中华帝国
时期一样，他们被默许以权谋私。在后来的东周时期，官吏往往
被赐予特定土地上的税收，而非依靠固定的俸禄或世袭封地。[49] 金

（接上页）北京：中华书局，1990年，第1107页（襄公二十五年）。关于"匽"释
　　为"厕所"，参见《周礼注疏》〔（清）阮元校刻：《十三经注疏》，第676页，《天
　　官·宫人》〕。至于"九陂"，"陂"（波）有多种含义，如堤坝、斜坡、大坝和湿
　　地，此处尚不明其义。关于湿地和森林，参见逨盘、南宫柳鼎（《集成》2805）、
　　同簋（《集成》4271）、免簋（《集成》4240）和免簠（《集成》4626），见 Li,
　　Bureaucracy and the State, 206 - 12〔李峰著，吴敏娜、胡晓军、许景昭、侯昱
　　文译：《西周的政体：中国早期的官僚制度和国家》，第205—209页〕。

48 Li, *Bureaucracy and the State*, 305 - 14〔李峰著，吴敏娜、胡晓军、许景昭、
　　侯昱文译：《西周的政体：中国早期的官僚制度和国家》，尤其是第309—319页〕。
　　金文中的"翮"字形结合了"鬲"和"司"。

49 马克斯·韦伯根据《礼记》等著作，将把特定臣民的收入赐给官吏的制度 225
　　称为"俸禄封建制（prebendal feudalism）"。Max Weber, *The Religion of China:*
　　Confucianism and Taoism（New York: Free Press, 1968), 36〔［德］马克斯·韦伯
　　著，康乐、简惠美译：《中国的宗教：儒教与道教》，上海：上海三联书店，
　　2020年〕；James Legge, *The Sacred Books of China: The Li Ki*（Oxford:（转下页）

文当中有周王将某人的土地授予另一个人的记载，其中有几例可能是在官员履职时授予他们土地以表支持，不过这些赐土可能是永久性的。册命新官之赐，可能包括诸如贝币或铜锭等可流动的财富，但更多情况下，周王会赠与一些不可交换和转授的荣誉性物品，比如衣物或战车装饰，用以表明来自周王的荣宠。[50]

传统认为，周王向附庸诸侯收取贡纳，但几乎没有材料可以证实这一点。鉴于此前商王朝和此后东周时期的统治者都从小国收到了贡品，西周朝廷也一定收到了某类贡纳，不过问题在于，所得贡品是大量的财富，还是仅仅为效忠的象征？商朝所得的贡品有时相当值钱，会有上百头羊，还有粮食、牛、人口、手工艺品和鹿、象、猴、虎等野生动物，以及贝币、金属、象牙和玉石等奢侈品。相比之下，东周所得贡纳并非实际财物的转移，而是一

（接上页）Clarendon, 1879）, 16, 27 - 28, 115〔理雅各译《礼记》〕; Vandermeersch, *Wangdao*, 1980, 195 - 210; Keightley, "Public Work in Ancient China," 154, 208。关于给被任命者的赏赐，参见 Edward Shaughnessy 夏含夷, *Sources of Western Zhou History: Inscribed Bronze Vessels*（Berkeley: University of California Press, 1991）, 81 - 83 和 Yung-ti Li 李永迪, "On the Function of Cowries in Shang and Western Zhou China," *Journal of East Asian Archaeology* 5, no. 1（2003）: 1 - 26。关于早期美国，参见 Gordon S. Wood, *The Radicalism of the American Revolution*（New York: Vintage, 1991）, 287 - 93〔[美] 戈登·伍德著, 傅国英译:《美国革命的激进主义》, 北京: 商务印书馆, 2011年〕。

50 关于周王将某人的土地授予给另一个人的例子，参见 Li, *Landscape and Power*, 133〔李峰著, 徐峰译, 汤惠生校:《西周的灭亡: 中国早期国家的地理和政治危机》, 第155页〕; Feng Li, "Literacy and the Social Contexts of Writing," 280 和 Li, *Bureaucracy and the State*, 176〔李峰著, 吴敏娜、胡晓军、许景昭、侯昱文译:《西周的政体: 中国早期的官僚制度和国家》, 第177页〕。在后一种情况下，土地的前所有人与接受者的族名相同，这可能是将某家族中致仕之人的土地转给初仕王室之人。

种例行公事的服从姿态。东周时期，大国向周王进贡，小国向大国进贡。这一时期关于进贡的讨论主要关注谁向谁进贡以及是否每年进贡，而不在于贡品的价值。考虑到关于西周的史料由政治精英书写，史料关注的是周王与其他贵族、诸侯国之间的关系，文献没有记录贡品，表明这在当时不是一个主要问题。[51]

　　马才是主要的问题。马匹和战车是交通工具，也是地位象征和战争机器。在周代文化圈中，已经发掘了数百座马匹随葬坑内搭配或不搭配战车的贵族墓。在周代的大部分时间里，人们不知如何骑马，而是用马拉战车或其他车辆。这意味着马的军事意义比起后世是有限的。但有关马的铭文很多，主管军事的官吏被称为"司马"，表明马匹对周王室来说还是非常重要的。马匹需要大片区域专门饲养，而且一定有一个官方系统来采购马匹，部分马匹可能来自周朝势力范围之外的牧民。下文将会论及，秦国就是起

99

51　Von Glahn，*The Economic History of China*，24〔〔美〕万志英著，崔传刚译：《剑桥中国经济史：古代到19世纪》，第20页〕。关于商代的贡赋，参见王宇信、杨升南主编：《甲骨学一百年》，北京：社会科学文献出版社，1999年，第516—521页；Hung-Hsiang Chou周鸿翔，"Fu-X Ladies of the Shang Dynasty，"*Monumenta Serica* 29（1970/1971）：361 - 65。关于东周时期对早期贡纳制度的看法，参见Robin McNeal罗斌，"Spatial Models of the State in Early Chinese Texts：Tribute Networks and the Articulation of Power and Authority，in *Shangshu*'Yu Gong'禹贡 and *Yi Zhoushu*'Wang Hui'王会，" in *Origins of Chinese Political Philosophy：Studies in the Composition and Thought of the Shangshu（Classic of Documents）*，edited by Martin Kern and Dirk Meyer（Leiden，Netherlands：Brill，2017），475 - 95；Stephen Durrant杜润德，Wai-yee Li李惠仪，and David Schaberg，*Zuo Tradition / Zuozhuan：Commentary on the"Spring and Autumn Annals"*（Seattle：University of Washington Press，2016），1509（昭公十三年）；Karlgren，*The Book of Documents*，12 - 18；黄怀信、张懋熔、田旭东撰：《逸周书汇校集注·王会解第五十九》，上海：上海古籍出版社，1995年。

自周朝西部边缘的养马小国。[52]

当时的统治者开始为野生动物划定苑囿，这可能反映了人口中心附近的野生动物数量的减少。周王至少有一个王室苑囿，青铜器铭文和《诗经·灵台》都提及："王在灵囿，麀鹿攸伏。麀鹿濯濯，白鸟翯翯。王在灵沼，于牣鱼跃。"几百年后的孟子以为，文王之囿允许平民樵采，是王室慷慨的典范，而贪婪的齐王则将百姓拒之门外。孟子可能没有错，因为秦律明确允许人们在禁苑中猎取小型动物，这证明当时有一个传统：只要平民把最大的猎物留给贵族，他们就可以在苑囿中狩猎。[53]

总而言之，西周的主要环境影响是它成功地维持了和平，使得农业文明在黄河流域及其他地区蓬勃发展。周王室的收入似乎只出自王有土地。周王室不从附庸诸侯收税，反而赐给他们财物和土地，相比中央集权的官僚制国家，这一制度与夸富宴（potlatch）更为相似。后来，东周时期行政技术的发展，使得国家直接控制了百姓的土地和劳力，从而有能力大规模地改造环境。

100

---

52 Xiang Wan 万翔，"The Horse in Pre-Imperial China," PhD diss., University of Pennsylvania, Philadelphia, 2013, 41 - 67; Herrlee G. Creel 顾立雅, *The Origins of Statecraft in China: The Western Chou Empire* (Chicago: University of Chicago Press, 1970), 266 - 73; Li, *Bureaucracy and the State*〔李峰著，吴敏娜、胡晓军、许景昭、侯昱文译：《西周的政体：中国早期的官僚制度和国家》〕书中提及了一百多条涉及马匹相关官吏的材料。

53 《诗经》第242篇，参见 Karlgren, *The Book of Odes*, 197; Li, *Bureaucracy and the State*, 207〔李峰著，吴敏娜、胡晓军、许景昭、侯昱文译：《西周的政体：中国早期的官僚制度和国家》，第207页，谏簋《集成》4285〕; Legge, *Mencius*, 1B.153 - 54; 刘信芳、梁柱编著：《云梦龙岗秦简》，北京：科学出版社，1997年，简278、279、258、254。

春秋

公元前 771 年，周王室衰微，东迁洛阳，在此作为一个小国存续了五百多年。周王室一蹶不振的趋势也许在一开始并不明显，当这一趋势逐渐显现时，其他周封国家也开始谋求权力。在接下来的五百年里，战争的规模和持续时间都在增加，像孔子（卒于公元前 479 年）这样的人将西周视为一个太平善治的时代，原因之一就在于此。春秋初年，周封国家的统治网络还未扩张到黄河流域以南远处，但在此后的几百年里，地缘政治的角斗场扩大，远在南方长江流域的国家成了关键的角逐者。在这一时期，城邑形成并迅速发展，都城中的国人在政治中扮演着越来越重要的角色，所爱之君则立之，所恶之君则废之。婚姻仍然是贵族精英们的关注重点，还有一些证据表明性别失衡正在加剧。[54]

春秋政治史的主要趋势是强国吞并弱国。春秋初年可能有 200 多个诸侯国，但三百年后仅剩下少数几个。这些诸侯国中有许多是单一的城邑，我们除了国名之外一无所知。与上述殷商与西周

---

54 Melvin Thatcher, "Marriages of the Ruling Elite in the Spring and Autumn Period," in *Marriage and Inequality in Chinese Society*, edited by Rubie Watson and Patricia Ebrey（Berkeley: University of California Press, 1991）, 25 – 57; Marcel Granet, *Festivals and Songs of Ancient China*（New York: E. P. Dutton, 1932）〔［法］葛兰言著，赵丙祥、张宏明译：《古代中国的节庆与歌谣》，桂林：广西师范大学出版社，2005 年〕; Dong et al., "Shifting Diets and the Rise of Male-Biased Inequality"。

时期一样，春秋时期的大国由各种宗族组成，这些宗族名义上由一个家族统治，但实际上是半独立的。为了巩固自己的权力，诸侯公室必须削弱这些宗族，并控制他们的土地和人民，这些举措显然会遭到抵制。一些公室成功地将卿族的税收和兵役收为己用，并把司法权力扩张到了宗族身上。但这些紧张局势有时会引发暴乱，有些诸侯国的卿族就设法推翻了公室自立为君。无论掌权的是哪一个家族，到公元前5世纪，大多数人都是几个大国的臣民。周朝统治阶级有着共同的文化，长达八百年的统治使得黄河、淮河和汉江流域的人口在文化上日益趋同。国力的增强还伴随着非周族群的同化，这是一个需要大量暴力的渐进过程，所带来的环境后果仍未可知。回望过去，春秋战国时期在这么大的范围内形成了相对同质的族群，极大地促进了后来秦汉帝国的形成。[55]

　　东周的思想家倾向于将这一时期的战乱视为周王室中央权力衰

55　Mark Edward Lewis 陆威仪，"The City-State in Spring and Autumn China," in *A Comparative Study of Thirty City-State Cultures*, edited by Mogens Herman Hansen (Copenhagen: Kongelige Danske Videnskabernes Selskab, 2000), 359 – 73; 谭其骧主编：《中国历史地图集》第1册，上海：中华地图学社，1975年，第21页；关于卿族有独立于公室之外的征税权的史料，参见 Durrant, Li, and Schaberg, *Zuo Tradition*, 1348 – 49, 1668 – 71（昭公三年、二十六年）。关于族群的文化同质化，参见 Falkenhausen, *Chinese Society*, 204 – 88〔［美］罗泰著，吴长青、张莉、彭鹏译：《宗子维城——从考古材料的角度看公元前1000至前250年的中国社会》，第226—318页〕；及 Chao, "Culture Change and Imperial Incorporation"; Lieven, *Empire*, 240 – 241, 该书揭示了俄罗斯的明显相似之处："从15世纪开始，俄罗斯国王的做法是占有贵族的土地，要么直接拥有土地，要么将土地授予忠臣（不同于贵族拥有的土地）。这使俄罗斯王室获得了大量资源，是俄罗斯帝国建立的经济基础。"

落的自然结果，但周代贵族的文化本就特别暴力。战争不是他们会避免的事情，而是一种列入规划的常规季节性活动，以免影响农事周期。在没有战争时，他们会组织大规模的狩猎活动。宰杀牲畜以祭祀神祇和先祖是周代宗教和政治制度的核心。这一时期的政治协议是在盟誓中达成的，盟誓者在仪式上宰杀牲畜，歃血为盟。在本章讨论的整个时期，祭祀仍然是政治仪式的一个关键，随着各国为祭祀收税，并留出土地为祭祀提供动物和其他资源，祭祀逐渐变得官僚化。[56]

与西周类似，拥有高等级贵族的身份是在春秋时期担任政权要职的主要条件之一。这意味着政府中的大多数人都是国君的亲属，因此也是潜在的竞争对手。为了减少这种威胁，国君招纳越来越多的小家族成员担任政府高官。但这又使得这些小家族的权力增长。几个主要国家（特别是齐国、鲁国和晋国）的卿族最终废黜公室，登上君位。很明显，最安全的掌权之臣是没有强势家族背景的人，这就是"士"〔有时英译为"knights"（武士）或"scholars"（学士）〕崛起进入政权的原因。这些士通常出自长期处于支系小宗的贵族世系，具备担任官职所需的教育水平和政治

---

56 Lewis, *Sanctioned Violence*; Kwang-chih Chang, *Art, Myth, and Ritual: The Path to Political Authority in Ancient China* (Cambridge, MA: Harvard University Press, 1983)〔张光直著，郭净译：《美术、神话与祭祀》，北京：生活·读书·新知三联书店，2013 年〕; Susan Weld, "Covenant in Jin's Walled Cities: The Discoveries at Houma and Wenxian," PhD diss., Harvard University, Cambridge, MA, 1990, 41 - 84; Sterckx, *Food, Sacrifice, and Sagehood in Early China*, 122 - 66〔〔英〕胡司德著，刘丰译：《早期中国的食物、祭祀和圣贤》，第116—157页〕。

才干，又无家族背景以建立自身势力。[57] 他们根据自身才能任职，直接对上级负责。对才能的重视，极大地提高了政府的稳定性和专业性，这也是向官僚制度发展的关键一步。

102　　另一项行政创新是成文法的发展。西周已有审判和惩罚不法之徒的规则，但没有证据表明当时形成了成文法。西周时没有一个由法律专家组成的正式法律系统，而是向各类官吏甚至周王本人诉讼，以寻求裁决。中国有着成文律令体系化的悠久传统，这一传统或可追溯到春秋时期以罪定刑的条文。尽管大多数法律文书都是为内部使用而编写的，至公元前6世纪，各国也开始将法律公之于众。这一做法立即遭到传统势力的反对，理由是了解规则会促使百姓挑战权威。孔子认为，公布刑法等同于动摇周代的贵族秩序。他将成文法视作对贵族特权的冲击，因为法律确立了国家和人民的直接联系，削弱了像孔子这样越发无足轻重的小贵族拥有的模糊的权力。[58]

---

57 Hsu, *Ancient China in Transition*, 38 - 51〔许倬云著，邹水杰译：《中国古代社会史论——春秋战国时期的社会流动》〕; Herrlee G. Creel, *Shen Pu-Hai: A Chinese Political Philosopher of the Fourth Century BC* (Chicago: University of Chicago Press, 1974), 1, 21〔〔美〕顾立雅著，马腾译：《申不害——公元前四世纪中国的政治哲学家》，南京：江苏人民出版社，2019年〕; Andrew S. Meyer, "The Baseness of Knights Truly Runs Deep: The Crisis and Negotiation of Aristocratic Status in the Warring States," Paper presented at the Columbia University Early China Seminar, 2012。

58 关于西周时期审判和处罚的规则，参见《尚书·康诰》、小盂鼎铭文和对"司寇"一职的相关讨论。《康诰》中的"不典"一词有时被引用为已有成文法典的依据，但这不见于西周铭文中。参见顾颉刚、刘起釪著：《尚书校释译论》，北京：中华书局，2005年，第1320页; Kern, "Bronze Inscriptions"; Skosey, "The Legal System," 159, 176 - 78, 309 - 16; Li, *Bureaucracy and the State* , 74 - 75〔李峰著，吴敏娜、胡晓军、许景昭、侯昱文译：《西周的政体：中国（转下页）

与此前一样，政治体被认为是特定统治家族的辖地，而非领土单位，统治家族拥有的土地往往分散在大片区域。领土国家（统治者根据他们管理的空间范围和臣民的分布状况将其辖地概念化）的发展，与控制广袤疆域的官僚技术的发展密切相关。即便如此，国家的权力还是建立在对人口而非土地的控制之上。在20世纪现代监控和交通技术发明之前，国家权力常能牢牢控制人口中心，而难以在内陆深入统治。[59]

在世界历史上，以周代早、中期的分封诸侯国为代表的分权结构相当普遍，而中央集权官僚政府并不常见。在东周时期，中央政府才开始对后来发展到数以百万计的人口建立直接的行政控制。战争似乎在其中发挥了关键作用。随着战争规模和成本的增加，各国之君从名义上隶属于他们、一贯自己领兵打仗的卿族中寻求兵源和物资。这类变法似乎始于建立军事行政区以提高征兵能力。这可能是中央朝廷试图直接控制以往由卿族指挥的士卒，进而削弱了卿族的军事实力。[60]

（接上页）早期的官僚制度和国家》，第78—80页〕。东周时期关于刑罚的文本，有刑书刑鼎和《吕刑》。Creel，*The Origins of Statecraft*，463；Durrant，Li，and Schaberg，*Zuo Tradition*，1402 - 5，1702 - 3（昭公六年、二十九年）；Caldwell，"Social Change and Written Law in Early Chinese Legal Thought"。

59 Smith，"Territories，Corridors，and Networks."

60 关于东周变法的许多论述，以《国语》所载齐国变法为叙述起点。我的学位论文（Lander，"Environmental Change and the Rise of the Qin Empire，" 193 - 94）对此作了更深入的说明，但《齐语》是几百年后成书的政治理论著作，而非当时的记载。杨伯峻编著：《春秋左传注》，第783—784页（成公元年）；Durrant，Li，and Schaberg，*Zuo Tradition*，704 - 5；Hsu，"The Spring and Autumn Period，" 573〔《剑桥中国上古史》〕；Lewis，*Sanctioned Violence*，56 - 59。在普鲁士，全民兵役同样在中央集权和遏制封建贵族方面发挥了重要作用。Christopher（转下页）

103　　　位于今郑州附近的郑国，是第一个实行彻底改革的诸侯国。变法始于整顿沟洫，这一举措触及了贵族利益，贵族作乱并杀害了执政大臣。公元前543年，郑国执政想要任命子产（其父是被杀的执政之一）进一步变法，但子产推辞了。子产的推让之辞，表明了当时国家权力的局限性："国小而逼，族大宠多，不可为也。"在得到郑国执政支持他对抗利益集团的承诺后，子产才接受任命。子产之变法，包括"都鄙有章，上下有服，田有封洫，庐井有伍"。郑国的行政权力延伸到了各支宗族所有的土地人民之上，由国家决定贵族的地位。这也可能是后来秦国采用的伍内连坐制的最早史料。几年后，子产"作丘赋"，"赋"这一术语最初可能指军赋，但最终成为税收之名。[61]

　　关于春秋时期的图强变法，记载最详细的是南方的楚国（见地图7）：

　　　楚蒍掩为司马。（令尹）子木使庀赋，数甲兵。甲午，蒍

（接上页）Clark, *Iron Kingdom: The Rise and Downfall of Prussia, 1600 – 1947* (Cambridge, MA: Belknap Press of Harvard University Press, 2006), 97 – 100〔［英］克里斯托弗·克拉克著，王丛琪译：《钢铁帝国：普鲁士的兴衰》，北京：中信出版社，2018年〕。

61　Durrant, Li, and Schaberg, *Zuo Tradition*, 974, 1268 – 71, 1376；杨伯峻编著：《春秋左传注》，第980—981页（襄公十年），第1180—1181页（襄公三十年），第1254页（昭公四年）。杨伯峻（《春秋左传注》第1181页）认为，"庐井"是"田野之农舍"的意思。若如此，这一变法举措将农民组织了起来服兵役或纳税。《周礼》郑玄注〔（清）阮元校刻：《十三经注疏》，第712页（《地官·小司徒》）〕指出，"贡谓九谷山泽之材也，赋谓出车徒给繇役也"（另见王先谦：《汉书补注》，上海：上海古籍出版社，2012年，第1567页）。在本书中，我把"赋"翻译为"levy"（赋税），同样指兵役和税收。

掩书土田，度山林，鸠薮泽，辨京陵，表淳卤，数疆潦，规偃
潴，町原防，牧隰皋，井衍沃，量入修赋。赋车籍马，赋车
兵、徒兵、甲楯之数。

（楚蔿掩任司马，令尹子木让他征收赋税，清点盔甲兵器。
甲午，蔿掩记载土壤和田地的情况：度量山林的产出，计算湿
地和池沼的面积，区分山地和丘陵，记录贫瘠土地和盐碱地，
计算边界湿地，分定水库和堤坝，划分杂边地，在沼泽地放
牧，对平坦肥沃的土地实行井田制，根据收入计划制定赋税多
少。向人民规定征收车辆马匹数，让人民按情况交纳车兵、步
兵所用的兵器、盔甲和盾牌。）[62]

这次调查是由司马完成的，表明了资源调查、强化治理和军资供
应之间的密切联系。这也表明，各国正在进行更系统的调查，以
此加强对王化之外资源的控制。为了控制新地和百姓，各国建立
了由任命官吏而非其他卿族管理的空间单位。由于这是最早由官
吏直接管理的地方单位，其建立通常被视作中国走向官僚地方行
政的第一步。这一行政区划被称为“县”，这一词义最早出现在春
秋时期。然而，当时的县更接近世袭封地，而不是中央辖地。在
晋国，许多县属于强大的卿族，而不是公室，楚国的县“保留了
很大的自治权，县公有权征召一些居民服兵役和征税”。经过数百

104

62　杨伯峻编著：《春秋左传注》，第1106—1108页（襄公二十五年）；Durrant，Li，
　　and Schaberg，*Zuo Tradition*，1154 - 55；（清）孙诒让著：《周礼正义》，第300—
　　301页。甲午日是六十甲子周期中的一天。（译者注：将作者英译回译为中文时，
　　参考了李梦生：《左传译注》，上海：上海古籍出版社，1998年，第810—811页。）

年的发展，世袭封地的传统才逐渐被享有俸禄的行政官吏所取代。从公元前4世纪起，县才成为中央政府的行政延伸。[63]

国家权力的建立，往往需要摧毁已有的社会组织形式。近代史告诉我们，这一过程常常会遇到某种阻力，但在中国早期农民抵抗的日常形式中，我们能找到的唯一痕迹是秦帝国的人们逃离国家控制的记录。不过，关于其他国家下层贵族中的保守派抵制行政的标准化，倒有不少史料，其中最著名的是孔子及其学派。他们维护更灵活古典的早期传统，反对国家主导的标准化变法削弱贵族特权。他们还批判国家对森林和湿地等非农业土地加强控制的做法。他们认为，这些属于公共资源，以樵采为生之人或年景不好之时更需赖此为生。因此，国家接管这些资源，与他们的道德经济（moral economy）背道而驰。尽管这些批评的言论后来成为官方的儒家意识形态，但国家在当时还是赢得了这场斗争，并继续完善官僚体制。与早期政体迫使人们服劳役和纳租税一样，

---

63 周朝为管理边远地区而设立的第一个行政职位似乎是"宰"和"封人"，但我们对其职责知之甚少。《史记》卷六七《仲尼弟子列传》，第2193页（邑宰），第2201页（武城宰），第2207页（单父宰），第2212页（费邸宰）；晁福林：《春秋战国的社会变迁》，第550页；杨伯峻编著：《春秋左传注》，第14页（荥谷封人），第814页（封疆）。关于楚县之语，引自 Hsu, "The Spring and Autumn Period," 574〔《剑桥中国上古史》〕。还可参见徐少华：《周代南土历史地理与文化》，武汉：武汉大学出版社，1994年，第275—291页；杨宽：《春秋时代楚国县制的性质问题》，《中国史研究》1981年第4期，第19—30页；Herrlee G. Creel, "The Beginnings of Bureaucracy in China: The Origin of the Hsien," *Journal of Asian Studies* 23, no. 2（1964）: 155–84〔[美]顾立雅著，杨晶泉译：《中国官僚制度的开始：县的起源》，《中国史研究动态》1979年第1期，第22—32页〕；Li, *Bureaucracy and the State*, 171〔李峰著，吴敏娜、胡晓军、许景昭、侯昱文译：《西周的政体：中国早期的官僚制度和国家》，第172—173页〕。

图强变法多始于激进的想法，最终得到了实现。[64]

　　收税是国家汲取其运作所需能源和资源的重要活动，遗憾的是，早期中国税收史料相当有限。如上所述，据我们了解，西周王室和诸侯是靠驱使平民服事耕种公田等力役来汲取盈余的，而非对作物征税。此举能够实现，是因为当时的政治单位较小，封君和臣民之间的距离相对较近。随着东周时期国家的发展，按比例征收的田税逐渐取代了力役。对国家来说，此举的好处在于不再需要监督农业力役。以前，人们在公田劳动时会磨洋工，现在他们按收成的一定比例纳税，实际上是把为自己的利益而付出的劳动力分给了国家一部分。税收标准化对国家官员来说很方便，但对百姓来说就不那么方便了。

　　我们关于征税的最好史料来自儒家经典，这些文献记录了对变法的抵制。《春秋》（春秋时期之名即源于此）记载，公元前594年，鲁国"初税亩"，开始按田亩征税。诸家皆以为此即按收成的一定比例征税，但它是否取代了在贵族公田上力耕，或是力役之外还有赋税，仍有分歧。几百年后的注家何休（129—182）认为，"宣公无恩信于民，民不肯尽力于公田"，故而不得不履亩而税。此语表明，注家认为赋税是比力役更严苛的榨取形式，因为赋税是带有暴力强制性的，不管民众是否愿意接受。在《春秋》中，鲁国初税亩之后，紧接着一句话是："冬，蝝生。饥。"一些注疏

105

64　详见第4章。古典主义者（"儒"）通常被称为"Confucians"（孔子门徒），但后者不适用于这个时期，因为孔子和他的学派只是儒家学派之一。Mark Edward Lewis 陆威仪，*Writing and Authority in Early China*（Albany: State University of New York Press，1999），57 – 60。

将其解释为改变古代税制之后的天罚。[65]

　　另一段关于税收的材料涉及一个世纪后的鲁国变法。鲁国官员想要对田地定额收税，孔子反对，因为这些税此前只在战争或其他紧急情况下征收。孔子说，（西周）先王"籍田以力，而砥其远迩；赋里以入，而量其有无；任力以夫，而议其老幼。于是乎鳏、寡、孤、疾，有军旅之出则征之，无则已"。[66] 换言之，汲取制度应该是灵活的，基于劳动者的能力和国家的需要而制定，不应该是定额的税收。这段文字成书于此后至少一个世纪，孔子已经去世很久，但根据这段文字在行政上的保守主义和平等待人的态度，仍可将其视为儒家学派的产物。除了反对新税，孔子还反对行政标准化的不公之处。灵活的行政制度可以考虑个别情况，而标准化的制度之下需要摒弃怜悯之心。孟子也赞同这一观点，他认为统一税收是残酷的，因为丰年应该多收、歉年应该少收，而统一税收后，无论丰歉，税收都一样。[67]

106

65　因为像孔子这样的儒家其思想以崇奉周制为中心，他们比同时代的大多数人更了解周制，不过他们也会将周制理想化。他们对西周制度的理解可能融合了《诗经》《尚书》所记与家乡鲁国的传统。《公羊传》认为，《春秋》将饥荒系于新税制之后，目的是批评新税。参见 Legge, *The Ch'un Ts'ew with The Tso Chuen*（Taipei: SMC, 1991），329；还可参见（清）阮元校刻：《十三经注疏》，第1887页（何休注《公羊传》），第2286—2287（《春秋公羊传注疏》）；Durrant, Li, and Schaberg, *Zuo Tradition*，674 - 75（宣公十五年）和（清）皮锡瑞：《经学通论》四《春秋》，北京：中华书局，1954年，第16页。

66　王树民、沈长云点校：《国语集解·鲁语下》，第206—207页；Durrant, Li, and Schaberg, *Zuo Tradition*，1904 - 5（Ai 11）。

67　《孟子注疏》，（清）阮元校刻：《十三经注疏》，第2702页；Legge, *Mencius*, 3A.240 - 42。孟子区分了三种获取盈余的方式——"贡""助"和"彻"，但遗憾的是，这三者的含义还不清楚。

尽管孔子及其后学反对，但鲁国的掌权者可能会认为这些改革是必要的，因为敌国也在进行类似的改革。在周初的体制下，大多数人生活在小社群中，灵活的税收是相当实用的，但是，强国的建立需要标准化的税收。到了战国时期，随着少数强国派出重兵投入旷日持久的大战，变法的力度只会不断加大。尽管进行了改革，鲁国最终还是为楚所灭。在这些儒家学者在世时，他们的反对收效甚微，但接下来的两千年里，这些反对意见的影响力不断扩大。最终，许多关于调适税率和国家对社会干预程度的辩论，都以这些思想为基本框架。

增强国家权力的另一种方法，是开辟新的经济部门来汲取资源。早期的周封国家基本上只由统治家族的土地和人口组成。换句话说，这些国家占有了一定的领土，但其余的土地则不归任何人管辖。随着国家控制范围的扩张，它们任命官吏对偏远地区的资源开发活动征税。这被认为是不道德的，因为以往这些地区的物产是由百姓所用。对鲁庄公的批评之语可谓一个鲜明的例证，其人"规虞山林草泽之利，与民争田渔薪菜之饶"。《榖梁传》也指出，山林的资源是百姓之利，派遣官吏监管并不合适。类似的还有晏子谏言齐景公曰："山林之木，衡鹿守之。泽之萑蒲，舟鲛守之。薮之薪蒸，虞候守之。海之盐蜃，祈望守之。"景公闻而有愧，依言撤去这些官吏。这一观点亦见于孟子，孟子认为周初文王苑囿向平民开放，鱼堰无禁。[68]

---

68 第一段引自 Mei-kao Ku 辜美高，*A Chinese Mirror for Magistrates: The Hsin-Yü of Lu Chia*（Canberra: Australian National University, 1988），110；参见王利器校注：《新语校注·至德第八》，北京：中华书局，1986年，第124页。（转下页）

107　　　国家在控制资源方面的扩张，不仅仅是垄断资源，还包括强制干预资源的可持续利用，从战国文献大量提到的圈占地中可以清楚地看出这一点。与西周先辈一样，许多统治者也有自己的猎场，它保护了在其他地方日渐稀少的大型动物。春秋时期的秦国应当也有自己的苑囿。这与其他贵族文化和现代环境保护主义的情况一样，富人和权贵猎杀野生动物的欲望，往往是保护野生动物的最强大力量。[69]

　　春秋时期见证了国家权力的许多重大创新，而这些变革只会在随后的几百年中愈演愈烈——这一时期被恰如其分地称为战国时期。

战国

　　战国时期仅剩几个强国。这一时期的特点是形成了一个相对稳定的国家群，其规模与近代早期的欧洲大致相似。这些国家被

（接上页）第二段引自 Durrant, Li, and Schaberg, *Zuo Tradition*, 1584 - 85（昭公二十年），（清）阮元校刻：《十三经注疏》，北京：中华书局，第2388页（《春秋穀梁传注疏》）。参见 Legge, *Mencius*, 1B.153 - 54, 162.

69　Schafer, "Hunting Parks and Animal Enclosures"; Allsen, *The Royal Hunt in Eurasian History*〔〔美〕托马斯·爱尔森著，马特译：《欧亚皇家狩猎史》〕; Gilbert L. Mattos, *The Stone Drums of Ch'in*（Nettetal: Steyler Verlag, 1988）, 105 - 7〔〔美〕马儿道：《秦石鼓》，《华裔学志丛书》第19种，1988年〕; Charles Sanft 陈立强, "Environment and Law in Early Imperial China（Third Century, BCE - First Century CE）: Qin and Han Statutes Concerning Natural Resources," *Environmental History* 15, no. 4（2010）: 701 - 21; Ian M. Miller, "Forestry and the Politics of Sustainability in Early China," *Environmental History* 22（2017）: 594 - 617.

组织在一个具有既定外交程序的多国体系中，日益频繁、扩大的战争促进了行政创新，这一点也跟欧洲相似。战争规模急剧扩大，到了公元前 3 世纪，一些军队规模达到了数十万人。每个国家既有足够的实力来对抗邻国，又深切关注着会给对手带来优势的任何发展措施，因此，行之有效的创新迟早会被别国采用。[70]

这一时期，政治上的深刻变化反映在生活的方方面面。商业大幅扩张，走进了人们的生活。据司马迁所载，商人通过经营粮食、木材、竹子、水果和牲畜等未经加工的产品而变得极其富有；腌渍食品、酒、纺织品和皮革等加工食品，以及漆器和铁制工具等手工业品，在战国末年开始进入千家万户。商业发展可能是这一时期手工业生产技术创新的一个主要因素，例如新的陶窑、更好的制线纺轮、更先进的织机。漆器也变得更为流行。商业的扩张和技术的进步应该会使手工业品更为普及，有可能会提高普通人的消费水平，从而增加人们的生态足迹（ecological footprint）。商　108

70　Hui，*War and State Formation in Ancient China and Early Modern Europe*〔［美］许田波著，徐进译：《战争与国家形成：春秋战国与近代早期欧洲之比较》〕；Wong and Rosenthal，*Before and Beyond Divergence*〔［美］王国斌、［美］罗森塔尔著，周琳译：《大分流之外：中国和欧洲经济变迁的政治》〕；Chi Lu Chang蒋志陆，"The Scale of War in the Warring States Period," PhD diss.，Columbia University，New York，2005；Mark Edward Lewis陆威仪，"Warring States Political History," in *The Cambridge History of Ancient China：From the Origins of Civilization to 221 B.C.*，edited by Michael Loewe and Edward Shaughnessy（Cambridge：Cambridge University Press，1999），620 – 32〔《剑桥中国上古史》〕；Hsu，*Ancient China in Transition*，53 – 77〔许倬云著，邹水杰译：《中国古代社会史论——春秋战国时期的社会流动》〕；Robin D. S. Yates叶山，"Early China," in *War and Society in the Ancient and Medieval Worlds：Asia，the Mediterranean，Europe，and Mesoamerica*，edited by Kurt A. Raaflaub and Nathan Stewart Rosenstein（Washington，DC：Center for Hellenic Studies，1999），7 – 45。

人们靠着购买农产品和出售各种加工产品而致富，这一事实表明，商业活动不仅是精英们的奢侈品贸易，也不仅是零星的农业交易，商业贸易在当时非常普遍。[71]

这一时期，战争也变得规模更大、更残酷。早期的战争通常在冬季农闲时节，按照贵族的准则进行，就好像他们的目的是为统帅赢得荣誉，而不是要打败敌人。到了战国时期，武将率领的残酷的大规模步兵战争逐渐取代了前者。出现了筑城防御和围城战。骑马最早由草原游牧民所掌握，并逐渐被周封国家所采用。草原的骑兵愈发纯熟，军力日渐强大。北部的秦国、赵国和燕国控制了一部分草原地区，并与边境以外的牧民保持长期的接触，这使他们有机会获得马匹，并且在攻伐南方的国家时掌握骑兵作战技

---

71 Von Glahn, *The Economic History of China*, chap. 2〔[美] 万志英著，崔传刚译：《剑桥中国经济史：古代到19世纪》第2章《从城市国家到君主专制（前707—前250年）》〕；Hsu, *Ancient China in Transition*, 107 - 39〔许倬云著，邹水杰译：《中国古代社会史论——春秋战国时期的社会流动》〕；Hung Wu 巫鸿, "The Art and Architecture of the Warring States Period," in *The Cambridge History of Ancient China: From the Origins of Civilization to 221 B.C.*, edited by Michael Loewe and Edward Shaughnessy（Cambridge: Cambridge University Press, 1999), 679 - 81〔《剑桥中国上古史》〕；[日] 江村治樹：《春秋戦国時代青銅貨幣の生成と展開》，東京：汲古書院，2011年；Peng, Ke 彭柯, "Coinage and Commercial Development in Eastern Zhou China," PhD diss., University of Chicago, Chicago, 2000；Knoblock and Riegel, *Annal*s, 3 - 9；Rose Kerr and Nigel Wood 武德, *Science and Civilisation in China*, vol. 5.12: *Ceramic Technology*（Cambridge: Cambridge University Press, 2004), 302〔《李约瑟中国科学技术史》第5卷《化学技术》第12分册《陶瓷技术》〕；Kuhn, *Science and Civilisation in China*, vol. 5.9, 3 - 4, 159 - 60（《李约瑟中国科学技术史》第5卷《化学及相关技术》第9分册《纺织技术》）；《史记》卷一二九《货殖列传》，第3253—3284页；Nienhauser, *The Grand Scribe's Records*, vol. 9, 261 - 301。

术（图 6 和地图 7）。[72]

不同于春秋时期有编年史可据，我们对战国政治史的了解，靠的是不太系统的史料。原因之一是秦国在征服六国时烧毁了各国的编年史（不过后来从墓葬中出土了一些），只给后世的历史学家留下秦国自己的史书。因此，关于秦国公元前 4 世纪商鞅变法的史料要多于其他国家。众所周知，秦国效仿了魏国和其他国家的许多变法措施，因此人们通常认为秦制与他国类似，但事实上，更遥远的国家（尤其是楚国和齐国）可能有着完全不同的制度。我将在下一章中详细讨论秦国，因此这里仅概述战国行政制度的一些主要发展。[73]

在中国，真正官僚制的第一次发展出现在战国时期。"官僚制"（Bureaucracy），字面上意为"办公桌的统治"（ruled by desks）。该词最初是一个贬义词，大概是那些认为政府应该由贵族和武人而非大批文官统治的人发明的。它后来成为研究政治组织的一个关键概念。尽管古代许多统治者会雇佣文吏为他们批文作文，但是要在文吏或是文官成为政府核心之后，国家才能被视为完全的官僚化。此后，关键决定虽由最高级别的司法或立法机构作出，但真正治理国家的是官僚机构。马克斯·韦伯指出，与标准化程度较低的行政管理形式相比，官僚机构的优势在于其精确性、连

---

72 Honeychurch，*Inner Asia and the Spatial Politics of Empire*，128 – 29，160 – 63，210 – 15，246 – 49.

73 详情参见 Lewis，"Warring States Political History"〔《剑桥中国上古史》〕；Creel，*Shen Pu-Hai*〔〔美〕顾立雅著，马腾译：《申不害——公元前四世纪中国的政治哲学家》〕。

109

图6：出土于秦国首都咸阳塔儿坡村的一座公元前4世纪晚期墓葬中的陶俑。

这是东亚迄今最早的关于人骑马的形象，证明秦国与当时已骑马数百年的内亚牧民间的密切联系。请注意彩绘的马辔。

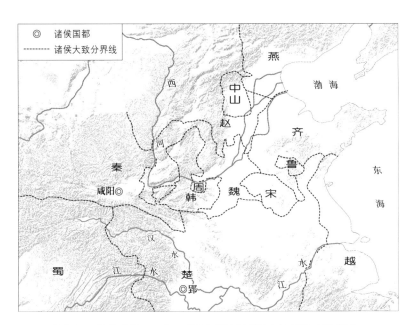

110

地图7：约公元前350年，战国时期主要国家控制的大致领土。

晋国分裂为赵、魏和韩。韩国吞并了郑国，包围了位于洛阳的东周。秦、楚、赵和燕的外部边界仅代表大致势力范围，蜀和越的势力范围甚至还无法估计。

续性、自由裁量权、可预测性、成本低廉性，以及多数信息都是书面成文的，官吏很容易获取。[74]

文书写作最初是一种仅为雇佣的文吏使用的专门技能。而在此时，随着人们发现了文书写作的新用途，它变得更加普遍了。此前的行政管理往往涉及相互熟悉的人群，而文书写作以其更加客观和标准的行政实践取代了私人之间的信任关系。如果没有这些行政技艺，国家就不可能扩展到统治万民的程度。中央政府每一

74 Kamenka, *Bureaucracy*; Weber, *Economy and Society*, 973〔［德］马克斯·韦伯著，阎克文译：《经济与社会》第1卷，第1113—1114页〕。

次提高控制官吏的能力，都会增加其能统御的土地和人口。这些行政创新包括：为官吏的行为制定书面准则，制定执行这些规则的程序，以及建立可靠的信息传递、物资和人员运输系统。行政管理的效率是周初官员的共同利益，因为他们都是统治阶级的成员；一旦他们被地位较低的专业人员取代，上级就需要制定考核方法。这些新官吏的表现必须受到其他官吏的监督，然后决定是升迁、降职，还是处罚。中央集权的关键技艺是雇佣没有其他收入的人才，用粮食而不是土地来发放俸禄。由此，他们的仕途前程全靠取悦统治者。如上所述，增加中央政府的权力需要削弱其他贵族的势力，正是这些没落世家后来成了日益官僚化的国家中的官员。权力日益集中后，国家不仅不用向世族广施恩惠，而且还能慷慨地奖赏能吏。一些国家会以土地为赏赐，但常常是赏给食邑租税，而非该地的直接控制权。[75]

行政实践的规范化需要制定书面的行为准则，如上所述，这些准则建立在数百年来的书面规范上。规范官员的重要性可见于秦律，这将在随后的章节中讨论。印章的使用，是文书在日常行政中日益频繁的一个考古学证据。早期的印章用于在陶器和青铜范模上压印文字和图案。到了东周中期，人们开始在封泥上印下官员的印章，这后来成了一种普遍做法。印章是官方的认定和证明，

---

75 Lewis, "Warring States Political History"〔《剑桥中国上古史》〕; Feng Li李峰 and David Branner, eds., *Writing and Literacy in Early China* (Seattle: University of Washington Press, 2011); Haicheng Wang, *Writing and the Ancient State: Early China in Comparative Perspective* (Cambridge: Cambridge University Press, 2014), chap. 4。

用于国家各级官吏之间的沟通，例如官兵之间。印章的大量涌现，表明国家行政机构的规模正在扩大，官吏不再认识与之沟通的人，远距离的文书传输出现。正如武将的符节限制了战事的擅兴，印章也是王权转授的实物象征。这些印章无不表明官吏的权力来自上级，权力会随着印章被上级褫夺。[76]

除了读写能力，一些官吏还需要更多的专业技能。数学对于诸如征税、估田、换算不同的日用品等行政工作至关重要。这些技能见于行政管理中的计算类工作，也见于秦汉墓葬中出土的数学"教材"。这些技能的作用之一是规范田地的大小，这对于统一税收和授田至关重要。以上可见测量在行政中的重要性，国家因此统一了度、量、衡等计量单位。早期帝国的文书经常有数学错误，这是许多官吏从未接受数学教育的明证。[77]

这些变法对社会的改变有多彻底？最有力的证据也许来自民间信仰。虽然早期的祭祀和占卜等仪式仍在使用，但地下世界逐渐

112

76　曹锦炎：《古代玺印》，北京：文物出版社，2002年，第2—10页；Lewis, "Warring States Political History," 608〔《剑桥中国上古史》〕。

77　Joseph W. Dauben 道本周, "Suan Shu Shu: A Book on Numbers and Computations; English Translation with Commentary," *Archive for the History of Exact Sciences* 62（2008）: 91 - 178；朱汉民、陈松长主编：《岳麓书院藏秦简（贰）》，上海：上海辞书出版社，2011年；Brain Lander, "State Management of River Dikes in Early China: New Sources on the Environmental History of the Central Yangzi Region," *T'oung Pao* 100, nos. 4 - 5（2014）: 325 - 62〔[加] 兰德著，凌文超译：《汉代的河堤治理：长江中游地区环境史的新收获》，《简帛研究》2018年春夏卷，第323—344页〕；杨博：《北大藏秦简〈田书〉初识》，《北京大学学报（哲学社会科学版）》，2017年第5期；Ames, *Sun-Tzu*, 174 - 76；Hulsewé, *Remnants of Ch'in Law*, 208 - 9；Charles Sanft, *Communication and Cooperation in Early Imperial China: Publicizing the Qin Dynasty*（Albany: State University of New York Press, 2014）。

被理解为一个官僚机构，人们开始使用与国家打交道时相同的行政方式来与地下世界的官吏沟通。官僚制已经成为人们日常生活中的一部分，成为他们理解世界运行的模式。[78]

国家的发展极大地提高了人类社会改造环境的能力。商代与西周为农业文明的扩张创造了必要的稳定，但他们对环境的影响并没有超出农业文明的范围，因为他们对土地和劳动力的控制力是有限的。到了东周时期，日益强大的国家发动更大规模的战争，加上商业扩张，官僚、武将和商人在很大程度上取代了盘踞在社会上层的旧贵族。西周的平民要为地方贵族劳动，而到了战国晚期，平民们都遵守国家的律令，为规模更大、个人色彩更淡薄的国家纳税、服兵役。改进的行政体制使中央政府调动资源的能力远超以往，而商业和运输的发展使人们能够将当地的产品卖到遥远的市场，也能消费来自远方的资源。

战争的压力，尤其是动员更多物资和兵源的需求，迫使东周时期的各国革新行政组织。这包括剪除与国家竞争的贵族，扩大税收和兵役范围、纳入以前免税免役以及被国家豁免或忽略的人群。国家还控制了以前属于公共或至少未曾征税的资源。由此，战国时期的国家改变环境的力量远超前人。此后，在公元前230年至前221年的十年里，强秦一举征服六国，建立了中国历史上第一个帝国。秦国将是接下来两章的重点。

113

---

78 Harper，"Resurrection in Warring States Popular Religion，" 17.

第4章

114

西土霸主：秦国的历史

> 秦地被山带河以为固，四塞之国也。自缪公以来，至于秦王，二十余君，常为诸侯雄。岂世世贤哉？其势居然也。
>
> ——贾谊（前200—前168）《过秦论》*

秦是中国帝制史上最短命的王朝，但也是最长久的王朝。秦在公元前221年建立了第一个帝国，又在短短十四年后土崩瓦解，至此嬴氏已享国六百多年。六百多年来，秦国是一方霸主，强则强矣，却未有人料到秦国能一统天下。然而秦国最终实现了统一，为东亚两千多年的官僚农业国家奠定了基础。秦帝国的后继者则在东亚次大陆的生态转型中发挥了关键作用。

---

* 本章的引言出自司马迁《史记》卷六《秦始皇本纪》，第277页；Nienhauser, *The Grand Scribe's Records*, vol. 1, 164。引言首句"被山带河以为固"亦见于其他文本，可能是战国时期的一句俗语。（汉）刘向集录：《战国策·楚策一》，上海：上海古籍出版社，1985年，第504页；Crump, *Chan-Kuo Ts'e*, 244。

115   秦亡数十年后，著名思想家贾谊探讨了秦胜他国的原因。贾谊以为，秦国之胜源于关中盆地的肥沃丰饶和天然防御力。秦国是唯一一个不必在国都修建外郭城的周代国家，据此，难以否认秦的地理优势。与聚集在黄河中下游的诸国不同，秦国不会被远邻乘人之危的进攻所威胁，更能承受内部动乱和弱主之害。秦国也没有东方各国变法图强以争上游的压力，有从容改革的优势。

地理因素不足以解释秦国之胜。如果没有强大的军队，秦国是不可能征服关中的，而且秦国的君权尤为强盛。许多国家的公室与卿族共同执政，胫大如腰，而秦国公室与此不同，少有内部威胁。嬴氏是当时仅有的未被卿族所废的两支公室之一，世系绵延带来了不可忽视的政治合法性。就像两千年后的英国一样，秦国在屈居二流地位数百年之后取得霸权，部分原因是秦国的行政权始终比他国更为集中。如果没有公室的力量，秦国难以在公元前4世纪成功完成激烈的变法并重构社会和环境。[1]

秦国的变法对东亚的环境史影响深远，因为变法极大增强了国家改变它所控驭之下的生态系统的力量。秦国在早期阶段是通过征服土地和人民而发展壮大的。但变法的目的不仅是简单的扩张，还包括提高国家从已控制的人口中汲取盈余的能力。这场变法通常归功于秦相商鞅（卒于公元前338年），变法不仅使得中央政府更为体系化，而且还重组了社会结构以便于国家管控。为了加强军力，秦国根据男子的军功授爵，并提供物质奖励以鼓励作战。

1　John Brewer, *The Sinews of Power: War, Money, and the English State, 1688 – 1783*（Cambridge, MA: Harvard University Press, 1990）, 3 – 7.

秦国还迁都至以往人烟稀少的关中盆地中心，并划定土地的阡陌疆界，以便重新分配给小家庭。军功爵越高，所得之地也就越多。

秦国对扩大农业的重视，可以解释关中地区土壤炭屑含量在公元前一千纪的急剧增加。农民在开辟新地、恢复土壤肥力时都会焚烧草莱。秦国还修建了水坝、河渠——包括秦都咸阳以北的郑国渠，重构了关中地区的水文系统（地图8）。秦国和其他诸侯国一样，通过征服和同化其他民族，如秦人的宿敌戎人，使国家在民族和生态环境上更趋一致。秦国的变法创设了一套高效的行政制度，并被汉朝继承、改进，成为古代帝国的经典模式。秦国的制度是倚赖于改造核心地区的农业景观而发展的，这套制度后来

116

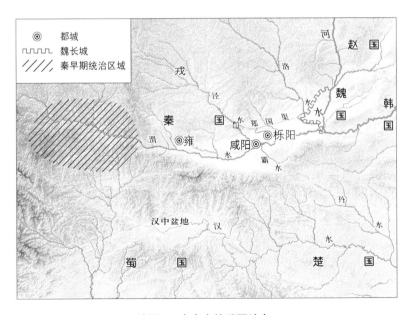

地图8：秦史中的重要地点。

185

改变了整个东亚的生态环境。[2]

　　本章考察了秦国从建立到秦王嬴政（后来被称为始皇帝）在公元前3世纪中叶登基的历史。首先，本章通过农民生活的年度周期来讨论社会的生态基础。然后，我们将回顾秦国神秘的早期历史，再讨论秦国进入关中盆地中心、图强变法以及郑国渠的建设等问题。下一章将分析秦始皇统治时期的政治生态学，秦帝国的权力在此时达到了顶峰。

117　务在四时

　　在讨论政治精英的历史前，我们先好好看一看普通人的生活，毕竟他们的劳动才是国力的基石。对于用惯了电力和内燃机的当代人来说，没有这两者的生活是很难想象的。那是一个比我们生活的世界要慢得多也安静得多的旧时代。现代的光污染还未到来，夜空中的星辰要闪耀得多，吸引着地上细细端详的目光。天地间最响亮的声音，也不过是鸟鸣犬吠、猪哼鸡啼，生民百姓的唱呼笑言就更算不上吵闹了。正如《诗经》所记，旧时代的人们对万物生灵的熟悉远超现代都市人的想象。他们的生活也比现代都市人更贴近四季的节律。

　　根据第2章介绍的各种考古和文献证据，以及一些早期历法

2　Huang et al., "Charcoal Records of Fire History," 34 – 37; Tan et al., "Holocene Wildfires," 171.

时令性文本所述的季节变化，可知这一时期的农事周期，其中最著名的时令文本是《月令》。《月令》应当是民间口述体文本落实到书面载体的一个实例，人们借此交流关于四季更迭的共有知识。《月令》内有许多当下被视为错乱或迷信的信息——鹰化为鸠、田鼠化为鴑（鹌鹑）、雀入于海为蛤……这些难解之语且留给思想史学者，本书中仅引用我认为可靠的段落。时令文本各自遵循不同的早期历法，我会根据公历月份来重新编排。[3]

先从欢庆新年的冬季说起。12月，（仲冬之月）"冰益壮，地始坼，鹖旦不鸣"。冬天是清冷干燥的，少有雨雪。关中地区1月的气温，一般在午后高于零度，夜间就要结冰了。人们烧柴做饭取暖，泥墙屋子没有烟囱，屋里变得烟气腾腾。趁着冬天农闲，人们在此时置办、整修一年中要用的诸般物事：捻麻成线，在简易的织机上编成布，再制成衣物；用芦苇、竹子等植物编成篮子、席子和围栏；整治打磨农具的木柄和石刃。即使在结冰的时候，人们也继续捕鱼。水牛、犀牛之类的大型动物在春秋战国时期大多已从平原上绝迹，但在这一时期前段的几百年里，鹿和野猪仍然很常见，是狩猎的对象。因为狐狸、貉、野猫等野兽都自带毛皮

118

3　Charles Sanft，"Edict of Monthly Ordinances for the Four Seasons in Fifty Articles from 5 C.E.：Introduction to the Wall Inscriptions Discovered at Xuanquanzhi，with Annotated Translation，" *Early China* 32（2008）：125 – 208；Knoblock and Riegel，*Annals*，35 – 43，59 – 276，683 – 92（"鹰化为鸠"该书解释为"鹰变为鸽"，第77页）；Karlgren，*The Book of Odes*，97 – 99；郑之洪：《论〈诗七月〉的用历与观象知时》，《中国历史文献与教学》，北京：光明日报出版社，1997年，第3—8页；William E. Soothill苏慧廉，*The Hall of Light：A Study of Early Chinese Kingship*（London：Lutterworth，1951），237 – 51。本书英文版在引用月令时多用诺布洛克、王安国的《吕氏春秋》译文，有时略有调整。

"冬衣"，就有人靠捕猎来制作自己的冬衣。冬天也是封君催使民众服劳役的时节，诸如兴建、修缮、大猎、兵戈等事皆在此时。[4]

3月初，（孟春之月）"蛰虫始振"，"振动苏生"。在随后的数旬里，（仲春之月）"始雨水，桃李华，仓庚（黄鹂）鸣"，"玄鸟（燕子）至"，韭菜开始生长，是当季的第一样新鲜药蔬。4月，（季春之月）"生者毕出，萌者尽达"，"桐始华"，"鸣鸠拂其羽，戴任（戴胜）降于桑"。桑树因其桑椹之甜美、桑叶可养蚕而为人所宝，而蚕茧解舒后可以织成轻薄程度远超麻、皮的丝绸。季春之月，"乃合累牛腾马游牝于牧"。牝牡在母畜育幼时分栏饲养，到了这个季节再合栏，等到来年年初就会产下小牛犊、小马驹。此时还要修缮堤防、疏通沟渎，以备雨季之将至。每年的这个时候，由内亚而来的沙尘席卷华北，天空都会被染成土黄色。这个季节虽然草木繁盛，但也是一年当中粮食供应开始短缺的时候，人们不得不采捕野物来补充食物。众人盼望着好雨能知时节。冬小麦在此时春收，这也是秋种以来的第一次收获。[5]

一年中的大部分降水都集中在夏天，有时甚至是滂沱大雨。

4　关于新年，参见 Derk Bodde 卜德，*Festivals in Classical China: New Year and Other Annual Observances during the Han Dynasty, 206 B.C. – A.D. 220*（Princeton, NJ: Princeton University Press，1975），45–52〔［美］德克·卜德著，吴格非等译：《古代中国的节日——汉代（公元前206—公元220年）的新年和其他年庆活动》，北京：学苑出版社，2017年〕。关于结冰时捕鱼、整修器物的记载，见 Knoblock and Riegel, *Annals*, 241, 259。关于狩猎和捕鱼，见 Mattos, *Stone Drums*, 165–66, 195–96, 220–21, 240–41〔［美］马几道：《秦石鼓》，《华裔学志丛书》第19种，1988年〕。

5　本段中的引文出自 Knoblock and Riegel, *Annals*, 61, 77–78, 95–97, 98, 115。关于韭菜的说法出自（清）王聘珍撰：《大戴礼记解诂》，北京：中华书局，1983年，第26页。

从6月到8月，下午的气温常常超过30℃（86 ℉）。6月，"囿有
见杏，鸣蜮，王萯秀"（果园中的杏子熟了，青蛙呱呱叫，王瓜开
花），（仲夏之月）"蝉始鸣，半夏生，木堇荣"。在中国亲历过夏
天的人都知道，蝉是一种非常吵的动物，吵得像是用微型电锯演
奏的树上乐队。蚊虫一团团地聚在一起，像云一般。此时正是农
忙时节，农作物易受干旱、风雨、虫害影响。《左传》之类编年史
中常常有蝗虫成群袭击农作物的记载，虫害有时会造成饥荒。7
月，（季夏之月）"土润溽，大雨时行，烧薙行水，利以杀草，如
以热汤，可以粪田畴，可以美土疆"。（土壤湿气蒸腾，常常降下
大雨。人们把割下的草在地里烧掉再用水浇淋，田地就像被热水
灌过，杂草被杀得干干净净。这些草灰可以作为田地和牧场的绿
肥，可以使土地更肥沃。）由于数百年来人口繁衍而土地有限，人
们不得不缩短休耕期，加倍努力地为土地施肥。夏天也是新鲜水
果的收获季节，有桃子、樱桃、桑椹和甜瓜……此时，葵菜之类
的绿叶蔬菜挺多，葫芦、豆子等作物也不少。[6]

　　9月，（仲秋之月）"凉风生，候鸟来，玄雁归"。如果年景好，
收的粮食多，秋天就是一个爽畅宜人的季节。当然这时候的活儿
也不会少。农人用石镰刀收黍类，割下干燥、成熟的穗子，完完
整整地存在粮仓里，未脱壳的谷粒能保存数年。脱粒、簸扬之后

119

6　（清）王聘珍撰：《大戴礼记解诂》，第36—37页；Soothill, *Hall of Light*, 239 -
　　40; Knoblock and Riegel, *Annals*, 135（"蝉始鸣"句），155（"土润溽"句）。关
　　于昆虫啃食农作物，见 Durrant, Li, and Schaberg, *Zuo Tradition*〔杜润德、李惠
　　仪 等译：《左传》〕, 14, 88, 214 - 17, 314, 476 - 79, 508, 614, 666, 674,
　　684, 932, 1906 - 13。

的黍米才能煮食，要么加水煮成浓粥，要么把水煮干，煮成干饭。由于黍类缺乏一些必需氨基酸，只靠这一样东西过活的人难免会营养不良。春秋战国时期的骨骼表明，普通人的健康状况往往比新石器时代的先民差得多。对于能食肉糜的贵族来说，营养不良当然算不上什么问题。周早期，农民在秋收时不得不替封君收公田上的庄稼。后来，井田之役逐渐转变为一种实物税，即农民必须将所得的部分粮食上交给国家。据《月令》所载，每年的这个时候，国君"乃命有司，趣民收敛，务蓄菜，多积聚。乃劝种麦，无或失时"。[7]

10月，（季秋之月）"草木黄落，乃伐薪为炭。蛰虫咸俯在穴，皆墐其户"。[8]秋天打的枣子，是唯一能储存过冬的水果。冬天是砍伐野生芦苇的时候，这些芦苇能用来铺屋顶、编篮子。沤麻也在此时，要打去麻叶留下麻茎，在水里浸透了，使其组织软化以打出纤维。随着叶枯草黄，牲畜能吃的草料越来越少，农民们在此时宰杀家畜家禽，也许还得送一头猪给封君（图7）。肉用腌渍的方法调制，或者做成这个时候流行的肉酱。11月，（孟冬之月）"水始冰，地始冻"之时，就得拿出长袍、麻衣和皮裘，没有这些衣服是挨不过冬天的。随着天气转冷，人们开始在家中取暖，温

7　引文出自Knoblock and Riegel，*Annals*，189，191。关于营养不良，参见Miao Wei 蔚 苗 et al.，"Dental Wear and Oral Health as Indicators of Diet among the Early Qin People," in *Bioarchaeology of East Asia: Movement, Contact, Health*, edited by Kate Pechenkina and Marc Oxenham（Gainesville: University Press of Florida, 2013）和Pechenkina, Benfer, and Ma, "Diet and Health in the Neolithic of the Wei and Yellow River Basins"。关于煮食，参见Jaffe, "The Continued Creation of Communities"。

8　Knoblock and Riegel, *Annals*, 208.

120

图7：咸阳的汉景帝（卒于公元前141年）阳陵所出陶牲畜俑。

此时，与人类相伴的牲畜是低地上繁衍得最多的动物之一，而第2章图2所示的许多动物已经消失。（感谢孙周勇先生提供这张图片。）

121   暖引来了虫豸。"（蟋蟀）七月在野，八月在宇，九月在户，十月
蟋蟀入我床下。穹窒熏鼠，塞向墐户。"人类的生态系统在自然环
境中不断扩张，依附于此的众多"居民"也是人丁兴旺，比如说
大大小小的老鼠。农民的粮食，封君抽走一块，老鼠也得抽走一
块。人们将寄生在头顶上的统治者比作寄食的老鼠，唱道："硕鼠
硕鼠，无食我黍！"[9]

　　按照性别进行分工劳动，这是农业社会的常见方式。女性要生
儿育女，活动的位置离家更近。因此，她们往往会多做一些纺织、
制衣的活计，纺纱就成了典型的女性活动。根据中国传统的性别
成见，与"女织"相对的是"男耕"。不过，可以确知的是，女性
也要下地干活。对一小部分人骨进行的考古研究显示，养育儿童
时，男童的食物要比女童的更好。这样的安排在中国历史的后半
段是有其道理的，因为女性一旦结婚就会离家出嫁，而男性始终
是家庭的核心成员。[10]

　　这一季节性周期中的大部分活动在此后的数百年里一直延续

9　"水始冰"引自Knoblock and Riegel, *Annals*, 223 – 25。关于蟋蟀这段文字引自
　　《诗经》第154篇《七月》，《硕鼠》出自《诗经》第113篇。参见Waley, *The Book
　　of Songs*, 164, 309。关于肉酱，参见Huang, *Science and Civilisation in China*,
　　vol. 6.5〔黄兴宗：《李约瑟中国科学技术史》第6卷《生物学及相关技术》第5分
　　册《发酵与食品科学》，北京：科学出版社，2008年〕。

10　Dong et al., "Shifting Diets and the Rise of Male-Biased Inequality"; Melanie J.
　　Miller et al., "Raising Girls and Boys in Early China: Stable Isotope Data Reveal Sex
　　Differences in Weaning and Childhood Diets during the Eastern Zhou Era," *American
　　Journal of Physical Anthropology* 172, no. 4 (2020): 567 – 85; Shubhra Gururani,
　　"Forests of Pleasure and Pain: Gendered Practices of Livelihood in the Forests of
　　the Kumaon Himalayas, India," *Gender, Place and Culture* 9, no. 3 (2002):
　　229 – 43.

着，但也有一些方面发生了变化。随着人口密度的增加，核心农耕区里的牧场越来越少，人口挤占了牛、羊等食草家畜的生存空间，只留下狗、猪和鸡之类可以生活在人类居住地的动物。人们巧妙地将猪圈养起来，并在猪圈上建造自己的厕所。这种溷厕使庄稼免受猪的侵害，将日常生活中厨余废弃之物转化为猪肉，还可为田地提供现成的人畜粪肥。在人口最稠密的地区（主要在华北平原），可供放牧的土地不足，只有富裕的人才养得起牛、用牛耕田。秦国腹地的人口没有上述地区那么密集，养牛还比较常见。当然，北方的黄土高原上也有大量的牧群。

除了国家权力的增长，这一时期最重要的社会变化应当是商业的发展。市场渐兴，使得曾经自给自足的庄园、村庄逐渐融入当地贸易和长途贸易网络之中。到了公元前 3 世纪，多有商贾以货殖致富。商人所售，有粮食、木材、竹材、水果和牲畜等，加工品有腌菜、酒类、织物和皮革等，手工业产品有金属、陶制和漆制等器。市场的扩大，促使工匠们创制出新的陶窑、更好用的制线纺轮，改进了织机。生活在关中这样的农业中心的农民，还能卖出农产品来买到质量优于自家所制的手工艺品。人们的消费不再局限于当地的商品。遗憾的是，关于这一时期商贸活动的史料留存甚少，难以估计商业对日常生活、对人类如何利用自然环境的影响。我们可以确知，生民日用之物越来越多地取资于当地森林、湿地的物产。铁制工具在公元前 3 世纪变得更为常见，不过要到汉代才普及。有了铁器，一些农活大概会变得更容易，挖井开沟也更轻松，但在春秋战国的大部分时间里，秦人用的是石器和木器，跟新石器时代晚期农人所用之物没有太大区别。行文至此，已对

122

此期的自给性经济作了简要回顾，下文将关注秦国的发展史。[11]

秦之崛起

秦国的早期历史是朦胧不清的谜团。这样一个强大的政体是如何从周土的西部腹地兴起的？相关史料的匮乏，致使学界普遍对秦史早期人物知之甚少，不得不将早期的"秦"当作一个个体来讨论。我们的主要史料是司马迁《史记》（约公元前100年成书）中的《秦本纪》。《秦本纪》包含了"秦记"中的材料，"秦记"是战国时期仅有的免于秦火的传世官方史书（他国之史已有出土）。《秦本纪》中可靠的最早记载，应当能追溯到公元前9世纪。据其所载，周孝王指派地方首领非子去养马，把他封在了渭河流域上游的秦地，秦王朝之"秦"就源于这一地名。在秦国发展史当中，

11　Von Glahn，*The Economic History of China*，chap. 2；Hsu，*Ancient China in Transition*，107 – 39〔许倬云著，邹水杰译：《中国古代社会史论——春秋战国时期的社会流动》〕；Wu，"The Art and Architecture of the Warring States Period，" 654，679 – 81（《剑桥中国上古史》）；〔日〕江村治樹：《春秋戦国時代青銅貨幣の生成と展開》；Yohei Kakinuma 柿沼陽平，"The Emergence and Spread of Coins in China"；Peng 彭柯，"Coinage and Commercial Development"；Kerr and Wood，*Science and Civilisation in China*，vol. 5.12，302〔《李约瑟中国科学技术史》第5卷《化学及相关技术》第12分册《陶瓷技术》〕；Kuhn，*Science and Civilisation in China*，vol. 5.9，3 – 4，159 – 60〔《李约瑟中国科学技术史》第5卷《化学及相关技术》第9分册《纺织技术》〕；《史记》卷一二九《货殖列传》，第3253—3284页；Nienhauser，*The Grand Scribe's Records*，vol. 9，261 – 301；刘兴林：《先秦两汉农业与乡村聚落的考古学研究》，北京：文物出版社，2017年。

对上佳牧马之地的控制，是秦国实力的重要依凭。[12]

　　《秦本纪》又载，周宣王予秦庄公犬丘之地，以彰奖秦庄公与周同仇、伐破西戎（后文会讨论戎人的情况）。秦所得的两块封地都在渭河流域上游，秦国早期史可与该地区已发掘的西周晚期墓葬联系起来讨论。学界认为，毛家坪西周墓所葬者与秦有关，因为毛家坪西周墓与春秋战国时期秦墓的葬式无异，皆为头向朝西的屈肢葬。毛家坪墓群与南边的礼县大堡子山早期秦公墓，两者所出的文物相似，进一步证实了该地区与秦文化的关系。这是与秦确切相关的最早的考古发现，意味着他们是与初兴之秦人相同的群体，毛家坪墓所葬者并非秦政权的附庸。遗憾的是，关于戎人的文字史料难以确切对应到具体的考古遗址上，不过戎人可能跟寺洼文化有关。[13]

123

12　"秦记"指的是一种文献，抑或多种材料？司马迁没有明确说明。司马迁所言"（秦记）独不载日月"，与《秦本纪》、睡虎地秦墓出土的《编年记》逐年记事的风格相合。如果暂不考虑《秦本纪》中的长篇故事，即取材于《左传》《战国策》等材料的部分，那么，剩下的简要编年记事，就是取自"秦记"了。参见《史记》卷一五《六国年表》，第685—687页；Edward Shaughnessy 夏含夷，"The Qin Biannianji 编年记 and the Beginnings of Historical Writing in China," in *Beyond The First Emperor's Mausoleum: New Perspectives on Qin Art*, edited by Liu Yang（Minneapolis: Minneapolis Institute of Arts, 2014），115－36；［日］藤田胜久著，曹峰、［日］广濑薰雄译：《史记战国史料研究》，上海：上海古籍出版社，2008年，第221—269页；高敏：《云梦秦简初探》，郑州：河南人民出版社，1979年，第12—17、122—147页。

13　Zhao, Huacheng 赵化成，"New Explorations of Early Qin Culture," in *Birth of an Empire: The State of Qin Revisited*, edited by Yuri Pines, Gideon Shelach, Lothar von Falkenhausen, and Robin D. S. Yates（Berkeley: University of California Press, 2013），53－70；Li, "A Study of the Bronze Vessels and Sacrificial Remains of the Early Qin State from Lixian, Gansu," in *Imprints of Kinship: Studies of Recently Discovered Bronze Inscriptions from Ancient China*, by Edward L.（转下页）

西周在公元前771年覆灭，这在当时可能是秦君的一大痛事，但从长远来看，这使秦人得以进入关中盆地。该年，对周幽王不满的申侯联合了戎人，将周室从关中赶到了东边的洛阳。周室东迁，标志着西周时期过渡到东周时期。秦军助周平王逃到洛阳，平王报之，封秦君为诸侯（爵为公），使秦为诸侯之一，能与他国通聘享之礼。据《秦本纪》所载，周平王将关中的核心农业区赐给了秦襄公，即今西安以西的周原、宗周之地。这并非什么赏赐，因为岐、丰之地为戎人所侵夺，秦用了近六十年的时间才攻逐戎人、据有其地。公元前714年，秦国终于迁都至关中西部的平阳（在今宝鸡市陈仓区）。秦人来到关中，这在考古学上是看得很清楚的，该地区商周时期的墓葬与新到来的秦人西向、屈肢葬形成了鲜明的对比，前者仰身直肢葬于南北向墓穴。新来者统治着当地的周人、戎人，被统治者逐渐融合成为秦人。[14]

公元前677年，秦国向西迁都三十公里至周原的雍，并居于此地近三百年。雍城坐落于西接渭河上游流域、南控四川盆地、东

（接上页）Shaughnessy（Hong Kong: Chinese University Press, 2017），209 - 34 〔李峰：《礼县出土秦国早期铜器及祭祀遗址论纲》，《文物》2011年第5期，第55—57页；收入氏著《青铜器和金文书体研究》，上海：上海古籍出版社，2018年，第130—146页；刘欢：《甘肃天水毛家坪遗址动物遗存研究》，西北大学博士学位论文，陕西，2019年；Falkenhausen, *Chinese Society*, 233 - 39〔［美］罗泰著，吴长青、张莉、彭鹏译：《宗子维城——从考古材料的角度看公元前1000至前250年的中国社会》，第258—264页〕；Jaffe, "The Continued Creation of Communities"。

14 《史记》卷五《秦本纪》，第179页；Nienhauser, *The Grand Scribe's Records*, vol. 1, 91; Falkenhausen, "Mortuary Behaviour"; Falkenhausen, *Chinese Society*, 215〔［美］罗泰著，吴长青、张莉、彭鹏译：《宗子维城——从考古材料的角度看公元前1000至前250年的中国社会》，第238页〕。秦在宝鸡周边的首都名为平阳。

至黄河流域的交通干线之交会处，是这些地区之间人员流动、商品流通的天然交会点。周原（意为"周之平原"），顾名思义，是周人的腹心之地。周原曾是西周的主要祭祀中心，秦国占领了此地，必然提高秦在周封诸侯中的地位，毕竟诸侯国的世系都能追溯到周朝的建国之祖。而祭祀建国之祖是礼制的核心，即使周室王纲已坠，礼制也在名义上团结了周封诸国。[15]

124

　　规模庞大的秦公陵墓，清楚地显现出秦公室的权力。春秋时期，其他诸侯国的社会上层墓葬也有规模和财富的等级差距：国君墓的规模要比上层集团的大一些，其他方面则差不多。但在秦国，国君墓远远大于卿大夫墓，动员的人力物力也多得多，而秦的卿大夫墓"大致与其他诸侯国之卿大夫墓规模相当"。秦公墓之巨，从规模庞大、陈设甚盛的大堡子山秦公墓中已经看得很明显了，大堡子山秦墓还是在秦人仍僻居渭河上游陇山之时修建的。在居于雍城的近三百年之中，秦人葬其国君于雍城南部的带兆沟陵区（21平方公里）中，内有44座墓葬。从这些墓葬中唯一已发掘的秦公一号大墓（图8）的规模，能看出秦君可用的劳动力之巨。该墓是迄今所见东亚地区春秋以前最大的墓葬，一般认为是秦景公（公元前577—前537年在位）之墓。秦公一号大墓之中还有166人的尸骨，他们是为先君殉葬而死的。还有几座秦公陵与

15　王学理主编，尚志儒、呼林贵副主编：《秦物质文化史》，西安：三秦出版社，1994年，第208页；《史记》卷一二九《货殖列传》，第3261页，"秦文、〔孝〕〔德〕、缪居雍，隙陇蜀之货物而多贾"；Burton Watson 华兹生，*Records of the Grand Historian: Han Dynasty*（Hong Kong：Renditions-Columbia University Press，1993），441。

秦公一号大墓一般大。这些陵园开支甚巨，建筑所耗仅仅是开端。每位秦君墓上都会定期祭祀，所祭之先君当然是不断增加的。陵园都有园邑以供给牺畜等祭祀之物，随着时间推移，关中有相当多的地区变成了供奉历代先公的祭祀之地。秦公巨墓大陵的传统在秦史中延续，至秦始皇陵达到巅峰。秦始皇陵不仅是中国历史上最大的陵墓，更可能是人类历史上为个人而建的最大陵墓。[16]

陵墓之规模巨大，表明秦君意欲和周王一较高下。这一点在青铜礼器的铭文上看得很清楚，铭文称秦之公室"受天命"。因为秦之朝廷占据了西周曾经的腹心地带，秦君可能觉得自己有资格声称"受天命"。不过，秦人之所以选择雍城为都，主要是因为雍地之田在关中为上上，而非出于雍城在周代礼制中的象征意义。雍城的秦宫室宗庙，是这一时期的上层礼制建筑中地基保存最好的。

---

16 上文对秦国考古的回顾，主要参照Falkenhausen, *Chinese Society*, 111, 213 – 43, 326 – 38〔[美]罗泰著，吴长青、张莉、彭鹏译：《宗子维城——从考古材料的角度看公元前1000至前250年的中国社会》，第129—130、236—268、353—365页〕; Falkenhausen, "Mortuary Behaviour"; Lothar von Falkenhausen, "The Waning of the Bronze Age: Material Culture and Social Developments, 770 – 481 B.C." in *The Cambridge History of Ancient China: From the Origins of Civilization to 221 B.C.*, edited by Michael Loewe and Edward Shaughnessy (Cambridge: Cambridge University Press, 1999), quote from 487; Gideon Shelach吉迪, "Collapse or Transformation? Anthropological and Archaeological Perspectives on the Fall of Qin," in *Birth of an Empire: The State of Qin Revisited*, edited by Yuri Pines, Gideon Shelach, Lothar von Falkenhausen, and Robin D. S. Yates (Berkeley: University of California Press, 2013), 129。吉迪·谢拉赫认为，秦始皇陵是为个人而建的最大的陵墓。[译者注：雍城陵园的规模，作者引据罗泰之说与20世纪80年代的两次钻探。20世纪90年代勘探初刊、2015年刊布有第14号陵园，内有5座大墓，即三岔陵区，西距秦公一号大墓约7公里。]

图 8：20 世纪 80 年代初，正在发掘的秦景公墓。

这张照片是在考古学家刚开始发掘出数十个殉葬者的葬具时拍摄的。主墓室在下一层。该墓已被几百年来的盗掘洗劫一空，中国多数大墓皆是如此。算上两端的斜坡墓道，该墓长 300 米，深度则有 24 米。（感谢焦南峰先生提供该图片。）

雍城沿水而建、城堑河濒，城内在自然河流的基础上开凿了两道环壕，内壕环围中央宫殿区，外壕围绕整个聚落区。雍城西北筑有一座小型堤坝，在城外形成或扩大了一片堰塘，以供城内用水，　126

大概也能提供鱼等水产。这些考古发现表明，秦人早已有事于大型水利工程，远在传世文献中最早记录的郑国渠数百年前。秦人治水之早倒也不奇怪，更在数百年前的西周时人已能改造丰京的水道。[17]

此时的周原似乎仍有大量的野生动物。自西周灭亡至秦人到来的百年战乱，应导致了周原人口缩减，为野生动物腾出了生存空间。秦国的统治者也经常打猎，跟此前的商周之君一样。东周中期某时，秦君在鼓形大石之上刻写了狩猎、捕鱼之诗。几百年后，这些石鼓出土，成为东周文字最著名的例证之一，秦石鼓现藏于北京的故宫博物院。石鼓文纪念了秦国社会上层猎取梅花鹿、麋鹿、野猪、野鸡和野兔的活动。一个碑文有损的石鼓《乍原》表明，秦国在周原开辟了一个田猎苑囿。秦国农业扩张的成功，或许挤占了野生动物的土地，使得统治者必须保护日益缩小的动物栖息地，才能够继续田猎。[18]

秦国早期的行政制度，跟它后世的中央集权官僚体制少有共同

---

17 Gilbert L. Mattos, "Eastern Zhou Bronze Inscriptions," in *New Sources of Early Chinese History: An Introduction to the Reading of Inscriptions and Manuscripts*, edited by Edward L. Shaughnessy (Berkeley: University of California Institute of East Asian Studies, 1997), 111 – 23〔[美] 马几道：《东周青铜器铭文》，[美] 夏含夷主编，本书翻译组译，李学勤审定：《中国古文字学导论》，上海：中西书局，2013年，第112—122页〕，涉及了关于天命的金文；Falkenhausen, "The Waning of the Bronze Age," 459 – 62；陕西省考古研究院：《2014年陕西省考古研究院考古调查发掘新收获》，《考古与文物》2015年第2期，第10—21页；付仲杨、徐良高、王辉：《西安市长安区丰京遗址水系遗存的勘探与发掘》，《考古》2018年第2期，第26—46页。

18 Mattos, *Stone Drums*, 105 – 7, 220 – 21, 237 – 41〔[美] 马几道：《秦石鼓》，《华裔学志丛书》第19种，1988年〕。

之处。与同时期的其他诸侯国一样，秦国也没有多少职任明确的
常设官吏。秦国由贵族群体治理，贵族仕于君为顾问、将帅或行
政官员。贵族并非被任命到官署，而是被授以公卿大夫等彰显政
治等级的具体爵位，必要时被委以行政事务。此时，文书工作还
不是秦国行政制度中的要角，但在早期也没有革新制度的强大动
力。秦都雍城位于周土天下的极西之地，离其他强国都至少有数
百公里远。自从迁都于雍城，秦国开始一步步地扩张领土、蓄积
国力。[19]

秦国的扩张

与其他东周诸侯国一样，秦国以征服、兼并他国而强盛。进入
关中之后，秦国打下了城邑、村庄等各种聚落，需要试行管理土
地人户的新办法。据《史记》所载，秦以四地为县，这是有记载
的最早的县。如第 3 章所论，"县"最初更像封地，但随着中央政
府更直接地管理各县，"县"变得更像郡县之县（county，即"县"
这一术语通常的英译）。这四个初县建于渭河沿岸水源充足的低
地上，低地可辟为上等的农田。相反，秦国后来征服北部的干旱
区域时并没有设县，而是让当地人民自治，或是因为民人所出尚
不足以抵偿设县直辖的成本。秦国的征服史显著表明，政治权

127

---

19 Melvin Thatcher, "Central Government of the State of Ch'in in the Spring and Autumn Period," *Journal of Oriental Studies* 23, no. 1（1985）: 33;《史记》卷五《秦本纪》, 第 179 页; Nienhauser, *The Grand Scribe's Records*, vol. 1, 91。

力主要由所臣之民而非所辖之地来衡量。秦国人稀而地广，聚落之间尚有大量未开垦的土地，因此秦国把治理重点放在人口集中之地。[20]

在秦史的早期阶段，秦的宿敌是一群被称作"戎"的人，"戎"意为"干戈"或"军旅"。戎和狄是周人对他们敌人的贬称，而非戎人和狄人的自称。我们关于戎狄之人的史料记载完全来自他们的仇敌——周。而历史学家往往会不加批判地接受周人的偏见，但我们可以尝试更加客观地看待史料。我避免将戎称为"族"，因为"族"暗含了周秦文明之"国"与野蛮之"族"间的强烈对比，而实际上两者之间的差异可能并没有我们想象的那么大。传统上，人们根据后来华夏定居者与游牧者之间的冲突来看待戎和狄的历史，不恰当地将其理解为周秦农民与戎人牧民之间的冲突。实际上，周初时，游牧这种生计方式主要出现在中亚草原，真正的游牧社会距离秦人、戎人之地很远。此时的定居农业社会和游牧社会之间隔着一片广阔的半农半牧区，农牧兼营是周、秦、戎人共同的生计方式。而戎将周王室赶出关中的事实表明，当时他们在军事上也是可以分庭抗礼的。周代前半期，周人和戎人都居住在

---

20 公元前713年，秦国伐灭亳/荡社（可能在西安附近）；前697年，秦伐关中东部的彭戏氏；前688年，伐天水周边的邦、冀戎；前687年，克杜（西安附近）、郑（在周原）；前640年，灭关中东部梁、芮两国。为县之四地，即邦、冀、杜、郑。《史记》卷五《秦本纪》，第182—189页；Nienhauser, *The Grand Scribe's Records*, vol. 1, 92 - 98；钱穆：《史记地名考》，北京：商务印书馆，2001年，第271、275、368页；Li, *Landscape and Power*, 245 - 62〔李峰著，徐峰译，汤惠生校：《西周的灭亡——中国早期国家的地理和政治危机》，第277—296页〕；陕西省考古研究院、渭南市文物保护考古研究所、韩城市景区管理委员会编著：《梁带村芮国墓地：二〇〇七年度发掘报告》，北京：文物出版社，2010年。

分散的小聚落中。直到战国中晚期，诸侯国中才出现了差异明显的大城市与小牧民聚落。秦国等周封诸国对戎人的军事征服，促进了草原与农耕文明的二元划分。

游牧业通常被想象成一种略显原始的生活方式，在更先进的定居农业之前出现，事实恰恰相反。实际上，游牧业是一种高度专业化的生业模式，只有在人类有了数千年的放牧绵羊、山羊和牛的经验之后才会出现。游牧业是在公元前两个千纪的内亚草原上发展起来的，亦即黄河流域的农业社会组成了强有力的政治组织的同一时期。草原和农耕区之间从来没有清晰的分界，原因很简单，把这两种生业模式结合起来要比分而用之更有前途。有人全赖放牧为生，仅是因为欧亚大陆中部有一大片区域非常适合放牧，而且这块区域过于干冷，种不了多少田。人类一旦驯化了马，再加上之后驯化了骆驼，他们就能赶着畜群进入气候不宜的禁地，但由于牲畜会啃光某一地区的植被，人类不得不定期迁移。即便如此，纯粹的游牧（全无农耕）在人类历史上是非常少见的。纯粹的游牧仅限于内亚草原，且游牧民仍需依赖农耕民族的谷物和其他资源。[21]

在日渐繁衍的草原游牧群体和黄河流域低地的定居农民之间，有一片广大的区域，有人在此间狭窄的河谷中耕作、在山上放牧。[22] 这些农牧民不仅有戎人，还包括许多周人和秦人。在迁入

128

21　Anatoly Khazanov, *Nomads and the Outside World* (Cambridge: Cambridge University Press, 1984).

22　Li, *Landscape and Power*, 175 - 87〔李峰著，徐峰译，汤惠生校：《西周的灭亡——中国早期国家的地理和政治危机》，第202—215页〕; Nicola Di Cosmo, *Ancient China and Its Enemies: The Rise of Nomadic Power in East Asian History* (Cambridge: Cambridge University Press, 2002), esp. 68 - 90 （转下页）

关中之前，秦人居于渭河上游的河谷中，那里主要是半干旱高地，被窄窄的条状可耕谷地分割开来，这种环境很适合农牧混合的生活方式。这里的人们饲养猪、马、牛、羊、狗和鸡，对该地区部分已发掘墓葬的研究表明，当地人食用大量肉类。我们没有理由认为戎人和秦人的生业模式有什么不同；两者都耕种作物，放牧牲畜。[23]

公元前771年，东周初年，黄河流域约有数百个独立的聚居地，内有文化、语言不同的各种群体。在接下来的五百年里，少数周封国家征服并同化了所有聚居地，这是一个文化混合的过程，征服者在其中占了上风。这一征服、同化的过程，造就了秦汉帝国相对同质的核心人口。战国最北端的三个国家，即秦、赵、燕，占领了北方的半干旱农牧区，然后向游牧区进一步推进。特别是秦帝国的向北征服，迫使游牧群体联合起来应对，这也是促使他们在公元前 3 世纪后期形成世界上第一个游牧帝国——匈奴——的因素之一。草原和农耕区的界限，通常被解释为生态界限，但它也是敌对的农业帝国和游牧帝国滋长这一重大政治事件带来的人为产物。事实上，半干旱地区（包括黄土高原的大部分地区）的人们继续耕种、放牧。北方的游牧帝国或是南方的农业帝国哪

（接上页）〔［美］狄宇宙著，贺严、高书文译：《古代中国与其强邻：东亚历史上游牧力量的兴起》，北京：中国社会科学出版社，2010年，第78—96页〕；杨建华：《春秋战国时期中国北方文化带的形成》，北京：文物出版社，2004年；Jenny F. So 苏芳淑 and Emma C. Bunker, *Traders and Raiders on China's Northern Frontier*（Seattle：Arthur M. Sackler Museum，1995）。

23 Wei et al., "Dental Wear and Oral Health as Indicators of Diet"；刘欢：《甘肃天水毛家坪遗址动物遗存研究》，西北大学博士学位论文，陕西，2019年。

一边掌控了该地区，这里的人们就向哪一边交税。[24]

　　秦史的早期阶段，充斥着与戎人的一系列战争。秦国在征服
了关中的聚居地之后，随即在公元前659年（秦穆公元年）向东挺
进，以伐戎人在今三门峡附近的聚居地。公元前623年（秦穆公
三十七年），秦大败戎王，"益国十二，开地千里，遂霸西戎"。目
前尚不能确知这些戎邑位于何处，部分戎邑可能位于关中北部、
西部黄土高原上的渭河、泾河谷地（参见第2章地图2）。秦墓在公
元前6世纪开始出现在泾河流域，可知秦人已拓殖至此。[25]

　　对戎的征服，不仅消除了秦国最大的威胁，而且当马匹在战争
中愈显重要之时，也为秦国带来了更多上好的牧马场。周朝早期
之人并不骑马，而是驭马驾车。道路不佳时，这是一种颇为不便
的交通方式。在东周的某一时期，人们学会了骑马，使得马在战
争中大显身手，并进一步提高了马匹对国力的重要性。骑马也大
大加快了交通速度，这对秦国的扩张至关重要。秦国控制了大片
优良牧马场，相比于黄河流域中部的小国具有显著优势。随着欧

24　Owen Lattimore，*Inner Asian Frontiers of China*，2nd edition（Irving-on-Hudson，
　　NY：Capitol，1951），328 – 463〔［美］拉铁摩尔著，唐晓峰译：《中国的亚洲
　　内陆边疆》，南京：江苏人民出版社，2005年］；Di Cosmo，*Ancient China and Its
　　Enemies*，93 – 126〔［美］狄宇宙著，贺严、高书文译：《古代中国与其强邻：东
　　亚历史上游牧力量的兴起》，第117—147页］。

25　三门峡附近的戎人城邑，即茅津，可能在今平陆县附近。参见钱穆：《史记地名
　　考》，第512页；林剑鸣：《秦史稿》，上海：上海人民出版社，1981年，第117
　　页。司马迁对秦伐戎的记录，似乎采自战国时期的政治游说之作，其中部分内容
　　也见于《韩非子》。参见《史记》卷五《秦本纪》，第192—194页；Nienhauser，
　　The Grand Scribe's Records，vol. 1，100 – 101；（清）王先慎：《韩非子集解》
　　卷十，北京：中华书局，1998年，第71—72页。关于泾河流域的秦墓，参见
　　Falkenhausen，"The Waning of the Bronze Age，" 488〔《剑桥中国上古史》〕。

亚大陆的人们越来越多地利用野马的栖息地来饲养家马和其他牲畜，野马最终被逼到了灭绝的境地。[26]

作为一个独特群体的戎人消失了，他们的人民被秦国等周封国家同化，或许也被北方牧民同化。秦人在征服了曾经割裂秦土的戎人戎邑之后，与北方的牧民群体展开了经常性的接触。秦人与牧民定期贸易，秦国工匠甚至制作了北方牧民风格的金属制品，这些手工艺品或许被用来交换毛皮、皮革和马匹等草原物产。北方马匹之用在秦国政治文化中扮演了重要角色，对秦国奢侈品的控制，同样是草原精英权力的重要组成。常有人以为，北方的秦、燕胜于他国，因其可得游牧民的骑术。这略有误导，这一观点意味着农人与牧民是界限分明的。实际上，秦国居于一个绝佳的位置，秦既是周文化集团的正式成员，又有许多骑术精湛的秦民，并与黄土高原及其他地区的牧民有着长期联系。[27]

130　　　由于这一时期的史料大多是在关中以东写就成书的，关于此

26 Robin D. S. Yates 叶山，"The Horse in Early Chinese Military History"，黄克武主编：《军事组织与战争：中央研究院第三届国际汉学会议论文集》，台北："中央研究院"近代史研究所，2002年，第36—57页；Creel, *The Origins of Statecraft*, 262 - 88；Charleen Gaunitz et al., "Ancient Genomes Revisit the Ancestry of Domestic and Przewalski's Horses," *Science* 360, no. 6384（2018）：111 - 14。

27 Katherine Linduff, "Production of Signature Artifacts for the Nomad Market in the State of Qin during the Late Warring States Period in China（4th - 3rd century BCE），" in *Metallurgy and Civilisation: Eurasia and Beyond*, edited by Jianjun Mei and Thilo Rehren（London: Archetype, 2009），90 - 96；Katheryn M. Linduff, Bryan K. Hanks and Emma Bunker, eds., "First Millennium BCE Beifang Artifacts as Historical Documents," in *Social Complexity in Prehistoric Eurasia: Monuments, Metals and Mobility*（Cambridge: Cambridge University Press, 2009），282 - 87；Lattimore, *Inner Asian Frontiers of China*〔[美] 拉铁摩尔著，唐晓峰译：《中国的亚洲内陆边疆》〕。

期秦史最详细的史料是秦与东邻晋国之间关系的记录。秦晋之间
的竞争关系并不奇怪，毕竟晋国是离秦最近的周封国家。晋国位
于汾河流域，地理上与关中同属一个盆地带，与关中只有黄河之
隔。秦晋两国为争夺渭河以北、黄河西岸平坦肥沃的地带而时有
交战，这块地向西与秦聚秦邑之间隔着广阔的季节性湿地。公元
前644年，秦国首次从晋国手中赢得河西之地，但很快又失去该
地。公元前4世纪末，晋国最有权势的三家卿族推翻晋公室，三分
晋土（即第3章地图7的赵、魏、韩三国）。其中，魏国占据了屡
启争端的河西之地，并筑起城墙以御秦国。公元前330年（秦惠文
君八年），秦国才从魏国手中夺得这块土地，进而控制了整个关中
地区。[28]

在公元前6世纪中叶与晋国交战之后，秦君倾向于避开各国旷
日持久的力争相并。秦都雍城离他国有数百公里之遥，似能置身
事外。战国早期，秦国缺席了周封各国之间的日常交聘往来，导
致敌国常常称秦为夷狄之邦，这些蔑称被后世史家信以为真。事
实可能是，秦君洞见与他国交战乃徒劳无功，转而巩固秦人在渭
河流域及周边地区的霸权。霸权之巩固，最初包括在关中拓殖更
多可耕地，并控制周围山区的资源，但秦国也想要征服肥沃的河
谷。关中以东的河谷已被强国占据，因此秦国选择向南扩张。关
于秦国南进的史料，充其量来说也只是零星的，但它们确实表明，

---

28 秦晋交战的经过细节，散见于《左传》（尤其是僖公、文公时期）和《史记》卷
五《秦本纪》、卷三九《晋世家》、卷四四《魏世家》。参见林剑鸣：《秦史稿》，第
117—145页；《史记》卷五《秦本纪》，第186—193页；Nienhauser, *The Grand
Scribe's Records*, vol. 1, 95 – 100。

131

图9：20世纪初，秦岭中的一条山路。地形陡峭是该地区的典型特征。

秦国在公元前5世纪初就在秦岭以南地区活动，这意味着秦国此时已经牢牢控制了翻越秦岭的部分路线。秦岭为秦国提供了巨量的木材、毛皮和其他林产，这一点可见于秦帝国末年劳作者在此伐木的史料。秦岭之地多高低崎岖，只有小到可以人背马驮之物才能运出去，而秦国终将发现自己有大量的人力、畜力可供驱使。[29]

秦岭固然是一座资源宝库，但也是秦国南进的障碍。秦国没有动力去征服北部或西部的干旱地区，那儿没有多少可耕地。而秦国的东部、东南部又有强国盘踞。相比之下，秦岭西南有肥沃的汉中盆地，再往外有四川盆地，这是整个东亚地区最大的可耕地之一。为通两地，秦军必须穿越高耸的秦岭，其中山径狭窄、山路险峻。像图 9 所示的还算是好走的道路。蜀国位于四川盆地，似弱于他国，倚靠僻居一隅而非士卒之强以自保。秦国、蜀国或因汉中盆地而启衅，这是秦、蜀之间唯一的大片可耕地。遗憾的是，关于秦国的西南扩张，仅有零星的简短史料。据《史记》所述，公元前 451 年（秦厉共公二十六年），秦国在汉中南郑之地建城筑墙；十年后（秦躁公二年），南郑反；公元前 387 年（秦惠公十三年），秦、蜀又为南郑而战。可以确知，秦占汉中是为了灭蜀并据有成都平原（事在公元前 316 年，秦惠文王更元九年），秦国只有以汉中为军事据点，才能进一步侵入蜀地。以上就是我们对汉水上游过往的一段复杂外交、战争、征服史的全部了解。征服四川是秦史上的一个重大事件。这一战争大大扩充了秦国在南方可调

132

29《史记》卷五《秦本纪》第 202 页；Nienhauser, *The Grand Scribe's Records*, vol. 1, 108；Édouard Chavannes 沙畹, *Les Mémoires Historiques de Se-ma Ts'ien*（Paris: Adrien-Maisonneuve, 1967）, 2:253 n. 314；Yuri Pines 尤锐, "The Question of Interpretation: Qin History in Light of New Epigraphic Sources," *Early China* 29（2004）: 1 – 44；Yuri Pines 尤锐, "Biases and Their Sources: Qin History in the 'Shiji,'" *Oriens Extremus* 45（2005）: 10 – 34；Korolkov, "Empire-Building," chap. 2；陈松长：《岳麓秦简中的两条秦二世时期令文》，《文物》2015 年第 9 期。

231

动的资源，秦国在此地的统治成本当然也不可低估。关于被秦征
服的蜀人的情况，我们几乎一无所知。[30]

　　秦岭东南的道路没有西南方向的那么难走，但秦国取道于此
与强大的楚国发生了冲突。秦军从关中出发，可以沿着灞水支流
的陡峭小路上山。经过短暂但艰难的跋涉，可达丹水上游的河谷，
沿此可以较为轻松地顺流而下进入汉水流域，来到楚国腹心地带
（参见地图8）。楚国的统治者也明白，面对秦国，牢牢控制丹水流
域就是最好的防御屏障。秦国似在公元前4世纪中叶攻克了丹水
上游，约在秦迁都关中之时。秦与楚，在此后数十年内为争夺丹
水流域频频开战。秦国征服四川，必须在秦楚之争的背景下理解。
秦国在征服四川不久后就在此垦殖，为向东进攻楚国而建立生产
基地。公元前270年（秦昭王三十七年），秦国打下了整个汉水流
域，把楚国从长江中游的国都（即郢都，今荆州；参见地图7）赶
了出去。至此，秦国控制了四川盆地、整个汉水流域以及与之相
连的部分长江流域。在这些区域之间，还有大片荒凉而崎岖的山
地，秦国的行政控制大概从未能深入。击败楚国之后，秦国确立

30　公元前475年（秦厉共公二年），蜀国向秦聘享献礼，说明秦国在当时已与远在南
　　方之国有所来往。参见《史记》，第199页（《秦本纪》），第688—689页（《六国年
　　表》）；Nienhauser, *The Grand Scribe's Records*, vol. 1, 106 - 7。汉中盆地之城，
　　即南郑。《秦本纪》载秦从蜀取南郑，而《六国年表》却载蜀从秦取南郑。《史记》
　　第199—200页（《秦本纪》），第697、700、713页（六国年表）。需要注意的是，
　　秦、楚争夺了数十年的汉中并非现在的汉中，而是更东边的地区，或在今安康附
　　近。参见钱穆：《史记地名考》，第213页。Steven F. Sage, *Ancient Sichuan and the
　　Unification of China*（Albany: State University of New York Press, 1992）；Robert
　　Bagley 贝格立, *Ancient Sichuan: Treasures from a Lost Civilization*（Seattle: Seattle
　　Art Museum and Princeton University Press, 2001）。

了自己在东亚的强权地位，并开始逐步向东扩张到中原地区。马硕《秦边疆的帝国构建与市场形成》有关于秦国向南扩张的详细分析。[31]

晚近时期的帝国历史表明，征服、统治新占地所需的行政创新，深刻形塑了政治权力在母地的行使方式。为管理被征服的人民和土地而衍生的技艺，终将在本国内施展开来。征服且吸纳新占地的过程，定会对秦国发展新的行政管理制度产生一定影响。为了供给攻伐中的秦军，秦国在新占地的主要农田布置了一张农垦网。有时，秦国占其地而出其人，分地给忠顺的秦民，分地对象应该也包括秦国士卒。但秦国地广人稀，用忠顺之民重新填充新占地，此举终归是有限的。为此，随着扩张的继续，秦国迫使数以万计的新民远离家乡，迁至其他新占地，以此来打碎被征服者的同仇敌忾、万众一心，毕竟其中许多人有着强烈的乡土区域意识。迁民也有助于秦国巩固在战略要地的统治，例如，迁铁冶之户于蜀地等南部边陲，迁户在供给秦军之用后尚能自富。从长远来看，迁民与秦国其他的统一制度共同创造了文化上更为统一的人群，这应当有益于后继之汉帝国的稳定。[32]

133

---

31 Korolkov，"Empire-Building，"chap. 2；Hulsewé，*Remnants of Ch'in Law*，211 - 15.

32 Anthony J. Barbieri-Low 李安敦，"Coerced Migration and Resettlement in the Qin Imperial Expansion，"*Journal of Chinese History*，2019，1 - 22。关于帝国扩张如何影响帝国中心区域的其他例证，参见 Geoffrey Hosking，*Russia：People and Empire*，1552 - 1917（Cambridge，MA：Harvard University Press，1997）和 Alfred W. McCoy and Francisco A. Scarano，*Colonial Crucible：Empire in the Making of the Modern American State*（Madison：University of Wisconsin Press，2009）。

图强变法

　　公元前4世纪，秦国统治者进行了一系列变法，改变了秦国的社会性质，大大增强了对境内土地人户的控制。这些变法措施花了一百多年才实现，但在史书记载中变法与商鞅（又称公孙鞅，卒于公元前338年）个人密切相关。商鞅对兵、法、刑的强调，是秦之急法刻削的缩影，此后两千年，商鞅变法成了严苛之政的典型。同时，秦的中央集权、统一法度、律令体制下的官僚行政，也为后世王朝所继承且调适，成为中国政治思想不言而自明的范式。正如鲁惟一（Michael Loewe）所说，"尽管所有成功的帝国政权都声称在孔子的伦理的基础上进行统治，但如果不求助于源自商鞅的方法，则少有国祚绵长者"。由于商鞅变法极大提高了国家对生态系统放手施为的能力，这也是中国环境史的转折点。[33]

134　　　如前章所述，其他诸侯国长期致力于图强之变法。而在秦国，

---

33 引自 Michael Loewe 鲁惟一，"Review of 'Shang Yang's Reforms and State Control in China,'" *Pacific Affairs* 51, no. 2（1977）：277 – 78。［日］原宗子（Hara Motoko）《古代中国の開発と環境——「農本」主義と「黄土」の発生》与村松弘一（Koichi Muramatsu）《中国古代環境史の研究》两书也讨论了商鞅变法的环境史意义。更多论及商鞅的综论性著作，包括 Pines, *The Book of Lord Shang*; Léon Vandermeersch, *La formation du légisme: Recherche sur la constitution d'une philosophie politique caractéristique de la Chine ancienne*（Paris: École française d'Extrême Orient, 1965）; Yu-ning Li 李幼宁 and Kuan Yang 杨宽, *Shang Yang's Reforms and State Control in China*（White Plains, NY: M. E. Sharpe, 1977）; Kenneth Dean 丁荷生 and Brian Massumi, *First and Last Emperors: The Absolute State and the Body of the Despot*（New York: Autonomedia, 1992）。

变法由献公（公元前384—前362年在位）、孝公（公元前361—前338年在位）发动。献公继位之前的数十年，秦国在外失地于魏，在内两任秦君因内部斗争而被废。秦国的内部斗争，应当是贵族争立其亲所致的冲突，这是君主制的通病。而自献公始，君位传递常由掌权数十年的秦君把握。这应该是秦国强盛稳固的一大要因，任命商鞅等能臣执掌政权亦是一要因。[34]

商鞅原是卫国的公子王孙，卫国建国久远，但在当时已无足轻重。商鞅始事于魏国，学到了最为先进的治国强军之术。魏国四面强敌，但其军政制度行之有效，堪称公元前4世纪初最强盛的国家。商鞅的变法效仿魏国和其他诸侯国，商鞅死后许久，秦官吏仍在研习魏国的法律。商鞅之所以能青史留名，是因为他获得了远超绝大多数政治思想家的权力——至少在他被车裂之前。商鞅的思想主张可能并非原创，其他政治理论著作也有相似的变法措施，其他思想家的主张也在秦国悄然实施，如申不害之学。据公元前3世纪的思想家韩非子所言，申不害重于术（实用的行政管理技艺），如"因任而授官""循名而责实""课群臣之能"。相比之下，韩非子称商鞅之学重于"宪令著"之成文法，"刑罚必于民心，赏存乎慎法，而罚加乎奸令"。申不害之术在战国时期的政治

---

34 秦孝公之后的秦君，有秦惠文君（后为秦惠文王，前337—前311年在位）、秦昭襄王（前306—前251年在位）、秦王政/秦始皇帝（前246—前210年在位）。《史记》，第199—202页（《秦本纪》）；Nienhauser, *The Grand Scribe's Records*, vol. 1, 106‐9；马非百：《秦集史》，北京：中华书局，1982年，第147页，第856—870页；Xueqin Li, *Eastern Zhou and Qin Civilizations*（New Haven, CT: Yale University Press, 1985), 235〔李学勤：《东周与秦代文明》，北京：文物出版社，1984年〕。

架构中发挥了重要作用，但申不害之学重在行政系统之内部，不像商鞅之学那般作用显著。[35]

秦之公室强而有力，秦国能较为果断迅捷地推行变法。嬴氏是周封国家中世系最为绵长的公室之一，拥有不可忽视的政治合法性。秦国东方的敌国，往往要经历数百年的试探和协商、经历贵族之间的血腥冲突，才能实行变法。秦君之权柄是秦国变法成功的必要保障，因为变法直接损害了贵族无功而富贵的特权。在其他诸侯国，类似的改革尝试往往以公室被卿族废黜而告终。考古学证据显示，变法产生了实质影响。秦国贵族墓中的随葬品类型大变，表明变法打断了贵族彰显地位的传统礼器组合。秦之变法在后世文人笔下有刻急之讥，实属意料之中，帝制中国的多数文人终归是靠家族的财富门荫才有声名地位，而不是凭借个人的才干。虽然现在没有秦国平民留下的文字，但值得思考的是，变法在黔首百姓眼里是否有值得称道之处。毕竟，这场变法使上上

---

35 商鞅曾事于公叔痤，公叔痤曾受教于吴起，吴起曾事于李悝。公叔痤盛赞吴起"悬赏罚"，"使士卒不崩，直而不倚，挠而不辟"，遵"王之明法"。李悝在后世史料中是重要的变法家，但早期文本更关注吴起，少有李悝之事迹。《史记》卷七四《孟子荀卿列传》曾赞李悝"尽地力之教"，此语也可称述商鞅的学说。Vandermeersch, *La formation du légisme*, 24 – 25; Swann, *Food & Money in Ancient China*〔孙念礼：《汉书·食货志》〕, 136 – 44;（汉）刘向集录：《战国策》，第212—216页（《秦策三》），第781—784页（《魏策一》）; Crump, *Chan-Kuo Ts'e*, 132 – 35. 魏国之制影响秦国，见睡虎地秦简中的魏户律、奔命律。Hulsewé, *Remnants of Ch'in Law*, 208 – 10; Lewis, "Warring States Political History," 603 – 6〔《剑桥中国上古史》〕; Liao, W. K. 廖文奎, *The Complete Works of Han Fei Tzǔ: A Classic of Chinese Legalism*, vol. 2（London: A. Probsthain, 1939）, 212;（清）王先慎：《韩非子集解·定法第四十三》，第397页; Creel, *Shen Pu-Hai*〔〔美〕顾立雅著，马腾译：《申不害——公元前四世纪中国的政治哲学家》〕。

下下的人都有富贵出头的机会，还限制了贵族大人们专横妄为的习性。[36]

　　关于商鞅，最重要的材料是司马迁半虚构的列传，以及《商君书》——后人据己意以为之典型商鞅学说而编成的这本文集。总体来说，司马迁所述商鞅变法，相当符合秦国出土文献所载的制度，这些出土文献会在下一章介绍。需要注意的是，商君虽死而其变法未废，目前尚不能区分哪些措施是在他生前实行的。商鞅确曾任早期文本所记之职，出土文物有刻"大良造鞅"题铭者。题铭表明，商鞅规范了量制，监造了兵器生产。商鞅的历史重要性还可见于战国末年及汉初的政治理论家对他的频繁称引，这清楚表明商鞅是一个声名卓著且评价两极分化的历史人物。《商君书》的核心章节大约能追溯到商鞅生活的年代，部分内容可能是商鞅所作。《商君书》的修辞方式，表明该书是官吏为说服国君而作。书中文字几乎没有试图论证其学说会使平民百姓受益，并且公然视好古之人（即儒家）为仇、视贵族无功而富贵的特权为敌。换句话说，《商君书》的核心篇章会得罪差不多所有群体，该书只能是为高官或国君而作，很可能是写给秦国国君的。[37]

---

36 墓葬材料，参见 Falkenhausen，*Chinese Society*，319〔〔美〕罗泰著，吴长青、张莉、彭鹏译：《宗子维城——从考古材料的角度看公元前 1000 至前 250 年的中国社会》，第 346 页〕。

37 司马迁之列传（《史记》卷六八《商君列传》），可参见 Nienhauser，*The Grand Scribe's Records*，vol. 7，87 - 96。关于《商君书》，尤锐（Yuri Pines）将第 2—4 卷和第 12 卷定于公元前 350 年之前，将第 6—8 卷定于公元前 350—前 330 年。Pines，*The Book of Lord Shang*，25 - 58；高亨：《商君书注译》，北京：中华书局，1974 年，第 6—11 页；Jan J. L. Duyvendak，*The Book of Lord Shang: A Classic of the Chinese School of Law; Translated from the Chinese with*（转下页）

232

136 　《商君书》意在强国，认为农业是强国的关键。《商君书》推崇的是以农为本，不耕之民是不事生产的寄生之虫，这种思想在战国时期并不少见。从国家大政来讲，商鞅学说有他的道理，公元前4世纪的秦国，财政收入中商业税收占得不多。农业盈余和徭役征发才是国家极速前进的动力燃料。《商君书》认为，国家应该限制百姓从事非农之业，鼓励垦草为田。国家直接控制非农业用地、迫使居民转事农业，即《垦令》的措施之一："壹山泽（于国），则恶农、慢惰、倍欲之民无所于食。无所于食则必农，农则草必垦矣。"《垦令》的这条措施，表明农业国家之中普遍蔑视靠地吃饭但难以征税的人，表明国家推动了生业模式从混合生计方式向高度依赖农业的过渡，这一过渡常常被错误地视作自然而然的过程。国家鼓励百姓务农，不仅是为了增加税收，还是为了确保百姓安土重迁、著于一地，以便征发徭役兵役。商鞅还在常规的计粟而税之外开征了新的赋税，但现在尚不能确知新税的细目。[38]

（接上页）*Introduction and Notes*（London：A. Probsthain，1928）〔［荷］戴闻达英译，高亨今译：《商君书》，北京：商务印书馆，2006年］；Yuri Pines, "Alienating Rhetoric in the Book of Lord Shang and Its Moderation," *Extrême-Orient Extrême-Occident* 34（2012）：79－110。铭文与商鞅有关的文物，参见国家计量总局、中国历史博物馆、故宫博物院主编，邱隆、丘光明、顾茂森、刘东瑞、巫鸿编：《中国古代度量衡图集》，北京：文物出版社，1984年，第44页；以及 Jane Portal, ed., *The First Emperor: China's Terracotta Army*（Cambridge, MA：Harvard University Press，2007），34。关于商鞅的后世声名，参见 Li and Yang, *Shang Yang's Reforms and State Control in China*, xvi－xliii；（清）王先慎：《韩非子集解》，第97页（《和氏第十三》），第101页（《奸劫弑臣第十四》），第397页（《定法第四三》）；孙次舟：《史记商君列传史料抉原》，《史学季刊》1941年第2期，第77—96页。

38 蒋礼鸿：《商君书锥指·垦令第二》，北京：中华书局，1986年，第12页；Pines, *The Book of Lord Shang*, 127。将"壹山泽"之"壹"解释为"壹于国"，（转下页）

216

图强变法，意在强兵，《商君书》有几章是关于军事的。为扩充军力，国家必须征募、武装并且供养尽可能多的男丁，使民勇于攻战更是重中之重。使民勇而敢战，其要在于变参军作战为富贵之真径。为此，秦国建立了一套新等级制，据军功之多少赐爵于民。"赏爵一级，益田一顷。"爵位在父子之间降级继承，以鼓励将士勇猛作战来博得爵位。有爵者犯法，可以用爵级换得减刑；鉴于秦时刑罚有断肢体之肉刑、罚金甚巨之赀赎刑、残酷的劳役刑，有爵者以爵减刑是宝贵的选择。国家有权力分别安排土地、人户，说明土地为国家而非农民所有，这是第 1 章讨论的劳动者与生活资料分离的例证。

军功爵制同样适用于贵族，军功取代了贵族的世袭特权，这是新等级制最激进的一点。《商君列传》写道："宗室非有军功论，不得为属籍。"此举也意在打破宗族，打破广泛存在的、周朝社会赖以维系的、以血缘关系为基础的社会组织形式，并使核心家庭成为基本的社会单位；意在建立起大国与小家之间的直接联系，并使小家庭为国家缴税服役。这是一场翻天覆地的变革，可以推想，

137

（接上页）参见 Martin Kern, *The Stele Inscriptions of Ch'in Shih-Huang: Text and Ritual in Early Chinese Imperial Representation*（New Haven, CT: American Oriental Society, 2000), 13, 18, 42, 44, 47〔［美］柯马丁著，刘倩译，杨治宜、梅丽校：《秦始皇石刻：早期中国的文本与仪式》，上海：上海古籍出版社，2015 年〕; Sanft, *Communication and Cooperation*, 41 - 42。A. C. Graham, "The 'Nung-Chia' 农家 'School of the Tillers' and the Origins of Peasant Utopianism in China," *Bulletin of the School of Oriental and African Studies* 42, no. 1（1979）: 66 - 100 认为，一些以农业为中心的意识形态更倾向于无政府主义，而非专制主义。商鞅新税，即"赋"，见《史记》卷五《秦本纪》，第 203 页（"初为赋"）; Nienhauser, *The Grand Scribe's Records*, vol. 1, 109; Korolkov, "Empire-Building," 106 - 13。

新等级制确实给了多数人口应许之赐，否则制度难以持久。据司马迁所言，商鞅"明尊卑爵秩等级，各以差次名田宅，臣妾衣服以家次。有功者显荣，无功者虽富无所芬华"。出土文书表明，该制度确实被写入秦律（下一章会论及）。据睡虎地秦墓出土的魏国之律，可以推测部分秦律或源于魏。《魏户律》规定了"勿予田宇"之人的类别。[39]

建立一套涵盖所有男丁的等级制度，需要对人口进行高度控制。正如《商君书·去强》所议："举民众口数，生者著，死者削。民不逃粟，野无荒草，则国富。国富则强。"[40]数行文字之后，《去强》篇详细说明了行政数据的重要性，强调"强国知十三数"：仓、口、壮男壮女、老弱、官、士、马、牛、刍、稿之数等。之所以强调"知数"，正是因为收集行政统计数据此前还不常见，是战国前期的创举。此前，诸侯国会调查统计税源、男丁数量，但这似乎是一次性的工作，而非日常行政惯例。日常统计所依靠的官僚机构，战国前期才开始出现。秦国大部分人口居于关中盆地，商鞅变法率先在此推行。而在距离秦都山水车船数千里外的湖南里耶，出土了秦晚期户版，表明秦王朝最终把大部分的严密制度

138 延伸到庞大帝国的深处。这些制度只有在关中行之有效之后，才

---

39 司马迁所记"明尊卑"这一段该如何断句解释，目前还未有定论，不过文段大意是清楚的。《史记》卷六八《商君列传》，第2230页；Nienhauser, *The Grand Scribe's Records*, vol. 7, 89 – 90；[日] 瀧川龜太郎：《史記會注考證》卷六八，東京：東洋文化研究所，第3405页。关于魏律，参Hulsewé, *Remnants of Ch'in Law*, 208 – 9；Lewis, *The Construction of Space*, chap. 2。

40 蒋礼鸿：《商君书锥指·去强第四》，第32—34页；Pines, *The Book of Lord Shang*, 153 – 54；Duyvendak, *Book of Lord Shang*, 204。

有可能扩展至此。[41]

　　秦国试图打破大家族这一社会单位，以核心家庭作为民户的标准，而且还将小家庭组织成伍，犯罪则伍内连坐。让老百姓相互检举揭发，这样做的成本很低。五人互担责任为伍的编排，应该起自军队，后来才用到老百姓身上。"伍"（五人为伍）一词也变成了平民们的正式编制，暗示了官府如何看待平民。连坐制使得人人纠举其邻，弥补了地方官吏数量不足的缺陷，堪称国家用严刑峻法来弥补有限的行政能力的范本。[42]

　　赏爵则益田，因此，官府必须按一致的规格重新划定农田，以便赐田于有爵之士。有爵者不幸死，如其子之爵低于己，则官收其田，田不得传与子。据司马迁所记，秦"集小乡邑聚为县，置令、丞，凡三十一县。为田，开阡陌封疆，而赋税平"。秦国向乐于纳税服役之人授田，另有招徕民众的用意在内。第 1 章曾论及，国家会重组社会资源来配合自身的行政策略，打破大家族这一社

41　I-tien Hsing 邢义田，"Qin-Han Census and Tax and Corvée Administration：Notes on Newly Discovered Texts，" in *Birth of an Empire：The State of Qin Revisited*，edited by Yuri Pines，Gideon Shelach，Lothar von Falkenhausen，and Robin D. S. Yates（Berkeley：University of California Press，2013），155 - 86.

42　附带说明的是，有观点认为，商鞅令为什伍，实际的组织只有"伍"没有"什"。后世注家似将诸如仕伍、士伍之"仕/士"解释为"十"，而"仕/士"实为"士"之异写，"士"就是成年男子的统称（无爵者称"士伍"）。参见《史记》卷六八《商君列传》，第 2230 页；Nienhauser，*The Grand Scribe's Records*，vol. 7，89；Hulsewé，*Remnants of Ch'in Law*，13，145 - 46；许维遹校释：《韩诗外传集释》，北京：中华书局，1980 年，第 143 页；Robin D. S. Yates 叶山，"Social Status in the Ch'in：Evidence from the Yun-Meng Legal Documents. Part One：Commoners，" *Harvard Journal of Asiatic Studies* 47，no. 1（1987）：201 - 3；Edgar Kiser and Yong Cai 蔡泳，"War and Bureaucratization in Qin China：Exploring an Anomalous Case，" *American Sociological Review* 68，no. 4（2003）：511 - 39.

会单位就是一个例子，重新划定分配农田也是一个显例。分国土为诸县，即标准化的地方行政单位，则又是一项创举。[43]

四川北部青川县郝家坪出土的木牍，记载了公元前309年（秦武王二年），即商鞅死后三十年的秦国田制，后来的汉律几乎逐字照录了青川木牍的秦田制。秦汉律写道："田广一步，袤八则，为畛。亩二畛，一陌道。百亩为顷，一阡道。道广三步。封高四尺，大称其高。"[44] 律文大意是，畛道之间相距八则（332米，一则为三十步，一步长1.39米），形成这般长的地界。两条较宽的畛道内，狭窄的陌道之间相距一步，陌道与畛道垂直，纵横交错，形成了与畛道垂直的细长地界。每块细长地界的面积是1亩。100亩地合起来就是1顷，无爵者受田1顷（郝家坪木牍的"一阡道"，汉《田律》作"十顷一阡道"）。如果我们假设这是原始文件的意思，那么每10顷地有一条与陌道垂直的阡道。这一田制将土地划分成由大小统一的地块组成的网格，以便授田于民、重新分地、

139

43 Scott, *Seeing Like a State*〔〔美〕詹姆斯·C.斯科特著，王晓毅译：《国家的视角——那些试图改善人类状况的项目是如何失败的》〕；Nienhauser, *The Grand Scribe's Records*, vol. 7, 91；《史记》卷六八《商君列传》，第2232页；Lewis, *Sanctioned Violence*, 273；Pines, *The Book of Lord Shang*, 200。我对《史记》引文的英译、断句有所调整，以见个人对这段含糊不清的文字的理解。

44 据公元前两百年内的诸多出土度量器，1尺平均为23.1厘米。据此，我们能算出以下数据：6尺为1步（1.39米）；30步为1则；1方步为1.9平方米；240方步为1亩（457.1平方米）；100亩为1顷。Anthony J. Barbieri-Low李安敦 and Robin D. S. Yates叶山, *Law, State, and Society in Early Imperial China: A Study with Critical Edition and Translation of the Legal Texts from Zhangjiashan Tomb No. 247*（Leiden, Netherlands: Brill, 2015）, 699 – 711；Hulsewé, *Remnants of Ch'in Law*, 211 – 15；Wilkinson, *Chinese History: A New Manual*, 551 – 58〔〔英〕魏根深著，侯旭东等译：《中国历史研究手册》，第857—869页〕；《史记》卷六《秦始皇本纪》，第238页。

233

计算税收。当然，不是所有土地都能分得这么规整，官吏们会练习算数，来计算形状各异的田地的大小。[45]

仔细审视关中平原的地图或卫星图像，会发现许多地区位于320米至350米宽的条状区域内。条状区平均宽约332米，相当于秦汉田律的标准亩长240步。当然，这一现象只见于一部分地方，而且这些地方的田间道路也不全是直的。虽然有不同的情况，但大片地区都是按田律划分地块的，这只能视作国家组织的结果。这一过程发生在秦汉时期，有下述论据：第一，度量制数百年来越变越大，后世的240步要比332米长出不少；第二，虽然北魏、唐朝也颁布了田制，但新田制影响关中的时间，都没有自商鞅变法以至汉亡的五百年那么长久；第三，也是最明显的原因，一旦有了统一的田制，后继王朝更有可能延续前制，而非重建整个景观。因此，这些规格统一的田制应该是秦汉时期在关中建立的。这是一个值得更多研究的课题。[46]

秦国虽然对土地所有制和税收进行了合理调整，但就高官被赐予大量土地而言，秦制仍然存在着封建因素。史料所载，商鞅、吕不韦、张仪等秦国高官被赐予人口稠密的大片地域，由此可见其封建性。还有一件纪年为公元前334年（秦惠文王四年）的陶瓦铭文，即秦封宗邑瓦书，[47]记载赐予高官（右庶长歜）一

---

45 彭浩：《张家山汉简〈算数书〉注释》，北京：科学出版社，2001年，第113—128页；Dauben, "Suan Shu Shu," 152，161‑67。

46 Frank Leeming, "Official Landscapes in Traditional China," *Journal of the Economic and Social History of the Orient* 23, no. 1/2（1980）: 153‑204.

47 郭子直：《战国秦封宗邑瓦书铭文新释》，《古文字研究》第14辑，北京：中华书局，1986年，第182页。

块土地，"子子孙孙，以为宗邑"。似乎仅爵禄最高者才有土地之赐。

秦国之治在商鞅变法后持续了一百多年，而且关中地区仍是秦国的经济中心。因此，变法至少应当在关中严格推行，并且使秦国大为强盛。正如公元前3世纪的一位秦国官员所言：

> 秦地半天下，兵敌四国，被山带河，四塞为固。虎贲之士百余万，车千乘，骑万匹，粟如丘山。法令既明，士卒安难乐死。[48]

140

在秦国国君看来，变法自然是相当成功的。从生态学的视角来看，变法重建了农业景观，大大增强了国家驾驭土地人户的权力。政治改革还伴随着其他重大变迁。最重要的改变是秦国自关中西部迁都到了关中腹心，这是一个影响深远的转向。

东略之世

公元前4世纪，由于一些至今仍不确知的原因，秦国将都城从关中西部迁至平原中心。约在同时，民户开始迁徙到关中盆地平坦的中央，这里至今还是关中的人口重心所在。人口迁移是一个

48（汉）刘向集录：《战国策·楚策二》，第504页；Crump, *Chan-Kuo Ts'e*, 244。此为秦相张仪所言，张仪对秦国国力有更详细的论述，见（汉）刘向集录：《战国策·秦策一》，第95—114页；Crump, *Chan-Kuo Ts'e*, 125 – 30。

重大的变迁。从农耕时代开始，人口就聚集在周原和渭河以南的土地上。这些地区水源充足，并且有足够的坡度以便排出多余的水。相比之下，关中中部的大部分土地要么没有什么地表水，要么排水不畅，以致出现内涝或土地盐碱化。人口迁移的影响，可清楚见于地图9，人口从新石器时代和青铜时代的主要人口中心周原，迁移到盆地腹心，即秦汉帝国建都所在。考古发现揭示了大迁移的时机。约公元前700年至前350年间的墓葬，多数是在关中西部发现发掘的。此后的秦墓大多发现于关中中部、东部，靠近新都咸阳。[49]

关中平原中部河流不多，但许多地方的地下水位只有几米深，人们可以挖井取水。水井是后世灌溉用水的主要来源，在秦人来到关中中部时应该也起到了重要作用，咸阳发掘的大量水井可证明这一点。沟渠也很要紧，可以从容易积水的平原地区排出夏季雨水。这一时期铁制工具的流行，或为挖掘工作带来了便利。鉴于冶铁技术从中亚传入，周朝诸国最早的铁器证据出自秦国控制的西部，也就不足为奇了。镢镐之类的铁制带尖工具，应该也促 141 进了这一时期大规模的地表改造工程，包括郑国渠工程。中国学

49　关于墓葬分布，参见Mingyu Teng 滕铭予，"From Vassal State to Empire：An Archaeological Examination of Qin Culture，" in *Birth of an Empire：The State of Qin Revisited*，edited by Yuri Pines，Gideon Shelach，Lothar von Falkenhausen，and Robin D. S. Yates（Berkeley：University of California Press，2013），71 - 112 和 Falkenhausen，"Mortuary Behaviour，" 115。地图9的遗址点位分布信息，采自国家文物局主编：《中国文物地图集·陕西分册》，第52—63页。请注意，上图结束于东周之前，下图本应从此开始，这样的话东周时期遗址就不用在另一张图上呈现了。但是《中国文物地图集·陕西分册》第61页，"春秋战国遗存图" 所录遗址点位太少，故把战国晚期的部分秦文化遗址也纳入了下方所示的秦汉地图中。

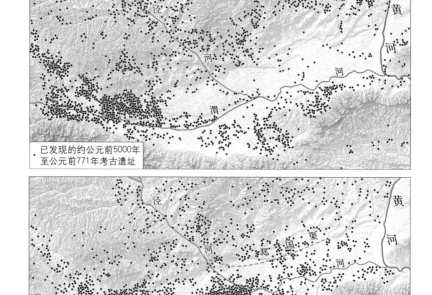

已发现的约公元前5000年
至公元前771年考古遗址

已发现的约公元前250年
至公元220年的考古遗址

地图9：人口向关中盆地中部的迁移。

上图记录了自仰韶文化时期至西周的所有已知遗址；下图则是秦汉时期遗址的位置，也包括了部分战国晚期遗址。下图中郑国渠的走向是大致的估计。

者受苏联的技术决定论影响，经常会过多强调金属工具对农业经
142　济的影响。对于社会发展史来说，不应该认为用上铁刃工具会比
人们花多少时间劳作、有多少土地、种地产粮的奖励或生活压力
等因素更重要。但铁器显然促进了土地改造工程，并普遍放大了
人类活动对土壤的影响。秦国很可能已经提供了一些金属工具来

加快上述进程。[50]

公元前5世纪末，秦国之君初居于关中中部。公元前383年（秦献公二年），献公将都城徙于泾河以东的栎阳。栎阳成了一座城墙周长9公里的主要城市，在公元前350年（秦孝公十二年）秦国向西回退、正式迁都到咸阳之后，栎阳仍是一座重要的城市，此后秦都于咸阳。秦国从栎阳向西迁回咸阳，再次将泾河置于国都和东方的竞争对手之间。泾河与渭河交汇，为国都形成了一道天然的护城河，以抵御东方、南方的入侵。有人认为，秦国迁都至河谷中央是国家主导的结果，是为了开辟关中中部的农田；但也有可能是个体农民先开始在关中中部生活，国家政策随后而来。无论如何，国家都必须在新都周边的农垦活动中入场干预。而秦民必须为国家服法定劳役，农业改良则是常见的国家劳役。[51]

---

50 关于早期铁矿的位置，参见 Donald B. Wagner, *Science and Civilisation in China*, vol. 5.11: *Ferrous Metallurgy*（Cambridge：Cambridge University Press，2008），83–114〔《李约瑟中国科学技术史》第5卷《化学及相关技术》第11分册《钢铁冶金》〕；Falkenhausen, *Chinese Society*, 224–33〔［美］罗泰著，吴长青、张莉、彭鹏译：《宗子维城——从考古材料的角度看公元前1000至前250年的中国社会》，第246—258页〕。强调金属工具的重要性的例子，可见杨宽：《战国史》，上海：上海人民出版社，2003年，第42—57页。关于金属工具对环境的影响，参见 Michael J. Storozum et al., "Anthrosols and Ancient Agriculture at Sanyangzhuang, Henan Province, China," *Journal of Archaeological Science: Reports* 19（2018）：925–35。关于水井，参见高升荣：《明清时期关中地区水资源环境变迁与乡村社会》，北京：商务印书馆，2017年，第47—55页（译者注：秦水井的考古发现，高升荣书参考了朱思红：《秦水资源利用之研究》，郑州大学博士学位论文，郑州，2006年）。

51 秦都之东迁，或始于秦肃灵公（前424—前415年在位）（译者注：《秦始皇本纪》附世系称"肃灵公"，《秦本纪》称"灵公"）之"居泾阳"，古泾阳在今同名之泾阳县附近。《史记》卷五《秦本纪》，第202页，卷六《秦始皇本纪》，第288页，卷六八《商君列传》，第2232页；Nienhauser, *The Grand Scribe's*（转下页）

再来谈谈都城本身。总的来说，放大人类对环境控制力的政治经济进程都是从城市地区开始的，因此人类的城市化与文明的崛起密不可分。社会的日益复杂与劳动分工扩大化也是密不可分的，而劳动分工的中枢机构一般位于城市。资源往往在城市集中、加工并重新分配。工厂需要专业化分工才能生产更精细的产品，国家也是如此，加强军事、民政部门的内部分工才能扩大国家的权力与影响力。与本章讨论相关的是，汲取初级生产者的剩余价值并分配使用的政治机构通常都在城市地区。

既然如此，关于秦都咸阳的经济信息和社会信息自然是越多越好。但是，除了咸阳的宫垣、道路和宫殿的大致情况还算清晰，其他信息都十分有限。考古工作者在咸阳发现了26处大型建筑遗址，其中一至七号建筑遗址位于东西约875米、南北约500米的中央宫城内。咸阳宫城是宫廷所在，中央官员办公之处。考古学家推测，平民居住在宫城的西南方向。虽然咸阳城一定有平民居住区和市亭，但很有可能很大一部分人口会在宫城内生活劳作。国家在商品生产中占到了巨大份额，减少了非国有经济的介入，否则后者会带动宫城外的城市发展。在秦朝鼎盛时期，肯定有数以万计的人在国都及周边的宫殿区内生活和工作。[52]

（接上页）*Records*, vol. 1, 172; Nienhauser, *The Grand Scribe's Records*, vol. 7, 2006, 107; 王子今：《秦献公都栎阳说质疑》，《考古与文物》1982年第5期；中国社会科学院考古研究所栎阳发掘队：《秦汉栎阳城遗址的勘探和试掘》，《考古学报》1985年第3期；王子今：《秦定都咸阳的生态地理学与经济学分析》，《人文杂志》2003年第5期，第115—120页。

52 咸阳宫垣东西长843—902米，南北宽426—576米。陕西省考古研究所编著：《秦都咸阳考古报告》，北京：科学出版社，2004年。

在有史料可据的多数时段里，西安地区一直是关中首屈一指的重大城市所在，因为西安位于渭河以南，有来自秦岭的良好淡水供应。继而引人思索的问题是，秦之咸阳缘何建于渭河北侧无重要水道之地。咸阳城里的人们似乎从井中取水，考古工作者发现了一百多口井。考古工作者还发掘了兰池遗址，兰池不仅是景观池，可能也有水库、鱼塘之用。废水则通过地下的陶制排水道排入渭河。秦国统治者在之后也发现了渭河以南的用水便利，因为秦人随后在渭河以南兴建了多座主要宫殿，这些宫殿后来成为汉都长安的核心组成。咸阳城的勘探发掘从20世纪50年代至今，考古学家尚未发现咸阳的外城墙。其他所有诸侯国的都城都有高大的城墙，咸阳之无城墙，证明了秦国的军事实力，也证明了咸阳的地理位置带来的优势。咸阳有泾河、渭河卫护，还有关中这一道天然屏障，前文已论，"关中"之义即为在关之中、四塞为固。[53]

中国古代王朝史料完备，有材料表明中央官署和皇室消耗了国家财政相当大一部分。明朝（1368—1644）多达四分之一的税收花在了宫城之内。秦可能不至于此，毕竟秦国还没有用大运河把全国的粮食运到首都，但可以推测，关中地区的大部分盈余都消耗在了咸阳。想要复原宫廷的物质生活，《周礼》是尤为有用的史料，它大约在秦都咸阳最为繁荣的公元前3世纪成文。该书的原 　144

53　陕西省考古研究所编著：《秦都咸阳考古报告》，第13、34—43、212—217页。王子今：《秦汉时期生态环境研究》，北京：北京大学出版社，2007年，第93—94页。关于西安的供水，参见史念海：《汉唐长安城与生态环境》，《中国历史地理论丛》1998年第1期，第1—18页。

名《周官》点明了书中的内容。书中详细记录了作者理想的官僚机构，甚至包括为宫廷供给饮食的官署。《周礼》的制度文本是构拟的，但并非完全不符合史实。秦汉时期的出土文献和封泥证明，与《周礼》所载相近的官署确实存在，《周礼》的作者显然对宫廷生活和行政制度有着深刻的了解。可以设想，《周礼》中的许多其他细节也是有现实依据的。[54]

《周礼》所描述的官署规模，对于供给数千人衣食的宫廷来说是适宜的。在饮食方面，《周礼》有负责屠宰和烹饪的官署，以及主管肉制品、醋制品、酒、饮料、盐、米、腌肉和储冰以保鲜的官署。许多生鲜食材是由负责捕猎或种植的官吏提供的，包括猎人、渔夫、捕龟者，以及负责菜园、果园之人。在服饰方面，有裁缝、鞋匠、理发师，以及主管毛、皮、丝、麻和染布的专门人员。还有各种分管人畜医药、洒扫、建筑、维修、监狱、马匹以及宿卫（王宫宿卫之士本身就是一支小军队）的官署。上述多数官署为祭祀和日用制作衣食，《周礼》中还包括一整套由礼官构成的官署，秦国肯定也有。秦国的关中地区由县、乡等统一的行政

---

54 Michael Loewe, ed., *Early Chinese Texts: A Bibliographical Guide* (Berkeley: Society for the Study of Early China, 1993), 25 – 29〔〔英〕鲁惟一主编，李学勤等译：《中国古代典籍导读》，沈阳：辽宁教育出版社，1997年，第25—33页〕; Benjamin Elman and Martin Kern, eds., *Statecraft and Classical Learning: The Rituals of Zhou in East Asian History* (Leiden, Netherlands: Brill, 2010), 33 – 93, 129 – 54; Lewis, *Writing and Authority in Early China*, 42 – 51; Ray Huang, "The Ming Fiscal Administration," in *The Cambridge History of China*, vol. 8: *The Ming Dynasty, 1368 – 1644*, part 2, edited by D. C. Twitchett and F. W. Mote (Cambridge: Cambridge University Press, 1998), 116〔黄仁宇：《明代的财政管理》，〔美〕牟复礼、〔英〕崔瑞德编，张书生等译：《剑桥中国明史史》第二章，北京：中国社会科学出版社，2006年，第102页〕。

单位管理，此外，还有苑囿和秦公陵园。陵园包括大片园地和几个里，里的赋税用来维护陵园，供给祭祀牺牲。到定都咸阳之时，秦国维护供奉了五百年来的先公陵园，应当占用了大量的土地与资源。[55]

数百年来，对工匠劳动的控制一直是社会上层经济权力的来源之一。因此，秦国官府生产的商品不仅用于宫廷和军队，而且可能还用于销售，也就不足为奇了。《周礼·考工记》列出了服务于战国王廷的各种工匠，包括攻木之工、攻金之工、抟埴之工、攻皮之工。秦国肯定也有这些工匠。咸阳有很多关于陶器生产的出土材料，包括数以百计的陶器残片，陶器上戳印或刻画着制陶作坊之名。这些陶窑既有私人的，也有官府市亭所属的。出土材料亦见官府的冶铜铸铁作坊生产了多种产品。发掘者认为，一个出土铜箭镞的窖藏曾由掌管官府手工业的少府直接控制。大规模的冶金和制陶会产生大量浓烟——这是早期的空气污染。手工业还会燃烧消耗大量木柴，但相比于都城所耗的木材，手工业所用或许只是一小部分。不过目前仍不知木材的具体来处，部分木材应

145

55《周礼》按职官排列成文，可在各职官标题下找到相应章节：庖人（屠夫）、内外饔与亨人（厨师）、兽人（猎人）、渔人（渔夫）、鳖人（捕龟者）、缝人（裁缝）、屦人（鞋匠）、司裘、掌皮、典丝、典枲、染人（专管毛、皮、丝、麻、染布者），还有醢人、醯人、酒正与酒人、浆人、盐人、舂人、腊人、凌人、场人（主管肉制品、醋制品、酒、其他饮料、盐、米、腌肉、果园）。也可参见 Sterckx, *Food, Sacrifice, and Sagehood in Early China*, 134 – 43〔[英] 胡司德著，刘丰译：《早期中国的食物、祭祀和圣贤》，第128—135页〕; Mu-chou Poo 蒲慕州, "Religion and Religious Life of the Qin," in *Birth of an Empire: The State of Qin Revisited*, edited by Yuri Pines, Gideon Shelach, Lothar von Falkenhausen, and Robin D. S. Yates（Berkeley: University of California Press, 2013）, 187 – 205。

234

当是从渭河上游水运而来。[56]

咸阳以外的关中地区由内史所治，"内史"之官署名也用来指代这片区域。直至秦末，关中地区在行政上还跟秦朝的其他疆土保持分隔。往来之人必须出示相应的出入许可才能通过关中地区周围的关卡。在公元2年（汉平帝元始二年），关中的人口可能超过了230万，人口密度高达每平方公里150人。可以推测，秦国的人口数字较此会低一些。咸阳以南的渭河南畔之地，即今西安市的大部分地区，似乎都在咸阳的管辖范围内，包括几个乡、亭和诸多里。渭河以南也有秦墓。至少有一座桥连接着渭河两岸的宫殿。近年考古发掘了渭桥的南端，渭桥的修建是把大量坚固的木桩打入河床，并在上面建造木构桥梁。渭桥遗址中秦汉时期桥梁和晚期桥梁的位置不同，显示渭河在此处河段至晚在公元8世纪已经北移，冲毁了秦咸阳城的一部分。[57]

---

56 Barbieri-Low and Yates, *Law, State, and Society*, 923 – 37, 1254（《二年律令》之《金布律》,《奏谳书》案例二）; Anthony J. Barbieri-Low 李安敦, *Artisans in Early Imperial China*（Seattle：University of Washington Press, 2007）; Zengjian Guan and Konrad Herrmann, *Kao Gong Ji: The World's Oldest Encyclopaedia of Technologies*（Boston：Brill, 2019）〔关增建、[德] Konrad Herrmann 译注：《考工记：翻译与评注》，上海：上海交通大学出版社，2014年〕; 陕西省考古研究所编著：《秦都咸阳考古报告》，第112—140、155、181页。

57 我估计，元始二年这份人口数据里，居住在关中的京兆、左冯翊、右扶风三郡的2 436 360人中，约有2 300 000人居住在关中及周边山麓这15 000平方公里的地域内，由此得出了每平方公里150人的人口密度。葛剑雄：《西汉人口地理》，北京：人民出版社，1986年，第96页；谭其骧主编：《中国历史地图集》第2册，上海：中华地图学社，1975年，第5—6页；杨振红：《出土简牍与秦汉社会（续编）》，桂林：广西师范大学出版社，2015年，第12—15页。秦都咸阳的乡，见于记载的有三处——阴乡、长安乡和建章乡，均位于渭河以南。徐卫民：《秦汉历史地理研究》，西安：三秦出版社，2005年，第52—58页。（转下页）

秦国有各种苑囿，归国君所有，不属官府。《韩非子》提到，秦国发生饥荒，应侯范雎向秦昭襄王请求："五苑之草著蔬菜橡果枣栗，足以活民，请发之。"秦王拒绝了这一请求，理由是，有功无功之人都受到蔬果赏赐，会破坏有功而赏、有罪而诛的秦法。此例说明，至少部分苑囿内有菜园、果园。独占部分地区以供统治者射猎娱乐的做法，一直到 20 世纪初帝制覆灭才告终，苑囿制度可以算是古代国家为野生动物受惠而使土地免受农业扩侵的少数例证之一。秦国最大的苑囿是上林苑，位于现在的西安西郊。一般认为，汉代的上林苑在渭河和秦岭山麓之间连绵数十公里，但目前还不确定秦代上林苑的大小。秦上林苑包括池沼、河流以及未竣工的秦代大型宫殿阿房宫。在汉代，上林苑中有农业，秦代或亦如此。秦二世在上林弋猎时遇到了平民，"有行人入上林中，二世自射杀之"。这个故事表明了平民禁入上林苑。[58]

146

（接上页）关于渭河以南的墓地，参见陕西省考古研究院编著：《西安尤家庄秦墓》，西安：陕西科学技术出版社，2008 年。关于桥，参见陕西省考古研究院、中国社会科学院考古研究所渭桥考古队、西安市文物保护考古研究院：《西安市汉长安城北渭桥遗址》，《考古》2014 年第 7 期，第 34—47 页（译者注：据此文唐桥相比于秦汉桥没有明显北移。作者可能依据的唐东渭桥的位置而言）；《汉书》卷六三《戾太子刘据传》，第 2747 页（"横门渭桥"）；李晓杰：《水经注校笺图释：渭水流域诸篇》，上海：复旦大学出版社，2017 年，第 354、536 页。

58 引自（清）王先慎：《韩非子集解·外储说右下第三十五》，第 337 页。本段和下一段部分材料采自徐卫民：《秦汉都城与自然环境关系研究》，北京：科学出版社，2011 年，第 161—166 页；Schafer, "Hunting Parks and Animal Enclosures"; Charles Sanft, "The Construction and Deconstruction of Epanggong: Notes from the Crossroads of History and Poetry," *Oriens Extremus* 47（2008）: 160–76. 关于汉代上林中的农业，参见周晓陆：《〈关中秦汉陶录〉农史资料读考》，《农业考古》1997 年第 3 期，第 32 页，"上林农官"瓦当。平民误入上林，参见《史记》卷八七《李斯列传》，第 2562 页。

秦国的其他苑囿，目前的了解更少；有限的详细资料也来自后世。秦始皇在咸阳西北约50公里处的梁山苑修建了梁山宫。咸阳以东约40公里处的秦岭山麓有骊山苑，靠近秦始皇陵。骊山还是以温泉闻名的景区，考古学家在这里发掘出秦汉时期的陶水管道，可能是用来将热水输往汤池的。上林和骊山都是皇家的猎场。在今西安市东南还有宜春苑。秦国在征服诸国时也占据了他国国君的猎场。我们对战国时期的苑囿知之甚少，这些大片园地显然为国君带来了可观的收入，并圈养了一批动物以供统治者射猎。[59]

就在咸阳以东的泾河对岸，秦人修建了一个大型水利工程，改变了关中东部的面貌，使关中平原上仅存的荒芜之土破天荒地得以耕种。这就是郑国渠工程，中国历史上最著名的水利工程之一。

重塑水系

随着权力的增长，国家有能力以更宏大的方式改造地表。这一点在秦国的巨型工程中体现得淋漓尽致，这些工程需要成千上万人的分工协作才能完成。郑国渠是秦国在战国晚期建造的两项大型灌溉工程之一，也是东亚有史以来最大的水利工程之一（见地图8）。另一项大工程是秦人攻取四川的成都平原后修建的都江堰，这里自此永为良田宝地。郑国渠的修建完成，为关中盆地的农业

---

59 唐华清宫考古队：《唐华清宫汤池遗址第一期发掘简报》，《文物》1990年第5期，第11—20页。

垦殖画上了圆满的句号，大大提高了秦（以及汉）京畿地区的农业生产力。遗憾的是，郑国渠工程仍有许多未解之谜。早期史料盛赞郑国渠的功效，但晚近时期的资料显示，用前现代的工程技术在关中东部维持灌溉系统是十分艰难的。

　　至今为止，中国早期治水沿革史多数是根据《史记·河渠书》和《汉书·沟洫志》等治水相关章节写就的，而考古材料正在揭开一段更长久也更复杂的历史。例如，考古学家在中国南方的良渚古城发现了一个建于四千多年前的大规模水利系统。而且，如前文所论，西周、秦人都改造了国都的水文环境。迄今所见最早的有国家支持的水利工程史料，可追溯到公元前 563 年（鲁襄公十年），执政郑国的子驷整顿田间沟洫，郑国贵族的田亩因之受损，于是攻杀子驷（遂群起而杀之）。公元前 430 年前后（魏文侯时），魏国开建了一条十公里长的引水渠，"以富魏之河内"。此时，吴、楚也在开挖运河，以利交通。[60]

　　历史文献仅仅论及规模最大的水利工程。而小型水利建设则是很常见的，因为许多史料都提到了职掌维护水利的官吏。例如，

---

60 Needham，Wang，and Lu，*Science and Civilisation in China*，vol. 4.3，228－31，285－96〔［英］李约瑟著，王玲、鲁桂珍协助，汪受琪译：《李约瑟中国科学技术史》第 4 卷《物理学及相关技术》第 3 分册《土木工程与航海技术》，北京：科学出版社，上海：上海古籍出版社，2008 年，第 267—270、321—337 页〕；Watson，*Records*，53－60（《史记》卷二九《河渠书》）；Liu et al.，"Earliest Hydraulic Enterprise in China"。郑国的情况，见于 Durrant，Li，and Schaberg，*Zuo Tradition*〔杜润德、李惠仪译《左传》，974〔杨伯峻：《春秋左传注》，第 980 页（襄公十年）〕；魏国的情况，见于《史记》卷二九《河渠书》，第 1408 页。关于大运河的雏形吴国运河，参见史念海：《论济水和鸿沟》，《河山集》三集，北京：人民出版社，1988 年，第 303—356 页。

《荀子》记载："修堤梁，通沟浍，行水潦，安水臧，以时决塞，岁虽凶败水旱，使民有所耘艾，司空之事也。"《吕氏春秋》中的一段材料同样表明开建灌溉渠是常见的做法。[61]

　　据司马迁所记，郑国渠的故事是：韩国派出了一位名叫郑国的水利专家，他说服秦国把国力用在大型工程的建设上，停止攻韩。[62] 在工程进行到一半时，秦王察觉了韩国的意图，欲杀郑国，但郑国说服了秦王，使秦王相信"渠成亦秦之利也"。这则故事符合《战国策》所辑轶事的诡智策士、诡谲奇计套路，不能当作史实。但郑国渠确实建成了，司马迁是如此总结的："渠就，用注填阏之水，溉泽卤之地四万余顷（聚集多泥沙之水，灌溉四万多顷盐碱地），收皆亩一钟。于是关中为沃野，无凶年，秦以富强，卒并诸侯。"[63] 根据司马迁的叙述，郑国渠从泾河注入洛河。从地图

148

---

61 （清）王先谦：《荀子集解·王制篇第九》，北京：中华书局，1998年，第168页；Lander, "State Management of River Dikes," 347 - 53〔[加]兰德著，凌文超译：《汉代的河堤治理：长江中游地区环境史的新收获》，《简帛研究》2018年春夏卷，第323—344页〕；Knoblock, *Xunzi*, 106。《吕氏春秋》写道，"量力不足，不敢渠地而耕"（作者译为："人之气力不足，不可灌溉耕种"）；Knoblock and Riegel, *Annals*, 653。

62 《史记》卷二九《河渠书》，第1408页；Watson, *Records*, 54 - 55;（清）王先谦：《汉书补注》，上海：上海古籍出版社，2012年，第2867—2868页。关于此类政治故事，参见Loewe, *Early Chinese Texts*, 1 - 11〔[英]鲁惟一主编，李学勤等译：《中国古代典籍导读》，第1—11页〕，以及马王堆出土的《战国纵横家书》。这些故事之中虽有史实，但史实与虚构难以区分。

63 这里的"亩"是240步的大亩，等于461平方米，"四万余顷"相当于184 000公顷。郑国渠长"三百余里"，相当于126公里。《史记》卷二九《河渠书》，第1408页。Watson, *Records*, 54 - 55。"四万余顷"如何折算成现代的衡量单位，参见Pierre-Étienne Will, "Clear Waters versus Muddy Waters: The Zheng-Bai Irrigation System of Shaanxi Province in the Late-Imperial Period," in *Sediments of Time: Environment and Society in Chinese History*（Cambridge: Cambridge （转下页）

235

9 中可以看出，泾洛之间一直是人口稀疏的地区。这一地区河流不多，而且地势平坦，夏季降雨时就会出现内涝，之后随着水的蒸发，地下的盐分就会积于地表。因此，这块地一直处于半荒芜状态，是关中地区仅存的未开垦低地。郑国渠工程开挖沟渠以疏通低地积水，并用泾河水来灌溉和冲刷淡化土壤，使泾洛之间的部分区域变为良田。这项工程始于公元前246年，嬴政，即未来的秦始皇，就是在这一年登上了秦王之位。[64]

郑国渠的规划很清晰。干渠渠线平行于渭河但海拔更高，因此可以在多个地点开掘引水，以灌溉南侧地区。郑国渠还穿过了许多小的水道和山泉，这些水道和山泉也注入渠系，即使在供水渠不能从泾河引水时，郑国渠也能靠着泉水保持低流量的运作，引泾入渠的困难在后世经常出现。司马迁记道，"令凿泾水自中山西邸瓠口为渠，并北山东注洛"，郑国渠从泾河沿北山注入洛河。由于北山的位置，以及北山以东的地势，在泾洛之间运转的干渠，其路径不太会有大的摆动，如地图8和地图9下半图所示。[65]

（接上页）University Press，1998），edited by Mark Elvin and Ts'ui-jung Liu，288〔［法］魏丕信：《清流对浊流：帝制后期陕西省郑白渠的灌溉系统》，刘翠溶、［英］伊懋可主编：《积渐所至：中国环境史论文集》，台北："中央研究院"经济研究所，2000年，第441页〕。

64　Jie Fei 费杰 et al.，"Evolution of Saline Lakes in the Guanzhong Basin during the Past 2000 Years：Inferred from Historical Records，" in *Socio-Environmental Dynamics along the Historical Silk Road*（Cham：Springer，2019），25 - 44；李令福：《关中水利开发与环境》，北京：人民出版社，2004年，第19—20页。

65　《史记》卷二九《河渠书》；Watson，*Records*，54 - 55；Will，"Clear Waters versus Muddy Waters."〔［法］魏丕信：《清流对浊流：帝制后期陕西省郑白渠的灌溉系统》，刘翠溶、［英］伊懋可主编：《积渐所至：中国环境史论文集》，第456—457页〕。《水经注》比较详细地描述了渠道走向，郑国渠在秦以后已被（转下页）

司马迁笔下的郑国渠能溉"四万余顷"，等于1 844平方公里，相当于一个边长超过40公里的正方形面积。郑国渠到渭河之间的总面积才和这个数字相差无几。虽然传统上这个数字被认为是郑国渠的总灌溉面积，或者说司马迁的"四万余顷"只是夸张的笔法，但"四万余顷"或指有条件使用郑国渠的灌溉水的总面积。哪怕是已经用混凝土大坝重建水利系统的现在，泾河渠首也没有足够的引水流量来灌溉这么大的面积，后代郑国渠向洛河延伸的长度，还不到泾洛间距的一半。单从水量来说，泾河之水可以一路改道引入洛河，或中途用于灌溉，但难以引到终点灌溉。运河是如何横穿石川河的，目前还不清楚，也有可能从未引到洛河。即使在上游植被尚未如今天这般过度放牧的古代，泾洛之间的引水灌溉距离或许也是有限的，限制灌区规模能使流量稳定一些。[66]

（接上页）大幅改建，书中提及的许多地标已不能详知。杨守敬、熊会贞疏，段熙仲点校，陈桥驿复校：《水经注疏》卷十六，南京：江苏古籍出版社，1989年，第1455—1461页。

66 S. Eliassen and O. J. Todd, "The Wei Pei Irrigation Project in Shensi Province," *China Journal* 27（1932）: 172; 武汉水利电力学院《中国水利史稿》编写组：《中国水利史稿》上册，北京：水利电力出版社，1979年，第124—125页。现代的关中盆地水利地图，参见刘明光主编：《中国自然地理图集》，北京：中国地图出版社，2010年，第134页。关于泾水的淤泥对盐碱地的效益，参见 Needham, Wang, and Lu, *Science and Civilisation in China*, vol. 4.3, 227〔[英] 李约瑟著，王玲、鲁桂珍协助，汪受琪译：《李约瑟中国科学技术史》第4卷《物理学及相关技术》第3分册《土木工程与航海技术》，第267页〕。司马迁《史记》中的统计数字经常高得不可思议，参见 Derk Bodde, "The State and Empire of Ch'in," in *The Cambridge History of China*, vol. 1: *The Ch'in and Han Empires, 221 B.C. – A.D. 220*, edited by Denis Twitchett and John Fairbank（Cambridge: Cambridge University Press, 1986）, 98 – 102〔[美] 卜德：《秦国和秦帝国》，[英] 崔瑞德、鲁惟一编，杨品泉等译：《剑桥中国秦汉史》，北京：中国社会科学出版社，1992年，第93—97页〕。

郑国渠的修建中最困难的技术问题，是如何从流量变动剧烈的泾河中引出水。天寒地冻的冬季，泾河的平均径流量只有每秒 5—28 立方米，水位低到某些河段可以一跃而过。但在夏季汛期，测得泾河径流量可达每秒 8 000 立方米。更有甚者，1911 年洪水时可能超过每秒 14 000 立方米，四千年前的沉积层可能是每秒超过 20 000 立方米的洪水导致的，而且洪水来得非常快：在 1931 年的夏季降雨中，观测到河水在 10 分钟内升高了 7 米。由于河水对上游的黄土地区造成了巨大的侵蚀，洪水含泥量极高。秦国的水工们必须建造一座经得住夏季洪水的大坝，截流成库，引河入渠。虽然水坝大获成功，但含泥量高的水会逐渐在渠道中形成淤积，不得不挖掘清淤。在此建坝之难，直到 20 世纪用上混凝土才解决。[67]

大坝工程的关键，是库区既能在旱季蓄水入渠，又能使河水沉积物在入渠前沉淀下来。从理论上讲，坚固的大坝前会淤积大量泥沙，逐渐填满库区，但对前现代的水工来说，保持坝体的强度可能是更重要的难点。陕西省考古研究所的秦建明和他的同事调查发掘了这座夯土坝遗址，并绘制了地图 10 这一遗址平面图。这座大坝是秦时所建，因为坝顶上部有西汉早期至中期的墓葬。西汉中期的司马迁在关中地区度过了一生中大部分时间，如果汉初在此兴建了大规模的水坝，他一定会提及，但《史记》未载汉初工程，也反证这个水坝是秦时所建。大坝东西长 2 600 米，在古代

149

67　Eliassen and Todd, "The Wei Pei Irrigation Project in Shensi Province," 176; Huang et al., "Extraordinary Floods of 4 100 – 4 000 a BP"; Huang et al., "Holocene Palaeo flood Events"。感谢陕西师范大学的研究生为我提供了泾河的流量数据。

堪称宏伟。现代的泾惠渠工程和近千年来的进水渠都建于上游山内较窄的河谷，相比之下，秦代大坝是在下游特别宽阔的谷地修建的，"此谷地口小腹大腰细……大坝正位于弧中腰最细处"，这可能是用像夯土这样脆弱的传统材料来修建大坝的唯一方法。秦代大坝现存部分，底部大约有130—160米宽，坝体比原始地表高出2—8米，不过地图10的大坝纵剖面图显示，坝体最高的部分可能是泾河河谷中后来被洪水摧毁的部分（A和B之间）。[68]

郑国渠最终被毁，目前假定是洪水导致的。坝前的库区太小了，无法蓄积泾河夏季汛期的水量。因此，大坝必须有溢流设施。问题是秦人如何能建造足以承受洪流的溢洪设施呢？明末学者袁化中认为，郑国渠是用装满石头的竹笼建成的，就像明代的都江堰那样。这是很有可能的，不过石堰必须频繁重修，经常是年年重建。后代还会在汛期前拆除引水设施以免被洪水冲毁，只在水位较低的季节使用大坝。这是一种非常劳动密集型的处理方式，但秦汉帝国可以用巨量的免费劳动力供应来解决这个问题。郑国渠或许是高水平均衡陷阱的一个早期例证，从长远来看，维护工程所需的持续投入抵消了郑国渠的初始效益。大坝的建设或许也永久改变了河谷的地形。在大坝建成之前，洪水可以在河漫滩扩散，从而减缓水流。然而，郑国渠横跨了大片河漫滩，河水最终冲开大坝后，其余坝体使得整条泾河流入有限的河道，增加了水流流速，使得河床下切。下切见于地图10的纵剖面图。这就要求

151

---

68 秦建明、杨政、赵荣：《陕西泾阳县秦郑国渠首拦河坝工程遗址调查》，《考古》2006年第4期；（清）王先谦：《汉书补注》，第2880页；《汉书》卷二九《沟洫志》，第1685页。

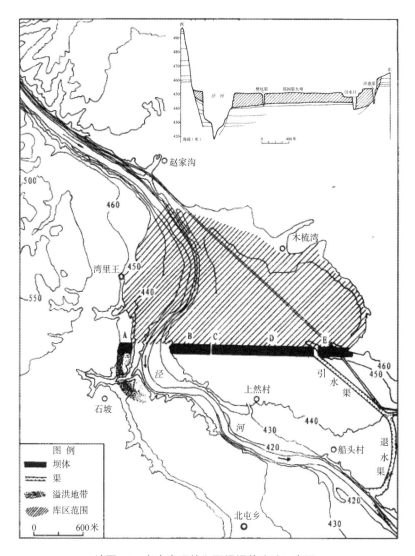

150

地图 10：考古发现的郑国渠渠首遗址示意图。

该图范围相当于前文地图 8 中部的矩形所示位置。泾河自西北注入坝内。郑国渠始自
图中的引水渠，转而东向。多余的水自图右侧底部的退水渠引入泾河。泾河西部的坝
体 A 可能设有溢洪设施，此处发现了溢洪道向南延伸的卵石带。该图上端的纵剖面图
显示了剩余坝体的海拔高度。（感谢秦建明、杨政、赵荣允许使用此图）

后世的水工们在河谷更高处建起进水渠，在河谷上游一侧的山岩上开凿渠道。[69]

　　郑国渠不可能灌溉四万顷之地，其可灌溉面积目前还未有定论。地图9中秦汉时期遗址的分布是对灌溉面积的最好说明。该图对比了新石器时代至青铜时代早期遗址（上图）与秦汉时期遗址的分布状况。据图所示，秦汉时期人口增长最多的地区并非郑国渠灌区，而是郑国渠以西的秦都咸阳（渭河以北）和汉都长安（渭河以南）及其周边。郑国渠灌溉的地区很有可能就在西安东郊的北边。这块地正是目前泾惠渠灌溉的地区。虽然它远不到四万顷，但我们不应低估如此规模的地区被稳定灌溉的价值。秦国有了与国都隔河相邻的大片灌溉地，这意味着即使在最严重的旱季，秦国也有稳定的粮食来源。东部较远的一些地区可能也得到了郑国渠的灌溉。

　　改善灌溉或有助于麦作的推广。到此时，小麦种植已有数千年，人们应该想要扩大冬小麦的种植，因为冬小麦有春收之利，而春收前后人们的储粮也快见底了，正需补充。但小麦需要比黍类更多的水，如无灌溉设施，扩大小麦种植的风险很大。小麦在关中的推广或许是改进灌溉的结果。小麦推广也得益于石转磨的发明，人们可以把麦粒磨成面粉。目前考古发现最早的石转磨，

152

69　李令福：《关中水利开发与环境》，第20页，第32—33页；Will，"Clear Waters versus Muddy Waters"[［法］魏丕信：《清流对浊流：帝制后期陕西省郑白渠的灌溉系统》，刘翠溶、［英］伊懋可主编：《积渐所至：中国环境史论文集》]；Mark Elvin 伊懋可，*The Pattern of the Chinese Past: A Social and Economic Interpretation*（Stanford，CA：Stanford University Press，1973），298 – 315。

出土于战国晚期的秦栎阳城遗址，距郑国渠不远，但石磨的流行要到本书讨论范围之外的汉代，以小麦为原料的面食如馒头、面条和水饺在汉代开始成为中国北方的主食。[70]

改善灌溉还有一项好处：引水反复冲刷田地，再从沟渠排出含盐水，可以冲走土壤多余的盐分。郑国渠不仅用来灌溉，应当还用来降低土壤盐分。史料证据有司马迁所称"溉泽卤之地"，还有《吕氏春秋》的《任地》章也隐约提到用沟渠水来净化土壤。据有限的史料尚不足以推测引水净土是否广泛推行或大获成功，但肯定是有所尝试的。不过，引水去盐虽然有所尝试，当时的大片低地仍然是盐碱地，仍然是入不敷出的农田。[71]

总的来看，郑国渠确实起了作用，至少在部分地区是如此。正如司马迁所说，郑国渠使得关中"无凶年"。郑国渠不仅为秦国造就了一个靠近国都咸阳而又免受旱灾影响的粮产区，还为垦殖之民开辟了一大片曾经的不毛之地。泾河水利在汉代进一步发展，三百年后仍在发挥作用，班固写道："下有郑白之沃，衣食之源。提封五万，疆场绮分，沟塍刻镂，原隰龙鳞。决渠降雨，荷臿成云。五谷垂颖，桑麻铺棻。"（山脚下有郑渠、白渠所灌溉之沃野，是衣食之源。整个地区共五万，田界地块交错如罗绮。沟渠田埂

70　王勇：《东周秦汉关中农业变迁研究》，长沙：岳麓书社，2004年；张波、樊志民主编：《中国农业通史（战国秦汉卷）》，第164页；Françoise Sabban 萨班，"De la main à la pâte：Réflexion sur l'origine des pâtes alimentaires et les transformations du blé en Chine ancienne," *L'Homme* 30, no. 113（1990）: 102‑37；Hsu, *Han Agriculture*, 84‑85〔[美] 许倬云著，程农、张鸣译：《汉代农业——早期中国农业经济的形成》，第91—93页〕。

71　《吕氏春秋·士容论·任地》之语是"甽浴土"。Knoblock and Riegel, *Annals*, 26.655。

纵横似刻画，高地湿地散布像龙鳞。疏通水渠，如同起雨；肩扛铁锸，好似云朵。五谷挂丰穗，桑麻展繁华。）[72]

秦国的崛起之路，始于边陲小国，终于统一天下。秦国的终始之变既广且深，如同改头换面，最终崛起的秦国全然不似初生之秦。而数百年来秦国的世系又是一以贯之的，这赋予了秦君再造社会、重塑生态的政治合法性。

153　　秦国之势不可阻，自公元前7世纪控扼关中始，此后秦国攻取的土地人户日多，其势日盛。待到秦国在周土之西的关中盆地站稳脚跟，面临的外部威胁就小一些了。而秦国公室强而有力，所能征发的士卒可与东亚任何国家匹敌。到了公元前4世纪，秦国君臣眼看魏国的崛起，意识到本国行政制度的落伍。秦国的地理位置适合长期战争，又靠商鞅变法补足了制度实力。变法重在控制土地和人户。秦国勘定土地、清点人户，力图笼括并有效驱使疆域之内所有可致的资源与劳动力。郑国渠工程开辟了关中东北部平原以供农耕，完成了关中地区的农业垦殖。从那时起，华北低地的大型野生动物仅见于国君的苑囿。

　　秦的图强变法，是人类社会与自然环境关系的一场深刻而持久的变革。秦国的土地再分配制度，使国家主导了土地的划分

---

72 高步瀛：《文选李注义疏》，北京：中华书局，1985年，第67—70页；David R. Knechtges 康达维，*Wen Xuan；or，Selections of Refined Literature*，vol 1：*Rhapsodies on Metropolises and Capitals*（Princeton，NJ：Princeton University Press，1982），111－13。英译有所调整。"提封五万"字面意思是"五万个堤与垅"，但此处显然是形容土地大小的一种惯用措辞，班固并没有说明"五万"是何种单位的面积。

和耕种，也牢牢控制了非农业资源。国家动员大量劳动力的能力，又极大地增进了它改造环境的能力。中央政府在变法之后发展的新权力，使国家能够制度化地推动农业发展。有了庞大的劳动力，国家可以扩建基础设施，以便在攻取新地后汲取资源。种种新政使得秦国日渐强盛，直至一扫六合、改朝换代。下一章将讨论秦国的鼎盛时代，即秦始皇统治时期的生态环境。

第5章

仓实则国强：秦帝国的生态

强国知十三数：竟内仓口之数，壮男壮女之数，老弱之数，官士之数，以言说取食者之数，利民之数，马牛刍稿之数。

——《商君书》，公元前4世纪*

公元前221年，最后一个敌国降于秦，秦王政自更名号称"始皇帝"。秦国的规模在数十年前已堪称帝国，但这一宣言仍被普遍认为是中国帝制的正式开端。称帝之时，秦已经打下了一个跟西欧一样大的地盘，统治了数千万的人口和东亚的大部分良田。然而，秦始皇并没有给臣民喘息的机会，攻伐不停。秦军南至大海、北至荒漠，在北方建起了第一道"万里长城"。在始皇称帝短短

---

* 本章引言出自蒋礼鸿：《商君书锥指·去强第四》，第34页；Pines, *The Book of Lord Shang*，154。"刍稿"显然只算作一项"数"。《商君书》对"以言说取食者"多有批评，将其列为一数，是为了跟"利民"对比。

十四年后，秦王朝就崩溃了，但秦朝的制度继而被汉朝复兴，汉朝存续了四百年（约公元前2世纪—公元2世纪）之久，并使秦朝的中央集权官僚制成为中国政治制度的范本，影响深远。后世政权继续主导着用农田取代整个东亚的自然生态系统的这一过程。[1]

　　本章的目的是分析秦国在其权力巅峰时期，即秦王政/始皇帝（公元前246—前210年在位）统治时期的政治制度生态学。秦始皇因卫护始皇陵的兵马俑而闻名于世界，但在东亚，他作为中国帝制的创始人和严苛暴虐之君的原型而著名。本章并不论说其人，而是讨论其帝国如何运作。如同万物生灵从食物中获得能量而生长，农业国家是从芸芸众生汲取劳动力和农产品来持续并扩张的。调动资源和劳动力的能力是秦国强大的关键，因此秦官吏致力于创设易于控制并征税的社会组织。他们还鼓励人民开垦更多的土地来务农。粮食又占地又重，难以在陆路长距离运输，所以国家把收上来的多数粮食都存在靠近粮产地的粮仓里，由地方官将粮食分配给服役者、官吏和牲畜。从能量转换的角度来看这个过程，普通人耕地为生，获取太阳能转换而来的粮食，部分粮食作为税收交给国家，然后人们在为国家服徭役或兵役时消耗税粮中的能量。由于粮食存在地方，中央行政机构必须全面掌握各地官吏有何物可用可得，并决定地方行政如何使用这些资源。帝国的财政管理机构是控制国家新陈代谢的大脑，拥有空前的权力来形塑整

---

[1]　"始皇帝"一般译为"First Emperor"，逐字直译大概是"first majestic deity"。"Empire""imperial"等欧洲语言单词源自拉丁语的军职"imperator"（统帅一词），并无秦王所用"皇帝"一词神圣的宗教意味。这很有趣，但没有深远的文化意义，因为这两个帝国都有大量的宗教和军事元素。

个次大陆的环境。

　　古代中国与前工业化世界的一般情况相同，农业生产的盈余比较少。由于每个农民只能产出少量盈余，不足以让国家任用大量官吏来征收粮食。农业国家必须在小规模行政和大规模高成本行政之间找到一个平衡点：前者的运行成本低，但不能汲取足够的收入；后者能汲取更多盈余，但大部分盈余要用来维持自身运行。如前文所论，大概是争霸战争的巨大开销迫使秦国及他国提高汲取能力。战争的开销迫使国家想方设法从物质生产的各个环节中汲取盈余以获利。秦国在这个方向走得更远，它对社会进行了重组、整齐、简化，以便管控并汲取资源。官吏们会阻止人民选择无法征税的巡回或流动的生业模式。正如上一章所论，官府将男性人口组织成基于军功的等级制，并重新分配农田，把土地作为男子争得高爵的奖励。当然，军功爵制需要一套完整的土地测绘和人口登记制度来配合。[2]

156

　　本章所论的秦代国家，至少在部分疆域内行使了一定程度的官僚主义控制，这种控制力在当时可以说是前所未有的。秦代国家创设了绵延久远的统一文字与度量衡。国家运行中产生了海量的行政文书，即便是幸存至今的九牛之一毛，也为我们提供了比此前任何东亚国家都要多的政府运作信息。在长江流域中部的秦汉

2　Robin D. S. Yates 叶山，"The Rise of Qin and the Military Conquest of the Warring States," in *The First Emperor: China's Terracotta Army*, edited by Jane Portal（Cambridge, MA: Harvard University Press, 2007）, 31 – 55; Scott, *Seeing Like a State*〔［美］詹姆斯·C.斯科特著，王晓毅译：《国家的视角——那些试图改善人类状况的项目是如何失败的》〕。

236

官吏墓中，发掘（以及盗掘）出了书于竹木简牍之上的律令，最著名的是睡虎地秦简与张家山汉简。这些律令是帝国境内地方行政的圭臬，从中可见中央政府希望官吏如何行事。湖南西部山区里耶县的古井中出土了大批秦代日常行政文书，从中可见帝国角落的地方官府在现实政务中是如何有所为且有所不为。本章使用这些丰富的出土材料，以及汉代中央官吏所撰的两部传世史书，即司马迁的《史记》和班固的《汉书》，来讨论秦代国家的日常统治过程。文中还采用了秦长城、兵马俑等大型工程的考古学研究成果，大型工程表明秦代可以驱使支配巨量的人力。[3]

秦代国家的劳动力供应，主要来自多数男丁强制性的兵役和徭役。国家也有大量的刑徒，因为许多犯罪都要判处劳役或罚金，多数人必须为国家服劳役，居赀赎债，以役抵刑。秦代国家可以驱使庞大的劳动力，足以从事各种大规模的劳动力密集工程，如建造宫殿、遍布帝国的道路系统、著名的秦始皇陵，以及长城，即秦代长城。规模较小但更为广泛的徭役，涉及道路、桥梁、田界、城墙、堤坝和建筑的日常维修。大大小小的工程，都产生了

3　早期中华帝国是古代世界中行政最细密的国家之一，这一论点参见Finer, *The History of Government*〔〔英〕芬纳著，马百亮、王震译：《统治史（卷一）：古代的王权和帝国——从苏美尔到罗马》，上海：华东师范大学出版社，2010年〕。关于秦和汉初出土的法律文本，参见Barbieri-Low and Yates, *Law, State, and Society*, 39 - 46, 221 - 33；Thies Staack 史达 and Ulrich Lau 劳武利, *Legal Practice in the Formative Stages of the Chinese Empire: An Annotated Translation of the Exemplary Qin Criminal Cases from the Yuelu Academy Collection*（Leiden, Netherlands: Brill, 2016）；Robin D. S. Yates 叶山, "Evidence for Qin Law in the Qianling County Archive: A Preliminary Survey." *Bamboo and Silk* 1, no. 2（2018）: 403 - 45。

重大的生态环境影响。水利工程重塑了地方的水系，使其更利于农业生产。道路、桥梁使官吏和商贾能到前未涉足之地汲取资源，把物资运得更远。交通网络的完善，还使得开垦者能够深入新攻取的地区。

157

虽然本章重点讨论秦王政及秦始皇三十六年统治的连续性，但应该强调的是，官吏群体在不断适应帝国快速扩张带来的困境。秦国细密的行政管理是在国都和南部土地上制定的。秦国打下六国人口稠密的东方地区之后，部分官吏意识到了维持对旧敌的统治是一个天大的难题。他们认为，秦国应该效法西周分封制，在新地分封可靠的子弟。但秦始皇选择将现有的高度集权制度延伸到所有疆域，这对于统治数百万心怀怨恨的六国百姓所居的大片疆土来说，无疑是不合适的。虽说如此，如果扩大集权之后没有无休止的战争和庞大的面子工程，秦统治模式也许还会成功。

从秦王政到秦始皇的数十年内，秦财政制度最大的变化是更多地发挥了市场的作用。此前秦国经济一直被国家牢牢掌控，而在秦国攻取了商业城邑之后，贸易的灵活性可以为国家官吏所用。没有市场机制发挥作用，国家只能以实物收税，直接役使百姓劳作。有了市场促进交易，国家易于从经济中汲取盈余。借助市场活动，各地官吏能轻松自如地实现商品、货币、劳动力的相互转换，从而灵活地汲取地方经济的资源盈余。商品在地方市场直接买卖交易，可以省下长距离运输的费用，有时还能盈利。虽然秦帝国的经济始终以粮食和劳动力为基础，但政府越来越多地利用了便携之物，如钱币、布匹、金属和手工业产品。这些东西便携耐用，可以带到其他地区，用来交换国家需要的物资。秦代国家

249

158

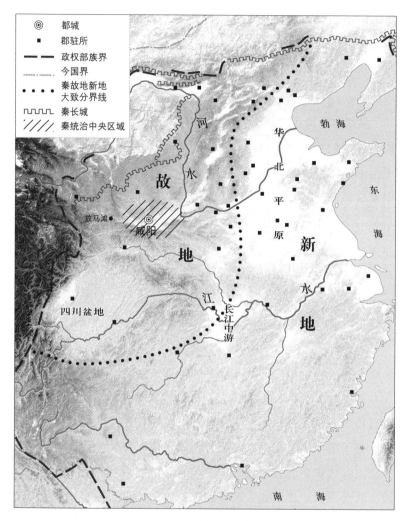

地图11：秦帝国及秦郡。

秦帝国的核心疆域是"故地"，图上长城（虚线）以南、点线以西即为秦故地。最西南两郡的位置，纯为推测。

其至要求地方政府把握物价变化来增加财政收入。秦亡时，改革仍在进行中，汉朝延续了许多相同的财政趋势。[4]

秦朝中央政府对整个帝国有不同程度的控制，帝国在行政上被分为"故"和"新"两部分疆域。新故之分如地图11所示，但需要说明的是，目前并不确知哪些郡是故、哪些是新。故地大致是指公元前230年秦国开始灭六国之前所控制的疆域，包括黄河流域中部的大部分地区、四川盆地和汉江流域。新地包括华北平原和长江流域以南的广大地区。虽然多数秦朝疆域图都把南方描绘成秦朝实有的疆域，但实际上秦朝只能对长江以南的少数地区进行行政控制，主要是从楚、越攻下的今湖南和浙江地区。在长江以南的广大地区——其中大部分地区丘陵起伏、森林密布——秦朝只能控制一个由河流和陆路连缀而成的稀疏的驻军网络。以今眼观之，秦朝征服南方边缘之地，是帝国向长江以南扩张的一个里程碑，但这一地区在当时还算不上秦君的关注重点。[5]

让秦朝官吏日夜悬心的是新近攻取的华北平原。华北平原是华夏世界的人口、经济和文化中心，此前八百年来一直由各个独立的诸侯国统治。当地之人有强烈的区域认同，多认为秦国是一个徒有武力但落后的国家，这也许会让人联想到欧洲人对俄罗斯的成见。东方之人多对秦国攻占故土心怀愤恨，因此，推翻秦朝的起义兴起于此也就不足为奇了。秦丞相与群臣向秦始皇进言，应

159

4　Korolkov，"Empire-Building，" chap. 2；Ardant，"Financial Policy and Economic Infrastructure"；D'Altroy and Earle，"Staple Finance，Wealth Finance and Storage."

5　Korolkov，"Empire-Building，" 183 – 88；Smith，"Territories，Corridors，and Networks."

当将新地分封给子弟功臣，但秦始皇拒绝其议。这或许是一个致命的错误。后继的汉高祖运用分封制卓有成效。汉高祖分封子弟亲戚于东方新地，此后近百年，西汉朝廷才逐步蚕食并制服了这些封国。[6]

后世中华帝国的地方行政，看似颇不如秦代细密却已足以治国，有鉴于此，值得探讨的是秦代行政制度究竟有几分成效。明清两朝（1368—1911）很少有能力长期查清人口土地情况，官吏们则是心照不宣地当着官发着财。可以推测，秦代也有官吏贪污腐败、懒政不为、昏聩无能的问题，因为秦代许多律令正是为了防止庸官污吏而制定的。朝廷也很清楚，下级官吏想要伪造籍帐或侵吞国库是轻而易举的。虽然存在上述问题，但湖南里耶出土的文书显示，秦朝要求边陲的官府按照跟故地一样的律令和政务流程运作。故地这一套制度在里耶运作得并不太好，但如果这一套在关中地区没有成效，秦朝也就不会推而广之了。还应强调的是，里耶不是秦朝控制下的一个普普通通的村邑，此处曾是驻军之地。大片地区名义上属于秦帝国，但秦朝官府的实际存在感却非常低。[7]

讨论像秦这样的大帝国的生态效应，要思考的关键问题是：中

---

6 行分封或设郡县的廷议，见于《史记》卷六《秦始皇本纪》，第238—239、254—255页；Nienhauser, *The Grand Scribe's Records*，vol. 1，137，146 - 47.

7 关于中华帝国晚期行政机构史，参见 G. William Skinner, *The City in Late Imperial China*，（Stanford CA：Stanford University Press，1977）〔［美］施坚雅主编，叶光庭等合译：《中华帝国晚期的城市》，北京：中华书局，2000年〕；Zelin, *The Magistrate's Tael*〔［美］曾小萍著，董建中译：《州县官的银两——18世纪中国的合理化财政改革》〕。

央集权国家使用土地、劳动力和资源的方式，与此前国家影响较弱或根本没有国家时有什么不同？如果不需要交税或服役，老百姓就可以少种一些粮食。他们也可以勤种多收，但余粮余钱只会用在乡邻百姓各人的日用之物上，不会用在天高地远的官府工程上；更或是乐得轻闲息肩。不可否认，官府组织百姓服役建设的基础设施，确实有用且造福多方，这是小社群做不到的。

本章分为七节：第一节概述了中央政府的组织情况，重在讨论官府对土地和人民的管理；第二节对地方行政做了同样的分析；第三节说明了国家征收的种种赋税；第四节讨论了国家土地分配制度，其中非世袭的土地是根据家庭在国家等级制度中的地位而授予的；第五节概述了国家对人力的使用；第六节则讨论了马、牛等动物的情况；最后一节回顾了国家如何管理非农业资源，如矿产、森林等。

中央政府

从理论上讲，秦朝是一个专制政权，统治者的至高行政权力源自所祭之祖。当时还没有现代意义上的国家的概念。敬奉土地、粮食和先帝先王，是王朝政权名义上和精神上的内核。敬事土地五谷、祭祀列祖列宗，被视作王朝绵延的关键。虽然传统王权是在宇宙或天道之下运作，天道为国君垂范（如仁爱百姓），但国君实际上不受天上或人间任何律法的约束。这尤异于信奉犹太教、基督教和伊斯兰教的国王，他们需要遵从神的戒律；尤异于中世纪

161 欧洲的国王，他们受到封君封臣契约的约束；尤异于那些权力受到参议院、罗马元老院或英国议会等土地精英团体制约的统治者。早期的罗马皇帝不敢自诩为君主，以免重蹈尤利乌斯·恺撒的覆辙，被寡头集团暗杀，而中国的皇帝却可以自称为神。[8]

在政治实践中，国君会受到身边掌权之人的制约，尤其是国君之母。古今中外的宫廷政治皆是如此，那些能够接触到国君的人，可以凭借君宠而掌权。官员们反感这些外无功劳而内有大权之人，这是古代中国的长期传统。有权势的宦官和妇女尤受到厌恶，史书文章莫不视其为反面角色。但是，这些人当然也可能有嘉谋善政。秦始皇是中国历史上权力最大的君主之一，但他也必须与宗亲外戚和将相大臣合作才能掌权行政。此外，不可否认，绝大多数的政治决定仍是靠以能取位的官吏来完成的。[9]

官僚机构是国家的核心，承担了现实中大部分的行政事务。对历史学家来说，值得庆幸的是官员们笔下有大量的文献文章。当下可据的秦代行政史料，比此前列朝诸国或世界上多数古代国家所留存的都要丰富得多。《汉书》卷一九《百官公卿表》是所有关

---

8 关于秦的宗教，参见 Poo, "Religion and Religious Life of the Qin" 和 Charles Sanft, "Paleographic Evidence of Qin Religious Practice from Liye and Zhoujiatai," *Early China* 37（2014）: 327 – 58e。关于中国和世界上其他地方的统治思想，参见 Finer, *The History of Government*, 26〔［英］芬纳著，马百亮、王震译：《统治史（卷一）: 古代的王权和帝国——从苏美尔到罗马》，第21页〕; Léon Vandermeersch 汪德迈, "An Enquiry into the Chinese Conception of the Law," in *The Scope of State Power in China*, edited by Stuart R. Schram（London: School of Oriental and African Studies, University of London, 1985）, 3 – 25; Lieven, *Empire*, 10 – 11。

9 Luke Habberstad 何禄凯, *Forming the Early Chinese Court: Rituals, Spaces, Roles* （Seattle: University of Washington Press, 2017）。

于秦汉中央政府研究的起点，这一卷罗列了西汉中央各部各级的职官。《百官公卿表》指出，西汉中央官制沿用秦制而不改，并点明了哪些是承继秦官。大多数职官都标上了"秦官"。《百官公卿表》成书于秦亡三个世纪之后，但对比出土文书与秦封泥，可知《百官公卿表》还是相当准确的。西安相家巷的秦宫殿遗址中出土了三千多枚秦封泥，其中有数百枚在 20 世纪 90 年代中期被盗掘并在文物市场上出售，此后考古学家发现了相家巷遗址，发掘出了更多封泥。幸运的是，部分科学发掘所得碎泥能跟被盗卖的残片缀合成一印，再加上盗卖的封泥是在一时之间大量涌现，可以确定市场所得封泥是真物。这些封泥不仅证实了《汉书》所载秦职官体系的大致样貌，而且还补充了《百官公卿表》未曾提及的小官吏的职名。[10]

　　秦官僚体制中最高的官职是两位丞相，太尉、御史大夫次之。　162这些官职都有官署与属员。秦国效法其他诸侯国的相一职，但设

---

10 许多汉代官制的研究都是按照《百官公卿表》的叙述顺序谋篇布局的。职官名的英译采用了鲁惟一（Michael Loewe）的译法，不过我把鲁惟一所译"九卿"之"卿"（Superintendent）区分为"九卿"之"卿"（Minister）和"九卿"之"官署"（Ministry），因为"九卿"在汉语中既指官人，又指官署。Michael Loewe, *The Government of the Qin and Han Empires 221 BCE – 220 CE*（Indianapolis：Hackett Publishing Company, 2006）；Hans Bielenstein 毕汉思，*The Bureaucracy of Han Times*（Cambridge：Cambridge University Press, 1980）；卜宪群：《秦汉官僚制度》，北京：社会科学文献出版社，2002 年；（清）王先谦：《汉书补注》，第 859—915 页；Michael Loewe, *A Biographical Dictionary of the Qin, Former Han and Xin Periods*（221 BC – AD 24）（Leiden, Netherlands：Brill, 2000），757–65。关于封泥，参见周晓陆、路东之：《秦封泥集》，西安：三秦出版社，2000 年；中国社会科学院考古研究所汉长安城工作队：《西安相家巷遗址秦封泥的发掘》，《考古》2001 年第 4 期，第 509—544 页；陕西省考古研究所编著：《秦都咸阳考古报告》。

立了两个丞相，其中较高者往往由他国之人出任。丞相全面负责政事、外交和一般军务。太尉职掌武事。丞相有着形塑秦国的巨大影响力。最著名的例证是李斯，他在廷尉之任后，于公元前219年至前213年为丞相。御史大夫负责监察百官，保管文书档案，递送机要文件。[11]

上述高官在许多史书中得到了最多的关注，但构成中央政府主体的是次于三者的诸卿。据《汉书》记载，当时有以下各卿：（1）奉常（太常），（2）郎中令，（3）卫尉，（4）太仆，（5）廷尉，（6）典客，（7）宗正，（8）治粟内史，（9）少府，（10）中尉。《百官公卿表》认为上述诸卿都是秦制之官，在秦宫殿遗址中发现了诸卿或其属官的封泥，基本证实了这种说法。秦朝中央政府还保留了许多区域政权的特性。部分卿官不大管京畿以外之事，而一些包揽故地新地事务的卿官，又不是官制结构中的要角。[12]

---

11 两位丞相中较高者称"相邦"，通常是他国之人（客卿）出任；较低者称"丞相"。在汉代，丞相、太尉和御史大夫称"三公"，诸卿称"九卿"，秦是否有"三公""九卿"之称，目前尚无证据。聂新民、刘云辉：《秦置相邦丞相考异》，《秦文化论丛》第1辑，西安：西北大学出版社，1993年，第332—337页；《史记》卷六《秦始皇本纪》，第236、260、267页，卷七一《樗里子甘茂列传》，第2311页；Derk Bodde 卜德，*China's First Unifier: A Study of the Ch'in Dynasty as Seen in the Life of Li Ssǔ (280? – 208 B.C.)*（Leiden, Netherlands: E. J. Brill, 1938）；（清）王先谦：《汉书补注》，第866页；傅嘉仪：《秦封泥汇考》，上海：上海书店出版社，2007年，第3页。

12 奉常、郎中令、卫尉、典客、中尉，所治主要在京畿之内。已见之秦封泥有郎中丞、廷尉、宗正、少府、中尉、内史。汉初《秩律》还列有备塞都尉、车骑尉、中大夫令，亦为二千石之官，秦代或亦如此。Loewe, *The Government of the Qin and Han Empires*, 24–33; Bielenstein, *The Bureaucracy of Han Times*, 17–69; 傅嘉仪：《秦封泥汇考》; Barbieri-Low and Yates, *Law, State, and Society*, 983–87, 1179（张家山汉简之《二年律令》《秩律》，《奏谳书》案例一）。

　　讨论秦朝财政之前，需要先关注耗资甚巨的礼仪性祭祀。秦国保持着五百年来的历代秦公陵以及诸多神灵之祠，其中大部分是由奉常维护的，但其他官署也向祖宗、山川和星辰之祀供奉牺牲等物。秦公陵分布在关中各地。早期陵墓在关中西部的旧都雍城附近，而较晚的陵墓大多建在关中东部的临潼周围，此时正在修建的始皇陵亦在此处。一些宗庙由整个村里专门奉祀，供奉祭祀要用的粮食与牺牲。诸多山川之祀，每年也要多次祭祀，供奉粮食、牺牲。在关中盗掘出土的两件玉版上刻有祷祝之文，秦国王室承诺向华山献上牛、猪、羊和路车四马之祠，祈求神山为"秦曾孙小子"治病。又据里耶出土的文书，当地官吏会"祠先农"。[13]

　　秦代的财政事务由少府和治粟内史职掌。秦治粟内史似乎被称为"内史"，"内史"之名源自周之官名，该名也会引起一些困惑，后来在汉朝官制中，"内史"用于两个不同的官署之称。汉代内史负责京师之市、厨、仓和铁官，以及为皇室祭祀供奉粮谷牺牲。汉代的治粟内史（文义即职掌粮食的内地吏）负责管理整个帝国的财政。秦早期的内史兼具两职，也是说得通的，因为京师算是秦早期大部分疆域了。不知从何时起，内史一分为二，其一

163

13　关于华山之祀，参见Pines，"The Question of Interpretation"；《史记》卷六《秦始皇本纪》，第266页，卷二八《封禅书》，第1371—1377页；Watson，*Records*，16 - 18；Falkenhausen，*Chinese Society*，328 - 36〔［美］罗泰著，吴长青、张莉、彭鹏译：《宗子维城——从考古材料的角度看公元前1000至前250年的中国社会》，第355—365页〕；Wu，"The Art and Architecture of the Warring States Period，"716 - 17（《剑桥中国上古史》）；Nylan and Vankeerberghen，*Chang'an 26 BCE*，24，33，211 - 12；徐卫民：《秦汉都城与自然环境关系研究》，第182—199页。关于祠先农，参见Sanft，"Paleographic Evidence of Qin Religious Practices"。

侧重于京师，另一个侧重于整个王朝。总之，《汉书》所述汉治粟内史，合于我们所知之秦治粟内史。《百官公卿表》写道，治粟内史总掌谷货，"郡国诸仓农监、都水六十五官长丞皆属焉"，王先谦补注引《续百官志》称"掌诸钱谷金帛诸货币"。《汉书》还写道，治粟内史所辖有太仓和都内。秦代的太仓主管粮仓，以及整齐度量衡以便纳粮等相关事务。都内相当于仓库或金库，存放布匹、铜铁器等物。[14]

治粟内史管的是财政来源的大头，少府则是征收山海池泽之类的其他税收。少府的财源还有皇室苑囿，特别是前章讨论的上林苑。上林苑内应当有农田菜地，意味着少府也可以直接管理部分农业生产。总计各个财源所得，少府应该有相当可观的收入。两个世纪后的汉代晚期，少府的岁入有83亿钱，是中央政府岁入的

164　两倍之多。两者岁入悬殊，也是可以理解的，因为大部分粮食、商税都分散在各地的粮仓府库里，不算是中央政府的收入。汉代，

---

14 陈伟主编，彭浩、刘乐贤等撰著：《秦简牍合集：释文注释修订本（壹）》，武汉：武汉大学出版社，2016年，第55—56页；（清）王先谦：《汉书补注》卷十九，第883—885页；Homer H. Dubs 德效骞，*The History of the Former Han Dynasty*，vol. 1（Baltimore：Waverly Press，1938），281－83，242；《后汉书》卷二六《续百官志三》，第3590页。秦代太仓与汉同，也称"太仓"，秦之都内则称"大内"。"太"者，大也，有泰、大、太等多种写法。《汉书》还写道，治粟内史下辖有籍田，职掌皇帝亲耕之仪，但我们不知道秦代是否有籍田之事。（清）王先谦：《汉书补注》卷十九，第883—885；卷二十一，第1164页。Hulsewé，*Remnants of Ch'in Law*，54（《金布律》）；傅嘉仪：《秦封泥汇考》，第58页（"泰内""泰内丞印"）；杨振红：《出土简牍与秦汉社会（续编）》，第3—30页；关于都内，参见Hulsewé，"Ch'in Documents，" 195－200；《史记》卷一一《孝景本纪》，第446页，"大内"。Barbieri-Low and Yates，*Law, State, and Society*，1013（《二年律令》《秩律》）；傅嘉仪：《秦封泥汇考》，第63页。

少府的财政收入有时可以直接为皇室所用，但秦代是否有皇室财政与国家财政之分，目前尚无确证。我认为，秦君牢牢掌控着整个秦国，似不必细分出哪些财源归皇室所有。秦君的乾纲独断，从秦国时期到了秦王朝时期也没有明显的变化。[15]

　　秦帝国疆域太大，大部分物资难以远途运输，中央政府要掌控整个帝国，只有依靠遍布全国的信息传递网络。中央官员需要接收治下的人口物资的信息、向下级行政官署发布命令、保持上下之间和下级之间的内部信息传递。地方官员则埋首于收集、处理和传送文书信息。如此关注信息传递，并非帝国扩张才有的变化，事实上，自商鞅变法以来，信息传递一直是秦制的核心部分，也是秦帝国能够如愿扩张的主要原因之一。本章的引言摘自《商君书》之《去强》，所谓"强国知十三数"清楚说明了信息的重要性。随着疆域扩张，秦帝国必须改善收集信息的基础设施。秦的道路交通网不仅用来输送军队，也用来传送重要消息，后者靠的是马奔人走串连起来的遍布全国的邮驿系统。中央政府甚至要详细掌握人员和货物在不同道路的运送速度。[16]

---

15 Korolkov, "Empire-Building," 78, 121; Esson M. Gale, *Discourses on Salt and Iron: A Debate on State Control of Commerce and Industry in Ancient China*（Taipei: Ch'eng-Wen, 1967），34；王利器校注：《盐铁论校注》卷六，北京：中华书局，1992年，第78页。汉代少府与中央政府岁入比较的数字，出自东汉桓谭的文集《新论》。（清）王先谦：《汉书补注》卷十九，第884页。

16 秦的交通体系，参见王子今：《秦汉交通史稿》，北京：中共中央党校出版社，1994年，第28—32页；Sanft, *Communication and Cooperation*, chap. 6; Hulsewé, *Remnants of Ch'in Law*, 211 – 15（《秦早期田律》青川木牍）；Y. Edmund Lien, "Reconstructing the Postal Relay System of the Han Period," in *A History of Chinese Letters and Epistolary Culture*, edited by Antje Richter（Leiden, Netherlands: Brill, 2015），15 – 52。

绘制地图是官吏们保存空间信息的一种方式。在里耶发现的一份残断的诏或令，要求地方官府为其治下地界"定为舆地图"。从《周礼》中的一段材料可知，时人认识到了地图资料的行政价值，这段材料可能是在公元前3世纪某时成书。它写道，中央官大司徒之职是"掌建邦之土地之图与其人民之数，以佐王安扰邦国。以天下土地之图，周知九州之地域、广轮之数，辨其山林川泽丘陵坟衍原隰之名物"。秦国可能也有这类地图，我们将在后文讨论。[17]

165 司马迁讲了一则故事，概括了掌握信息的重要性。《史记》写道，反秦军的诸将掠夺秦宫殿大多是为了寻找财宝，但刘邦的谋臣萧何却拿走了秦的图籍。这些东西使得刘邦军能够"具知天下阨塞，户口多少，强弱之处，民所疾苦者"，信息优势帮助刘邦战胜群雄，成为汉朝的开国皇帝。这个故事表明文书信息对治理国家的重要性，并提供了秦汉之间制度连续性的又一项证据。[18]

地方行政

秦帝国分为三十多个郡和数百个县。郡主要是军事单位，并逐渐承担了民政管理的职能，在汉代会成为接近省一级的重要行政

---

17 "定为舆地图"，参见陈伟主编：《里耶秦简牍校释（第一卷）》，武汉：武汉大学出版社，2012年，第118页，简8-224、8-412、8-1415；Korolkov，"Empire-Building，" 479。引文出自《周礼·地官·大司徒》，贾公彦疏，彭林整理：《周礼注疏》，第333—334页。

18 《史记》卷五三《萧相国世家》，第2014页。

单位。县是民政管理的主要单位，负责刑罚、徭役、财政、税收、牲畜、官器物、粮仓和判案。县之长官称县令，县令以下有田、仓、厩、皂、库、发弩、工官、厨等啬夫。每个县都有一个财务部门，县内还设有各种曹。里耶秦简中提到了狱、户、仓、金布、车、廷吏和尉（即治安）等曹。各曹之下，还有诸如田、畜等诸官。[19]

县又分为多个乡。乡之下是处于地方行政单位最低一级的里，乡里之民可以担任典或老，典、老要承担一些公家的事务。目前尚不知典、老为官事效劳有何回报。如果典、老治下有人违律犯法，或是自己登记户口时出了差错，典、老也得受罚。典、老似乎还要负责官牛。正如前一章所论，国家把小家庭分成五户之伍，伍内连坐，以此来维持对农村社会的控制。伍内选一户的男性户主为伍长。[20]

县尉负责维护治安，执行县令的命令。秦代遍设亭，亭的主要

19　Barbieri-Low and Yates, *Law, State, and Society*, 111 - 20; Korolkov, "Empire Building," 72. 秦之县令称"大啬夫"或"县啬夫"。"啬夫"是管某事之人的统称，本书根据何四维（Hulsewé）的英译，将县令以外的啬夫都译作"overseer"（监）。汉代文献还提到了市、邑、传舍、厨、库之啬夫，秦代可能也有这些官署。县的财务部门称"少内"。关于县令，参见裘锡圭：《啬夫初探》，以及Hulsewé, *Remnants of Ch'in Law*, 36, 87（《仓律》《内史杂》）。关于啬夫，参见Hulsewé, "Ch'in Documents," 201 - 4；[加]叶山：《解读里耶秦简：秦代地方行政制度》，《简帛》第8辑，上海：上海古籍出版社，2013年，第89—138页；银雀山汉墓竹简整理小组：《银雀山汉墓竹简（壹）》，北京：文物出版社，1985年，第81页、简843—846，第85页、简888—897，第90页、简948；湖北省文物考古研究所、随州市考古队编：《随州孔家坡汉墓简牍》，北京：文物出版社，2006年，第123页告地书图版，第197页告地书释文。

20　关于"伍"，参见Yates, "Social Status in the Ch'in," 219 - 28; Barbieri-Low and Yates, *Law, State, and Society*, 788 - 89（《户律》）。

职能应该也是维护治安，并且还负责监督市场、邮驿传递和抓捕
盗贼等事宜。汉朝肇建之祖刘邦，仕途的第一站就是秦代的亭长。
166 他大概还有几分像是个警长，职责还包括从本县押送刑徒去修秦
始皇陵。还有部分行政单位被称为"道"，道的人口主要是非周族
群。我们对道知之甚少，可以推测，这些地方是秦朝的控制力较
为有限的地区。[21]

  各县必须将其资产和财政活动的详细记录传送给中央政府的
各个部门，这一制度对于一个横跨东亚大陆的大帝国来说是很难
适应的。各县要向内史上呈稻谷、刍稿税的情况以及收成之多少，
向太仓上呈年度课计和禀给粮食的名册。在向刑徒授衣之后，各
县要将剩余的衣物输往大内。破损的铁器、铜器也要输往大内，
除非该县离京师太远，远县可以把损坏的官器卖掉，再以文书向
内史谒告售卖情况。中央政府还在各县设立了下辖官署，直接控
制地方的盐、铁等贵重物资。官府要掌握地方资源的详细情况，
以防地方官吏玩忽职守或盗用官有资产。官吏应该如何照看牲畜、
粮食、官器等官有资产，也有着细致的律令，其中规定了各人的
责任和遗失物品的处罚。从中央政府的角度来看，掌控官吏乃控
驭臣民的一个重要先决条件。[22]

21（清）王先谦：《汉书补注》卷一，第10页；Barbieri-Low and Yates, *Law, State, and Society*，111 - 19；Korolkov, "Empire-Building," 104。

22 陈伟主编，彭浩、刘乐贤等撰著：《秦简牍合集：释文注释修订本（壹）》，第
63—64页、简36和37，第93—95页、简86—93，第135页、简187；Hulsewé, *Remnants of Ch'in Law*，29，38 - 41，53 - 55，78 - 82，90 - 101（《厩苑律》
《仓律》《金布律》《效律》《效律》）；Barbieri-Low and Yates, *Law, State, and Society*，823 - 32（《效律》）。

里耶秦简中的文书揭示了诸曹之计的情况。官吏们不仅要给
官有资产制计（计，即统计文书），还要为诸多统计文书再制作统
计文书。这看似官僚主义的愚钝呆板，但也为历史学家展开了一
幅关于列曹事务的细致画卷。户曹有乡户（人口记录）、徭役、器
物、租税、质剂税、漆器以及田堤封之计。司空曹有船只、器物、
赎（刑罚改为罚金）、赀债之计。仓曹有禾稼、借贷、牲畜、饲
料、器物、钱、牛、马、羊以及田官之计。列曹根据各乡的信息
汇总成计，县廷也要统计县内的情况数据，文书输往中央政府对
应的官署。迁陵县金布曹向中央政府提交了以下统计籍册：漆器、
作务、畴竹、池塘、园栗、采铁、市场、作务而或死或逃的刑徒、
铸锻、竹箭、果园、水灾火灾的损失，等等。秦朝各个郡县的海 167
量资产信息，如同百川入海一般流向了中央政府。[23]

黔首百姓是国家最重要的资产，国家要详细掌控每一个人的情
况。国家的户籍记录是非常详尽的，列出了户内每个家庭成员的
身份、爵级和姓名，从户主（通常是男性）开始书写，然后是其
他成年男性、男性的妻子、其他成年人（父母、妾或奴仆）和孩
子，并写明这些孩子是户主抑或其他成年男性的子女。如户主是
伍长，户籍上也会注明。丈夫或父亲去世的话，女性大概也可以
成为户主。户籍记录了孩子们的名字和年龄，以便掌握这些未来

---

23 律令规定了地方行政中各种籍册如何制作，参见 Barbieri-Low and Yates, *Law,
State, and Society*，798 - 99（《二年律令》《户律》）。关于户曹之计，参见陈伟
主编：《里耶秦简牍校释（第一卷）》，第167页、简8-488；司空曹、仓曹之计，参
见陈伟主编：《里耶秦简牍校释（第一卷）》，第164页、简8-480和8-481；迁陵县
金布曹的籍册，参见陈伟主编：《里耶秦简牍校释（第一卷）》，第152—153页、简
8-454。

的纳税人、劳动力和士卒成年后的去向。[24]

除了记录资产和人户外，官僚机构还特别关注农民的收成。张家山汉简《二年律令》规定，在五月望日之前，应将已垦田之数和相关的户数上呈给郡守。睡虎地秦简《田律》还要求地方官吏在禾稼长成之后尽快详细上报种植情况，尤其要上报水旱等受灾状况，后文将会展开讨论这一点。根据种植情况评估农民的收成，主要是为了调整税率，应该也有助于规划当季的军事活动或公共工程。[25]

赋税

秦代对土地人户保持了超乎寻常的控制力。历史上，农业帝国倾向于在征服的新地维持已有的资源汲取结构。因循旧制通常要比建立新的行政结构成本更低，而且往往还会给当地的社会上层留下一些盈余空间，使得地方豪强更容易接受新君主。很少有前现代帝国尝试在疆域之内建立起统一的行政结构。同样地，很

---

24 Hsing, "Qin-Han Census and Tax and Corvée Administration"；陈絜：《里耶"户籍简"与战国末期的基层社会》，《历史研究》2009年第5期，第23—40页；Charles Sanft, "Population Records from Liye：Ideology in Practice," in *Ideology of Power and Power of Ideology in Early China*, edited by Yuri Pines, Paul R. Goldin, and Martin Kern (Leiden, Netherlands：Brill, 2015), 249 – 69；[加] 叶山：《解读里耶秦简：秦代地方行政制度》，《简帛》第8辑，该文提供了一个非寡居女性列为户主的例子（里耶秦简8-19）。

25 Barbieri-Low and Yates, *Law, State, and Society*, 697 – 706（《田律》）；睡虎地秦墓竹简整理小组编：《睡虎地秦墓竹简》，北京：文物出版社，1990年，图版第15页、简1—3；Hulsewé, *Remnants of Ch'in Law*, 21（《田律》）。

少有前现代国家有能力支撑起一个足够大的官僚体系，大到能掌控个体的纳税小民。大多数国家会把实际征税工作委派给食禄之官以外的人。例如，近代早期的欧洲国家经常拍卖其领地内各部分的征税权，以此向农民征税。中国的明清两朝也没有直接征税。但明清的疆域规模堪比同时期大多数欧洲国家的总和，因此明清帝国中央集权的程度仍然是不同寻常的。再来看此前的秦帝国，它的中央集权程度甚至超过了大多数后继王朝。秦朝官吏直接向农民征税。而秦朝的覆灭，表明如此细密的管理方式成本实在高昂，当时农业经济的少量盈余无力支持。[26]

168

粮仓在秦代制度中起到了核心作用。正如前几章所论，粮食可以大批量地种植、晒干，并储存数年之久。谷物的培育使得人口增长，并发展出更为复杂的社会。粮仓储存着收获时从农民身上汲取的资源，然后再供养从事国家工程的劳动力。黍类是秦代大部分地区的主要作物，但人们也种植水稻、小麦、大麦和豆类。一些地区用麻来纳税，麻是制作衣物的主要纤维，还有的地方用蚕茧来交税。许多地区还贡上当地特产，其中可能有数百种不同的产品。[27]

秦代对农户有两种基本的税收：其一是土地税（租），按种植

---

26 清代与欧洲赋税的大致比较，参见 Zelin, *The Magistrate's Tael*, 5 – 9〔［美］曾小萍著，董建中译：《州县官的银两——18世纪中国的合理化财政改革》，第5—6页〕。

27 关于中国历史上的粮食储存，参见 Bray, *Science and Civilisation in China*, vol. 6.2, 378 – 423〔《李约瑟中国科学技术史》第6卷《生物学及相关技术》第2分册《农业》，［英］布瑞（白馥兰）著，李学勇译：《中国农业史》〕; Pierre-Étienne Will 魏丕信 and Roy Bin Wong 王国斌, *Nourish the People: The State Civilian Granary System in China*（Ann Arbor, MI: Center for Chinese Studies, 1991）, 1650 – 1850。关于麻税，参见朱汉民、陈松长主编：《岳麓书院藏秦简（贰）》，上海：上海辞书出版社，2011年，第6页、简28。

面积缴纳；其二是向每家每户征收的户赋，包括刍稿税。秦代还对商业征税。后世王朝每年向农民征收的税率多数是固定的，秦代与此不同，每年都要雄心勃勃地调整税额，以实现产收最大化。汉初律令揭示了秦代征税方式所需的信息，《户律》写道，乡部每年要把以下五种文书送至县廷：（1）住宅、院落和家庭登记簿；（2）详细的年度登记簿；（3）相邻的田地登记簿；（4）汇总的田地登记簿；以及（5）土地税登记簿。[28] 目前尚不能明了这些文书的具体内容和源头，不过，我认为这些文书类型都源于秦，但也不能确知。文书表明，官府想要详细记录每一块应纳税土地面积、预估产量以及应缴税款的数量。乡官将这些信息上报给县廷，用来确定当年所收之税。税额下达到里吏，并由里吏防止百姓偷瞒，里吏应该还要负责征税时的其他工作。纳税之民是否必须把赋税交到乡内粮仓或里长之类当地头目，目前还不能知晓。[29]

地方官吏必须向上级呈报农作物的生长状况，还可见于睡虎地 169 秦简《田律》：

> 雨为澍〈澍〉，及诱（秀）粟，辄以书言澍〈澍〉稼、诱（秀）粟及狼（垦）田畼毋（无）稼者顷数。稼已生后而雨，亦辄言雨少多，所利顷数。旱〈旱〉及暴风雨、水潦、螽

---

28 五种籍册的原文是："民宅园户籍、年细籍、田比地籍、田合籍、田租籍。"Barbieri-Low and Yates, *Law, State, and Society*, 798 – 99（《户律》简331—332）。

29 Korolkov, "Empire-Building," 686 – 702；［日］山田胜芳：《秦漢財政収入の研究》，東京：汲古書院，1993年，第33页。

（螽）蚅、群它物伤稼者，亦辄言其顷数。近县令轻足行其书，
远县令邮行之。

　　（雨水浇灌、谷物成熟时，应立即书面报告受惠的作物、
抽穗的谷子，以及已耕地和无作物土地的面积。如果在作物已
经完全长成时下雨，要书面报告雨量和受影响的面积。同样，
如果发生干旱、暴风雨、洪水、成群的蝗虫或其他生物破坏作
物的情况，也要立即书面报告相关面积。都城附近的县应让走
得快的人送信，而距离远的县由驿站传送。）

上述做法便于官吏决定各地可收之税。这是一个灵活的制度，它
考虑到了歉收的情况；但这也是一项激进的制度，因为它的征收比
例要高于固定税率。固定税率与按收成而税的不同处，在于固定
税率必须定得低一些，这样才能每年都收得上税。[30]

　　每种作物都有不同的税率，而且有固定的折算比例，不同类
型和等级的谷物或豆类，可以让官吏折算税额，也可以折算成
钱、布之类日用品再纳税。这不仅便利了秦帝国的行政管理，地
方官吏还可以靠官价和当地价格之间的差价获利。马硕（Maxim
Korolkov）认为，计划经济在秦帝国的经济体系中发挥了核心作
用，至少在秦帝国牢牢控制的地区是如此。秦帝国靠着铜钱推动

30　引文出自睡虎地秦墓竹简整理小组编：《睡虎地秦墓竹简》，图版第15页，简1—
　　3。本书参考何四维的英译并有所调整，Hulsewé, *Remnants of Ch'in Law*, 21；亦
　　参见 Yates, "Some Notes on Ch'in Law," 247。向特定面积的土地征取固定比例
　　的粮食，其例参见彭浩：《张家山汉简〈算数书〉注释》，第77页、简85；以及
　　Dauben, "Suan Shu Shu," 135。

了经济的货币化，日用品和劳动力折价相抵的制度也大大促进了商品交换和劳动力的商品化。即使在秦亡很久以后，秦代的经济革新可能仍在促进商业化的进程。[31]

　　刍稿税应当主要是用来供养官府和军队的马匹和牛群。刍稿税是根据农民受田之数来征收的，不管所受之田是否耕种都要交这笔税。如果官吏不需要刍稿，可以让农民折换成钱。这是帝制中国最早的货币税，迫使农民参与进商品经济。其他税收相关史料，如里耶秦简有羽毛（用于制箭）和蚕茧（丝绸原料）之税，这可能是按户征税或额外征税之一。[32]

　　市场之中和货物流通时也要征各种税。例如，出土《算数书》有一道计算题，表明运输毛皮时要征税："狐、狸、犬出关，租百一十一钱。犬谓狸、狸谓狐：'尔皮倍我，出租当倍我哉！（既然你的毛皮比我的价值高一倍，那么你交的税也应该高一倍！）'问出各几何？"动物的对话当然是个玩笑，指的是对已死动物的毛

170

31 Korolkov, "Empire-Building"。不同作物税率折算之例，如，税 "禾三步一斗，麦四步一斗，荅（小豆）五步一斗"，参见彭浩：《张家山汉简〈算数书〉注释》，第58页、简43；Dauben, "Suan Shu Shu," 119; Karine Chemla 林力娜 and Biao Ma 马彪, "How Do the Earliest Known Mathematical Writings Highlight the State's Management of Grains in Early Imperial China?" *Archive for the History of Exact Sciences* 69（2015）: 1 – 53; Karine Chemla 林力娜 and Shuchun Guo 郭书春, *Les neuf chapitres: Le classique mathématique de la Chine ancienne et ses commentaires*（Paris: Dunod, 2004）, 201 – 61。

32 Hulsewé, Remnants of Ch'in Law, 23（《田律》）; Korolkov, "Empire-Building," 81 – 110; 湖南省文物考古研究所编著：《里耶秦简（壹）》，北京：文物出版社，2012年，图版第150页。刍稿用于喂马，参见 Dauben, "Suan Shu Shu," 126 – 27（nos. 52 – 54）。出茧、纳羽为赋，参见湖南省文物考古研究所编著：《里耶秦简（壹）》，第76页、简8-518，第222页、简8-1735。

皮征税。《算数书》还提到了对"医治病者"征税，这意味着可能有对各种非农业人员的税收。税收种类虽多，农业税才是国家的主要收入来源，因此秦代尤为重视农田。[33]

农田

在古代，光合作用是所有能量的来源，因此控制植物生长的土地和耕种之人便是政治权力的基础。许多土地的产量几乎不足以维持居民的生存，更遑论产出可征税的收成。正因为如此，官吏才把目光放在良田上，努力保障这些农田的耕作足以产生盈余。这也是前章讨论的国家直接控制良田，并根据爵级授田于民的原因之一。授田于民，确保了力耕之户有足够的土地来生产盈余，确保了他们能交上税。授田于小家庭，还有防止贵族精英攫取农民盈余的目的，这无疑是中国历史上从汉到清的上层文人都以为秦制可憎的原因之一。随着秦国的扩张，秦人不断占领战略要地的良田沃土，以便生产资源来支援秦国在新地的种种行动，加快扩张的进程。可以确定，在秦国新征服的地区，甚至在秦国的核心疆域内，还有其他各种土地控制、所有方式和管理制度。但其他土地制度并不是国家的主要关切，在史料中也没有留下痕迹。

到了战国时期，黄河流域的低地有着数百万人口。人口虽盛，

33　彭浩：《张家山汉简〈算数书〉注释》，第73页、简72；Dauben，"Suan Shu Shu,"132。

统治者和政治理论家关心的主要问题之一还是如何增加人口，这说明周边仍有大量未开垦的可耕地。《商君书》为图强之君提供了以下指导："民胜其地，务开。地胜其民者，事徕。开则行倍。民过地则国功寡而兵力少，地过民则山泽财物不为用。"农民越多，纳税之民就越多，士卒也就越多。[34]

171

　　如前所述，汉初律令明确规定，地方官府要详细记录个人的土地所有情况。而秦新占地相当多，以至于难以彻查。秦代的解决办法是要求人民向当地官府报告各自的土地所有情况，前文所论的土地登记，大概就是如此制作的。里耶秦简的部分材料展现了制度运作的流程。一个寡妇提出申请，请求将登记为"垦草田"的一块土地改登记为桑田。另一个人登记了六亩草田。以上是一些最显著的证据，表明土地可以为私人所有，但秦文书中还没有证据表明人们可以买卖土地。土地所有者之所以愿意去登记土地并为之纳税，是因为这会使他们的所有权得到法律的承认。如果土地所有者不去登记，国家会鼓励他人告发。若如此，告发者就能占有他人土地，而违法者则会失去田宅并判处苦役。[35]

---

34 蒋礼鸿：《商君书锥指》算地第六，第42页；Duyvendak, *Book of Lord Shang*, 111〔［荷］戴闻达英译，高亨今译：《商君书》]；Pines, *The Book of Lord Shang*, 158 - 59；Legge, *Mencius*, 1A.129；Ian Johnston艾乔恩, *The Mozi: A Complete Translation* (New York: Columbia University Press, 2010), 20.200 - 1；《史记》卷七九《范睢蔡泽列传》，第2423页。

35 《史记》卷六《秦始皇本纪》，第251页，《集解》引徐广"使黔首自实田也"；陈伟主编：《里耶秦简牍校释（第一卷）》，第346页、简8-1519。关于"草田"，参见陈伟主编：《里耶秦简牍校释（第二卷）》，第21页、简9-15，第49页、简9-40，还有第377页、简9-1865，第477页、简9-2344。Barbieri-Low and Yates, *Law, State, and Society*, 796（《户律》简323、324); Korolkov, "EmpireBuilding," 233, 558 - 62。

　　目前对私有土地知之不多，但关于秦制将土地授予有爵者倒有很好的材料。以爵授田对国家有许多好处。这一制度极大激励了士卒去英勇作战，还便于向平民征发赋役。这项制度为平民开辟了一条提高生活水平的通途，同时削弱了贵族世家的势力，后者是跟国家争夺农业盈余的潜在对手。为此，军功授田制将核心家庭作为标准的土地所有单位和纳税单位。这项制度可能集中在良田区和战略要地实行。很难相信秦代能够逐户逐人地以爵级授田，此等程度的国家控制力，堪比20世纪的计划经济。在后世王朝，这类制度往往存在于律令文本中，而不能行于现实。但秦国素有"令严政行"之誉，而且军功授田制似乎在秦的核心区确有实行。此外，秦人不断攻取新地，应当有大量的土地可供分配。官吏们也驱使刑徒直接耕种一部分土地。[36]

　　张家山汉墓出土的《二年律令》可定在汉初，虽然汉朝对律令细节有所改动，但《二年律令》显然是承袭自秦律。汉初的《户律》中，男子被授予农田和住宅用地。授予无爵庶人之田为1顷（45 700平方米，即11.3英亩），而高爵者——通常是高官，受田可多达95顷（4.3平方公里，即1 073英亩）。田宅爵等的律令，不仅是为了奖励有爵者，可能也是为了限制有权有势之人的土地占有量。《户律》还规定，"卿以上所自田户田，不租"，高爵者不 172

---

36 刑徒耕作，参见Korolkov, "Empire-Building," 122 – 23；以及陈伟主编：《里耶秦简牍校释（第一卷）》，第141页、简8-383。"令严政行"之语，出自（汉）刘向集录：《战国策·赵策二》，第618页；Crump, *Chan-Kuo Ts'e*, 336。关于爵制，参见Barbieri-Low and Yates, *Law, State, and Society*, xxii, 873 – 75, 1328；唐律中存在的类似的制度，参见Twitchett, *Financial Administration under the T'ang Dynasty*〔［英］杜希德著，丁俊译：《唐代财政》〕。

需要为他们自己耕种的土地纳税，这似乎表明他们的佃户需要向国家纳税。这些土地并不等于数百年前由受封者自己收税的封地。在之后的时期，拥有田庄的地主常常会想方设法阻止官府向自己的佃户征税，攫取本来会被国家收集的大量资源，试图建立起自己的权力。正如第一章所讨论的，这是国家与其他强大集团之间为应税资源而发生冲突的典型例子。[37]

爵级不能完全世袭。当一个家庭的户主去世后，长子成为新的户主，除非取得了与父亲相同或更高的爵级，否则他将失去超出当前爵级的土地，并需要选择继承其父的哪些地块。如果其他儿子想要组建家庭另立户口，可以选择原家庭剩下的土地。如果没有儿子，寡妇或女儿可以继承土地且不失去爵级。女性继承看似一种进步，但可能反映了妇女不能独立于男性亲属而拥有爵级的事实。被释放的奴隶也可以继承土地。一个人的爵级越高，子嗣继承时降爵的级数就越多，这意味着高爵大官的子嗣不能继承其

---

37 1步为6尺，一尺约23.1厘米。1步长1.39米，1方步的面积为1.9平方米；240步为1亩；100亩为1顷。1亩约457平方米，1顷约45 700平方米。作为比较，1英亩约4 047平方米，1公顷为10 000平方米。有爵者分受田亩的律令，参见Barbieri-Low and Yates, *Law, State, and Society*, 790 – 93（《户律》简310—317），杨振红：《〈二年律令〉与秦汉名田宅制》，《出土简牍与秦汉社会》，桂林：广西师范大学出版社，2009年，第126—186页。关于度量衡制，参见Wilkinson, *Chinese History*, 552 – 58〔［英］魏根深著，侯旭东等译：《中国历史研究手册》，第858—869页〕。律令用以限制权贵占田，此说参见Lien-sheng Yang, "Notes on the Economic History of the Chin Dynasty," *Harvard Journal of Asiatic Studies* 9, no. 2（1946）: 107 – 85〔［美］杨联陞著，彭刚、程刚译：《晋代食货志注解》，收入氏著《中国制度史研究》，南京：江苏人民出版社，2007年，第96—158页〕，以及［日］瀧川龟太郎：《史記會注考證》卷六八，第3405页。无爵的情况，参见Yates, "Social Status in the Ch'in," 201 – 3.

父的大量地产。此举旨在防止高官家族变为世袭精英，此为商鞅学派的观点之一，在现代世界仍然适用。[38]

　　古代最低的土地配额是1顷（11英亩），这个数额会让中国当代的农民大吃一惊。根据20世纪中期在华北平原进行的调查，仅3%不到的人口有这么多土地，而三分之二的人口连2英亩（约17.7秦汉亩）都没有。当然，20世纪40年代的农业生产力要高得多。根据成书于公元1世纪的《汉书》中的一段文章，每亩地能产出1.5石（45公斤）的粮食，即1顷地每年能产出150石未脱粒的谷子。这段文章还写道，五口之家自己要吃掉150石中的90石，用50石置办衣物，交上15石的税，再捐10石给闾社之祠，即使没碰上丧葬和额外税收，一年到头还得补上15石的亏空。这段文章是为了强调百姓贫苦而写就的，所以不能视作事实陈述。不过这段材料还是提供了一个有用的大致框架，从中可知老百姓可能会如何安排收入。这段材料还表明，数百年以来一直以1顷作为标准地块。[39]

173

38　Barbieri-Low and Yates，*Law，State，and Society*，790 – 91（《户律》简312—313）。

240

39　令人困惑的是，"石"既是重量单位，相当于120斤（秦汉时期1斤约为250克，共30公斤），又是体积单位，相当于100升（1升约为200毫升，共20升）。根据孙念礼（Swann）的计算，汉代1石相当于1.29美国蒲式耳未脱粒的谷子。《汉书》卷二四《食货志》，第1125页；Swann，*Food & Money in Ancient China*，140 - 42，365（孙念礼译：《汉书·食货志》）；Wilkinson，*Chinese History*，555 – 56〔[英]魏根深著，侯旭东等译：《中国历史研究手册》，第862—864页〕。当代中国的土地数据，参见Loren Brandt and Barbara Sands，"Land Concentration and Income Distribution in Republican China，" in *Chinese History in Economic Perspective*，edited by Thomas Rawski and Lillian Li（Berkeley：University of California Press，1992），182。

鉴于个人占有土地的纳税之民在秦制中的核心地位，基思·霍普金斯（Keith Hopkins）的观点值得注意。他认为，正是贵族对土地的垄断及其大庄园的效率提高了罗马帝国的农业生产力。换句话说，秦代保持了小农耕作的主导地位，反而会降低规模效益、减缓劳动分工，地方精英控制土地形成大型庄园，才会有规模效益和劳动分工。因此，秦制减少了农业盈余的总量。高爵者所受大块土地不能由其子全盘继承，也会产生同样的影响：社会上层没有动力去创建复杂的生产系统。后世的制度与秦制形成了鲜明的对比，如公元初到5世纪之间，此时中央政府软弱无力，权贵家族建立起世袭的大型田庄，但这一时期却常常被称为中国北方农业的发展高潮。秦制会把农具和耕牛借给农民，不失为缓解小农经济弊端的一种方法。[40]

习惯了自由资本主义及其对私有财产的尊重的人，不太会对国家根据军功不断分授土地的制度有多高的评价。但要注意到，秦制旨在以计功取能（meritocracy）取代贵族特权，为普通农民开出了一条向上攀升致富的通途。而且，即使秦制没有罗马经济的生产力，至少秦朝不是靠着奴隶制推动发展的（秦代人口中只有一小部分是奴隶）。现在几乎看不到当时的老百姓对秦制感受如何，但我推测，秦制的计功取能会给秦朝带来可观的大众合法性。至少，秦制创造了一个相当大的社会阶层，他们因秦制而受益，又

---

40 Keith Hopkins, *Conquerors and Slaves: Sociological Studies in Roman History* (Cambridge: Cambridge University Press, 1978), 2 - 3〔[英]霍普金斯著, 闫瑞生译:《征服者与奴隶：罗马社会史研究（第一卷）》, 西安: 陕西人民教育出版社, 1993 年〕; 石声汉:《齐民要术概论》, 北京: 科学出版社, 1962 年。

有充分的理由支持秦制。

　　从环境的角度来看，非世袭田制的建立或许削弱了农民与土地的联系，降低了农民照看田地的积极性。另一方面，家庭成员和奴隶可以继承与爵级或身份对应的户内土地，这一田制并没有完全切断人地之间的联系。如前一章所述，卫星图像显示，关中的大片土地被重新组织分配，形成了标准的田亩面积，这是国家重塑环境以便管理的一个显例。到了汉代，一旦可分配的土地不够，国家授田制就瓦解了。后世一度恢复了授田制，但也不能持久。不过，土地的田亩布局倒是延续至今。[41]

174

人力

　　秦帝国的崩溃，传统上归因于过度剥削人力。加上出土文献和大型工程提供的证据，更难以消除这种印象。秦帝国的权力建立在对数百万人力的控制之上：国家要求多数男丁参军服劳役，还征用了一批刑徒大军。这些人就像是帝国的役畜驮兽。1860 年，一位在中国的英国军官写道："一个苦力要比三头负重动物都更有价值，苦力很容易喂养，并且如果恰当对待，他们大部分是好控

41 后世田制，参见 Twitchett, *Financial Administration under the T'ang Dynasty*, 1 – 11〔［英］杜希德著，丁俊译：《唐代财政》，第 1—12 页〕; Balazs, "Le traité économique du 'Souei-chou,'" 144 – 53; Yang, "Notes on the Economic History of the Chin Dynasty," 119 – 26, 167 – 68〔［美］杨联陞著，彭刚、程刚译：《晋代食货志注解》，收入氏著《中国制度史研究》，第 106—112、143—144 页〕。

制的。"这种将人力与牲畜相提并论的说法，在秦史材料中也很显见，屡有人畜并列的提法。早期中华帝国有能力役使百姓无偿劳动，这与后世的按劳付酬形成了鲜明对比。秦帝国还强迫被征服的民众迁入国家新开辟的地区来推动当地生产，强制移民有数十万乃至更多。[42]

与此前相比，秦对境内的粮食、人力盈余控制得更严格。其中，粮仓发挥了收集储运的关键作用。粮仓官吏还会在播种季节向农民借出粮食种子。与其他诸侯国一样，秦统治者也谋求人口增殖，应该会在饥荒时期打开粮仓赈济百姓，但目前几乎没有汉代之前的开仓救灾史料。时人常用陶制粮仓随葬，希望在地下世界能够拥有粮仓，据此可以推测粮仓在现实生活中的重要作用（图10）。[43]

国家收入的主要来源是粮食税，而且还需要粮食来供养徭徒、刑徒、官吏和士卒，因此，多数城邑肯定要有官粮仓，其中不乏规模巨大者。在秦亡之后的楚汉战争中，刘邦、项羽为争夺黄河

---

42 关于后世的郑国渠工程，参见 Will, "Clear Waters versus Muddy Waters," 325〔［法］魏丕信：《清流对浊流：帝制后期陕西省郑白渠的灌溉系统》，刘翠溶、［英］伊懋可主编：《积渐所至：中国环境史论文集》〕。英国军官之语，引自 Ruth Rogaski, *Hygienic Modernity: Meanings of Health and Disease in Treaty-Port China*（Berkeley: University of California Press, 2004）, 87〔［美］罗芙芸著，向磊译：《卫生的现代性：中国通商口岸卫生与疾病的含义》，南京：江苏人民出版社，2007年，第93页〕; Barbieri-Low, "Coerced Migration and Resettlement in the Qin Imperial Expansion"。

43 陈伟主编，彭浩、刘乐贤等撰著：《秦简牍合集：释文注释修订本（壹）》，第65页，《仓律》简40; Hulsewé, *Remnants of Ch'in Law*, 41－42; Selbitschka, "Quotidian Afterlife"; Yates, "War, Food Shortages, and Relief Measures in Early China"。

175

图10：秦始皇陵出土的陶制粮仓模型。

中部的敖仓而大战数次，敖仓必有大量储粮。睡虎地秦律记载，在咸阳，10万石为1"积"（储存单位）；在次于国都的栎阳，2万石为1积；其他地方，1万石为1积。每一积都存在粮仓中分管的仓门内，仓门封缄，从而确保官吏对仓内储粮负责。凡是粮食出入，必须记录在儋籍上。律令规定了各类人员和牲畜的口粮配额，官吏不能随意调配粮仓里的粮食。秦帝国统一了度量衡之后，粮食流通才有可能实现。[44]

　　睡虎地秦简《仓律》的主要内容，是各类劳动力和牲畜应分到多少粮食。以下例证让我们了解到发粮的细节，这条《仓律》规定了隶臣妾、城旦、舂这三类刑徒的廪食配额："隶臣月禾二石，隶妾一石半；其不从事，勿禀。小城旦、隶臣作者，月禾一石半 176

44 陈伟主编，彭浩、刘乐贤等撰著：《秦简牍合集：释文注释修订本（壹）》，第56—57页，《仓律》简21—27；Hulsewé, *Remnants of Ch'in Law*, 34 – 35；蔡万进：《秦国粮食经济研究》，呼和浩特：内蒙古人民出版社，1996年（敖仓在荥阳）；《史记》卷九七《郦生陆贾列传》，第2694页。

石；未能作者，月禾一石。小妾、舂作者，月禾一石二斗半斗；未能作者，月禾一石。"（隶臣每月发粮二石，隶妾一石半；如不劳作，不得发给。未成年的小城旦、隶臣，劳作的每月发粮一石半；不能劳作的每月发粮一石。未成年的小隶妾、舂，劳作的每月发粮一石二斗半；不能劳作的每月发粮一石。）这只是区分劳动力的类别与年龄的一个例子。不同种类的牲畜、不同级别的官吏等，也都有相应的供食规定。如果是特别艰苦的职事，还会发放额外的粮食，对人是如此，对马也是如此。地方官府还要把粮食收入的大头用在各种工程上。当然，粮仓也要用来供养官吏，如要供食行军中的部队，那就必须在战前仔细规划粮仓的储备。京师的粮仓则需要向大量的劳动力、士卒、牲畜和官吏发放粮食。如前章所论，京师有一整套供应食物的官署。[45]

男子十八岁傅籍，一年要服一个月的法定徭役，一年中的服役时间可以多于一个月，不用每年都服役。官吏在一年中从一户内征发多个男丁是不合于秦律的。徭役项目包括挖掘沟渠、运河和灌溉工程，修建道路、堤坝、城墙和建筑，以及上述工程的日常维护和紧急修理。里耶秦简有几条劳动力"付田官"劳作的记录，此外没有材料表明秦代雇佣徭徒干农活，不过这样做也不足为奇，汉代便是如此。物产之间相互折算有国家的详细规定，人力劳动也有制度规范。这一制度给不同的劳动力、事务分等分级，一日或一月的人工等于一定数量的粮食、钱币或布匹。这套折算制度，

---

45 睡虎地秦墓竹简整理小组编：《睡虎地秦墓竹简》，图版第19页（《仓律》简49—50）；Hulsewé, *Remnants of Ch'in Law*, 31。

使得官府将劳动者视作可换的零件，可以更灵活地运用人力。[46]

　　成年男子在农闲时节离家去服役，就给家里人留下了更多的活。随着越来越多的男丁为秦朝的征伐、陵墓、宫殿和长城等国家大计服役，越来越多的妇女、孩童和老人就不得不投入到国家经济赖以运转的基本生产劳动上。役使人力过度，使得百姓身疲而心怨，而且为国家效劳时受伤甚至身死之人比比皆是，这必然会让平民心中的天平失衡倾倒，甘冒一死也要推翻秦政。

177

　　秦国占用了大多数男丁农闲时的劳动力，同时还占有了大量刑徒的终年劳动。许多罪行会被判处劳役，劳役的时间和强度各不相同。此外，中央政府或已发现肉刑的效益不高，多用罚金刑代替伤残肢体的旧刑罚。无力支付罚金的人，只能以极低的工钱为国家服劳役来抵偿。赎罪之金从赎劓的九千多钱到赎死的二万三千钱不等，但一天的劳作只能抵八钱。虽然这对许多人来说相当于终身监禁，但比罪人身份要好得多了。罪人是国家的囚犯，会被输送至国家所需的任何地方，而居赀赎债者有20天的假期可以回家，这表明他们是在家附近劳作的。[47]

46　本段参考Korolkov，"Empire-Building" 以及A. F. P. Hulsewé何四维，"Some Remarks on Statute Labour during the Ch'in and Han Period，" *Orientalia Veneziana* 1（Florence：Olschki，1984），195－204。里耶秦简中的作徒簿值得深研，参见陈伟主编：《里耶秦简牍校释（第一卷）》，第84—85页、简8-145，第196页、简8-663。

47　睡虎地秦墓竹简整理小组编：《睡虎地秦墓竹简》，图版第26页、简136；Hulsewé，*Remnants of Ch'in Law*，67（《司空律》简144）；钱与黄金之间的汇率常有波动，正文中这个数字依据的是于振波的计算，金一两相当于五百七十六钱。于振波：《秦律中的甲盾比价及相关问题》，《史学集刊》2010年第5期；Barbieri-Low and Yates，*Law，State，and Society*，510－11，535－36（《二年律令》《具律》简119。

　　秦帝国最显著的直接环境影响，应当是其地方基础建设工程。国家可得的大部分劳动力都用在地方的道路、桥梁、城墙、堤防、水坝和运河的例行建筑和维护之上。例如，上一章讨论的公元前309年的秦国《田律》中写道："八月，脩（修）封埒（埒），正疆畔，及发千（阡）百（陌）道之大草。九月，大除道及阪险。十月为桥，脩（修）波堤，利津隧鲜草。"（八月，修整标冢和隔断，固定边界和田地界限，砍伐阡道陌道上高大的植物。九月，大规模整治道路和险坡。十月，修建桥梁，修整堤坝，确保浅水和沟渠中的水流畅通。）秋天是整修的季节，雨季紧随其后。八月的任务主要是维护秦朝统一的田亩、陌道、阡道制度。九月、十月整治陆路和水路。青川木牍《田律》后文还要求道路、城墙要随时因需修整。此类条文被汉初律令吸收纳入。[48]

　　纵观历史，交通网络的进步通常会对环境产生重大影响，尤其是在交通改善前难以深入之地。路网的改善，缩短了空间距离，人员、物产能以更低的成本向更远的地方流动。大型桥梁这类基础工程，正是小型社会无能为力而大型国家有力为之的。运河也是如此，秦国攻取了数条运河，并且至少兴建了一条运河。鸿沟和鲁阳关水连接了长江和黄河水系，促进了南北货物的流通。秦

178

---

[48] 参见陈伟主编，彭浩、刘乐贤等撰著：《秦简牍合集：释文注释修订本（壹）》，第105页、简115—124；Hulsewé, *Remnants of Ch'in Law*, 63－64（《徭律》）；Barbieri-Low and Yates, *Law, State, and Society*, 902－10（《徭律》）。青川木牍《田律》的英译为作者自译，参考了陈伟主编，孙占宇、晏昌贵等撰著：《秦简牍合集：释文注释修订本（肆）》，第225—237页；Hulsewé, *Remnants of Ch'in Law*, 211－15（《秦早期田律》青川木牍）；Barbieri-Low and Yates, *Law, State, and Society*, 693－711（《田律》）。

人在南方建起灵渠，连接长江支流湘江与珠江水系支流。这些运河使得内陆水道变得四通八达，理论上来说可以从黄河一直船行到广州入海。[49]

维护运河只是与水有关的常规基础工程之一。秦代还建设并维护灌溉系统为农田提供水源，修建堤坝为低洼地带防水。每年的例行事务，除了前文已述者，汉初张家山汉简的《二年律令》还提到了"穿陂池，治沟渠"等涉及水利的年例杂事。这一时期，小规模的灌溉工程或已广为应用，虽然早期文献很少涉及这类小项目，不过秦国和其他诸侯国显然需要建设并维护大量的小规模水利工程。汉代各个系统的官署都设有都水，管理运河、堤坝、水闸和桥梁。汉代的治粟内史下辖诸郡国的都水，对河湖池沼中的鱼类等水产征税。秦代当然也有精于治水的官吏，但不知秦是否有都水之职。秦代的水利工程不仅改变了水文景观，更有助于开创一种治水文化，治水文化自此在中国政治文化中居于重要地位。[50]

---

49 Needham, Wang, and Lu, *Science and Civilisation in China*, vol. 4.3, 299 – 306〔[英] 李约瑟著，王玲、鲁桂珍协助，汪受琪译：《李约瑟中国科学技术史》第4卷《物理学及相关技术》第3分册《土木工程与航海技术》，第338—345页〕；Korolkov, "Empire-Building," 497 – 509；史念海：《论济水和鸿沟》，《河山集》三集，第303—356页。

50 汉律的规定，参见Barbieri-Low and Yates, Law, State, and Society, 902 – 3（《徭律》）。关于水政管理，参见Lander, "State Management of River Dikes"〔[加] 兰德著，凌文超译：《汉代的河堤治理：长江中游地区环境史的新收获》，《简帛研究》2018年春夏卷，第323—344页〕。都水之责，参考《汉书》如淳注与《三辅黄图》。（清）王先谦：《汉书补注》，第870页（太常之都水），第884—885页（大司农与少府之都水），第894—896页（水衡、内史、主爵之都水）。傅嘉仪：《秦封泥汇考》，第18页（"都水丞印"）。何清谷：《三辅黄图校释》，北京：中华书局，2005年，第353—355页。

相比之下，小型工程对环境的影响更广泛，而巨型工程则是在规模上复杂得多，需要聚集起大量的劳动力。如上一章讨论的郑国渠，就是仅有强国才能实现的环境改造的典型例子。最恶名昭著的巨型工程当属巨大的秦宫殿和始皇陵，这些工程都建于关中，意图以规模震撼观者。阿房宫未曾完工，硕大的地基至今仍在，但留下的也就只有尘土而已。秦始皇陵之大，乍看去像天然的山丘（图11），图中之陵仅仅是陵园的一部分，整个陵园占地50平方公里，内有六千将士、五百战马组成的兵马俑，兵马俑的尺寸与活物相等。秦始皇陵很可能是东亚历史上最大的墓葬，而且"可能是世界上有史以来为单个君王而建的最大的陵墓"。司马迁写道，秦朝征发了七十万刑徒来修建秦宫与始皇陵。他还写道，秦始皇迁六国王室贵族于关中，并在咸阳仿建六国的宫室。[51]

秦在尽灭六国之后继续北上攻伐今鄂尔多斯地区的牧民，并在秦朝疆域北部边缘修建了一道墙，以此划定疆界并防备北族的还击。这就是第一道"万里长城"，秦长城有部分是以往所筑的，但多数城墙是秦代新建的，而且建得非常快。在许多地方，秦防

---

51 "有史以来"之语，引自 Shelach, "Collapse or Transformation？" 129；《史记》卷六《秦始皇本纪》，第244—259页；Nienhauser, *The Grand Scribe's Records*, vol. 1, 139 - 51. 鲁惟一在 "On the Terms Bao Zi, Yin Gong, Yin Guan, Huan, and Shou," 〔［英］鲁惟一著，刘国忠、程薇译：《关于葆子、隐宫、隐官、宦与收等术语——兼论赵高的宦官身份》，《湖南省博物馆馆刊》第2期，长沙：岳麓书社，第384—393页〕中认为，司马迁所说的70万户可能是隐官，即遭受过肉刑但又获得一定程度减刑的犯人。（译者注：根据《史记》，刑徒是70万人而非70万户；根据鲁惟一的文章，70万人是"隐官"，不是"隐宫"，"隐宫"是"处以宫刑的人"。）关于君主制与环境，参见 Martin Warnke, *Political Landscape: The Art History of Nature*（London: Reaktion, 1994）。

图 11：秦始皇陵的封土。

御工事可能是一系列互不相连的瞭望塔，但无论如何，汉人最终将它们连接起来，形成了一道连续的城墙。长城横跨生态过渡带，将寒冷干旱的内陆与南部较湿润的地区分割开来，这简直是野生动物的灭顶之灾。对羚羊、牛、鹿、马等野生动物来说，能否自由移动去寻找牧场或远离深雪，意味着生与死的区别。大规模的人为建筑隔断了动物的活动范围，这个问题如今已危及多个物种，而长城是一个最早的例证。[52]

　　亲历秦朝覆亡之人认为大型工程是反秦起义的主因，耗尽人力的工程逼得百姓造反。这种观点受到了西方学者的质疑，或以

180

52　Marlee A. Tucker et al., "Moving in the Anthropocene: Global Reductions in Terrestrial Mammalian Movements," *Science* 359, no. 6374（2018）: 466 – 69.

为关于秦政残暴的描述只是汉代的政治宣传，或以为对秦始皇的负面描述实际上是对后世统治者的影射批评。然而，关于秦史的证据愈多，传统说法似乎愈发确实。例如，秦直道研究表明，直道的规模远超运输所需。考古学的发现或许验证了司马迁的说法："行观蒙恬所为秦筑长城亭障，堑山堙谷，通直道，固轻百姓力矣。"[53]

动物

历史学家的传统分析思路是，人类社会完全只是由人组成的；不过近来有一种显著的学术倾向，认为人类一直生活在由许多物种共同组成的生物群落（communities）中。我们的身体内有大量的古菌、细菌、真菌和病毒，大多数人类群落中还有节肢动物，如虱子、尘螨、跳蚤和农业害虫。农业群落中常常有麻雀、鸽子、小鼠、大鼠等，在能量通过农田向人类集中的过程中，这些动物都是搭车受益者。人类饲养猫、狗，作用之一就是驱赶这些动物。人与其他物种的关系，从互利互惠变为一方寄生于另一方。人类

53 《史记》卷八八《蒙恬列传》，第2570页；Nienhauser, *The Grand Scribe's Records*, vol. 7, 367. 英文调整了"轻"的译法，以表明"认为不重要，轻视"之意。质疑传统观点之例，参见Bodde, "The State and Empire of Ch'in"〔［美］卜德：《秦国和秦帝国》，［英］崔瑞德、鲁惟一编，杨品泉等译：《剑桥中国秦汉史》）；Sanft, *Communication and Cooperation*。黄晓芬强调秦直道规模不必如此之大，参见Xiaofen Huang, "A Study of Qin Straight Road（zhidao 直道）of the Qin Dynasty," A paper presented at the Columbia Early China Seminar on May 5, 2012.

有意饲养的少数物种，往往是在人类的饮食、经济和社会生活中占据核心地位的物种。在农业群落的众多物种之中，只有寥寥几种是秦朝国家关注的，其中最重要的是马和牛。

周朝八百年，华北平原的人口密度大致似呈持续走高的趋势，过高的密度限制了人类饲养牲畜并吃肉的能力。放牧牛、羊和马等牲畜需要开阔的土地来获取牧草，随着时间的推移，放牧动物的生存空间越来越小。相比之下，狗、鸡和猪可以在村落中自行觅食或是吃人类的生活残余，因此逐渐成为主要的家养动物。秦简《仓律》规定，粮仓官吏可以卖猪卖鸡筹钱，可知有的粮仓官吏养了猪和鸡。但国家似乎还没有想出如何对家养动物征税，这些动物还处于政治经济之外。睡虎地秦墓所出的《法律答问》中，有盗窃牛羊的各种例证，表明这种情况并不少见。盗马的案例，《封诊式》中只有一个。[54]

181

在干旱的北方，牧民饲养了成群的马、牛、羊，秦朝大概有办法向他们征税。司马迁将北方牧民的畜群列为汉朝所"饶""多"的物产，并称今山西、河北的部分地区为"多马、牛、羊"。秦朝疆域包括黄土高原上适合放牧的大片地区，可以推测，那里的人用牲畜来纳税或进贡。在该地区还发现了一些被认为是牧民的墓葬，这些人很可能是秦民，他们为秦朝提供牲畜，并可能在秦军

---

54 睡虎地秦墓竹简整理小组编：《睡虎地秦墓竹简》，图版第20页、简63；Hulsewé, *Remnants of Ch'in Law*, 45；Lander, Schneider, and Brunson, "A History of Pigs in China"。盗窃牲畜，参见睡虎地秦墓竹简整理小组编：《睡虎地秦墓竹简》，图版第49、51—53、70页（《法律答问》简5—6、29、41—50，《封诊式》简21）；Hulsewé, *Remnants of Ch'in Law*, 122–33, 189。

中服役。但是我们的论据有些缺陷，多数材料是在讲各地官府的官牛官马。[55]

牛是用来耕地或拉货车的，而马似乎主要用于农业以外的工作，如拉车或供驿站用。赵国的赵豹说，"秦以牛田"是秦国强盛的原因之一。各类官署官吏都有牛和马车，这就解释了为什么照看牛是地方官吏共同的责任。徭徒必须建筑并修缮官马牛苑的围墙。前面提到的刍稿税，可能是喂养军中和官中的马牛的。官府根据牲畜的年齿、乘舆之马、驾车之牛等不同役使，为马牛提供刍稿甚至粮谷。大多数牲畜吃饲草禾秆就够了，但驿传的马匹和其他役使强度大的牲畜也喂谷物和豆子，母牛在产后15天内也有谷物配给。[56]

根据睡虎地秦简《厩苑律》，官府每年要对牛进行四次评比。如果牛的腰围小了，主事者要受罚。如果牛是健壮驯良的，赏给田啬夫一壶酒和一束肉脯，管畜栏的和养牛的人也有赏。如果官府的牛羊产崽太少，主管官吏会被罚款。官府可以把牛和车借给他人，但不可以"私用"，我们不清楚谁可以借用它们。借出者要对官物归还时的状况负责。目前尚不知官牛车的出借是否常见。

182

---

55 《史记》卷一二八《货殖列传》，第3254、3262页；Watson, *Records*, 434, 441; Xiaolong Wu, "Cultural Hybridity and Social Status: Elite Tombs on China's Northern Frontier during the Third Century BC," *Antiquity* 87 (2013): 121 - 36。

56 秦多用牛，参见（汉）刘向集录：《战国策·赵策二》，第618页（"秦以牛田"）；Crump, *Chan-Kuo Ts'e*, 336。睡虎地秦墓竹简整理小组编：《睡虎地秦墓竹简》，图版第18—25页，简47、72—74、117—124；Hulsewé, *Remnants of Ch'in Law*, 30, 47, 63；Barbieri-Low and Yates, *Law, State, and Society*, 920 - 33（《金布律》简421—425）；彭浩：《张家山汉简〈算数书〉注释》，第63页、简52—53；Dauben, "Suan Shu Shu," 126 - 27。

官吏也可以用官牛车运送自己的每月口粮和官牛马的饲料，这条规定也许是为了说明官吏不应将官牛车用于他处。[57]

与价钱虽贵但平平无奇的牛相比，马是财富和权力的象征，就像是前现代世界的坦克和跑车。正如上一章所述，马匹在整个秦国发展史当中都是国家实力的重要依凭。马匹在战争和运输中是必不可少的，因此许多官署都养马。太仆需要大量马匹，肯定有很多马厩。太仆治下还有大片的牧场来培育和饲养马匹，大部分牧场应该在关中北部、西北部的黄土高原上。马匹进出京师地区有严格的管控政策。秦宫殿遗址出土的秦官印封泥中，有多种官署与马匹、马厩有关，其中部分官署在《百官公卿表》中与卫尉、太仆之马有关。汉初律令将车骑尉列入二千石之卿，可能承袭自秦制。[58]

《厩苑律》规定了选用新马的标准，但这些马匹的来源还不能确知。如果某县送来的马匹未达到军用标准，赀罚县司马、令、丞。可以推测，有的县专门为国家养马。北方牧民也可能会被征收马匹税，也许还向国家出售马匹。还有律令规定了如何评估役用的马匹。如果马被评为下等，赀罚厩啬夫和皂啬夫。可以肯定的是，马和牛还被用于官营作坊和开采资源，后者如

57　睡虎地秦墓竹简整理小组编：《睡虎地秦墓竹简》，图版第16—25页（《厩苑律》简13—20，《司空律》简126—129，《秦律杂抄》简31《牛羊课》）；Hulsewé，*Remnants of Ch'in Law*，26 - 28，74，115。

58　周晓陆、路东之：《秦封泥集》，第183—198页；傅嘉仪：《秦封泥汇考》；Barbieri-Low and Yates，*Law, State, and Society*，983 - 84，1014，1061，1079 - 80，1118 - 62，1256（《秩律》、《津关令》、《奏谳书》案例十一）；Wan，"The Horse in Pre-Imperial China"。

运输木材、金属。[59]

木材与金属

183　　如第3章所述，战国时期诸国争相控制森林、湿地和矿产，并任用官吏管理和征税，以此增强国力。当时，黄河流域中部较小的国家的优势是密集的人口，可以从国内集中大量的粮食和劳动力，但小国不一定有很多其他资源。像秦、楚这样的大国可能没有密集的人口可以动用，但大国有更多的森林和矿产。秦国官吏着力控制土地人户，不单单因为地与人是政治权力的核心，而且还因为秦国并不缺乏其他资源。秦国控制了广阔的山区，国家经手管理采矿、伐木和制盐业。

　　这一时期关于资源稀缺的论述往往与治国有关。战国诸子认为国家需要保护野生资源，这是中国古代最早讨论资源过度开发的文字证据。诸子最早提出了理想的国家应该保护环境资源的观点，而且保护环境资源显然是大国正向效益之所在，诸子之说值得关注。哲学家的道德论证提示我们，国家管制既是控制和开发宝贵资源的一种途径，也是为了国家与民众的长远利益而保护资源的一种途径，这是环境保护定制立法的早期例证。[60]

---

59 陈伟主编，彭浩、刘乐贤等撰著：《秦简牍合集：释文注释修订本（壹）》，第161、170页（《秦律杂抄》简9—10、29—30）；Hulsewé, *Remnants of Ch'in Law*, 107, 114。

60 Sanft, "Environment and Law"; Miller, "Forestry and the Politics of Sustainability in Early China"; Rickett, *Guanzi*, vol. 1, 107; Knoblock, *Xunzi*, 9.241.

中国早期文献中，有许多管理森林池沼并征税之官的记载。《周礼》构拟的理想制度记载了主管山林川泽的官吏，负责管理渔猎，并为祭祀提供动物和鱼。《吕氏春秋》有类似的记载，春天"虞人入山行木，无或斩伐"（林官入山巡视，看树木是否被砍伐或剪去）。《荀子》阐明，"修火宪，养山林薮泽草木鱼鳖百索，以时禁发，使国家足用而财物不屈，虞师之事也"（虞师之责，制定焚烧山泽的规则，照管山林、湖泊、池沼的资源，如草木、鱼鳖以及诸多可食之物，根据季节开放或禁止采集资源，满足国家的需要，而原料和资源不会枯竭）。秦相李斯曾问学于荀子，应该对这些论点相当熟悉，我们可以肯定，秦也有这类官吏。[61]

秦代最终颁布了一项保护自然资源的律令，该律令显然受到了此前保护资源的论述影响：

春二月，毋敢伐材木山林及雍（壅）隄水。不夏月，毋敢夜草为灰，取生荔、麛鷇（卵）彀，毋□□□□□□毒鱼鳖，置罜罔（网），到七月而纵之。……邑之近（近）皂及它禁苑者，麛时毋敢将犬以之田。 184

（春二月，不可冒险在山林中砍伐木材，也不可堵塞水道。除了夏季的几个月，不可冒险焚烧杂草为灰，不可收集〔蓝

61 Miller, "Forestry and the Politics of Sustainability in Early China"; Swann, *Food & Money in Ancient China*, 121（《汉书·食货志》）。《周礼》中的职官有山虞、林衡、川衡、泽虞，见（唐）贾公彦疏，彭林整理：《周礼注疏》，第590—595页；Édouard Biot, *Le Tcheou-li ou Rites des Tcheou*（Paris：Imprimerie Nationale, 1851），105–6；Knoblock and Riegel, *Annals*, 6.155（see also p. 653）；（清）王先谦：《荀子集解·王制第九》，第168页；Knoblock, *Xunzi*, 106。

草〕，捉取幼兽、卵或雏鸟。不可□□□□□□毒杀鱼鳖，也不可设置陷阱和网。到了七月，这些禁令方可解除。……靠近畜栏和其他禁苑的居民区，在幼兽繁殖时不可带狗狩猎。）

这条律文表明，秦有负责管理森林池沼的官吏，他们要应对火灾、非法砍伐树木和对野生动物资源的滥采滥用。收集木柴、生产木炭必然会对森林产生重大影响。秦代的森林池沼保护律令执行得有多少成效，目前还不清楚。我推测，这些律令在秦核心区域的森林池沼中应该有执行，但在秦帝国的大部分疆域影响很小。引文最后一句中提到的禁苑是皇室苑囿，其他墓葬中出土的律令残简也有禁苑管理的内容。[62]

　　制陶和冶金等行业燃烧了大量的木材。如前章所论，秦都咸阳就有作坊。国家必然还在各地经营着其他作坊，尤其是生产兵器的作坊。鉴于民间商贾也经营着烧窑冶铸、贩卖竹木林产之业，我们可以推定，秦代律令也旨在管理用作商业的物产。遗憾的是，目前几乎没有关于秦代制陶和冶金业的文献史料。出土材料涉及了钱币和金属制品，但很少提到采矿或冶炼。金属是兵戎所

---

62 引文出自睡虎地秦墓竹简整理小组编：《睡虎地秦墓竹简》，图版第2页（简3—6）；Hulsewé, *Remnants of C'h'in Law*, 22（英译参考并调整了何四维的译法）。Yates, "Some Notes on Ch'in Law," 248；刘信芳·梁柱编著：《云梦龙岗秦简》，北京：科学出版社，1997年，简278、279、258、254（译者注：此为出土登记号，考释编号为简1、2、23、22，《龙岗秦简》编号为1、33、32、34）是湖北云梦出土的秦律残简，简文指出在禁苑内捕猎野猪、狗以及鹿、麋、麀者应判处城旦春之苦役，而捕猎豺、狼、貉、豪猪、狐狸、野鸡和兔子的人则不会受到惩罚。关于炭，参见 Dauben, "Suan Shu Shu," 146〔彭浩：《张家山汉简〈算数书〉注释》，第92—93页、简126—128〕。

需，对国家来说具有重要的战略价值。这一时期的主要金属是青铜（一种铜、锡和铅的合金）和铁或钢。这一时期的冶金工匠对青铜和铁都能熟练上手，但冶铁技术的许多关键创新在汉代才出现，所以，青铜仍是主要金属。秦国的金属来自何处，目前尚不确知。秦之铜、锡、铅有来自北方者，但更多出自南方，秦征服了长江中游的楚国，应当控制了铜矿。秦代还让民间商贾在四川等被征服的领土从事铁冶鼓铸之业，并让刑徒、徭徒采矿。[63]

铁矿分布甚广，限制前现代冶铁业的是炼铁所需的大量木材。公元前3世纪，东周诸国的铁器作坊在技术和组织方面是世界上最先进的，铁器也正是在这个时候开始广泛使用。铁器主要是安装在木制工具末端的金属尖或刃，如镢、犁、锹、锄、耙和镰刀。虽然在华北多地已有战国时期的铁器出土，但铁器作坊很少有发现，而汉代的这类场所已经发掘了近60处，这表明铁农具的大规模生产要到秦亡之后才开始。中国的青铜时代可以说是直到那时才结束。盐铁官营历来被认为是汉代的创新之举，但出土文书和

185

63《史记》中的"富者"一节表明，战国时期是一个存在大规模私人商业的时代，虽然《史记》的这一部分可能更多反映一两个世纪后司马迁所处时代的面貌。《史记》卷一二九《货殖列传》，第3253—3284页；Watson, *Records*, 433 - 54。关于采矿业和金属业，参见 Peter J. Golas, *Science and Civilisation in China*, vol. 5.13: *Mining*（Cambridge: Cambridge University Press, 1999），72 - 109〔[美] 葛平德：《李约瑟中国科学技术史》第5卷《生物学及相关技术》第13分册《采矿》]; Wagner, *Science and Civilisation in China*, vol. 5.11, 140 - 44〔[丹] 华道安：《李约瑟中国科学技术史》第5卷《化学及相关技术》第11分册《钢铁冶金》〕。关于刑徒采矿，参见Korolkov, "Empire-Building," 215（引用了里耶秦简博物馆、出土文献与中国古代文明研究协同创新中心中国人民大学中心编著：《里耶秦简博物馆藏秦简》，上海：中西书局，2016年，第57—58页、简12-3和12-447）。

封泥显示盐铁官营起自秦制。盐是产盐区的咸水蒸发所得。当时的产盐区有沿海地区，还有山西南部的一个大盐池，四川也有用地下卤水产盐的。[64]

　木材不仅是主要的燃料来源，也是制造日用品的首要原料，小到一把锄头，大到马车、建筑，都要用到木材。因此，虽然木材更易得，不过对秦国来说木材甚至比金属都要重要。关中以南和以西的山区都有森林，可以断定秦人一直在此砍伐木材。随着秦国在秦岭以南的扩张，秦人进一步发现了丰富的林产。然而，除了用于建造宫殿的优质木材外，从秦岭运输木材的成本太高，无法运往北方。近年发现的一条令文表明，秦代使用刑徒来采伐汉江流域上游的森林。国家直接管理伐木业是情理之中的事，但最近公布的这条材料是首个明确的证据。在讨论了用木材燃料生产的产品后，还需要指出，手工业消耗的木材仅占普通民众日常使用的木材的一小部分。[65]

64　Donald B. Wagner, *Iron and Steel in Ancient China*（Leiden, Netherlands：E. J. Brill, 1993), 258〔[丹] 华道安著，[加] 李玉牛译：《中国古代钢铁技术史》，成都：四川人民出版社，2018年〕；Wagner, *Science and Civilisation in China*, vol. 5.11, 83 - 170〔[丹] 华道安：《李约瑟中国科学技术史》第5卷《化学及相关技术》第11分册《钢铁冶金》〕；刘兴林：《先秦两汉农业与乡村聚落的考古学研究》，北京：文物出版社，2017年，第33—39页。出土文献参见 Barbieri-Low and Yates, *Law, State, and Society*, 1251 - 54（《奏谳书》案例十）；何有祖：《新见里耶秦简牍资料选校（一）》，简帛网，2014年9月1日，http://www.bsm.org.cn/？qinjian/6246.html，简10-673。

65　陈松长：《岳麓秦简中的两条秦二世时期令文》，《文物》2015年第9期。关于木材的日常使用，见 Brian Lander 兰德，"Deforestation and Wood Scarcity in Early China," in Ian M. Miller, Bradley Davis, Brian Lander, John Lee, eds., *The Cultivated Forest：People and Woodlands in Asian History*（Seattle：University of Washington Press, 2022), 1 - 19。

关于秦伐木业，最有价值的史料是位于渭河上游山区的甘肃放马滩墓葬中出土的木制地图（图12）。这些地图或许是秦国在公元前3世纪早中期为调查林业资源而绘制的。出土地点在甘肃小陇山的一个现代林场，可以说与地图内容非常相称，这一山林地带两千多年来一直在断断续续地伐木。该地处于关中上游，木材可以用木筏收集，顺着渭河漂流到秦都附近。虽然秦都以南的秦岭等地应该也有伐木业，但水运之便使得渭河上游成了更适宜的木材来源地。木材从山区"浮之河""浮于山水之流"向下游运输是一种常见的做法，至少两条早期文献材料证明了这一点。伐木的前沿阵地推进到了偏远的小陇山，这一事实表明，运输更便利地区的好木材已经被砍得差不多了。靠近居民区的森林也不太可能长出好的木材，因为人们在树木长大之前就会把它们砍了当柴烧，而且牲畜啃食树苗也阻碍了森林的再生。[66]

187

66　关于放马滩地图，参见晏昌贵：《天水放马滩木板地图新探》，《考古学报》2016年第3期，第365—384页；陈伟主编，孙占宇、晏昌贵等撰著：《秦简牍合集：释文注释修订本（肆）》，第186—198页；王子今、李斯：《放马滩秦地图林业交通史料研究》，《中国历史地理论丛》2013年第2期，第5—10页；Donald J. Harper 夏德安 and Marc Kalinowski 马克, *Books of Fate and Popular Culture in Early China: The Daybook Manuscripts of the Warring States, Qin, and Han*（Boston: Brill, 2017），21－25。《汉书·地理志》载，渭河上游和邻近的洮河的山间谷地有很多森林，"民以板为室屋"。这在关中人看来是不同寻常的，因为关中人的建筑是用夯土和砖石建造的。史念海：《黄土高原历史地理研究》，郑州：黄河水利出版社，2001年，第125、149—150页；（清）王先谦：《汉书补注》，第2824页；王利器校注：《盐铁论校注》，第41页。关于木材浮水而下的史料，参见王利器校注：《新语校注》，北京：中华书局，1986年，第101页；John S. Major et al., *The Huainanzi: A Guide to the Theory and Practice of Government in Early Han China*（New York: Columbia University Press, 2010），18.733（何宁撰：《淮南子集释》，北京：中华书局，1998年，第1270页）。

186

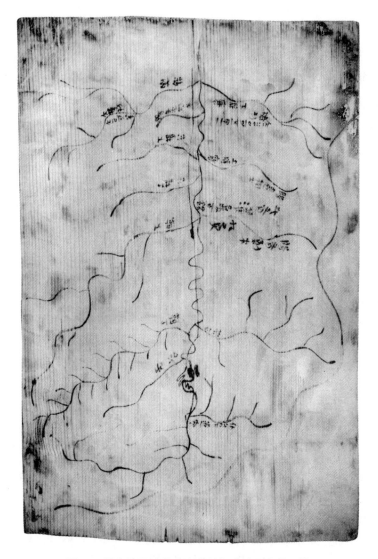

图12：甘肃放马滩墓葬出土的松木地图中的一块。

大部分线条描绘的是水路。中间较直的线条可能表示一条陆路，上面两个黑点表示山口。

　　这些地图是围绕着水路网络绘制的。鉴于该地区多山的地形，地图上的水道也为山脊的走向提供了一个大体布局。地图中有较大的城邑、村里、水流和溪谷以及山口的名称，还有林地的各种名称，以及到达林地的路程。其中一张地图还描绘了一条道路。地图中多处提到了松树，有一处提到了桐树，还有一处地名叫"杨谷"，其他树种名则或有争议或未知。例如，有一个词是"大松刊"，还有两三处是"二十里松刊"（1 里约合 500 米）的不同写法。"刊"这个字似乎是名词，可能是"杆"或"竿"（树干），或可能是"刊斫"之砍伐义。因此，这些地图可能记录了已伐或尚未砍伐的林产位置。无论作何解，我们都可以推知秦代消耗了大量的木材，那么无论是伐木的规模还是伐木业辟在关中上游的位置，也就都可以理解了。[67]

　　学者们普遍认为，放马滩地图是因国家所需、由国家制作的，一是当时的官吏普遍使用地图，二是地图与政治权力紧密相关，所以不太可能会让官府之外的人制作这样的地图。我推测，秦代有专门负责在放马滩附近伐木的官署，为国家提供木材。地图也有可能反映的是由官吏监督并课税的民间伐木业。如上所述，这一时期的国家保存着地图和其他的资源记录，其中有优质木材的森林是最有价值的。放马滩地图的出土是秦代资源开采活动的一次偶然发现，而类似的活动可能在秦帝国广泛存在，希望这类

67　关于地图，参见 Rickett, *Guanzi*, 387 - 91；邢义田：《论马王堆汉墓"驻军图"应正名为"箭道封域图"》，《湖南大学学报（社会科学版）》2007 年第 5 期，第12—19 页；贾公彦疏，彭林整理：《周礼注疏》，第 597 页（地官·朴人）；陈伟主编，孙占宇、晏昌贵等撰著：《秦简牍合集：释文注释修订本（肆）》，第 197 页。

文献会有更多的发现，为我们揭示国家如何管理森林池沼等自然资源。

秦始皇在公元前210年去世后，宫廷内臣赵高心知公子胡亥易于操纵，拥立他为帝。此后仅数年，秦王朝便被起义推翻了。起义兴于楚地，主要由楚人领导。汉朝在数年熊熊战火中崛起，汉朝的统治上层来自楚地，但在许多方面却复活了秦制。汉高祖刘邦曾仕秦为吏，他建立的汉朝基本上重建了秦代的行政制度。刘邦没有回到东方，而是建都于渭河以南的秦宫室区域。汉都长安，即"长治久安"之意，汉朝这四百年里京师腹心地带的百姓的确过上了较为安稳和平的日子，相比于此前数百年的纷争尤其显得安定。汉朝摈弃了秦制的部分特征，特别是对土地人力的严格控制，但也保留了秦制大部分行政制度和实践。数百年来，秦国一直是离内亚最近的周封国家，而且在秦亡后的很长一段时间里，陕西人仍称秦人，于是内亚人就用"秦"来指代中国。"秦"的称谓通过内亚语言传遍了欧亚大陆，最终成为世界上大部分地区对中国的一致称谓。

关于秦朝的崩溃，传统解释是沉重的赋税劳役引起民众的深心愤恨，民心一激即反。秦朝在延绵不断的战火中形成，但在和平到来之际，秦朝却没有减轻国家的攫取力度，仍然保持着战时经济。六国之人世世代代畏秦如畏虎狼，但如果秦朝的统治能带来和平与繁荣，而不是持续的剥削，东方之民本可以接受秦的统治。而秦朝继续滥用民力以开地广境、大兴大建，可以显见秦朝不会偃武行文、德养小民，民众也就被推上了反叛这一条路。比较来

188

看，罗马帝国在一些被征服的地区降低了税率，可见刻削之政不宜行于新地。[68]

尽管一些学者对秦朝剥削其民以致叛乱的观点提出质疑，但我认为没有理由怀疑剥削过多的影响。如果当时有一位贤君掌权，推翻秦朝的起义很可能不会成功。不过，一个看似无所不能、仍有扫清六合余威的大帝国却被叛民推翻，这一事实告诉了我们大帝国的优势和劣势。鉴于本章重点关注生态，我必须强调，秦朝的崩溃并不是因为对环境的过度开发，而是因为苛政虐民。秦朝试图建立一套需要大量经济盈余的政治制度。用在扩大官僚机构、增强征税能力上的资源越多，就有越多的盈余资源消耗在了征税过程中。这就是为什么多数前现代国家维持低水平的剥削程度和相对较小的国家结构，而不是尽其所能地攫取资源。秦朝的崩溃证明了"审慎而持久的剥削"策略的明智之处。[69]

但秦朝也不算彻头彻尾的失败。秦的政治制度很快就复活了，并使汉语人群征服与垦殖了东亚次大陆的大部分地区。秦制提供一套稳定、持久的制度结构，促进了农业扩张和人口增殖，并在用农田取代东亚低地的多数自然生态系统的历程中发挥了巨大作用。我们将在第6章讨论这段历程。

189

68 Nienhauser, *The Grand Scribe's Records*, vol. 1, 168；《史记》卷六《秦始皇本纪》，第283页；Wakter Scheidel, "The Early Roman Monarchy," in *Fiscal Regimes and the Political Economy of Premodern States*, edited by Andrew Monson and Walter Scheidel（Cambridge: Cambridge University Press, 2015），233 - 34。

69 Trigger, *Understanding Early Civilizations*, 388〔［加］布鲁斯·G.崔格尔（Bruce G. Trigger）著，徐坚译：《理解早期文明：比较研究》，北京：北京大学出版社，2014年，第277页，引用了韦伯"审慎而持久的剥削程度"一语〕。

190

第6章

百代行秦政：中华帝国如何塑造环境

祖龙魂死秦犹在，孔学名高实秕糠。百代都行秦政法……

——毛泽东，1973年*

秦帝国于公元前207年覆亡，但它的中央集权官僚治理模式一直延续，助力东亚社会改造自然景观。在秦亡后的两千两百年里，中国被诸多王朝和不同民族所统治，但所有王朝都跟秦朝一样，以牺牲自然生态系统为代价扩大可以纳税的农业。在整个东亚，各国都效仿着秦汉帝国的政治传统，把国家控制下的生态环境改造为同一面貌。东亚各国还致力于人口的同质化，希望国民都变成稳定纳税、符合国家所提倡的价值观的农民和牧民。统治

---

* 本章引言出自毛泽东的七律《读〈封建论〉呈郭老》，《建国以来毛泽东文稿》第十三册，北京：中央文献出版社，1998年，第361页。这首诗视秦始皇（祖龙）为志同道合之人，是一个新政治制度的创始人。有的版本"秦犹在"作"业犹在"，意为"始皇帝的功业仍在"。

191　精英常常会声称自己服膺于可敬的儒家思想，但正如上引毛泽东之诗中所说，统治者采用的行政管理方式源自臭名昭著的秦帝国。在这一章中，我将简要回顾国家和帝国最初如何在中国形成，然后讨论秦的后继王朝如何改变环境。

　　政治组织的起源可以追溯到石器时代。通过驯化植物和动物，人们开始有建立自己的生态系统的能力。人类建立的农业系统所生产的食物和资源远远超过了觅食采集所得，这使人类能够在更高的人口密度下生活。随着农业系统的改进，每一户农民家庭所能生产的盈余也在增加，这使得社会政治组织发展为愈加复杂的形态。随着国家的发展和行政管理方式的进步，政治精英们愈发掌控了土地与人力的使用权。农业国家的运行几乎完全依靠农业生产和劳动力的盈余，因此对用农业生态系统取代自然生态系统有着天然的兴趣。

　　东亚的农业至晚在八千年前出现，并逐渐驯化了黍、稻、狗和猪。几千年后，驯化的羊、牛和马从中亚传入，使人们能够开发草原和干旱地区。在更远的北方，这些驯化动物使得基于畜牧业的流动生活方式成为可能。游牧使内亚牧民成为欧亚大陆上最强大的军事力量，军事优势维持了两千年之久。与此同时，黄河流域和长江流域的定居农民驯化了各种果树、蔬菜和纺织纤维植物，并且持之以恒地努力提高作物、动物的生产力和适应性。正如农民花了数千年来培育可控的植物和动物，国家结构也在逐步进化。行政制度和意识形态逐渐发展到了这一地步，绝大多数人接受极少数人的统治、多数人向少数人提供生产力和劳动力的盈余。

　　上述过程并不是单一的发展轨迹。新石器时代的人们有多种生业选择，可以根据野生食材的利用价值和收获情况来调整生业模式。但数千年来的明显动向是人们对驯化植物、动物的依赖性不断增加。社会复杂性也有不断提升的趋势，最显著的是公元前二三千纪黄河流域中部城邑和国家的发展。这些青铜时代国家的形成，部分是因为马匹、战车和青铜兵器的到来，使得社会上层有了凌驾于平民之上的新优势。公元前 1500 年左右兴盛的二里岗国家，远远强于此前东亚历史上任何一个政治体。它的影响力远至数百公里之外。随后的商朝是有文字史料证明的首个王朝，商朝的势力范围是黄河流域的大部分，从黄河流域的诸多盟国或属国身上获取资源。公元前 1046 年，周人联盟灭商，并采用了许多商人的长技，如文字。周人将宗室和盟友分封在横跨黄河中下游的军事城邑网络上。周朝维持了近三百年的安宁稳定，大大促进了农业社会的扩张。

192

公元前 771 年，周室败退东迁，在洛阳苟延残喘了五百年。王权的坠地留下了权力真空，数十个国家为土地人户而争战不休。大国蚕食鲸吞小国，最终形成了一个有着外交成例的稳定国际体系。随着攻取的土地人民越来越多，国家不得不发展行政机制来控制他们。敌国的威胁迫使各国纷纷寻找新方法，从臣民身上汲取财政收入和劳动力来支撑不断增长的战争机器。国家不仅要从普通农民身上榨出更多油水，而且还占据了曾是共有资源的森林池沼。到了公元前 3 世纪，中央政府已经发展出完备的官僚机构，足以治理数百万人所居的大片疆域。集权政体使国家对领土内生态的把控远超以往。

在诸国纷争中，秦国占了上风。秦国很早就以军事力量和强有力的公室著称。在秦国发展史的前几个世纪里，秦国很少会在周封国家的事务中唱主角，而是专注于巩固自身在关中盆地及周边的统治。但在公元前4世纪，在数代励精图治的国君治下，秦国向东迁都，直面战国诸雄，变法以图强。最著名的是商鞅变法，激进的变法旨在让农耕和战争取代贵族血统，成为取得富贵的两条主要途径。秦国创建了一套以军功授爵、以爵级授田于民的军功爵制，取代了原先的贵族制。以爵授田需要对农业景观进行重组，以便重新分配土地。商鞅还用律令制度规范了治国方法。在公元前3世纪中叶的鼎盛时期，秦国对人民和土地的控制可以说达到了古代国家中相当高的水平。国家征集了大量的粮食税，用来供养建造修缮基础工程而无偿劳动的徭徒刑徒大军。秦代在巨型工程和征服战争上消耗了大量盈余，但也有许多盈余用在了改善交通和农业基础设施上。秦代建立了一张交通网络，为迁民进入新地和新地资源外运提供了便利。秦代还重塑了水系，引水入干旱区、排水出易涝区，扩大了种植面积，改善了农业条件。但是秦帝国扩张过度，最终亡于武装起义。

秦朝虽亡而秦制未灭，公元前202年刘邦称帝，汉朝即刻复兴了秦制。四百年中，汉朝重新攻取了秦朝旧土，巩固了统治，并进一步对外征服。秦朝的计划经济从一系列战略要地汲取了尽可能多的资源，与此相反，汉朝将税率定在了较低的水平。轻徭薄赋并不意味着农民实际的纳税压力会小，而是中央政府将盈余的大头让给了地方精英，使他们乐于支持帝制。这种中央和地方权力结构之间的联盟，让出了秦制中的一部分中央控制权，使得汉制更具有政治上的可持续性。秦式计划经济在中国历史上多次复

活，通常是在长期战乱之后的新王朝建立之初，而汉模式的中央
政府低税率是对秦模式的改进，使得帝制延续了两千年之久。秦
朝的中央集权官僚模式不仅被中国境内的后世王朝所采用，而且
还影响了东亚和内亚的大多数周边国家。秦朝的中央集权官僚制
度为目前谓之中国的文化政治实体之形成助益极多，所以"China"
（中国）一词源自"Qin"（秦）可能是一个偶然，但却是很恰
当的。[1]

中华帝国的实力也不应被过分强调夸大。与多数大型农业国家
一样，中华帝国在地方的控制力往往很有限，对基层民众的生活
影响很小。地方官吏基本上不会改变治内的环境。但从长远来看，
中华帝国在维系并扩大自身赖以存在的农业生态系统方面发挥着
至关重要的作用：它一次次地在广袤的地域中维持了数世纪的和
平，人口得以繁衍增殖；它征服了邻近的区域，并鼓励移民进入新
地；它领导建立并维护了基础水利工程；它还支持任何可以征税的
经济活动的发展。中华帝国与世界史上其他帝国的差异不在于实
力，而在于中华帝国的连续性。中华帝国的治理术流传了两千年，
使统治者能反复地在旧制失败后重建类似的行政制度。正是这种
自我重生、适应变局的能力，使中华帝国在东亚次大陆的生态重
组中发挥着关键作用。

和平，是中华帝国最具环境破坏性的成就。我们常常会认为
战争才具有异常的破坏性，但人与人之间的争斗一旦停止，人类
就会转而进攻人类以外的世界。如本书所论，军事竞争会推动国

194

1　本段基于 Korolkov，"Empire-Building，" chap. 7。

家改善其行政机制，但当战争结束、帝国建立之后，帝国在大片地域维持数世纪的和平稳定，人口得以繁衍，土地得以开垦耕种。如战国时期诸国这般较小的政治体，往往会比大帝国更细密地开发领土，但大帝国可以向积极进取的农民开放大片土地，用税收优惠鼓励农民开垦土地。核心农业区的良田美地越来越稀有，人们就开垦边缘的山地或涝地。有的人则背井离乡迁到新地去寻求土地。和平甚至给了人们非法移民垦殖的动力，靠国家强制力保持的和平稳定，反而保障了这些活动的安全。和平还为商业提供了便利，使市场这只无形之手伸向整个东亚次大陆，牢牢抓住了所有可以流通获利之物。[2]

农业生态系统往往比野生生态系统要简单得多。农业生态一般依靠少数几种物种，容易受到干旱、虫害等灾害的影响。国家的作用是掌管这些简化的生态系统，缓冲歉收减产的负面影响，并努力让人民有足够的生产力来纳税。粮仓是秦帝国新陈代谢的关键机构，秦帝国用粮仓供养士卒、救助饥饿的农民。这一传统在帝制时期始终延续，极大促进了中国成为世界上人口最密集的国家之一。[3]

195　　国家保持了农业系统的稳定，而且还保持了经济大多数方面的

2　关于非法的移民垦殖，参见Perdue, *Exhausting the Earth*；Reardon-Anderson, *Reluctant Pioneers*；Shepherd, *Statecraft and Political Economy*。关于国家组织的资源汲取活动，参见Jonathan Schlesinger, *A World Trimmed with Fur: Wild Things, Pristine Places, and the Natural Fringes of Qing*（Stanford, CA: Stanford University Press, 2017）〔［美］谢健著，关康译：《帝国之裘——清朝的山珍、禁地以及自然边疆》，北京：北京大学出版社，2019年〕。

3　Will and Wong, *Nourish the People*.

稳定。因此，国家在刺激经济增长方面发挥了重要作用，这意味着人类对环境的影响不断增加。用万志英（Richard von Glahn）的话说，"中华帝国的缔造国内和平，维系国际安全，对包括教育、福利、交通系统、水利工程和标准的市场机制等公共事务进行投资，以及为农业和商业的斯密式增长创造制度基础等行为，经常能够激发经济增长。国家在创造需求（包括战争）方面的作用也显著地刺激了经济发展"。国家创设的制度基础，包括铸造钱币、市场管控，以及向农民借贷种粮来帮他们交税，并借此削弱乘农民之危的商贾。哪怕到了最近几个世纪的明清两朝，中华帝国促进经济增长的能力，因低税率政策而远弱于同时期财政积极的西欧国家的时候，国家仍然是经济活动中的一个关键因素。[4]

中华帝国延续两千年，另一项重要成果是在整个东亚次大陆形成了一个单一的语言文化群体，没有帝国就不会有语言文化的趋同。帝制初建时，长江流域以及更遥远的南方有着多种多样的语言和文化。汉语人群扩散的背后是帝国军事力量的支持，帝国不断征服新领土并数百年据有其地，镇压时或发生的叛乱，推行渐进一体的政策。中国的定居者偏好肥沃的低地，把山区留给当地土著，国家对偏远山区的治理或简或无。在秦帝国征服珠江三角洲整整两千年后，周边山区仍是非汉族族群的家园。与其他帝国的移民开拓类似，中华帝国的扩张也是一个文化融合的过程，移

---

4 "斯密式增长"指的是由劳动分工和市场扩张带来的经济增长，与化石燃料的工业化带来的更快增长形成对比。Von Glahn, *The Economic History of China*, 9 - 10〔［美］万志英著，崔传刚译：《剑桥中国经济史：古代到19世纪》，第7—8页〕；Korolkov, "Empire-Building"。

民者与当地人通婚，并接受许多当地习俗。但中华帝国往往会推行中国的古典文化传统，推广汉名的使用。这就使得土著人民倾向于淡化自己的本地祖先，将自身起源与城邑中的外来文化联系在一起。文化融合的结果是东亚大陆上绝大多数人口都成了讲汉语的农民，后来东南地区汉语的复杂化也没能改变这一事实。汉语人群的扩散往往会带来集约型农业，主要是因为国家会要求农民生产盈余以纳税。[5]

东亚诸多文化族群的军事同化进程，至晚在公元前1500年二里岗文化从中原地区向外扩张时就开始了。军事同化在商朝继续。公元前11世纪，西周征服了族群众多的黄河流域，建立了一个持续八百年的封国联盟，在人口同质化方面发挥了重要作用。到孔子（卒于公元前479年）生活的时代，周封国家已经攻灭了大多数非周人群（华夏所称之戎、狄、夷）的政权，这些人群到汉朝大多已被同化，黄河流域也就成了古代世界文化最单一的地区之一。

5　关于讲汉语之人以及他们的生态系统的普遍扩张，参见Marks, *China*〔［美］马立博著，关永强、高丽洁译：《中国环境史（第2版）》〕；Edwin G. Pulleyblank蒲立本，"The Chinese and Their Neighbours in Prehistoric and Early Historic Times," in *The Origins of Chinese Civilization*, edited by David N. Keightley（Berkeley: University of California Press, 1983），411 - 66；Wilkinson, *Chinese History*, sections 25.1, "Internal Migration," and 25.2, "Becoming Chinese"〔［英］魏根深著，侯旭东等译：《中国历史研究手册》，25.1"内部迁徙"，25.2"成为中国人"〕。关于珠江三角洲的情况，参见Pamela Crossley柯娇燕, Helen Siu萧凤霞, and Donald Sutton苏堂栋, eds., *Empire at the Margins: Culture, Ethnicity and Frontier in Early Modern China*（Berkeley: University of California Press, 2006），171 - 89。将土著祖先移出家谱，参见Michael Szonyi, *Practicing Kinship: Lineage and Descent in Late Imperial China*（Stanford, CA: Stanford University Press, 2002）〔［加］宋怡明著，王果译：《实践中的宗族》，北京：北京师范大学出版社，2022年〕。

在南方，楚国攻取并开拓了长江流域中部低地，秦国则拿下了四川盆地。秦朝既建，秦军沿着长江以南的河谷不断深入，驻军远至闽江、珠江三角洲，即到达了现在的福州和广州。秦朝将数万人迁入新地，以此开发这些地区。

汉朝牢牢控制了此前秦帝国打下的大部分疆域，还向南攻取了云南和肥沃的红河三角洲（今越南北部），向东征服到朝鲜半岛，向西深入中亚。汉朝虽然疆域广大，但其人口仍集中在华北、四川的肥沃平原上。在汉朝和之后的朝代，各个国家和王朝将道路和行政控制延伸到偏远地区，并鼓励核心区的臣民迁至远地。后世王朝效仿秦制，有时会让大量人口迁入国家需要纳税良民的地区，让士卒在新攻取或因战争而人口减少之地耕种。即使其他族群征服了全国，也倾向于进一步扩大中国的农业秩序。例如，忽必烈在公元1253年征服了云南，这在当时仅是一个侧翼攻宋的策略，但征服云南为移民开拓永久打开了东南亚高地。18世纪，清帝国鼓励当地土官酋豪的子女学习汉语而不是满语，加快了云贵地区的同化进程。在朝鲜和越南，或许能看到体现中华帝国的制度力量的佳例，两地曾是早期中华帝国的郡县，后来获得了独立。朝鲜和越南采用了旧主的治理方式，并靠着这些统治技巧保持了独立，不再是后世中华帝国的郡县。日本的早期国家也明确地以古代中国的模式为统治基础。采用古代中国的治理模式，一般包括不断增强国家对环境的控制。[6]

197

6　关于中国南部的扩张，参见Erica Brindley艾瑞克，*Ancient China and the Yue: Perceptions and Identities on the Southern Frontier, c. 400 BCE – 50 CE*（Cambridge：Cambridge University Press，2015）；Rafe de Crespigny 张磊夫，*Generals*（转下页）

像秦始皇这样的皇帝用军事征服来满足自己的好大喜功，但大多数帝国的征服都是为了实现在中央官吏看来相当理性的经济、战略目标。帝国的征服重点是良田美地，因为有人居住的可耕地是最好的税收来源。随着时间推移，国家逐渐控制了山区，对植

（接上页）*of the South: The Foundation and Early History of the Three Kingdoms State of Wu* (Canberra: Australian National University, 1990); Robert B. Marks, *Tigers, Rice, Silk, and Silt: Environment and Economy in Late Imperial South China* (Cambridge: Cambridge University Press, 1998) 〔［ 美 ］马立博著，王玉茹、关永强译：《虎、米、丝、泥：帝制晚期华南的环境与经济》，南京：江苏人民出版社，2012年 ］; Hugh R. Clark柯胡, *Community, Trade, and Networks: Southern Fujian Province from the Third to the Thirteenth Century* (Cambridge: Cambridge University Press, 2002); Catherine Churchman, *The People between the Rivers: The Rise and Fall of a Bronze Drum Culture, 200 – 750 CE* (Lanham: Rowman and Littlefield, 2016)。关于四川，参见Richard von Glahn, *The Country of Streams and Grottoes: Expansion, Settlement, and the Civilizing of the Sichuan Frontier in Song Times* (Cambridge, MA: Harvard University Asia Center, 1987)。关于朝鲜，参见Mark E. Byington, ed., *The Han Commanderies in Early Korean History* (Cambridge, MA: Early Korea Project, 2013); John S. Lee, "Protect the Pines, Punish the People: Forests and the State in PreIndustrial Korea, 918 – 1897," PhD diss., Harvard University, Cambridge, MA, 2017。关于西南地区，参见Alice Yao, *The Ancient Highlands of Southwest China: From the Bronze Age to the Han Empire* (Oxford: Oxford University Press, 2016); John E. Herman乔荷曼, *Amid the Clouds and Mist: China's Colonization of Guizhou, 1200 – 1700* (Cambridge, MA: Harvard University Asia Center, 2007); Xiaotong Wu吴晓桐et al., "Resettlement Strategies and Han Imperial Expansion into Southwest China: A Multimethod Approach to Colonialism and Migration," *Archaeological and Anthropological Sciences*, 2019, 1 – 31; C. Patterson Giersch纪若诚, *Asian Borderlands: The Transformation of Qing China's Yunnan Frontier* (Cambridge, MA: Harvard University Press, 2006); Crossley, Siu, and Sutton, *Empire at the Margins*; Tana Li李塔娜, "Towards an Environmental History of the Eastern Red River Delta, Vietnam, c. 900 – 1400," *Journal of Southeast Asian Studies* 45 (2014): 315 – 37。日本对中国治理模式的采用，参见Conrad Totman, *Japan: An Environmental History* (London: I. B. Tauris, 2014), 74 – 92。

树造林进行监管、课税，这尤其促进了国家控制力在山区的深入。人工造林在过去的一千年里渐渐取代了中国南方大部分的天然森林。金属矿产也吸引着国家的注意力。统治者希望新地可以尽快有所产出，弥补当地行政管理的支出。通常的做法是迁入使用旧地语言、习惯于纳税参军的农民。这些忠顺之民常被授以肥沃的河谷中最好的土地，而被征服者只能捡别人挑剩的，或者干脆逃进国家控制不到的崇山峻岭。国家一旦征服了山地，就会一直迫使山地人群放弃流动不居的生活方式，在固定的地点定居下来以便控制。[7]

可耕地是征服南方的主要战利品，但在西方和北方，中华帝国对游牧帝国常处于防御态势。虽然中华帝国有条件时也会从西部、北部边疆获取毛皮、牲畜等资源，但征服这些地区的主要目的是控制强大的游牧政体。这是汉、唐、清帝国征服新疆的原因，也是清朝征服西藏的原因。农业帝国就算是成功征服了广袤的西北，也会发现这些地方基本上太干旱不能种地，也就安置不起足够的纳税之民来弥补行政管理支出。正因为如此，帝国只要负担得起军事开支，就能牢牢控制西北地区，一旦负担不起就会控制不住。前现代中华帝国未能永久地同化内亚，清楚表明农业是汉语政治秩序长期扩张的关键。附带说明的是，历史上各族统治者一再选 198

7　Scott, *The Art of Not Being Governed*〔［美］詹姆斯·C.斯科特著，王晓毅译：《逃避统治的艺术——东南亚高地的无政府主义历史》〕；Ian M. Miller, *Fir and Empire: The Transformation of Forests in Early Modern China*（Seattle：University of Washington Press，2020）〔［美］孟一衡著，张连伟等译：《杉木与帝国：早期近代中国的森林革命》，上海：上海人民出版社，2022 年〕。

择北京——草原和农耕区的交界处——作为帝国首都，便是因为草原在地缘政治上的重要性。[8]

无论是在故地的人口中心，还是在新征服的土地上，国家都长期致力于农业的扩张和集约化。这些旨在扩大农田的外部激励，如对新开垦的土地减税，有时会与国家在其他工程上的大量支出相结合，共同创造稳定的农业条件、促进农业集约化的发展。水利往往是农业的关键因素。在河流自然改道之处，如季节性湿地或冲积平原，国家会建造堤坝，将河水固于一道，使得其余地方可以耕种。在水源稀缺或不稳定之处，国家会建起灌溉系统为农作物供水。由于水路运输要比陆路运输高效得多，国家还会修建运河、改造天然水道。如今，中国大大小小的河道上都筑起了堤坝，核心农业区的水利系统已被彻底重组。

将黄河固于一道的大型堤坝，可以说是中国历史上最著名的治水工程。华北平原是黄河和淮河冲积而成的巨大平原，在自然条件下，黄河会在华北平原频繁摆动，一到汛期就改变河道。国家花费巨资将黄河保持在稳定的河道上，因为华北平原在中国历史的多数时段内都是人口最多、生产力最高的区域。如果没有历朝历代的国家调动集中巨量的人力物力来治理黄河，单靠百姓们是不可能将整个华北平原开垦成农田的。国家还在长江上修建、维

---

8 Chang, *The Rise of the Chinese Empire*; Perdue, *China Marches West*〔[美]濮德培著，叶品岑等译：《中国西征：大清征服中央欧亚与蒙古帝国的最后挽歌》〕；Lattimore, *Inner Asian Frontiers of China*〔[美]拉铁摩尔著，唐晓峰译：《中国的亚洲内陆边疆》〕；Bello, *Across Forest, Steppe, and Mountain*; Schlesinger, *A World Trimmed with Fur*〔[美]谢健著，关康译：《帝国之裘——清朝的山珍、禁地以及自然边疆》〕。

护了巨大的堤坝，这对长江流域肥沃低地的垦殖至关重要。因此，国家在用稻田取代长江流域多样的湿地上发挥了关键作用。这一努力被认为是相当划算的，因为单位面积的水稻要比其他作物产出更多盈余。长江下游的大量水稻盈余，促使后世王朝修建大运河南粮北运，这需要重建华北平原大片区域的水文。水利系统在政治动荡中崩溃，又在新王朝重建，从这一水利循环周期中，我们可以清晰地看出国家在维持水利系统当中的重要性。[9]

　　虽然多数史料关注的是大型水利工程，但较小的水利工程至少也要有同样重要的地位，毕竟小型工程的分布范围要大得多。如前章所论，秦朝用臣民的无偿劳动和税粮建造并维护了整个帝国的各种水道。汉朝以及后世王朝继续在地方行政中维护水利基础设施。在长江中游的两处不同地点幸存的出土文献显示，官吏勘

199

9　基于传统史料的概述，参见 Needham，Wang，and Lu，*Science and Civilisation in China*，vol. 4.3〔〔英〕李约瑟著，王玲、鲁桂珍协助，汪受琪译：《李约瑟中国科学技术史》第 4 卷《物理学及相关技术》第 3 分册《土木工程与航海技术》〕。关于黄河，参见 Elvin，*The Retreat of the Elephants*〔〔英〕伊懋可著，梅雪芹、毛利霞、王玉山译：《大象的退却：一部中国环境史》〕；Zhang，*The River, the Plain, and the State*；David A. Pietz，*The Yellow River: The Problem of Water in Modern China*（Cambridge，MA：Harvard University Press，2015）〔〔美〕戴维·艾伦·佩兹著，姜智芹译：《黄河之水：蜿蜒中的现代中国》，北京：中国政法大学出版社，2017〕。关于南方的情况以及"水利循环"，参见 Pierre-Étienne Will，"State Intervention in the Administration of a Hydraulic Infrastructure：The Example of Hubei Province in Late Imperial Times，" in *The Scope of State Power in China*，edited by Stuart R Schram（London：School of Oriental and African Studies（SOAS），1985），295 - 347〔〔法〕魏丕信著，魏幼红译，鲁西奇校：《水利基础设施管理中的国家干预——以中华帝国晚期的湖北省为例》，陈锋主编：《明清以来长江流域社会发展史论》，武汉：武汉大学出版社，2006 年，第 614—650 页〕，亦参见郑永昌文字撰述：《水到渠成：院藏清代河工档案舆图特展》，台北：台北故宫博物院，2012 年。

察了受损的堤坝和灌溉所用的水库，以便对其进行修复。到了后世，这些较小的水利工程多由富户或宗教机构承办、国家在背后支持，而官府则负责大型基础设施。[10]

治水之外，国家有时还会向农民提供新作物或是推广农业知识，以此帮助农民提高生产力。中国有着编纂农书的悠久传统，农书教导百姓们改进耕田织布的技艺。有的农书是在官府主导下编写的，有的则是官吏为助农而私撰的，也算是间接得到了国家支持。大量治水相关文献也是如此。在印刷术发明后，国家有时会印刷农书并广泛分发。蒙古人印刷、分发了若干种农书，推广有种植潜力的作物，还从伊朗输入了一些新作物。[11]

1840年，英国向清朝开战，迫使清朝向欧洲开放贸易。在接下来的一个世纪里，外国势力想方设法地从饱受战争与内乱之苦的中国攫取财富。直到1949年中华人民共和国成立，这种危局方告终结。中华人民共和国的发展历程，是人类历史上最为成功的

---

10 Lander, "State Management of River Dikes"〔[加] 兰德著，凌文超译：《汉代的河堤治理：长江中游地区环境史的新收获》,《简帛研究》2018年春夏卷，第323—344页；凌文超：《走马楼吴简采集簿书整理与研究》，桂林：广西师范大学出版社，2015年，第424—454页。

11 关于治水文献，参见 Needham, Wang, and Lu, *Science and Civilisation in China*, vol. 4.3, 323 – 29〔[英] 李约瑟著，王玲、鲁桂珍协助，汪受琪译：《李约瑟中国科学技术史》第4卷《物理学及相关技术》第3分册《土木工程与航海技术》，第366—368页〕；郑永昌文字撰述：《水到渠成：院藏清代河工档案與图特展》。关于农书，参见 Bray, *Science and Civilisation in China*, vol. 6.2, 55 – 80〔《李约瑟中国科学技术史》第6卷《生物学及相关技术》第2分册《农业》，[英] 布瑞（白馥兰）著，李学勇译：《中国农业史》，第65—103页〕; Thomas Allsen, *Culture and Conquest in Mongol Eurasia* (Cambridge：Cambridge University Press, 2001), 121 – 26。

振兴国家的努力之一，但同时也造成了自然生态系统的危机，后者并非巧合。中国不仅增加了近10亿人口，而且人均的资源与能源消耗也翻了数倍。前文所述的环境变化过程在这一时期都大大加速了，在20世纪50年代，可继续开拓的空间也只剩下边缘地区，边缘地区的开发改造，生态影响极为巨大而经济利益却又微乎其微。中国政府雄心勃勃的环境政策带来了一些希望，但保护环境和增加消费的目标之间存在着根本性的矛盾。[12]

欧洲帝国对其殖民地的环境影响早已为人们所认识，本书强　200
调的是，所有国家都有改造环境的基本动机，而历史上的中华帝国是做得最成功的之一。东亚的自然生态系统长久转化为农田等人类所用的类型，以现代标准看来，中国历史上的帝国权力很小，但中华帝国在生态系统的转化中发挥了重要作用。农业生态系统的形成，要求帝国改造自然环境，而帝国权力的每一次扩大，都会增强它们出于自身目的而重塑环境的能力。因此，国家的形成应当视作地球环境史上重要的一步，而中国帝制的建立则是东亚环境史上的关键事件。

12　关于中华人民共和国的情况，参见Marks，*China*，307 – 91〔[美] 马立博著，关永强、高丽洁译：《中国环境史（第2版）》，第316—408页〕。

结　语

人类世的状态

　　农业国家的运行基础是植物通过光合作用转化的能量，所以农业国家有着用农业生态系统取代生物多样化自然生态系统的根本动力。这也是工业国家的实情。化石能源和核能极大增加了人类可用的能源，但植物的光合作用还在供养着人类，并提供绝大多数的原材料。正如农业国家有着扩大农业的根本动力，工业国家则会鼓励每一项可以征税的生产活动，小到种地以务农，大到压裂地层以开采油气。环保主义者常常感叹，这个世界的领导人没有解决环境问题的意愿或知识。不过归咎于个人是有失偏颇的——环境问题是结构性的存在。环境问题的核心是经济活动，而经济活动正是政治权力的基础。地球的资源是有限的，但经济增长又是建立在增加资源消耗基础之上的。到了资源告急的某一时刻，人类必须减少，或至少是稳定经济生产的规模。但是减少生产就意味着减少国家收入。那么，谁会选择一个承诺减少生产的领导人呢？统治阶级不会如此，投票大众也不会如此。

中国历史上战国时期以及诸多国家纷争时期的历史教训是，调动资源最成功的政府才能凌驾于对手。地缘政治始终是环境政治。没有竞争对手的国家，能以稳定而非增长为重；有竞争对手的国家，则必须将经济增长置于长期可持续性之前，因为经济实力可以转化为军事实力。当前的世界划分为了军事竞争国家，这是建立经济可持续发展的主要障碍。加强国际机构的作用以减少国家之间的竞争，是建立可持续利用资源的政治体系的必要步骤。生态危机时代的国际竞争，让我想起，16世纪墨西哥的原住民在西班牙人即将摧毁他们的文明时继续相互争斗，却没有意识到新的威胁比他们的老对手危险得多。[1]

最为诱人的环境幻想是，技术革新有一天会让经济的增长不再消耗更多资源，"可持续发展"的口号可以概括这种虚想。但这是不可能实现的。经济增长总是需要扩大资源消耗。由于永无止境的增长似乎是我们目前的资本主义体系的核心特征，因此有理由认为资本主义从根本上是不可持续的。而20世纪的共产主义发展史清楚表明，共产主义的增长虽然不如资本主义那么突出，但作为非资本主义制度也同样致力于追求增长。这并不奇怪，正如本书所示，所有国家都有提高生产力的动机。尽管如此，美国可

---

1 Elvin, "War and the Logic of Short-Term Advantage," in The Retreat of the Elephants: An Environmental History of China (New Haven, CT: Yale University Press, 2004), 86 - 114〔〔英〕伊懋可著，梅雪芹、毛利霞、王玉山译：《战争与短期效益的关联》，《大象的退却：一部中国环境史》，第92—125页〕; John J. Mearsheimer, *The Tragedy of Great Power Politics* (New York: Norton, 2001), chap. 3〔〔美〕约翰·米尔斯海默著，王义桅、唐小松译：《大国政治的悲剧》，上海：上海人民出版社，2003年，第3章《财富与权力》〕。

以说是打败了苏联，美国的胜利正是因为它能更有效地调动资源。资本主义是一个高度创新的系统，它不仅持续提高着开发地球人口和资源的能力，而且还会越来越有效地利用资源，尽管资本主义常常在效率提升后扩大总产量。中央计划经济可以轻松实现比资本主义更可持续的资源开发，只需要禁止任何人聚敛远超需求之物就可以了（别再用私人游艇）。但中央计划经济的经济生产力永远无法超越资本主义国家，因此在军事上也就无法与后者匹敌。这是中国共产党选择社会主义市场经济的主要原因。基于上述逻辑，很难想象一个国家会在其竞争对手之前建立起可持续发展体系。可持续发展需要国际间的携手合作。[2]

　　国际政治的悲剧在于，它鞭策各国为提高军事力量而发展生产力。这个难题又跟国家内部应由谁掌权的问题密切相关。历史书上满是贪嗜权力的暴君，不会为民鞠躬尽瘁。此类掌权者仍与我们同在。人类根本没有建立起理想的政治制度，不能稳定地将有能力且负责任的人置于掌权之位。建立可持续发展体系，需要确保身居高位之人有相应的行政能力，才可配位。建立可持续发展体系，还必须限制有钱有势者利用政治规则自肥的能力，这只有限制私人财富积累才能实现。此外，男性的支配地位可能也是问题的核心，因为正如第 1 章所言，男性统治与军国主义密切相关。不幸的是，人类很可能没有能力建立我所说的全球女性主义生态理想，所以我们应当考虑：如果人类不能改善政治制度，我们的

203

2　关于经济增长不可能在资源消耗不增加的情况下实现，参见 Vaclav Smil, *Growth: From Microorganisms to Megacities*（Cambridge，MA：MIT Press，2019）。

未来会变成什么样子。

在环境论述中，灾变论是非常流行的，以至于如果有人相信这种想法也是情有可原的：一旦全球平均温度上升2℃，人类就会立刻死光。但也就只有核战争才能瞬时灭亡人类。人类社会在地球上最有可能发生的未来，是中国环境史所显现的、伊懋可（Mark Elvin）所称的"三千年的不可持续增长"。在中国历史上，人类曾经以较低的密度生活在多样化的生态系统中，这使得他们能吃到健康的饮食，在农作物歉收时也能觅取野生资源。随着时间的推移，农业人口的增长将多数生态景观改造为农田，觅取野生资源的机会也就越来越少了。这一增一减迫使人们更辛勤地劳作以谋生，迫使人们降低了饮食的质量。这也使人们更容易挨饿受饥，因为这些简化的农业生态系统在干旱、虫害和洪灾时几乎没有粮食产出。尽管如此，人类还是很善于应对的。人类反复适应不断恶化的环境，适应先民难以忍受的生存状态。这种反复适应环境恶化的循环，已经在世界上的许多地方发生，展示了人类在地球上非常有可能出现的一种未来。但应该强调的是，并非所有人都要面对这样的未来。我们的星球上总有一些非常宜居的地方，而且从古到今的有钱有势之人往往能避开环境破坏的恶果。倘若一切如常、不思变革，多数人不会从中受益。这样的话，很可能就让精英们想对了，他们不必承担任何环境后果。[3]

那么，问题就不在于拯救地球或拯救人类，而在于人类能否创造出可以避免这种悲惨未来的政治制度。理想情况下，政治制

3　Elvin, "Three Thousand Years of Unsustainable Growth."

度将公平地分配资源，并为地球上的自然生态系统留出大量空间。最低限度下，政治制度要防止人类社会破坏赖以生存的生物系统和气候系统。我无法为如何建立这样的政治制度提供一个清晰的设想。历史地考察人类改造环境的过程，可以清晰地看到环境问题同时也是政治问题，解决环境问题的希望，在于改变人类的政治制度。幸运的是，年轻一代似乎很重视这一点，因此，我们的未来依旧充满希望。

参考文献

Akashi，Yukari，Naomi Fukuda，Tadayuki Wako，Masaharu Masuda，and Kenji Kato. "Genetic Variation and Phylogenetic Relationships in East and South Asian Melons，*Cucumis melo* L.，Based on the Analysis of Five Isozymes." *Euphytica* 125，no. 3（2002）：385 – 96.

Algaze，Guillermo. *Ancient Mesopotamia at the Dawn of Civilization：The Evolution of an Urban Landscape*. Chicago：University of Chicago Press，2008.

Allan，Sarah. "Erlitou and the Formation of Chinese Civilization：Towards a New Paradigm." *Journal of Asian Studies* 66，no. 2（2007）：461 – 96. 中译本为 ［美］艾兰：《二里头与中华文明的形成：一种新的范式》，杨民等译：《艾兰文集之四：早期中国历史、思想与文化（增订版）》，北京：商务印书馆，2011年，第266—315页。

——. "The *Taotie* Motif on Early Chinese Ritual Bronzes." In *The Zoomorphic Imagination in Chinese Art and Culture*，edited by Jerome Silbergeld and Eugene Wang，21 – 66. Honolulu：University of Hawaii Press，2016. 中译本为 ［美］艾兰著，韩鼎译：《商代饕餮纹及相关纹饰的意义》，《甲骨文与殷商史》新7辑，上海：上海古籍出版社，2017年，第313—346页。

Allsen，Thomas. *Culture and Conquest in Mongol Eurasia*. Cambridge：Cambridge University Press，2001.

——. *The Royal Hunt in Eurasian History*. Philadelphia：University of Pennsylvania Press，2006. 中译本为 ［美］托马斯·爱尔森著，马特译：《欧亚皇家狩猎

史》，北京：社会科学文献出版社，2017年。

Ames，Roger T. 安乐哲. *Sun-Tzu: The Art of Warfare; The First English Translation Incorporating the Recently Discovered Yin-Ch'üeh-Shan Texts.* New York: Ballantine，1993.

An，Chengbang 安成邦，Zhao-Dong Feng 冯兆东，and Loukas Barton. "Dry or Humid? MidHolocene Humidity Changes in Arid and Semi-Arid China." *Quaternary Science Reviews* 25（2006）：351 – 61.

An，Jingping 安金平，Wiebke Kirleis，and Guiyun Jin 靳桂云. "Changing of Crop Species and Agricultural Practices from the Late Neolithic to the Bronze Age in the Zhengluo Region，China." *Archaeological and Anthropological Sciences* 11（2019）：6273 – 86.

Anderson，Eugene. *Food and Environment in Early and Medieval China.* Philadelphia: University of Pennsylvania Press，2014.

Ardant，Gabriel. "Financial Policy and Economic Infrastructure of Modern States and Nations." In *The Formation of National States in Western Europe,* edited by Charles Tilly and Gabriel Ardant，164 – 242. Princeton，NJ: Princeton University Press，1975.

Atahan，Pia，John Dodson，Xiaoqiang Li 李小强，Xinying Zhou 周新郢，Songmei Hu 胡松梅，Liang Chen，Fiona Bertuch，and Kliti Grice. "Early Neolithic Diets at Baijia，Wei River Valley，China: Stable Carbon and Nitrogen Isotope Analysis of Human and Faunal Remains." *Journal of Archaeological Science* 38，no. 10（2011）：2811 – 17.

Bagley，Robert 贝格立. *Ancient Sichuan: Treasures from a Lost Civilization.* Seattle: Seattle Art Museum and Princeton University Press，2001.

——. "Shang Archaeology." In *The Cambridge History of Ancient China: From the Origins of Civilization to 221 B.C.,* edited by Michael Loewe and Edward Shaughnessy，124 – 231. Cambridge: Cambridge University Press，1999. 《剑桥上古史》。

Balazs，Étienne 白乐日. "Le traité économique du 'Souei-chou.'" *T'oung Pao* 42， no. 3/4（1953）：113 – 329.

（汉）班固：《汉书》，北京：中华书局，1962年。

保全：《西安老牛坡出土商代早期文物》，《考古与文物》1981年第2期，第17—18页。

宝鸡市考古工作队：《陕西武功郑家坡先周遗址发掘简报》1984年第7期，第1—15页。

宝鸡市考古工作队、陕西考古研究所宝鸡工作站编：《宝鸡福临堡：新石器时代遗址发掘报告》，北京：文物出版社，1993年。

Barbieri-Low，Anthony J.李安敦. *Artisans in Early Imperial China.* Seattle：University of Washington Press，2007.

——. "Coerced Migration and Resettlement in the Qin Imperial Expansion." *Journal of Chinese History*，2019，1 – 22.

Barbieri-Low，Anthony J.李安敦，and Robin D. S. Yates叶山. *Law, State, and Society in Early Imperial China: A Study with Critical Edition and Translation of the Legal Texts from Zhangjiashan Tomb No. 247.* 2 vols. Leiden，Netherlands：Brill，2015.

Bar-On，Yinon M.，Rob Phillips，and Ron Milo. "The Biomass Distribution on Earth." *Proceedings of the National Academy of Sciences* 115，no. 5（2018）：6506 – 11.

Barton，Loukas，Seth Newsome，Fa-Hu Chen陈发虎，Hui Wang王辉，Thomas Guilderson，and Robert Bettinger. "Agricultural Origins and the Isotopic Identity of Domestication in Northern China." *Proceedings of the National Academy of Sciences* 106，no. 14（2009）：5523 – 28.

Beer，Ruth，Franziska Kaiser，Kaspar Schmidt，Brigitta Ammann，Gabriele Carraro，Ennio Grisa，and Willy Tinner. "Vegetation History of the Walnut Forests in Kyrgyzstan（Central Asia）：Natural or Anthropogenic Origin？" *Quaternary Science Reviews* 27，nos. 5 – 6（2008）：621 – 32.

Begon，Michael，Colin Townsend，and John Harper. *Ecology: From Individuals to Ecosystems.* 4th edition. Malden，MA：Blackwell，2005. 中译本为Michael

Begon，Colin R. Townsend，John L. Harper著，李博、张大勇、王德华主译：《生态学——从个体到生态系统（第四版）》，北京：高等教育出版社，2016年。

北京大学考古系商周组：《陕西扶风县壹家堡遗址1986年度发掘报告》，《考古学研究》第2辑，1994年，第343—390页。

北京大学考古文博学院、河南省文物考古研究所编著：《登封王城岗考古发现与研究2002—2005》，郑州：大象出版社，2007年。

北京大学考古系商周组、陕西省考古研究所：《陕西耀县北村遗址1984年发掘报告》，《考古学研究》第2辑，1994年，第283—342页。

北京大学考古学系著，中国社会科学院考古研究所编：《华县泉护村》，北京：科学出版社，2003年。

北京大学考古教研室华县报告编写组：《华县、渭南古代遗址调查与试掘》，《考古学报》1980年第3期，第297—328页。

Belich，James. *Replenishing the Earth: The Settler Revolution and the Rise of the Anglo World, 1783 – 1949.* Oxford：Oxford University Press，2009.

Bello，David A.贝杜维. *Across Forest, Steppe, and Mountain: Environment, Identity, and Empire in Qing China's Borderlands.* New York：Cambridge University Press，2016.

Bellwood，Peter. "Asian Farming Diasporas？ Agriculture，Languages，and Genes in China and Southeast Asia." In *Archaeology of Asia*，edited by Miriam T. Stark，96 – 118. Oxford：Blackwell，2006.

Benjamin，Walter. "Theses on the Philosophy of History," in *Illuminations.* New York：Schocken，1968. 中译本为［德］汉娜·阿伦特编，张旭东、王斑译：《启迪：本雅明文选》，北京：生活·读书·新知三联书店，2008年。

Bensel，Richard. *Yankee Leviathan: The Origins of Central State Authority in America, 1859 – 1877.* Cambridge：Cambridge University Press，1990.

Bestel，Sheahan贝喜安，Yingjian Bao鲍颖建，Hua Zhong钟华，Xingcan Chen陈星灿，and Li Liu刘莉. "Wild Plant Use and Multi-Cropping at the Early Neolithic Zhuzhai Site in the Middle Yellow River Region，China." *The*

Holocene 28，no. 2（2018）：195 – 207.

Bestel，Sheahan贝喜安，Gary W. Crawford，Li Liu刘莉，Jinming Shi史金铭，Yanhua Song宋艳花，and Xingcan Chen陈星灿．"The Evolution of Millet Domestication，Middle Yellow River Region，North China：Evidence from Charred Seeds at the Late Upper Paleolithic Shizitan Locality 9 Site." *The Holocene* 24，no. 3（2014）：261 – 65.

Betzig，Laura. *Despotism and Differential Reproduction：A Darwinian View of History.* New York：Aldine，1986.

Bielenstein，Hans毕汉思. *The Bureaucracy of Han Times.* Cambridge：Cambridge University Press，1980.

——. "Chinese Historical Demography A.D. 2 – 1982." *Bulletin of the Museum of Far Eastern Antiquities* 59（1987）：1 – 288.

Biot，Édouard毕瓯. *Le Tcheou-li ou Rites des Tcheou.* Paris：Imprimerie Nationale，1851.

Blackburn，Simon. *Lust.* New York：New York Public Library，2004.

Bodde，Derk卜德. *China's First Unifier：A Study of the Ch'in Dynasty as Seen in the Life of Li Ssŭ（280? – 208 B.C.）.* Leiden，Netherlands：E. J. Brill，1938.

——. *Festivals in Classical China：New Year and Other Annual Observances during the Han Dynasty，206 B.C. – A.D. 220.* Princeton，NJ：Princeton University Press，1975. 中译本为［美］德克·卜德著，吴格非等译：《古代中国的节日——汉代（公元前206—公元220年）的新年和其他年庆活动》，北京：学苑出版社，2017年。

——. "The State and Empire of Ch'in." In *The Cambridge History of China.* Volume. 1：*The Ch'in and Han Empires，221 B.C. – A.D. 220，* edited by Denis Twitchett and John Fairbank，20 – 102. Cambridge：Cambridge University Press，1986. 中译本为［美］卜德：《秦国和秦帝国》，［英］崔瑞德、鲁惟一编，杨品泉等译：《剑桥中国秦汉史》，北京：中国社会科学出版社，1992年。

Bogaard，Amy，Mattia Fochesato，and Samuel Bowles. "The Farming-Inequality Nexus: New Insights from Ancient Western Eurasia." *Antiquity* 93，no. 371（2019）: 1129 – 43.

Boserup，Ester. *The Conditions of Agricultural Growth: The Economics of Agrarian Change under Population Pressure.* Chicago: Aldine，1966. 中译本为［丹］埃斯特·博塞拉普著，罗煜译：《农业增长的条件：人口压力下农业演变的经济学》，北京：法律出版社，2015年。

Brandt，Loren，and Barbara Sands. "Land Concentration and Income Distribution in Republican China." In *Chinese History in Economic Perspective*，edited by Thomas Rawski and Lillian Li，179 – 207. Berkeley: University of California Press，1992.

Bray，Francesca. *Science and Civilisation in China.* Volume 6.2: *Agriculture.* Cambridge: Cambridge University Press，1984.《李约瑟中国科学技术史》第6卷《生物学及相关技术》第2分册《农业》。中译本为［英］布瑞（白馥兰）著，李学勇译：《中国农业史》，台北：商务印书馆，1994年。

Bretschneider，Emil. "Botanicon Sinicum: Notes on Chinese Botany from Native and Western Sources: Part 2." *Journal of the North China Branch of the Royal Asiatic Society* 25（1893）: 1 – 468.

Brewer，John. *The Sinews of Power: War，Money，and the English State，1688 – 1783.* Cambridge，MA: Harvard University Press，1990.

Brindley，Erica 艾瑞克. *Ancient China and the Yue: Perceptions and Identities on the Southern Frontier，c. 400 BCE – 50 CE.* Cambridge: Cambridge University Press，2015.

Brook，Timothy，and Gregory Blue. *China and Historical Capitalism: Genealogies of Sinological Knowledge.* Cambridge: Cambridge University Press，1999. 中译本为［加］卜正民、［加］格力高利·布鲁主编，古伟瀛等译：《中国与历史资本主义：汉学知识的系谱学》，北京：新星出版社，2005年。

卜宪群：《秦汉官僚制度》，北京：社会科学文献出版社，2002年。

Byington，Mark E.，editor. *The Han Commanderies in Early Korean History.*

Cambridge, MA: Early Korea Project, 2013.

Cai, Dawei蔡大伟, Yang Sun孙洋, Zhuowei Tang汤卓炜, Songmei Hu胡松梅, Wenying Li, Xingbo Zhao赵兴波, Hai Xiang, and Hui Zhou周慧. "The Origins of Chinese Domestic Cattle as Revealed by Ancient DNA Analysis." *Journal of Archaeological Science* 41 (2014): 423 – 34.

Cai, Dawei蔡大伟, Zhuowei Tang汤卓炜, Huixin Yu于慧鑫, Lu Han韩璐, Xiaoyan Ren, Xingbo Zhao赵兴波, Hong Zhu, and Hui Zhou周慧. "Early History of Chinese Domestic Sheep Indicated by Ancient DNA Analysis of Bronze Age Individuals." *Journal of Archaeological Science* 38, no. 4 (2011): 896 – 902.

蔡万进:《秦国粮食经济研究》, 呼和浩特: 内蒙古人民出版社, 1996年。

Cai, Yanjun蔡演军, et al. "The Variation of Summer Monsoon Precipitation in Central China since the Last Deglaciation." *Earth and Planetary Science Letters* 291, nos. 1 – 4 (2010): 21 – 31.

Caldwell, Ernest. "Social Change and Written Law in Early Chinese Legal Thought." *Law and History Review* 32, no. 1 (2014): 1 – 30.

Campbell, Roderick江雨德. *Archaeology of the Chinese Bronze Age: From Erlitou to Anyang.* Los Angeles: Cotsen Institute of Archaeology Press, 2014.

——. "Toward a Networks and Boundaries Approach to Early Complex Polities: The Late Shang Case." *Current Anthropology* 50, no. 6 (2009): 821 – 48.

——. *Violence, Kinship and the Early Chinese State: The Shang and Their World.* New York: Cambridge University Press, 2018.

Campbell, Roderick江雨德, Zhipeng Li李志鹏, Yuling He何毓玲, and Yuan Jing袁靖. "Consumption, Exchange and Production at the Great Settlement Shang: Bone-Working at Tiesanlu, Anyang." *Antiquity* 85, no. 330 (2011): 1279 – 97.

曹锦炎:《古代玺印》, 北京: 文物出版社, 2002年。

Carneiro, Robert L. "The Role of Warfare in Political Evolution: Past Results and Future Projections." In *Effects of War on Society*, edited by G Ausenda,

87 – 102. Republic of San Marino：Center for Interdisciplinary Research on Social Stress，1992.

Ceballos，Gerardo，Paul R. Ehrlich，and Rodolfo Dirzo. "Biological Annihilation via the Ongoing Sixth Mass Extinction Signaled by Vertebrate Population Losses and Declines." *PNAS* 114，no. 30（2017）：E6089 – 96.

Chang，Chun-shu 张春树. *The Rise of the Chinese Empire*. 2 vols. Ann Arbor：University of Michigan Press，2007.

Chang，Kwang-chih. "The Animal in Shang and Chou Bronze Art." *Harvard Journal of Asiatic Studies* 41，no. 2（1981）：527 – 54. 中译本为张光直：《商周青铜器上的动物纹样》，《中国青铜时代》，北京：生活·读书·新知三联书店，1983年，第313—342页。

———. *The Archaeology of Ancient China*. 4th edition. New Haven，CT：Yale University Press，1986. 中译本为张光直著，印群译：《古代中国考古学》，沈阳：辽宁教育出版社，2002年。

———. *Art，Myth，and Ritual：The Path to Political Authority in Ancient China*. Cambridge，MA：Harvard University Press，1983. 中译本为张光直著，郭净译：《美术、神话与祭祀》，北京：生活·读书·新知三联书店，2013年。

晁福林：《春秋战国的社会变迁》，北京：商务印书馆，2011年。

Chao，Glenda E. "Culture Change and Imperial Incorporation in Early China：An Archaeological Study of the Middle Han River Valley（ca. 8th century BCE—1st century CE）." PhD diss.，Columbia University，New York，2017.

Chavannes，Édouard 沙畹. *Les Mémoires Historiques de Se-ma Ts'ien*. Paris：Adrien-Maisonneuve，1967.

Chemla，Karine 林力娜，and Shuchun Guo 郭书春. *Les neuf chapitres：Le classique mathématique de la Chine ancienne et ses commentaires*. Paris：Dunod，2004.

Chemla，Karine 林力娜，and Biao Ma 马彪. "How Do the Earliest Known Mathematical Writings Highlight the State's Management of Grains in Early Imperial China？" *Archive for the History of Exact Sciences* 69（2015）：1 – 53.

陈絜：《里耶"户籍简"与战国末期的基层社会》，《历史研究》2009年第5期，第23—40页。

陈梦家:《殷虚卜辞综述》,北京:中华书局,1957年

陈槃撰:《春秋大事表列国爵姓及存灭表撰异》,上海:上海古籍出版社,2009年。

Chen,Shouliang 陈守良, Li Dezhu 李德铢, Zhu Guanghua 朱光华, and Wu Zhenlan 吴珍兰. *Flora of China*. Volume 22: *Poaceae*. Beijing: Science Press and St. Louis: Missouri Botanical Garden Press, 2006.《中国植物志》英文版,第22册。

陈松长:《岳麓秦简中的两条秦二世时期令文》,《文物》2015年第9期。

陈伟主编:《里耶秦简牍校释》,武汉:武汉大学出版社,2012年第一卷,2018年第二卷。

陈伟主编,彭浩、刘乐贤等撰著:《秦简牍合集:释文注释修订本(壹)》,武汉:武汉大学出版社,2016年。

陈伟主编,孙占宇、晏昌贵等撰著:《秦简牍合集:释文注释修订本(肆)》,武汉:武汉大学出版社,2016年。

陈伟主编,孙占宇、晏昌贵等撰著:《秦简牍合集》第四册,武汉:武汉大学出版社,2014年。

陈振中编著:《先秦青铜生产工具》,厦门:厦门大学出版社,2004年。

程俊英、蒋见元:《诗经注析》,北京:中华书局,1991年。

Chiang,Chi Lu 蒋志陆. "The Scale of War in the Warring States Period." PhD diss., Columbia University, New York, 2005.

Chou, Hung-Hsiang 周鸿翔. "Fu-X Ladies of the Shang Dynasty." *Monumenta Serica* 29 (1970/1971): 346 – 90.

Churchman, Catherine. *The People between the Rivers: The Rise and Fall of a Bronze Drum Culture, 200 – 750 CE*. Lanham: Rowman and Littlefield, 2016.

Clark, Christopher. *Iron Kingdom: The Rise and Downfall of Prussia, 1600 – 1947*. Cambridge, MA: Belknap Press of Harvard University Press, 2006. 中译本为［英］克里斯托弗·克拉克著,王丛琪译:《钢铁帝国:普鲁士的兴

衰》，北京：中信出版社，2018年。

Clark，Hugh R. 柯胡. *Community, Trade, and Networks: Southern Fujian Province from the Third to the Thirteenth Century.* Cambridge：Cambridge University Press，2002.

Clastres，Pierre. *Society against the State: The Leader as Servant and the Humane Uses of Power among the Indians of the Americas.* New York：Urizen，1977.

Clift，Peter，and R. Alan Plumb. *The Asian Monsoon.* Cambridge：Cambridge University Press，2008.

Clutton-Brock，T. H. *Mammal Societies.* Chichester，England：John Wiley & Sons，2016.

Comas，Iñaki，Mireia Coscolla，Tao Luo，Sonia Borrell，Kathryn E. Holt，Midori Kato-Maeda，Julian Parkhill，et al. "Out-of-Africa Migration and Neolithic Coexpansion of *Mycobacterium tuberculosis* with Modern Humans." *Nature Genetics* 45，no. 10（2013）：1176 – 82.

Cook，Constance A. 柯鹤立. "Moonshine and Millet: Feasting and Purification Rituals in Ancient China." In *Of Tripod and Palate: Food, Politics and Religion in Traditional China,* edited by Roel Sterckx，9 – 33. New York：Palgrave Macmillan，2005.

——. "Wealth and the Western Zhou." *Bulletin of the School of Oriental and African Studies* 60，no. 2（1997）：253 – 94.

Cook，Constance A. 柯鹤立，and Paul R. Goldin 金鹏程，editors. *A Source Book of Ancient Chinese Bronze Inscriptions.* Berkeley：Society for the Study of Early China，2016.

Cooper，Eugene 顾尤勤. "The Potlatch in Ancient China: Parallels in the Sociopolitical Structure of the Ancient Chinese and the American Indians of the Northwest Coast." *History of Religions* 22，no. 2（1982）：103 – 28.

Coppinger，Raymond，and Lorna Coppinger. *What Is a Dog？* Chicago：University of Chicago Press，2016.

Crawford，Gary W. "Early Rice Exploitation in the Lower Yangzi Valley: What Are

We Missing？" *The Holocene* 22，no. 6（2012）：613 – 21.

——. "East Asian Plant Domestication." In *Archaeology of Asia*，edited by Miriam T. Stark，77 – 95. Oxford：Blackwell，2006.

Creel，Herrlee G. "The Beginnings of Bureaucracy in China：The Origin of the Hsien." *Journal of Asian Studies* 23，no. 2（1964）：155 – 84. 中译本为［美］顾立雅著，杨品泉译：《中国官僚制度的开始：县的起源》，《中国史研究动态》1979年第1期，第22—32页。

——. *The Origins of Statecraft in China：The Western Chou Empire.* Chicago：University of Chicago Press，1970.

——. *Shen Pu-Hai：A Chinese Political Philosopher of the Fourth Century BC.* Chicago：University of Chicago Press，1974. 中译本为［美］顾立雅著，马腾译：《申不害——公元前四世纪中国的政治哲学家》，南京：江苏人民出版社，2019年。

Crespigny，Rafe de 张磊夫. *Generals of the South：The Foundation and Early History of the Three Kingdoms State of Wu.* Canberra：Australian National University，1990.

Cronon，William. "The Trouble with Wilderness；or，Getting Back to the Wrong Nature." In *Uncommon Ground：Toward Reinventing Nature*，69 – 90. New York：W. W. Norton，1996.

Crossley，Pamela 柯娇燕，Helen Siu 萧凤霞，and Donald Sutton 苏堂栋，editors. *Empire at the Margins：Culture，Ethnicity and Frontier in Early Modern China.* Berkeley：University of California Press，2006.

Crump，James 柯润璞. *Chan-Kuo Ts'e.* Oxford：Clarendon，1970.

［日］村松弘一（Kōichi Muramatsu）：《中国古代環境史の研究》，東京：汲古書院，2016年。

Curry，Andrew. "The Milk Revolution." *Nature* 500，no. 7460（2013）：20 – 22.

D'Altroy，Terence. "Empires Reconsidered：Current Archaeological Approaches." *Asian Archaeology* 1（2018）：95 – 109.

——. "The Inka Empire." In *Fiscal Regimes and the Political Economy of*

Premodern States, edited by Andrew Monson and Walter Scheidel, 31 – 70. Cambridge：Cambridge University Press，2015.

D'Altroy，Terence，and Timothy Earle. "Staple Finance，Wealth Finance and Storage in the Inka Political Economy." *Current Anthropology* 26（1985）：186 – 206.

Dauben，Joseph W. 道本周. "Suan Shu Shu：A Book on Numbers and Computations；English Translation with Commentary." *Archive for the History of Exact Sciences* 62（2008）：91 – 178.

Dean，Kenneth 丁荷生，and Brian Massumi. *First and Last Emperors：The Absolute State and the Body of the Despot.* New York：Autonomedia，1992.

DeLancey，Scott. "The Origins of Sinitic." In *Increased Empiricism：Recent Advances in Chinese Linguistics,* edited by Zhuo Jing-Schmidt，73 – 100. Amsterdam：John Benjamins，2013.

de Waal，Alex. *The Real Politics of the Horn of Africa：Money，War and the Business of Power.* Cambridge：Polity，2015.

Diamond，Jared M. *Guns，Germs，and Steel：The Fates of Human Societies.* New York：W. W. Norton，1999. 中译本为［美］贾雷德·戴蒙德著，王道还、廖月娟译：《枪炮、病菌与钢铁：人类社会的命运》，北京：中信出版社，2022年。

Di Cosmo，Nicola. *Ancient China and Its Enemies：The Rise of Nomadic Power in East Asian History.* Cambridge：Cambridge University Press，2002. 中译本为［美］狄宇宙著，贺严、高书文译：《古代中国与其强邻：东亚历史上游牧力量的兴起》，北京：中国社会科学出版社，2010年。

Dobson，W. A. C. H. "Linguistic Evidence and the Dating of the 'Book of Songs.'" *T'oung Pao* 54，no. 4/5（1964）：322 – 34.

Dodson，John，Eoin Dodson，Richard Banati，Xiaoqiang Li 李小强，Pia Atahan，Songmei Hu 胡松梅，Ryan J. Middleton，Xinying Zhou 周新郢，and Sun Nan 孙楠. "Oldest Directly Dated Remains of Sheep in China." *Scientific Reports* 4（2014）：7170.

Dong，Guanghui 董广辉，Zhengkai Xia 夏正楷，Robert Elston，Xiongwei Sun 孙雄伟，and Fahu Chen 陈发虎. "Response of Geochemical Records in Lacustrine Sediments to Climate Change and Human Impact during Middle Holocene in Mengjin，Henan Province，China." *Frontiers of Earth Science in China* 3，no. 3（2009）：279 – 85.

Dong，Yu 董豫，Chelsea Morgan，Yurii Chinenov，Ligang Zhou 周立刚，Wenquan Fan 樊温泉，Xiaolin Ma 马萧林，and Kate Pechenkina. "Shifting Diets and the Rise of Male-Biased Inequality on the Central Plains of China during the Eastern Zhou." *PNAS* 114，no. 5（2017）：932 – 37.

Dubs，Homer H. 德效骞. *The History of the Former Han Dynasty.* Baltimore：Waverly Press，1938.

Durrant，Stephen 杜润德，Wai-yee Li 李惠仪，and David Schaberg. *Zuo Tradition/ Zuozhuan：Commentary on the "Spring and Autumn Annals."* Seattle：University of Washington Press，2016.

Duyvendak，Jan J. L. *The Book of Lord Shang：A Classic of the Chinese School of Law；Translated from the Chinese with Introduction and Notes.* London：A. Probsthain，1928. 中译本为［荷］戴闻达英译，高亨今译：《商君书》，北京：商务印书馆，2006 年。

Earle，Timothy. *Bronze Age Economics：The Beginnings of Political Economies.* Boulder，CO：Westview，2002.

Eda，Masaki 江田正木，Peng Lu 吕鹏，Hiroki Kikuchi 菊地大树，Zhipeng Li 李志鹏，Fan Li 李凡，and Jing Yuan 袁靖. "Reevaluation of Early Holocene Chicken Domestication in Northern China." *Journal of Archaeological Science* 67（2016）：25 – 31.

Eisenstadt，Shmuel N. *The Political Systems of Empires.* New Brunswick，NJ：Transaction，1993. 中译本为［以］S. N. 艾森斯塔德著，沈原、张旅平译，张博伦校：《帝国的政治体系》，北京：商务印书馆，2021 年。

Eliassen，S.，and O. J. Todd. "The Wei Pei Irrigation Project in Shensi Province." *China Journal* 27（1932）：170 – 79.

Elman，Benjamin，and Martin Kern，editors. *Statecraft and Classical Learning: The Rituals of Zhou in East Asian History.* Leiden，Netherlands：Brill，2010.

Elvin，Mark 伊懋可. *The Pattern of the Chinese Past: A Social and Economic Interpretation.* Stanford，CA：Stanford University Press，1973.

——. *The Retreat of the Elephants: An Environmental History of China.* New Haven，CT：Yale University Press，2004. 中译本为［英］伊懋可著，梅雪芹、毛利霞、王玉山译:《大象的退却：一部中国环境史》，南京：江苏人民出版社，2014年。

——. "Three Thousand Years of Unsustainable Growth: China's Environment from Archaic Times to the Present." *East Asian History* 6（1993）：7 - 46.

——. "War and the Logic of Short-Term Advantage." In *The Retreat of the Elephants: An Environmental History of China,* 86 - 114. New Haven，CT：Yale University Press，2004.

Fabre-Serris，Jacqueline，and Alison Keith. *Women and War in Antiquity.* Baltimore：Johns Hopkins University Press，2015.

Falkenhausen，Lothar von. *Chinese Society in the Age of Confucius（1000 - 250 BC）: The Archaeological Evidence.* Los Angeles：Cotsen Institute of Archaeology，2006. 中译本为［美］罗泰著，吴长青、张莉、彭鹏译:《宗子维城——从考古材料的角度看公元前1000至前250年的中国社会》，上海：上海古籍出版社，2017年。

——. "Mortuary Behaviour in Pre-Imperial Qin：A Religious Interpretation." In *Religion and Chinese Society,* edited by John Lagerwey，109 - 72. Hong Kong：Chinese University Press，2004.

——. "On the Historiographical Orientation of Chinese Archaeology." *Antiquity* 67，no. 257（1993）：839 - 49. 中译本为［美］罗泰著，陈淳译:《论中国考古学的编史倾向》，《文物季刊》1995年第2期。

——. "The Waning of the Bronze Age：Material Culture and Social Developments，770 - 481 B.C." In *The Cambridge History of Ancient China: From the Origins of Civilization to 221 B.C.,* edited by Michael Loewe and Edward

Shaughnessy，450 – 544. Cambridge：Cambridge University Press，1999.
《剑桥上古史》。

（南朝宋）范晔：《后汉书》，北京：中华书局，1965年。

方述鑫等编：《甲骨金文字典》，成都：巴蜀书社，1993年。

FAO（Food and Agriculture Organization of the United Nations）. *Sorghum and Millets in Human Nutrition.* Rome：FAO，1995.

Fei，Jie费杰，Hongming He何洪鸣，Liang Emlyn Yang，Xiaoqiang Li李小强，Shuai Yang杨帅，and Jie Zhou周杰. "Evolution of Saline Lakes in the Guanzhong Basin during the Past 2000 Years：Inferred from Historical Records." In *Socio-Environmental Dynamics along the Historical Silk Road*，25 – 44. Cham：Springer，2019.

Feng，Z.-D.冯兆东，C. B. An安成邦，L.Y. Tang唐领余，and A.J.T. Jull. "Stratigraphic Evidence of a Megahumid Climate between 10,000 and 4000 Years B.P. in the Western Part of the Chinese Loess Plateau." *Global and Planetary Change* 43，no. 3 – 4（2004）：145 – 55.

Feng，Z.-D.冯兆东，L. Y. Tang唐领余，H. B. Wang汪海斌，Y. Z. Ma马玉贞，and K.-b. Liu. "Holocene Vegetation Variations and the Associated Environmental Changes in the Western Part of the Chinese Loess Plateau." *Palaeogeography，Palaeoclimatology，Palaeoecology* 241，nos. 3 – 4（2006）：440 – 56.

Finer，Samuel E. *The History of Government from the Earliest Times.* Volume 1：*Ancient Monarchies and Empires.* Oxford：Oxford University Press，1997. 中译本为［英］芬纳著，马百亮、王震译：《统治史（卷一）：古代的王权和帝国——从苏美尔到罗马》，上海：华东师范大学出版社，2010年。

——. "Stateand Nation-Building in Europe：The Role of the Military." In *The Formation of National States in Western Europe*，edited by Charles Tilly and Gabriel Ardant，84 – 163. Princeton，NJ：Princeton University Press，1975.

Fiskesjö，Magnus. "Rising from Blood-Stained Fields：Royal Hunting and State Formation in Shang China." *Bulletin of the Museum of Far Eastern Antiquities*

73（2001）：48 – 192.

Fitzgerald-Huber，L. G. "The Qijia Culture：Paths East and West." *Bulletin of the Museum of Far Eastern Antiquities* 75（2003）：55 – 78.

Flad，Rowan傅罗文. "Divination and Power：A Multiregional View of the Development of Oracle Bone Divination in Early China." *Current Anthropology* 43，no. 3（2008）：403 – 37.

Flad，Rowan傅罗文，Li Shuicheng李水城，Wu Xiaohong吴小红，and Zhao Zhijun赵志军. "Early Wheat in China：Results from New Studies at Donghuishan in the Hexi Corridor." *The Holocene* 20，no. 6（2010）：955 – 65.

Flad，Rowan傅罗文，Yuan Jing袁靖，and Li Shuicheng李水城. "Zooarchaeological Evidence for Animal Domestication in Northwest China." In *Late Quaternary Climate Change and Human Adaptation in Arid China*，edited by David Madsen，Fa-Hu Chen陈发虎，and Xing Gao高星，167 – 203. Amsterdam：Elsevier，2007.

Foucault，Michel. *Security，Territory，Population：Lectures at the Collège de France 1977 – 78*. Houndmills：Palgrave Macmillan，2009. 中译本为［法］米歇尔·福柯著，钱翰、陈晓径译：《安全，领土与人口：法兰西学院课程系列：1977—1978》，上海：上海人民出版社，2018年。

Frantz，Laurent A. F.，et al. "Genomic and Archaeological Evidence Suggest a Dual Origin of Domestic Dogs." *Science* 352，no. 6290（2016）：1228 – 31.

傅嘉仪：《秦封泥汇考》，上海：上海书店出版社，2007年。

Fu，Qiaomei付巧妹，Matthias Meyer，Xing Gao高星，Udo Stenzel，Hernán A. Burbano，Janet Kelso，and Svante Pääbo. "DNA Analysis of an Early Modern Human from Tianyuan Cave，China." *Proceedings of the National Academy of Sciences* 110，no. 6（2013）：2223 – 27.

Gale，Esson M. *Discourses on Salt and Iron：A Debate on State Control of Commerce and Industry in Ancient China*. Taipei：Ch'eng-Wen，1967.

甘肃省文物考古研究所编著：《秦安大地湾：新石器时代遗址发掘报告》，北京：文物出版社，2006年。

高步瀛:《文选李注义疏》,北京:中华书局,1985年。

高功:《龙行陈仓、鹿鸣周野——石鼓山西周墓地出土青铜器赏析》,《收藏界》2015年第3期。

高亨:《商君书注译》,北京:中华书局,1974年。

高敏:《云梦秦简初探》,郑州:河南人民出版社,1979年。

高升荣:《明清时期关中地区水资源环境变迁与乡村社会》,北京:商务印书馆,2017年。

Gaunitz,Charleen,et al. "Ancient Genomes Revisit the Ancestry of Domestic and Przewalski's Horses." *Science* 360,no. 6384(2018):111 – 14.

葛剑雄:《西汉人口地理》,北京:人民出版社,1986年。

葛今:《泾阳高家堡早周墓葬发掘记》,《文物》1972年第7期,第5—8页。

Giersch,C. Patterson 纪若诚. *Asian Borderlands:The Transformation of Qing China's Yunnan Frontier.* Cambridge,MA:Harvard University Press,2006.

Golas,Peter J. *Science and Civilisation in China.* Volume 5.13:*Mining.* Cambridge:Cambridge University Press,1999.〔美〕葛平德:《李约瑟中国科学技术史》第5卷《生物学及相关技术》第13分册《采矿》。

Graham,A. C.葛瑞汉. "The 'Nung-Chia' 农家 'School of the Tillers' and the Origins of Peasant Utopianism in China." *Bulletin of the School of Oriental and African Studies* 42,no. 1(1979):66 – 100.

Granet,Marcel. *Festivals and Songs of Ancient China.* New York:E. P. Dutton,1932. 中译本为〔法〕葛兰言著,赵丙祥、张宏明译:《古代中国的节庆与歌谣》,桂林:广西师范大学出版社,2005年。

Grove,Alfred T.,and Oliver Rackham. *The Nature of Mediterranean Europe:An Ecological History.* New Haven,CT:Yale University Press,2001.

顾颉刚、刘起釪:《尚书校释译论》,北京:中华书局,2005年。

Guan,Zengjian,and Konrad Herrmann. *Kao Gong Ji:The World's Oldest Encyclopaedia of Technologies.* Boston:Brill,2019. 中译本为关增建、〔德〕Konrad Herrmann译注:《考工记:翻译与评注》,上海:上海交通大学出版社,2014年。

国家文物局主编:《中国文物地图集·陕西分册》，西安：西安地图出版社，
1998年。

郭子直:《战国秦封宗邑瓦书铭文新释》，《古文字研究》第14辑，北京：中华书
局，1986年，第177—196页。

Gururani, Shubhra. "Forests of Pleasure and Pain: Gendered Practices of Livelihood
in the Forests of the Kumaon Himalayas, India." *Gender, Place and Culture*
9, no. 3（2002）: 229 – 43.

Haas, Jonathan. *Evolution of the Prehistoric State.* New York: Columbia University
Press, 1982. 中译本为［美］乔纳森·哈斯著，罗林平等译:《史前国家的演
进》，北京：求实出版社，1988年。

Habberstad, Luke 何禄凯. *Forming the Early Chinese Court: Rituals, Spaces, Roles.*
Seattle: University of Washington Press, 2017.

Hall, John W. "The Muromachi Bakufu." In *The Cambridge History of Japan.*
Volume 3, edited by Kozo Yamamura, 175 – 230. Cambridge: Cambridge
University Press, 1990. 中译本为［美］约翰·惠特尼·霍尔:《室町幕府》，
［美］山村耕造主编，严忠志译:《剑桥日本史（第3卷）中世日本》，杭州：
浙江大学出版社，2020年，第161—206页。

Halstead, Paul. "Plough and Power: The Economic and Social Significance of
Cultivation with the Ox-Drawn Ard in the Mediterranean." *Bulletin on Sumerian
Agriculture.* Volume 8: *Domestic Animals of Mesopotamia 2,* 1995, 11 – 22.

Halstead, Paul, and John O'Shea, editors. *Bad Year Economics: Cultural
Responses to Risk and Uncertainty.* Cambridge: Cambridge University Press,
1993.

汉阳陵博物馆编著:《汉阳陵》，北京：文物出版社，2017年。

《汉语大字典》，武汉：湖北辞书出版社，成都：四川辞书出版社，1986年。

Haraway, Donna. "Anthropocene, Capitalocene, Plantationocene, Chthulucene:
Making Kin." *Environmental Humanities* 6, no. 1（2015）: 159 – 65.

Harper, Donald J. 夏德安. *Early Chinese Medical Literature: The Mawangdui Medical
Manuscripts.* London: Kegan Paul, 1997.

——. "Resurrection in Warring States Popular Religion." *Taoist Resources* 5，no. 2（1994）：13 – 28.

Harper，Donald J.夏德安，and Marc Kalinowski 马克. *Books of Fate and Popular Culture in Early China：The Daybook Manuscripts of the Warring States，Qin，and Han.* Boston：Brill，2017.

Harper，Kyle. *The Fate of Rome：Climate，Disease，and the End of an Empire.* Princeton，NJ：Princeton University Press，2017. 中译本为［美］凯尔·哈珀著，李一帆译：《罗马的命运：气候、疾病和帝国的终结》，北京：北京联合出版公司，2019年。

Harris，William. *The Ancient Mediterranean Environment between Science and History.* Leiden，Netherlands：Brill，2013.

——. *War and Imperialism in Republican Rome，327 – 70 B.C.* Oxford：Clarendon，1985.

Hayden，Brian. "Were Luxury Foods the First Domesticates？ Ethnoarchaeological Perspectives from Southeast Asia." *World Archaeology* 34，no. 3（2003）：458 – 69.

河北省文物管理处、邯郸市文物保管所：《河北武安磁山遗址》，《考古学报》1981年第3期，第303—338页。

He，Keyang 贺可洋，Houyuan Lu 吕厚远，Jianping Zhang 张健平，Can Wang 王灿，and Xiujia Huan 郇秀佳. "Prehistoric Evolution of the Dualistic Structure Mixed Rice and Millet Farming in China." *The Holocene* 27，no. 12（2017）：1885 – 98.

何琳仪：《战国古文字典：战国文字声系》，北京：中华书局，1998年。

何清谷：《三辅黄图校释》，北京：中华书局，2005年。

何有祖：《新见里耶秦简牍资料选校（一）》，简帛网，2014年9月1日，http://www.bsm.org.cn/？qinjian/6246.html。

Herman，John E.乔荷曼. *Amid the Clouds and Mist：China's Colonization of Guizhou，1200 – 1700.* Cambridge，MA：Harvard University Asia Center，2007.

Ho，Ping-ti 何炳棣. *The Cradle of the East：An Inquiry into the Indigenous Origins* of Techniques and Ideas of Neolithic and Early Historic China, 5000 - 1000 B.C. Chicago：University of Chicago Press，1975.

Honeychurch，William. *Inner Asia and the Spatial Politics of Empire：Archaeology, Mobility, and Culture Contact.* New York：Springer，2015.

Hopkins，Keith. *Conquerors and Slaves：Sociological Studies in Roman History.* Cambridge：Cambridge University Press，1978. 中译本为［英］霍普金斯著，闫瑞生译：《征服者与奴隶：罗马社会史研究（第一卷）》，西安：陕西人民教育出版社，1993年。

Horden，Peregrine，and Nicholas Purcell. *The Corrupting Sea：A Study of Mediterranean History.* Oxford：Wiley-Blackwell，2000. 中译本为［英］佩里格林·霍登、［英］尼古拉斯·普塞尔著，吕厚量译：《堕落之海：地中海史研究》，北京：中信出版社，2018年。

Hosking，Geoffrey. *Russia：People and Empire，1552 - 1917.* Cambridge，MA：Harvard University Press，1997.

Hosner，Dominic 禾多米，Mayke Wagner 王睦，Pavel E. Tarasov，Xiaocheng Chen，and Christian Leipe. "Spatiotemporal Distribution Patterns of Archaeological Sites in China during the Neolithic and Bronze Age：An Overview." *The Holocene* 26，no. 10（2016）：1576 - 93. Supplementary dataset："Archaeological Sites in China during the Neolithic and Bronze Age（PANGAEA data set），" https://doi.org/10.1594/PANGAEA.860072.

Hsiao，Kung-chuan. *Rural China：Imperial Control in the Nineteenth Century.* Seattle：University of Washington Press，1967. 中译本为萧公权:《中国乡村：论十九世纪的帝国控制》，北京：中国人民大学出版社，2014年。

Hsing，I-tien 邢义田. "Qin-Han Census and Tax and Corvée Administration：Notes on Newly Discovered Texts." In *Birth of an Empire：The State of Qin Revisited,* edited by Yuri Pines，Gideon Shelach，Lothar von Falkenhausen，and Robin D. S. Yates，155 - 86. Berkeley：University of California Press，2013.

Hsu，Cho-yun. *Ancient China in Transition：An Analysis of Social Mobility, 722 - 222B.C.* Stanford，CA：Stanford University Press，1965. 中译本为许

倬云著，邹水杰译：《中国古代社会史论——春秋战国时期的社会流动》，桂林：广西师范大学出版社，2006年

——. *Han Agriculture: The Formation of Early Chinese Agrarian Economy, 206 B.C. – A.D 220*. Seattle: University of Washington Press, 1980. 中译本为许倬云著，程农、张鸣译：《汉代农业——早期中国农业经济的形成》，南京：江苏人民出版社，1998年。

——. "The Spring and Autumn Period." In *The Cambridge History of Ancient China: From the Origin of Civilization to 221 B.C.*, edited by Michael Loewe and Edward Shaughnessy, 545 – 86. Cambridge: Cambridge University Press, 1999.《剑桥上古史》。

湖北省文物考古研究所、随州市考古队编：《随州孔家坡汉墓简牍》，北京：文物出版社，2006年。

湖南省文物考古研究所编著：《里耶秦简》第1、2卷，北京：文物出版社，2012、2017年。

Huang, Chun Chang 黄春长, et al. "Abruptly Increased Climatic Aridity and Its Social Impact on the Loess Plateau of China at 3100 B.P." *Journal of Arid Environments* 52, no. 1 (2002): 87 – 99.

——. "Charcoal Records of Fire History in the Holocene Loess—Soil Sequences over the Southern Loess Plateau of China." *Palaeogeography, Palaeoclimatology, Palaeoecology* 239 (2006): 28 – 44.

——. "Climatic Aridity and the Relocations of the Zhou Culture in the Southern Loess Plateau of China." *Climate Change* 61 (2003): 361 – 78.

——. "Extraordinary Floods of 4100 – 4000 a BP Recorded at the Late Neolithic Ruins in the Jinghe River Gorges, Middle Reach of the Yellow River, China." *Palaeogeography, Palaeoclimatology, Palaeoecology* 289 (2010): 1 – 9.

——. "Extraordinary Floods Related to the Climatic Event at 4200 a BP on the Qishuihe River, Middle Reaches of the Yellow River, China." *Quaternary Science Reviews* 30 (2011): 460 – 68.

——. "High-Resolution Studies of the Oldest Cultivated Soils in the Southern Loess Plateau of China." *Catena* 47（2002）: 29 – 42.

——. "Holocene Colluviation and Its Implications for Tracing Human-Induced Soil Erosion and Redeposition on the Piedmont Loess Lands of the Qinling Mountains, Northern China." *Geoderma* 136, nos. 3 – 4（2006）: 838 – 51.

——. "Holocene Dust Accumulation and the Formation of Polycyclic Cinnamon Soils（Luvisols）in the Chinese Loess Plateau." *Earth Surface Processes and Landforms* 28, no. 12（2003）: 1259 – 70.

——. "Holocene Palaeoflood Events Recorded by Slackwater Deposits along the Lower Jinghe River Valley, Middle Yellow River Basin, China." *Journal of Quaternary Science* 27, no. 5（2012）: 485 – 93.

——. "Sedimentary Records of Extraordinary Floods at the Ending of the Mid-Holocene Climatic Optimum along the Upper Weihe River, China." *The Holocene* 22, no. 6（2012）: 675 – 86.

黄河水库考古工作队陕西分队:《陕西华阴横阵发掘简报》,《考古》1960年第9期, 第1—39页。

黄河水系渔业资源调查协作组:《黄河水系渔业资源》, 沈阳: 辽宁科学技术出版社, 1986年。

Huang, Hsing-Tsung. *Science and Civilisation in China.* Volume 6.5: *Fermentations and Food Science.* Cambridge: Cambridge University Press, 2000. 中译本为黄兴宗著, 韩北忠译:《李约瑟中国科学技术史》第6卷《生物学及相关技术》第5分册《发酵与食品科学》, 北京: 科学出版社, 上海: 上海古籍出版社, 2008年。

黄怀信、张懋镕、田旭东撰:《逸周书汇校集注》, 上海: 上海古籍出版社, 1995年。

Huang, Ray. "The Ming Fiscal Administration." In *The Cambridge History of China.* Volume 8: *The Ming Dynasty, 1368 – 1644. Part 2,* edited by D. C. Twitchett and F. W. Mote, 106 – 71. Cambridge: Cambridge University

Press，1998. 中译本为黄仁宇：《明代的财政管理》，［美］牟复礼、［英］崔瑞德编，张书生等译：《剑桥中国明代史》第2章，北京：中国社会科学出版社，2006年。

——. *Taxation and Governmental Finance in Sixteenth-Century Ming China.* London：Cambridge University Press，1974. 中译本为黄仁宇著，阿风、许文继、倪玉平、徐卫东译：《十六世纪明代中国之财政与税收》，北京：生活·读书·新知三联书店，2001年。

Huang，Xiaofen 黄晓芬. "A Study of Qin Straight Road（*zhidao* 直道）of the Qin Dynasty." A paper presented at the Columbia Early China Seminar on May 5，2012.

Hui，Victoria Tin-bor. *War and State Formation in Ancient China and Early Modern Europe.* Cambridge：Cambridge University Press，2005. 中译本为［美］许田波著，徐进译：《战争与国家形成：春秋战国与近代早期欧洲之比较》，上海：上海人民出版社，2018年。

Hulsewé，A. F. P. 何四维. "The Ch'in Documents Discovered in Hupei in 1975." *T'oung Pao* 64（1978）：175 – 217，338.

——. "The Influence of the 'Legalist' Government of Qin on the Economy as Reflected in the Texts Discovered in Yunmeng County." In *The Scope of State Power in China*，edited by Stuart R. Schram，211 – 36. London：School of Oriental and African Studies，1985.

——. *Remnants of Ch'in Law：An Annotated Translation of the Ch'in Legal and Administrative Rules of the 3rd Century B.C. Discovered in Yün-Meng Prefecture，Hu-Pei Province，in 1975.* Leiden，Netherlands：Brill，1985.

——. "Some Remarks on Statute Labour during the Ch'in and Han Period." *Orientalia Veneziana* 1，195 – 204. Florence：Olschki，1984.

霍有光：《试探洛南红崖山古铜矿采冶地》，《考古与文物》1993年第1期，第94—97页。

Hutton，Eric L. 何艾克. *Xunzi：The Complete Text.* Princeton，NJ：Princeton University Press，2014.

Institut Ricci. *Le Grand Ricci: Dictionnaire Encyclopédique de la Langue Chinoise*（Pleco edition）. Paris：Association Ricci, 2010. 中译本为法国利氏辞典推展协会、商务印书馆辞书研究中心编：《利氏汉法辞典》, 北京：商务印书馆, 2014年。

Jaffe, Yitzchak 哈克. "The Continued Creation of Communities of Practice—Finding Variation in the Western Zhou Expansion（1046 – 771 BCE）." PhD diss., Harvard University, Cambridge, MA. 2016.

Jaffe, Yitzchak 哈克, Lorenzo Castellano, Gideon Shelach-Lavi, and Roderick B. Campbell 江雨德. "Mismatches of Scale in the Application of Paleoclimatic Research to Chinese Archaeology." *Quaternary Research*（2020）: 1 – 20.

Jeong, Choongwon, et al. "Bronze Age Population Dynamics and the Rise of Dairy Pastoralism on the Eastern Eurasian Steppe." *PNAS* 115, no. 48（2018）: E11248 – 55.

（唐）贾公彦疏, 彭林整理：《周礼注疏》, 上海：上海古籍出版社, 2010年。

Jia, Xin 贾鑫, et al. "The Development of Agriculture and Its Impact on Cultural Expansion during the Late Neolithic in the Western Loess Plateau, China." *The Holocene* 23, no. 1（2013）: 85 – 92.

［日］江村治樹（Emura Haruki）：《春秋戦国時代青銅貨幣の生成と展開》, 東京：汲古書院, 2011年。

蒋礼鸿：《商君书锥指》, 北京：中华书局, 1986年。

Johnston, Ian 艾乔恩. *The Mozi: A Complete Translation.* New York：Columbia University Press, 2010.

Jursa, Michael, and Juan Carlos Moreno García. "The Ancient Near East and Egypt." In *Fiscal Regimes and the Political Economy of Premodern States*, edited by Andrew Monson and Walter Scheidel, 115 – 66. Cambridge：Cambridge University Press, 2015.

Kajuna, Silas T. A. R. *Millet: Post-Harvest Operations.* Food and Agriculture Organization of the United Nations, 2001.

Kakinuma, Yohei 柿沼陽平. "The Emergence and Spread of Coins in China from the Spring and Autumn Period to the Warring States Period." In *Explaining Monetary and Financial Innovation: A Historical Analysis*, edited by Peter Bernholz and Roland Vaubel, 79 – 126. Cham: Springer International, 2014.

Kamenka, Eugene. *Bureaucracy*. Oxford: Blackwell, 1989.

Karlgren, Bernhard. *The Book of Documents*. Göteborg: Elanders Boktryckeri Aktiebolag, 1950. 中译本为［瑞］高本汉著，陈舜政译:《高本汉书经注释》，台北: 中华丛书编审委员会，1970年。

——. *The Book of Odes*. Stockholm: Museum of Far Eastern Antiquities, 1950.

——. *Glosses on the Book of Odes*. Stockholm: Museum of Far Eastern Antiquities, 1964. 中译本为［瑞］高本汉著，董同龢译:《高本汉诗经注释》，上海: 中西书局，2012年。

Keightley, David N. 吉德炜. "At the Beginning: The Status of Women in Neolithic and Shang China." *Nan Nü* 1, no. 1 (1999): 1 – 63.

——. "The Late Shang State: When, Where and What?" In *The Origins of Chinese Civilization*, edited by David N. Keightley, 523 – 64. Berkeley: University of California Press, 1983.

——. "Public Work in Ancient China: A Study of Forced Labor in the Shang and Western Chou." PhD diss., Columbia University, New York, 1969.

——. "The Shang: China's First Historical Dynasty." In *The Cambridge History of Ancient China: From the Origins of Civilization to 221 B.C.*, edited by Michael Loewe and Edward L. Shaughnessy, 232 – 91. Cambridge: Cambridge University Press, 1999.《剑桥上古史》。

——. *Sources of Shang History: The Oracle-Bone Inscriptions of Bronze Age China*. Berkeley: University of California Press, 1985.

——. *Working for His Majesty: Research Notes on Labor Mobilization in Late Shang China (ca. 1200 – 1045 B.C.)*. Berkeley: Institute of East Asian Studies, University of California, 2012.

Keng, Hsuan. "Economic Plants of Ancient North China as Mentioned in *Shih Ching* (Book of Poetry)." *Economic Botany* 28, no. 4 (1974): 391 – 410.

Kern，Martin. "Bronze Inscriptions，the *Shijing* and the *Shangshu*：The Evolution of the Ancestral Sacrifice during the Western Zhou." In *Early Chinese Religion：Shang Through Han（1250 BC - 220 AD）*，edited by John Lagerwey and Marc Kalinowsky，143 - 200. Leiden，Netherlands：Brill，2009.

——. *The Stele Inscriptions of Ch'in Shih-Huang：Text and Ritual in Early Chinese Imperial Representation*. New Haven，CT：American Oriental Society，2000. 中译本为［美］柯马丁著，刘倩译，杨治宜、梅丽校：《秦始皇石刻：早期中国的文本与仪式》，上海：上海古籍出版社，2015年。

Kerr，Rose，and Nigel Wood武德. *Science and Civilisation in China*. Volume 5.12：*Ceramic Technology*. Cambridge：Cambridge University Press，2004.《李约瑟中国科学技术史》第5卷《化学技术》第12分册《陶瓷技术》。

Khazanov，Anatoly. *Nomads and the Outside World*. Cambridge：Cambridge University Press，1984.

Kidder，Tristram R.，and Yijie Zhuang庄奕杰. "Anthropocene Archaeology of the Yellow River，China，5000 - 2000 BP." *The Holocene* 25，no. 10（2015）：1627 - 39.

Kim，Nam C.，and Marc Kissel. *Emergent Warfare in Our Evolutionary Past*. New York：Routledge，2018.

Kiser，Edgar，and Yong Cai蔡泳. "War and Bureaucratization in Qin China：Exploring an Anomalous Case." *American Sociological Review* 68，no. 4（2003）：511 - 39.

Kistler，Logan，et al. "Transoceanic Drift and the Domestication of African Bottle Gourds in the Americas." *Proceedings of the National Academy of Sciences* 111，no. 8（2014）：2937 - 41.

Knechtges，David R.康达维. *Wen Xuan; or, Selections of Refined Literature*. Volume 1：*Rhapsodies on Metropolises and Capitals*. Princeton，NJ：Princeton University Press，1982.

Knoblock，John. *Xunzi：A Translation and Study of the Complete Works*. 3 vols. Stanford，CA：Stanford University Press，1988.

Knoblock，John，and Jeffrey Riegel 王安国. *The Annals of Lü Buwei: A Complete Translation and Study.* Stanford，CA：Stanford University Press，2000.

Kominami，Ichiro 小南一郎. "Rituals for the Earth." In *Early Chinese Religion: Shang through Han (1250 BC － 220 AD),* edited by John Lagerwey and Marc Kalinowsky，201 － 36. Leiden，Netherlands：Brill，2009.

Korolkov，Maxim 马硕. "Empire-Building and Market-Making at the Qin Frontier: Imperial Expansion and Economic Change，221 － 207 BCE." PhD diss.，Columbia University，2020.

Ku，Mei-kao 辜美高. *A Chinese Mirror for Magistrates: The Hsin-Yü of Lu Chia.* Canberra：Australian National University，1988.

Kuhn，Dieter. *Science and Civilisation in China.* Volume 5.9：*Textile Technology; Spinning and Reeling.* Cambridge：Cambridge University Press，1988.《李约瑟中国科学技术史》第5卷《化学及相关技术》第9分册《纺织技术：纺纱与缫丝》。

Kuzmina，E. E. *The Prehistory of the Silk Road.* Philadelphia：University of Pennsylvania Press，2008. 中译本为［俄］叶莲娜·伊菲莫夫纳·库兹米娜著，［美］梅维恒英文编译，李春长译：《丝绸之路史前史》，北京：科学出版社，2015年。

林永昌、种建荣、雷兴山：《周公庙商周时期聚落动物资源利用初识》，《考古与文物》2013年第3期。

Lander，Brian 兰德. "Deforestation and Wood Scarcity in Early China." In Ian M. Miller，Bradley Davis，Brian Lander，John Lee，eds. *The Cultivated Forest: People and Woodlands in Asian History.* Seattle：University of Washington Press，2022，1 － 19.

——. "Birds and Beasts Were Many: The Ecology and Climate of the Guanzhong Basin in the Pre-Imperial Period." *Early China* 43（2020）：207 － 45.

——. "Environmental Change and the Rise of the Qin Empire: A Political Ecology of Ancient North China." PhD diss.，Columbia University，New York，2015.

——. "State Management of River Dikes in Early China: New Sources on the

Environmental History of the Central Yangzi Region." *T'oung Pao* 100，nos. 4 – 5（2014）：325 – 62. 中译本为［加］兰德著，凌文超译：《汉代的河堤治理：长江中游地区环境史的新收获》，《简帛研究》2018年春夏卷，第323—344页。

Lander，Brian 兰德，and Katherine Brunson. "The Sumatran Rhinoceros was Extirpated from Mainland East Asia by Hunting and Habitat Loss." *Current Biology* 28，no. 6（2018）：R252 – 53.

——. "Wild Mammals of Ancient North China." *Journal of Chinese History* 2，no. 2（2018）：291 – 312. 中译本为白倩译：《中国古代华北地区的野生哺乳动物》，《黄河文明与可持续发展》第16辑，开封：河南大学出版社，2020年，第153—185页。

Lander，Brian 兰德，Mindi Schneider，and Katherine Brunson. "A History of Pigs in China：From Curious Omnivores to Industrial Pork." *Journal of Asian Studies* 79，no. 4（2020）：865 – 89.

Larson，Greger，et al. "Patterns of East Asian Pig Domestication，Migration，and Turnover Revealed by Modern and Ancient DNA." *Proceedings of the National Academy of Sciences* 107，no. 17（2010）：7686 – 91.

——. "Rethinking Dog Domestication by Integrating Genetics，Archeology，and Biogeography." *Proceedings of the National Academy of Sciences* 109，no. 23（2012）：8878 – 83.

Lattimore，Owen. *Inner Asian Frontiers of China.* 2nd edition. Irving-on-Hudson，NY：Capitol，1951. 中译本为［美］拉铁摩尔著，唐晓峰译：《中国的亚洲内陆边疆》，南京：江苏人民出版社，2005年。

Lau，D. C. *Mencius：A Bilingual Edition.* Hong Kong：The Chinese University of Hong Kong Press，2003.

Laufer，Berthold. *Sino-Iranica：Chinese Contributions to the History of Civilization in Ancient Iran，with Special Reference to the History of Cultivated Plants and Products.* Chicago：Field Museum of Natural History，1919. 中译本为［美］劳费尔著，林筠因译：《中国伊朗编：中国对古代伊朗文明史的贡献》，北

京：商务印书馆，2001年。

Leacock，Eleanor. "Women's Status in Egalitarian Society：Implications for Social Evolution." In *Myths of Male Dominance：Collected Articles on Women CrossCulturally*，133 - 82. New York：Monthly Review Press，1981.

Lee，Gyoung-Ah，and Sheahan Bestel. "Contextual Analysis of Plant Remains at the Erlitou-Period Huizui Site，Henan，China." *Bulletin of the Indo-Pacific Prehistory Association* 27（2007）：49 - 60.

Lee，Gyoung-Ah，Gary W. Crawford，Li Liu 刘莉，and Xingcan Chen 陈星灿. "Plants and People from the Early Neolithic to Shang Periods in North China." *Proceedings of the National Academy of Sciences* 104，no. 3（2007）：1087 - 92.

Lee，Gyoung-Ah，Gary W. Crawford，Li Liu 刘莉，Yuka Sasaki，and Xuexiang Chen 陈雪香. "Archaeological Soybean（*Glycine max*）in East Asia：Does Size Matter？" *PloS One* 6，no. 11（2011）：1 - 12.

Lee，John S. "Protect the Pines，Punish the People：Forests and the State in PreIndustrial Korea，918 - 1897." PhD diss.，Harvard University，Cambridge，MA，2017.

Leeming，Frank. "Official Landscapes in Traditional China." *Journal of the Economic and Social History of the Orient* 23，no. 1/2（1980）：153 - 204.

Lefeuvre，Jean A. "Rhinoceros and Wild Buffaloes North of the Yellow River at the End of the Shang Dynasty." *Monumenta Serica* 39（1990）：131 - 57. 中译本为［法］雷焕章著，葛人译：《商代晚期黄河以北地区的犀牛和水牛》，《南方文物》2007年第4期，第150—160页。

Legge，James 理雅各. *The Ch'un Ts'ew with The Tso Chuen.* Taipei：SMC，1991.

——. *The Sacred Books of China：The Li Ki.* 2 vols. Oxford：Clarendon，1879.

——. *The She King or the Book of Poetry.* Taipei：SMC，1991.

——. *The Works of Mencius.* Taipei：SMC，1991.

Lerner，Gerda. *The Creation of Patriarchy.* New York：Oxford University Press，1986.

Leung, Angela Ki Che. "Diseases of the Premodern Period in China." In *The Cambridge World History of Human Disease*, edited by Kenneth Kiple, 354 – 62. Cambridge: Cambridge University Press, 1993. 中译本为梁其姿：《中国古代的疾病》，[英]肯尼思·F. 基普尔主编，张大庆主译：《剑桥世界人类疾病史》，上海：上海科技教育出版社，2007年，第301—307页。

Levenson, Joseph R. 列文森. "Ill Wind in the Well-Field: The Erosion of the Confucian Ground of Controversy." In *The Confucian Persuasion*, edited by Arthur F. Wright, 268 – 87. Stanford, CA: Stanford University Press, 1960.

Lewis, Mark Edward 陆威仪. "The City-State in Spring and Autumn China." In *A Comparative Study of Thirty City-State Cultures*, edited by Mogens Herman Hansen, 359 – 73. Copenhagen: Kongelige Danske Videnskabernes Selskab, 2000.

——. *The Construction of Space in Early China*. Albany: State University of New York Press, 2006.

——. *Sanctioned Violence in Early China*. Albany: State University of New York Press, 1990.

——. "Warring States Political History." In *The Cambridge History of Ancient China: From the Origins of Civilization to 221 B.C.*, edited by Michael Loewe and Edward Shaughnessy, 587 – 650. Cambridge: Cambridge University Press, 1999.《剑桥上古史》。

——. *Writing and Authority in Early China*. Albany: State University of New York Press, 1999.

Li, Chunxiang 李春香, Diane L. Lister, Hongjie Li 李红杰, Yue Xu 许月, Yinqiu Cui 崔银秋, Mim A. Bower, Martin K. Jones, and Hui Zhou 周慧. "Ancient DNA Analysis of Desiccated Wheat Grains Excavated from a Bronze Age Cemetery in Xinjiang." *Journal of Archaeological Science* 38, no. 1 (2011): 115 – 19.

Li, Feng. *Bureaucracy and the State in Early China: Governing the Western Zhou*. Cambridge: Cambridge University Press, 2008. 中译本为李峰著，吴敏娜、

胡晓军、许景昭、侯昱文译：《西周的政体：中国早期的官僚制度和国家》，北京：生活·读书·新知三联书店，2010年。

——. *Early China: A Social and Cultural History.* Cambridge：Cambridge University Press，2013. 中译本为李峰著，刘晓霞译：《早期中国社会和文化史概论》，台北：台湾大学出版中心，2020年。

——. *Landscape and Power in Early China: The Crisis and Fall of the Western Zhou, 1045 - 771 BC.* Cambridge：Cambridge University Press，2006.中译本为李峰著，徐峰译，汤惠生校：《西周的灭亡：中国早期国家的地理和政治危机》，上海：上海古籍出版社，2007年。

——. "Literacy and the Social Contexts of Writing in the Western Zhou." In *Writing and Literacy in Early China*，edited by Feng Li and Branner，271 - 301. Seattle：University of Washington Press，2011.

——. "A Study of the Bronze Vessels and Sacrificial Remains of the Early Qin State from Lixian，Gansu." In *Imprints of Kinship: Studies of Recently Discovered Bronze Inscriptions from Ancient China,* by Edward L. Shaughnessy，209 - 34. Hong Kong：Chinese University Press，2017. 中译本为李峰：《礼县出土秦国早期铜器及祭祀遗址论纲》，《文物》2011年第5期，第55—67页；收入氏著《青铜器和金文书体研究》，上海：上海古籍出版社，2018年，第130—146页。

——. "Succession and Promotion：Elite Mobility during the Western Zhou." *Monumenta Serica* 52（2004）：1 - 35.

Li，Feng李峰，and David Branner，editors. *Writing and Literacy in Early China.* Seattle：University of Washington Press，2011.

Li，Fengjiang李丰江，et al. "Mid-Neolithic Exploitation of Mollusks in the Guanzhong Basin of Northwestern China：Preliminary Results." *PLoS One* 8，no. 3（2013）：e58999.

李令福：《关中水利开发与环境》，北京：人民出版社，2004年。

Li，Tana李塔娜. "Towards an Environmental History of the Eastern Red River Delta, Vietnam，c. 900 - 1400." *Journal of Southeast Asian Studies* 45（2014）：

315 - 37.

黎翔凤撰，梁运华整理：《管子校注》，北京：中华书局，2004年。

Li，Xiaogang李晓刚，and Chun Chang Huang黄春长．"Holocene Palaeoflood Events Recorded by Slackwater Deposits along the Jin-Shan Gorges of the Middle Yellow River，China." *Quaternary International* 453（2017）：85 - 95.

李晓杰：《水经注校笺图释：渭水流域诸篇》，上海：复旦大学出版社，2017年。

Li，Xiaoqiang李小强，John Dodson，Xinying Zhou周新郢，Hongbin Zhang张宏宾，and Ryo Masutomoto．"Early Cultivated Wheat and Broadening of Agriculture in Neolithic China." *The Holocene* 17，no. 5（2007）：555 - 60.

Li，Xiaoqiang李小强，Xue Shang尚雪，John Dodson，and Xinying Zhou周新郢．"Holocene Agriculture in the Guanzhong Basin in NW China Indicated by Pollen and Charcoal Evidence." *The Holocene* 19，no. 8（2009）：1213 - 20.

Li，Xin李昕，Shanjia Zhang张山佳，Minxia Lu卢敏霞，Menghan Qiu仇梦晗，Shaoqing Wen文少卿，and Minmin Ma马敏敏．"Dietary Shift and Social Hierarchy from the Proto-Shang to Zhou Dynasty in the Central Plains of China." *Environmental Research Letters* 15，no. 3（2020）：035002.

Li，Xueqin. *Eastern Zhou and Qin Civilizations*. New Haven，CT：Yale University Press，1985. 中译本为李学勤：《东周与秦代文明》，北京：文物出版社，1984年。

Li，Yong-Xiang李永项，Yun-Xiang Zhang张云翔，and Xiang-Xu Xue薛祥煦．"The Composition of Three Mammal Faunas and Environmental Evolution in the Last Glacial Maximum，Guanzhong Area，Shaanxi Province，China." *Quaternary International* 248（2012）：86 - 91.

Li，Yung-ti李永迪．"On the Function of Cowries in Shang and Western Zhou China." *Journal of East Asian Archaeology* 5，no. 1（2003）：1 - 26.

Li，Yu-ning李幼宁，and Kuan Yang杨宽．*Shang Yang's Reforms and State Control in China*. White Plains，NY：M. E. Sharpe，1977.

李志鹏：《殷墟动物遗存研究》，中国社会科学院博士学位论文，北京，2009年。

Li，Zhiyan李知宴，Virginia Bower包静宜，and Li He. *Chinese Ceramics: From the Paleolithic Period through the Qing Dynasty.* New Haven，CT：Yale University Press，2010.

梁星彭、李森：《陕西武功赵家来院落居址初步复原》，《考古》1991年第3期，第245—251页。

刘信芳、梁柱编著：《云梦龙岗秦简》，北京：科学出版社，1997年。

Liao，W. K.廖文奎. *The Complete Works of Han Fei Tzŭ: A Classic of Chinese Legalism.* London：A. Probsthain，1939.

Lien，Y. Edmund. "Reconstructing the Postal Relay System of the Han Period." In *A History of Chinese Letters and Epistolary Culture,* edited by Antje Richter，15‐52. Leiden，Netherlands：Brill，2015.

Lieven，Dominic. *Empire: The Russian Empire and Its Rivals.* New Haven，CT：Yale University Press，2001.

林剑鸣：《秦史稿》，上海：上海人民出版社，1981年。

Lin，Minghao林明昊，Fengshi Luan栾丰实，Hui Fang方辉，Hong Xu许宏，Haitao Zhao赵海涛，and Graeme Barker. "Pathological Evidence Reveals Cattle Traction in North China by the Early Second Millennium BC." *The Holocene* 28，no. 8（2018）：1205‐15.

Linduff，Katherine. "Production of Signature Artifacts for the Nomad Market in the State of Qin during the Late Warring States Period in China（4th‐3rd century BCE）." In *Metallurgy and Civilisation: Eurasia and Beyond,* edited by Jianjun Mei and Thilo Rehren，90‐96. London：Archetype，2009.

——. "A Walk on the Wild Side: Late Shang Appropriation of Horses in China." In *Prehistoric Steppe Adaptation and the Horse,* edited by Martha Levine，Colin Renfrew，and Katie Boyle，139‐62. Cambridge，England：McDonald Institute for Archaeological Research，2003.

Linduff，Katheryn M.，Bryan K. Hanks，and Emma Bunker，editors. "First Millennium BCE Beifang Artifacts as Historical Documents." In *Social Complexity in Prehistoric Eurasia: Monuments, Metals and Mobility,* 272‐95.

Cambridge: Cambridge University Press, 2009.

Linduff, Katheryn M., Han Rubin 韩汝玢, and Sun Shuyun 孙淑云. *The Beginnings of Metallurgy in China*. Lewiston, NY: Edwin Mellen, 2000.

凌文超：《走马楼吴简采集簿书整理与研究》，桂林：广西师范大学出版社，2015年。

Lippold, Sebastian, et al. "Human Paternal and Maternal Demographic Histories: Insights from High-Resolution Y Chromosome and MtDNA Sequences." *Investigative Genetics* 5, no. 1（2014）.

Liu, Bin 刘斌, Ningyuan Wang 王宁远, Minghui Chen 陈明辉, Xiaohong Wu 吴小红, Duowen Mo 莫多闻, Jianguo Liu 刘建国, Shijin Xu 徐士进, and Yijie Zhuang 庄奕杰. "Earliest Hydraulic Enterprise in China, 5, 100 Years Ago." *PNAS* 114, no. 52（2017）: 13637 – 42.

Liu, Fenggui 刘峰贵, Yili Zhang 张镱锂, Zhaodong Feng 冯兆东, Guangliang Hou 侯光良, Qiang Zhou 周强, and Haifeng Zhang 张海峰. "The Impacts of Climate Change on the Neolithic Cultures of Gansu-Qinghai Region during the Late Holocene Megathermal." *Journal of Geographical Sciences* 20, no. 3（2010）: 417 – 30.

Liu, Li. *The Chinese Neolithic: Trajectories to Early States*. Cambridge: Cambridge University Press, 2004. 中译本为［澳］刘莉著，陈星灿、乔玉等译:《中国新石器时代——迈向早期国家之路》，北京：文物出版社，2007年。

Liu, Li, and Xingcan Chen. *The Archaeology of China: From the Late Paleolithic to the Early Bronze Age*. Cambridge: Cambridge University Press, 2012. 中译本为刘莉、陈星灿著，陈洪波、乔玉、余静、付永旭、翟少东、李新伟译:《中国考古学：旧石器时代晚期到早期青铜时代》，北京：生活·读书·新知三联书店，2017年。

——. *State Formation in Early China*. London: Duckworth, 2003.

Liu, Li 刘莉, Wei Ge 葛威, Sheahan Bestel, Duncan Jones, Jinming Shi 石金鸣, Yanhua Song 宋艳花, and Xingcan Chen 陈星灿. "Plant Exploitation of the Last Foragers at Shizitan in the Middle Yellow River Valley China: Evidence from

Grinding Stones." *Journal of Archaeological Science* 38，no. 12（2011）：
3524 – 32.

Liu，Li刘莉，Yongqiang Li李永强，and Jianxing Hou侯建星．"Making Beer with
Malted Cereals and Qu Starter in the Neolithic Yangshao Culture，China."
Journal of Archaeological Science：Reports 29（2020）：102134.

Liu，Li刘莉，Jiajing Wang王佳静，Maureece J. Levin，Nasa Sinnott-Armstrong，Hao
Zhao赵昊，Yanan Zhao赵雅楠，Jing Shao邵晶，Nan Di邸楠，and Tian'en
Zhang张天恩．"The Origins of Specialized Pottery and Diverse Alcohol Fermentation
Techniques in Early Neolithic China." *Proceedings of the National Academy of
Sciences* 116，no. 26（2019）：12767 – 74.

刘莉、杨东亚、陈星灿：《中国家养水牛起源初探》，《考古学报》2006年第2期，
第141—176页。

刘明光编：《中国自然地理图集》，北京：中国地图出版社，2010年。

刘士莪：《陕西韩城禹门口旧石器时代洞穴遗址》，《史前研究》1984年第1期，
第45—55页。

刘士莪编著：《老牛坡：西北大学考古专业田野发掘报告》，西安：陕西人民出版
社，2002年。

Liu，Wu刘武，María Martinón-Torres，Yan-jun Cai蔡演军，Song Xing邢松，Hao-
wen Tong同号文，Shuwen Pei裴树文，Mark Jan Sier，et al. "The Earliest
Unequivocally Modern Humans in Southern China." *Nature* 526，no. 7575
（2015）：696 – 99.

（汉）刘向集录：《战国策》，上海：上海古籍出版社，1985年。

Liu，Xiang，and Anne Kinney. *Exemplary Women of Early China：The Lienü Zhuan
of Liu Xiang*. New York：Columbia University Press，2014.（汉）刘向著，司
马安编译：《列女传》。

刘欢：《甘肃天水毛家坪遗址动物遗存研究》，西北大学博士学位论文，陕西，
2019年。

刘兴林：《先秦两汉农业与乡村聚落的考古学研究》，北京：文物出版社，
2017年。

Liu，Xinyi刘歆益，Harriet V. Hunt，and Martin K. Jones. "River Valleys and Foothills: Changing Archaeological Perceptions of North China's Earliest Farms." *Antiquity* 83, no. 319（2009）: 82 – 95.

刘绪:《商文化在西方的兴衰》，李永迪主编:《纪念殷墟发掘八十周年学术研讨会论文集》，台北:"中央研究院"历史语言研究所，2015年。

Liu，Yang. *China's Terracotta Warriors: The First Emperor's Legacy.* Minneapolis and Seattle: Minneapolis Institute of Arts and University of Washington Press, 2012.

Liverani，Mario. *Uruk: The First City.* London: Equinox, 2006.

Loewe，Michael鲁惟一. *A Biographical Dictionary of the Qin, Former Han and Xin Periods（221 BC – AD 24）.* Leiden，Netherlands: Brill, 2000.

——，editor. *Early Chinese Texts: A Bibliographical Guide.* Berkeley: Society for the Study of Early China, 1993. 中译本为［英］鲁惟一主编，李学勤等译:《中国古代典籍导读》，沈阳:辽宁教育出版社，1997年。

——. *The Government of the Qin and Han Empires 221 BCE – 220 CE.* Indianapolis: Hackett Publishing Company, 2006.

——. "On the Terms Bao Zi，Yin Gong，Yin Guan，Huan，and Shou: Was Zhao Gao a Eunuch？" *T'oung Pao* 91, no. 4/5（2005）: 301 – 19. 中译本为［英］鲁惟一著，刘国忠、程薇译:《关于葆子、隐宫、隐官、宦与收等术语——兼论赵高的宦官身份》，《湖南省博物馆馆刊》第2期，长沙:岳麓书社，第384—393页。

——. "Review of 'Shang Yang's Reforms and State Control in China.'" *Pacific Affairs* 51, no. 2（1977）: 277 – 78.

Loewe，Michael鲁惟一，and Edward L. Shaughnessy夏含夷. *The Cambridge History of Ancient China: From the Origins of Civilization to 221 B.C.* Cambridge: Cambridge University Press, 1999.《剑桥上古史》。

［日］瀧川龜太郎:《史記會注考證》，東京:東洋文化研究所，1959年。

Long，Hao隆浩，ZhongPing Lai赖忠平，NaiAng Wang王乃昂，and Yu Li李育. "Holocene Climate Variations from Zhuyeze Terminal Lake Records in

East Asian Monsoon Margin in Arid Northern China." *Quaternary Research* 74（2010）: 46 – 56.

Lord, Elizabeth. "The New Peril: Re-Orientalizing China through Its Environmental 'Crisis.'" Fairbank Center for Chinese Studies（Harvard University）blog, May 21, 2018.

Lu, Houyuan 吕厚远, et al. "Earliest Domestication of Common Millet（*Panicum miliaceum*）in East Asia Extended to 10,000 Years Ago." *Proceedings of the National Academy of Sciences* 106, no. 18（2009）: 7367 – 72.

Lu, Hou-Yuan 吕厚远, Nai-Qin Wu 吴乃琴, Kam-Biu Liu, Hui Jiang 蒋辉, and Tung-Sheng Liu 刘东生. "Phytoliths as Quantitative Indicators for the Reconstruction of Past Environmental Conditions in China II: Palaeoenvironmental Reconstruction in the Loess Plateau." *Quaternary Science Reviews* 26, nos. 5 – 6（2007）: 759 – 72.

（三国吴）陆玑著，（清）赵佑撰：《毛诗草木鸟兽虫鱼疏校正》，刘世珩刻聚学轩丛书本，1903年。

卢连成、胡智生、宝鸡市博物馆编：《宝鸡强国墓地》，北京：文物出版社，1988年，第338—348页。

Lu, Peng 吕鹏, Katherine Brunson, Zhipeng Li 李志鹏, and Jing Yuan 袁靖. "Zooarchaeological and Genetic Evidence for the Origins of Domestic Cattle in Ancient China." *Asian Perspectives* 56, no. 1（2017）: 92 – 120.

Luo, Z. 罗正荣, and R. Wang 王仁梓. "Persimmon in China: Domestication and Traditional Utilizations of Genetic Resources." *Advances in Horticultural Sciences* 22, no. 4（2008）: 239 – 43.

马承源主编：《商周青铜器铭文选》第3册，北京：文物出版社，1988年。

马非百：《秦集史》，北京：中华书局，1982年。

Ma, Mitchell. "The Prehistoric Flora of Yangguangzhai." Pamphlet distributed at the Society for East Asian Archaeology Conference, Boston, 2016.

Ma, Xiaolin 马萧林. *Emergent Social Complexity in the Yangshao Culture: Analyses of Settlement Patterns and Faunal Remains from Lingbao, Western Henan,*

China（c. 4900 – 3000 BC）. Oxford：Archaeopress，2005.

Major，John S.，Sarah A. Queen，Andrew S. Meyer，and Harold D. Roth. *The Huainanzi：A Guide to the Theory and Practice of Government in Early Han China*. New York：Columbia University Press，2010.

Mann，Michael. *The Sources of Social Power*. Cambridge：Cambridge University Press，1986. 中译本为［英］迈克尔·曼著，刘北成、李少军译：《社会权力的来源》第1卷，上海：上海人民出版社，2007年。

毛泽东：《建国以来毛泽东文稿》第13册，北京：中央文献出版社，1998年。

Marks，Robert B. *China：An Environmental History*. 2nd edition. Lanham：Rowman & Littlefield，2017. 中译本为［美］马立博著，关永强、高丽洁译：《中国环境史（第2版）》，北京：中国人民大学出版社，2022年。

——. *Tigers，Rice，Silk，and Silt：Environment and Economy in Late Imperial South China*. Cambridge：Cambridge University Press，1998. 中译本为［美］马立博著，王玉茹、关永强译：《虎、米、丝、泥：帝制晚期华南的环境与经济》，南京：江苏人民出版社，2012年。

Marx，Karl. *Capital：A Critique of Political Economy*. Volume 1. London：Lawrence and Wishart，1959. 中译本为［德］马克思著，中共中央马克思恩格斯列宁斯大林著作编译局译：《资本论：政治经济学批判》第一卷，北京：人民出版社，2004年。

Mattos，Gilbert L. *The Stone Drums of Ch'in*. Nettetal：Steyler Verlag，1988. 中译本为［美］马几道：《秦石鼓》，《华裔学志丛书》第19种，1988年。

——. "Eastern Zhou Bronze Inscriptions." In *New Sources of Early Chinese History：An Introduction to the Reading of Inscriptions and Manuscripts*，edited by Edward L. Shaughnessy，85 – 123. Berkeley：University of California Institute of East Asian Studies，1997. 中译本为［美］夏含夷主编，本书翻译组译，李学勤审定：《中国古文字学导论》，上海：中西书局，2013年。

马王堆汉墓帛书整理小组编：《战国纵横家书》，北京：文物出版社，1976年。

McCoy，Alfred W.，and Francisco A. Scarano. *Colonial Crucible：Empire in the Making of the Modern American State*. Madison：University of Wisconsin Press，

2009.

McGovern，Patrick E. *Uncorking the Past: The Quest for Wine, Beer, and Other Alcoholic Beverages.* Berkeley: University of California Press，2009.

McNeal，Robin 罗斌. "Spatial Models of the State in Early Chinese Texts: Tribute Networks and the Articulation of Power and Authority, in *Shangshu* 'Yu Gong' 禹贡 and *Yi Zhoushu* 'Wang Hui' 王会." In *Origins of Chinese Political Philosophy: Studies in the Composition and Thought of the Shangshu (Classic of Documents),* edited by Martin Kern and Dirk Meyer，475 – 95. Leiden，Netherlands: Brill，2017.

Mearsheimer，John J. *The Tragedy of Great Power Politics.* New York: Norton，2001. 中译本为［美］约翰·米尔斯海默著，王义桅、唐小松译:《大国政治的悲剧》，上海: 上海人民出版社，2003 年。

Mei，Jianjun 梅建军. "Early Metallurgy and Socio-cultural Complexity: Archaeological Discoveries in Northwest China." In *Social Complexity in Prehistoric Eurasia: Monuments, Metals and Mobility,* edited by Katheryn M. Linduff and Bryan K. Hanks，215 – 34. Cambridge: Cambridge University Press，2009.

Métailié，Georges. *Science and Civilisation in China.* Volume 6.4: *Traditional Botany, an Ethnobotanical Approach.* Cambridge: Cambridge University Press，2015.《李约瑟中国科学技术史》第6卷《生物学及相关技术》第4分册《传统植物学: 民族志视角》。

Meyer，Andrew S. "The Baseness of Knights Truly Runs Deep: The Crisis and Negotiation of Aristocratic Status in the Warring States." Paper presented at the Columbia University Early China Seminar，2012.

Miller，Ian M. *Fir and Empire: The Transformation of Forests in Early Modern China.* Seattle: University of Washington Press，2020. 中译本为［美］孟一衡著，张连伟等译:《杉木与帝国: 早期近代中国的森林革命》，上海: 上海人民出版社，2022 年。

——. "Forestry and the Politics of Sustainability in Early China." *Environmental History* 22（2017）: 594 – 617.

Miller，Melanie J.，Yu Dong董豫，Kate Pechenkina，Wenquan Fan樊温泉，and Siân E. Halcrow. "Raising Girls and Boys in Early China: Stable Isotope Data Reveal Sex Differences in Weaning and Childhood Diets during the Eastern Zhou Era." *American Journal of Physical Anthropology* 172，no. 4（2020）: 567 – 85.

Millett，Kate. *Sexual Politics*. Urbana: University of Illinois Press，2000. 中译本为［美］凯特·米利特著，钟良明译：《性的政治》，北京：社会科学文献出版社，1999年。

Monson，Andrew. "Hellenistic Empires." In *Fiscal Regimes and the Political Economy of Premodern States*，edited by Andrew Monson and Walter Scheidel，169 – 207. Cambridge: Cambridge University Press，2015.

Monson，Andrew，and Walter Scheidel，editors. *Fiscal Regimes and the Political Economy of Premodern States*. Cambridge: Cambridge University Press，2015.

——. "Studying Fiscal Regimes." In *Fiscal Regimes and the Political Economy of Premodern States*，edited by Andrew Monson and Walter Scheidel，3 – 27. Cambridge: Cambridge University Press，2015.

Moore，Jason W. *Capitalism in the Web of Life: Ecology and the Accumulation of Capital*. London: Verso，2015.

Morehart，Christopher T.，and Kristin De Lucia，editors. *Surplus: The Politics of Production and the Strategies of Everyday Life*. Boulder: University Press of Colorado，2015.

Mostern，Ruth马瑞诗. *The Yellow River: A Natural and Unnatural History*. New Haven，CT: Yale University Press，2021.

Needham，Joseph，and Ling Wang. *Science and Civilisation in China*. Volume 4.2: *Mechanical Engineering*. Cambridge: Cambridge University Press，1965. 中译本为［英］李约瑟著，王玲协助，汪受琪译：《李约瑟中国科学技术史》第4卷《物理学及相关技术》第2分册《机械工程》，北京：科学出版社，上海：上海古籍出版社，1999年。

Needham，Joseph，Ling Wang，and Gwei-djen Lu. *Science and Civilisation in*

China. Volume 4.3：*Civil Engineering and Nautics.* Cambridge：Cambridge University Press，1971. 中译本为［英］李约瑟著，王玲、鲁桂珍协助，汪受琪译：《李约瑟中国科学技术史》第4卷《物理学及相关技术》第3分册《土木工程与航海技术》，北京：科学出版社，上海：上海古籍出版社，2008年。

聂新民、刘云辉：《秦置相邦丞相考异》，《秦文化论丛》第1辑，西安：西北大学出版社，1993年，第332—337页。

Nienhauser，William H.倪豪士，editor. *The Grand Scribe's Records.* 8 vols. Bloomington：Indiana University Press，1994 – 2020.

Nylan，Michael 戴梅可，and Griet Vankeerberghen 方丽特，editors. *Chang'an 26 BCE：An Augustan Age in China.* Seattle：University of Washington Press，2015.

Pechenkina，Ekaterina A.，Stanley H. Ambrose，Ma Xiaolin 马萧林，and Robert A. Benfer Jr. "Reconstructing Northern Chinese Neolithic Subsistence Practices by Isotopic Analysis." *Journal of Archaeological Science* 32，no. 8（2005）：1176 – 89.

Pechenkina，Ekaterina，Robert A. Benfer，and Xiaolin Ma 马萧林. "Diet and Health in the Neolithic of the Wei and Yellow River Basins，Northern China." In *Ancient Health：Skeletal Indicators of Agricultural and Economic Intensification*，edited by Mark Cohen and Gillian Crane-Kramer，255 – 72，2007.

Pechenkina，Ekaterina，Robert A. Benfer，and Zhijun Wang. "Diet and Health Changes at the End of the Chinese Neolithic：The Yangshao/Longshan Transition in Shaanxi Province." *American Journal of Physical Anthropology* 117（2002）：15 – 36.

Pelliot，Paul 伯希和. *Notes on Marco Polo.* Volume 1. Paris：Adrien-Maisonneuve，1959.

彭浩：《张家山汉简〈算数书〉注释》，北京：科学出版社，2001年。

Peng，Ke 彭柯. "Coinage and Commercial Development in Eastern Zhou China." PhD diss., University of Chicago, Chicago, 2000.

Perdue, Peter. *China Marches West: The Qing Conquest of Central Eurasia.* Cambridge, MA: Belknap Press of Harvard University, 2005. 中译本为［美］濮德培著，叶品岑等译：《中国西征：大清征服中央欧亚与蒙古帝国的最后挽歌》，台北：卫城出版公司，2021年。

——. *Exhausting the Earth: State and Peasant in Hunan, 1500 - 1850.* Cambridge, MA: Harvard University Council on East Asian Studies, 1987.

Peters, Joris, Ophélie Lebrasseur, Hui Deng, and Greger Larson. "Holocene Cultural History of Red Jungle Fowl (*Gallus gallus*) and Its Domestic Descendant in East Asia." *Quaternary Science Reviews* 142 (2016): 102 - 19.

Peterson, Christian E., and Gideon Shelach. "Jiangzhai: Social and Economic Organization of a Middle Neolithic Chinese Village." *Journal of Anthropological Archaeology* 31, no. 3 (2012): 265 - 301.

（清）皮锡瑞：《经学通论》，北京：中华书局，1954年。

Pietz, David A. *The Yellow River: The Problem of Water in Modern China.* Cambridge, MA: Harvard University Press, 2015. 中译本为［美］戴维·艾伦·佩兹著，姜智芹译：《黄河之水：蜿蜒中的现代中国》，北京：中国政法大学出版社，2017年。

Pines, Yuri 尤 锐. "Alienating Rhetoric in the *Book of Lord Shang* and Its Moderation." *Extrême-Orient Extrême-Occident* 34 (2012): 79 - 110.

——. "Biases and Their Sources: Qin History in the 'Shiji.'" *Oriens Extremus* 45 (2005): 10 - 34.

——. *The Book of Lord Shang: Apologetics of State Power in Early China.* New York: Columbia University Press, 2017.

——. "The Question of Interpretation: Qin History in Light of New Epigraphic Sources." *Early China* 29 (2004): 1 - 44.

Pines, Yuri 尤锐, Gideon Shelach 吉迪, Lothar von Falkenhausen 罗泰, and Robin D.S. Yates 叶山, editors. *Birth of an Empire: The State of Qin Revisited.* Berkeley:

University of California Press，2013.

Plumwood，Val. *Feminism and the Mastery of Nature.* New York：Routledge，1993.

Pollard，A. M.，P. Bray，P. Hommel，Y.-K. Hsu，R. Liu，and J. Rawson. "Bronze Age Metal Circulation in China." *Antiquity* 91，no. 357（2017）：674 – 87.

Pollegioni，Paola，et al. "Ancient Humans Influenced the Current Spatial Genetic Structure of Common Walnut Populations in Asia." *PLoS One* 10，no. 9（2015）：1 – 16.

Poo，Mu-chou 蒲慕州. "Religion and Religious Life of the Qin." In *Birth of an Empire：The State of Qin Revisited，* edited by Yuri Pines，Gideon Shelach，Lothar von Falkenhausen，and Robin D. S. Yates，187 – 205. Berkeley：University of California Press，2013.

Portal，Jane，editor. *The First Emperor：China's Terracotta Army.* Cambridge，MA：Harvard University Press，2007.

Postgate，J. N. *Early Mesopotamia：Society and Economy at the Dawn of History.* Abingdon-on-Thames，England：Taylor & Francis，1992.

Pulleyblank，Edwin G. 蒲立本. "The Chinese and Their Neighbours in Prehistoric and Early Historic Times." In *The Origins of Chinese Civilization，* edited by David N. Keightley，411 – 66. Berkeley：University of California Press，1983.

——. "Ji 姬 and Jiang 姜：The Role of Exogamous Clans in the Organization of the Zhou Polity." *Early China* 25（2000）：1 – 27. 中译本为［加］蒲立本：《姬、姜：异姓族群在周人政体组织中的角色》，陈致主编：《当代西方汉学研究集萃 上古史卷》，上海：上海古籍出版社，2016年，第171—198页。

Pyne，Stephen J. *Fire：A Brief History.* Seattle：University of Washington Press，2001. 中译本为［美］斯蒂芬·J. 派因著，梅雪芹、牛瑞华、贾珺等译，陈蓉霞译校：《火之简史》，北京：生活·读书·新知三联书店，2006年。

祁国琴：《中国北方第四纪哺乳动物群——兼论原始人类生活环境》，吴汝康、吴新智、张森水主编：《中国远古人类》，北京：科学出版社，1989年，第277—337页。

钱穆：《史记地名考》，北京：商务印书馆，2001年。

秦建明、杨政、赵荣：《陕西泾阳县秦郑国渠首拦河坝工程遗址调查》，《考古》2006年第4期。

国家计量总局、中国历史博物馆、故宫博物院主编，邱隆、丘光明、顾茂森、刘东瑞、巫鸿编：《中国古代度量衡图集》，北京：文物出版社，1984年。

裴锡圭：《甲骨文所见的商代农业》，《古文字论集》，北京：中华书局，1992年，第154—189页。

——《啬夫初探》，《云梦秦简研究》，北京：中华书局，1981年，第226—301页。

——《市》，《裴锡圭学术文集》第6卷，上海：复旦大学出版社，2012年，第277—281页。

Radkau, Joachim. *Nature and Power: A Global History of the Environment.* Cambridge: Cambridge University Press, 2008. 中译本为［德］约阿希姆·拉德卡著，王国豫、付天海译：《自然与权力：世界环境史》，保定：河北大学出版社，2004年。

Rascovan, Nicolás, et al. "Emergence and Spread of Basal Lineages of *Yersinia pestis* during the Neolithic Decline." *Cell* 176, no. 1（2019）: 295 – 305.

Rawson, Jessica. "Western Zhou Archaeology." In *The Cambridge History of Ancient China,* edited by Michael Loewe and Edward Shaughnessy, 352 – 449. Cambridge: Cambridge University Press, 1999.《剑桥上古史》。

Reardon-Anderson, James. *Reluctant Pioneers: China's Expansion Northward, 1644 – 1937.* Stanford, CA: Stanford University Press, 2005.

Reich, David. *Who We Are and How We Got Here: Ancient DNA and the New Science of the Human Past.* Oxford: Oxford University Press, 2018. 中译本为［美］大卫·赖克著，叶凯雄、胡正飞译：《人类起源的故事：我们是谁，我们从哪里来》，杭州：浙江人民出版社，2019年。

Richards, John F. *The Mughal Empire.* New York: Cambridge University Press, 1993.

——. *The Unending Frontier: An Environmental History of the Early Modern World.* Berkeley: University of California Press, 2003.

Rickett，W. Allyn李克. *Guanzi: Political, Economic and Philosophical Essays from Early China: A Study and Translation.* 2 vols. Princeton，NJ: Princeton University Press，1985，1998.

Robbins，Paul. *Political Ecology: A Critical Introduction.* 2nd edition. Chichester: J. Wiley & Sons，2012. 中译本为［美］保罗·罗宾斯著，裴文译:《政治生态学：批判性导论（第二版）》，南京：江苏人民出版社，2019年。

Roberts，Charlotte. "What Did Agriculture Do for Us? The Bioarchaeology of Health and Diet." In *The Cambridge World History.* Volume 5，edited by Graeme Barker and Candice Goucher，93 – 123. Cambridge: Cambridge University Press，2015.

Roberts，Neil. "Did Prehistoric Landscape Management Retard the Post-Glacial Spread of Woodland in Southwest Asia?" *Antiquity* 76（2002）: 1002 – 10.

——. *The Holocene: An Environmental History.* 3rd edition. Oxford: Blackwell，2014.

Rogaski，Ruth. *Hygienic Modernity: Meanings of Health and Disease in Treaty-Port China.* Berkeley: University of California Press，2004. 中译本为［美］罗芙芸著，向磊译:《卫生的现代性：中国通商口岸卫生与疾病的含义》，南京：江苏人民出版社，2007年。

Rosen，Arlene. "The Impact of Environmental Change and Human Land Use on Alluvial Valleys in the Loess Plateau of China during the Middle Holocene." *Geomorphology* 101（2008）: 298 – 307.

Rosen，Arlene M.，Jinok Lee，Min Li李敏，Joshua Wright，Henry T. Wright，and Hui Fang方辉. "The Anthropocene and the Landscape of Confucius: A Historical Ecology of Landscape Changes in Northern and Eastern China during the Middle to Late-Holocene." *The Holocene* 25，no. 10（2015）: 1640 – 50.

Ross，Corey. *Ecology and Power in the Age of Empire: Europe and the Transformation of the Tropical World.* Oxford: Oxford University Press，2017.

（清）阮元校刻:《十三经注疏》，北京：中华书局，1980年。

Sabban，Françoise萨班. "De la main à la pâte: Réflexion sur l'origine des pâtes alimentaires et les transformations du blé en Chine ancienne." *L'Homme* 30, no. 113（1990）: 102 – 37.

Sagart, Laurent, et al. "Dated Language Phylogenies Shed Light on the Ancestry of Sino-Tibetan." *Proceedings of the National Academy of Sciences* 116, no. 21（2019）: 10317 – 22.

Sage, Steven F. *Ancient Sichuan and the Unification of China.* Albany: State University of New York Press, 1992.

Sahlins, Marshall. "Poor Man, Rich Man, Big-Man, Chief: Political Types in Melanesia and Polynesia." *Comparative Studies in Society and History* 5, no. 3（1963）: 285 – 303.

——. *Stone Age Economics.* Chicago: Aldine, 1972. 中译本为［美］马歇尔·萨林斯著，张经纬、郑少雄、张帆译:《石器时代经济学》，北京:生活·读书·新知三联书店，2009年。

Sanft, Charles 陈 立 强. *Communication and Cooperation in Early Imperial China: Publicizing the Qin Dynasty.* Albany: State University of New York Press, 2014.

——. "The Construction and Deconstruction of Epanggong: Notes from the Crossroads of History and Poetry." *Oriens Extremus* 47（2008）: 160 – 76.

——. "Edict of Monthly Ordinances for the Four Seasons in Fifty Articles from 5 C.E.: Introduction to the Wall Inscriptions Discovered at Xuanquanzhi, with Annotated Translation." *Early China* 32（2008）: 125 – 208.

——. "Environment and Law in Early Imperial China（Third Century, BCE – First Century CE）: Qin and Han Statutes Concerning Natural Resources." *Environmental History* 15, no. 4（2010）: 701 – 21.

——. "Paleographic Evidence of Qin Religious Practice from Liye and Zhoujiatai." *Early China* 37（2014）: 327 – 58.

——. "Population Records from Liye: Ideology in Practice." In *Ideology of Power and Power of Ideology in Early China,* edited by Yuri Pines, Paul R. Goldin, and Martin Kern, 249 – 69. Leiden, Netherlands: Brill, 2015.

Schafer, Edward H.薛爱华. "Hunting Parks and Animal Enclosures in Ancient China." *Journal of the Economic and Social History of the Orient* 11, no. 3（1968）: 318 – 43.

Scheidel, Walter. "The Early Roman Monarchy." In *Fiscal Regimes and the Political Economy of Premodern States*, edited by Andrew Monson and Walter Scheidel, 229 – 57. Cambridge: Cambridge University Press, 2015.

——. *Rome and China: Comparative Perspectives on Ancient World Empires*. Oxford: Oxford University Press, 2009. 中译本为［奥］沃尔特·施德尔主编，李平译：《罗马与中国：比较视野下的古代世界帝国》，南京：江苏人民出版社，2018年。

——. "Sex and Empire: A Darwinian Perspective." In *The Dynamics of Ancient Empires: State Power from Assyria to Byzantium*, edited by Ian Morris and Walter Scheidel, 255 – 324. Oxford: Oxford University Press, 2009.

——. "Studying the State." In *The Oxford Handbook of the State in the Ancient Near East and Mediterranean*, edited by Peter Bang and Walter Scheidel, 5 – 57. Oxford: Oxford University Press, 2013.

Schlegel, Alice, editor. *Sexual Stratification: A Cross-Cultural View.* New York: Columbia University Press, 1977.

Schlesinger, Jonathan. *A World Trimmed with Fur: Wild Things, Pristine Places, and the Natural Fringes of Qing.* Stanford, CA: Stanford University Press, 2017. 中译本为［美］谢健著，关康译：《帝国之裘——清朝的山珍、禁地以及自然边疆》，北京：北京大学出版社，2019年。

Schwartz, Benjamin 史华兹. "The Primacy of the Political Order in East Asian Societies." In *China and Other Matters*, 114 – 38. Cambridge, MA: Harvard University Press, 1996.

Scott, James C. *Against the Grain: A Deep History of the Earliest States.* New Haven, CT: Yale University Press, 2017. 中译本为［美］詹姆斯·斯科特著，翁德明译：《反谷：谷物是食粮还是政权工具？人类为农耕社会付出何种代价？一个政治人类学家对国家形成的反思》，台北：麦田出版社，

2019年。

——. *The Art of Not Being Governed: An Anarchist History of Upland Southeast Asia*. New Haven, CT: Yale University Press, 2009. 中译本为［美］詹姆斯·C. 斯科特著，王晓毅译：《逃避统治的艺术——东南亚高地的无政府主义历史》，北京：生活·读书·新知三联书店，2016年。

——. *Seeing Like a State: How Certain Schemes to Improve the Human Condition Have Failed*. New Haven, CT: Yale University Press, 1998. 中译本为［美］詹姆斯·C. 斯科特著，王晓毅译，胡搏校：《国家的视角——那些试图改善人类状况的项目是如何失败的》，北京：社会科学文献出版社，2004年。

Sebastian, Patrizia, Hanno Schaefer, Ian Telford, and Susanne Renner. "Cucumber (*Cucumis sativus*) and Melon (*C. melo*) Have Numerous Wild Relatives in Asia and Australia, and the Sister Species of Melon Is from Australia." *Proceedings of the National Academy of Sciences* 107, no. 32 (2010): 14269 – 73.

Sebillaud, Pauline 史宝琳. "La distribution spatiale de l'habitat en Chine dans la plaine Centrale à la transition entre le Néolithique et l'âge du Bronze (env. 2500 – 1050 av. n. è.)." PhD diss., École pratique des hautes études, 2014.

Segalen, Victor, Augusto Gilbert de Voisins, and Jean Lartigue. Photographs from the collection "Mission archéologique, Chine, 1914." Bibliothèque nationale de France.

Selbitschka, Armin. "Quotidian Afterlife: Grain, Granary Models, and the Notion of Continuing Sustenance in Late Pre-Imperial and Early Imperial Tombs." In *Über den Alltag hinaus: Festschrift für Thomas O. Höllmann zum 65. Geburtstag*, edited by Shing Müller and Armin Selbitschka, 89 – 106. Wiesbaden: Harrassowitz, 2017.

Sena, David. "Reproducing Society: Lineage and Kinship in Western Zhou China." PhD diss., University of Chicago, Chicago, 2005.

陕西省考古研究所编著：《临潼零口村》，西安：三秦出版社，2004年。

——《秦都咸阳考古报告》，北京：科学出版社，2004年。

陕西省考古研究所康家考古队：《陕西临潼康家遗址发掘简报》，《考古与文物》1988年第5期，第215—228页。

——《陕西省临潼县康家遗址1987年发掘简报》，《考古与文物》1992年第5期，第11—24页。

陕西省考古研究所、宝鸡市考古工作队编：《宝鸡关桃园》，北京：文物出版社，2007年。

陕西省考古研究所、陕西省文物管理委员会等编：《陕西出土商周青铜器》，北京：文物出版社，1979年。

陕西省考古研究院：《2010年陕西省考古研究院考古调查发掘新收获》，《考古与文物》2011年第2期，第31—39页。

——《2014年陕西省考古研究院考古调查发掘新收获》2015年第2期，第3—26页。

陕西省考古研究院编著：《西安尤家庄秦墓》，西安：陕西科学技术出版社，2008年。

——《西安米家崖——新石器时代遗址2004—2006年考古发掘报告》，北京：科学出版社，2012年。

陕西省考古研究院、宝鸡市考古研究所、眉县文化馆编著：《吉金铸华章：宝鸡眉县杨家村单氏青铜器窖藏》，北京：文物出版社，2008年。

陕西省考古研究院、北京大学考古文博学院、中国社会科学院考古研究所、周原考古队编著：《周原：2002年度齐家制玦作坊和礼村遗址考古发掘报告》，北京：科学出版社，2010年。

陕西省考古研究院、渭南市文物保护考古研究所、韩城市景区管理委员会编著：《梁带村芮国墓地：二〇〇七年度发掘报告》，北京：文物出版社，2010年。

陕西省考古研究院、西北大学文化遗产与考古学研究中心编著：《高陵东营——新石器时代遗址发掘报告》，北京：科学出版社，2010年。

陕西省考古研究院、中国社会科学院考古研究所渭桥考古队、西安市文物保护考古研究院：《西安市汉长安城北渭桥遗址》，《考古》2014年第7期，第34—47页。

陕西省地方志编纂委员会：《陕西省植被志》，西安：西安地图出版社，2011年。

陕西周原考古队：《扶风云塘西周骨器制造作坊遗址试掘简报》，《文物》1980年第4期，第27—35页。

Shaughnessy，Edward 夏含夷．"The Qin *Biannianji* 编年记 and the Beginnings of Historical Writing in China." In *Beyond The First Emperor's Mausoleum： New Perspectives on Qin Art，* edited by Liu Yang，115 – 36. Minneapolis： Minneapolis Institute of Arts，2014.

——．*Sources of Western Zhou History： Inscribed Bronze Vessels.* Berkeley： University of California Press，1991.

——．"Toward a Social Geography of the Zhouyuan during the Western Zhou Dynasty." In *Political Frontiers，Ethnic Boundaries and Human Geographies in Chinese History，* edited by Nicola Di Cosmo and Don J. Wyatt，16 – 34. London： Routledge Curzon，2010.

——．"Western Zhou Hoards and Family Histories in the Zhouyuan." In *New Perspectives on China's Past： Chinese Archaeology in the 20th Century，* edited by Xiaoneng Yang，255 – 67. New Haven，CT： Yale University Press，2004.

Shelach，Gideon 吉迪．"Collapse or Transformation？ Anthropological and Archaeological Perspectives on the Fall of Qin." In *Birth of an Empire： The State of Qin Revisited，* edited by Yuri Pines，Gideon Shelach，Lothar von Falkenhausen，and Robin D. S. Yates，113 – 38. Berkeley： University of California Press，2013.

Shelach-Lavi，Gideon. *The Archaeology of Early China： From Prehistory to the Han Dynasty.* New York： Cambridge University Press，2015.

Shelach，Gideon 吉迪，and Yitzchak Jaffe 哈克．"The Earliest States in China： A Long-Term Trajectory Approach." *Journal of Archaeological Research* 22（2014）： 327 – 364.

Shen，Hui 沈慧，Xiaoqiang Li 李小强，Robert Spengler，Xinying Zhou 周新郢，and Keliang Zhao 赵克良．"Forest Cover and Composition on the Loess Plateau during the Middle to Late-Holocene： Integrating Wood Charcoal Analyses."

The Holocene 31，no. 1（2021）：8 – 49.

Sheng，Pengfei生膨菲，Xue Shang尚雪，Zhouyong Sun孙周勇，Liping Yang杨利平，Xiaoning Guo郭小宁，and Martin K. Jones. "North-South Patterning of Millet Agriculture on the Loess Plateau：Late Neolithic Adaptations to Water Stress，NW China." *The Holocene* 28，no. 10（2018）：1554 – 63.

Shepherd，John Robert. *Statecraft and Political Economy on the Taiwan Frontier，1600 – 1800.* Stanford，CA：Stanford University Press，1993. 中译本为［美］邵式柏著，林伟盛译：《台湾边疆的治理与政治经济（1600—1800）》，台北：台湾大学出版中心，2016年。

史念海：《古代的关中》，《河山集》，北京：生活·读书·新知三联书店，1963年，第26—66页。

——《汉唐长安城与生态环境》，《中国历史地理论丛》1998年第1期，第1—18页。

——《河山集》（共9集），北京：生活·读书·新知三联书店，北京：人民出版社，西安：陕西人民出版社，西安：陕西师范大学出版社，1963—2006年。

——《黄土高原历史地理研究》，郑州：黄河水利出版社，2001年。

——《论济水和鸿沟》，《河山集》三集，北京：人民出版社，1988年，第303—356页。

石声汉：《齐民要术概论》，北京：科学出版社，1962年。

睡虎地秦墓竹简整理小组编：《睡虎地秦墓竹简》，北京：文物出版社，1990年。

（汉）司马迁：《史记》北京：中华书局，1959年。

Skinner，G. William. *The City in Late Imperial China.* Stanford，CA：Stanford University Press，1977. 中译本为［美］施坚雅主编，叶光庭等合译：《中华帝国晚期的城市》，北京：中华书局，2000年。

Skosey，Laura郭锦. "The Legal System and Legal Tradition of the Western Zhou（ca.1045 – 771 BCE）." PhD diss.，University of Chicago，Chicago，1996.

Smil，Vaclav. *Energy in Nature and Society：General Energetics of Complex Systems.* Cambridge，MA：MIT Press，2008.

——. *Growth：From Microorganisms to Megacities.* Cambridge，MA：MIT Press，

2019.

——. *Harvesting the Biosphere: What We Have Taken from Nature.* Cambridge, MA: MIT Press, 2013.

Smith, Andrew T., and Yan Xie, editors. *A Guide to the Mammals of China.* Princeton, NJ: Princeton University Press, 2008. 中译本为［美］史密斯、解焱主编：《中国兽类野外手册》，长沙：湖南教育出版社，2009年。

Smith, Bruce D. "A Cultural Niche Construction Theory of Initial Domestication." *Biological Theory* 6, no. 3 (2011): 260 – 71.

——. *The Emergence of Agriculture.* New York: Scientific American Library, 1995.

——. "Low-Level Food Production." *Journal of Archaeological Research* 9, no. 1 (2001): 1 – 43. 中译本为［美］布鲁斯·史密斯著，陈航、潘燕译，陈淳校：《低水平食物生产》，《南方文物》2013年第3期，第151—165页。

Smith, Charles H. *The Animal Kingdom.* Volume 4. London: G. B. Whittaker, 1827.

Smith, Michael. "The Aztec Empire." In *Fiscal Regimes and the Political Economy of Premodern States*, edited by Andrew Monson and Walter Scheidel, 71 – 114. Cambridge: Cambridge University Press, 2015.

Smith, Monica L. "Territories, Corridors, and Networks: A Biological Model for the Premodern State." *Complexity* 12, no. 4 (2007): 28 – 35.

Smith, Neil. "Rehabilitating a Renegade? The Geography and Politics of Karl August Wittfogel." *Dialectical Anthropology* 12, no. 1 (1987): 127 – 36.

Smythe, Kathleen R. "Forms of Political Authority: Heterarchy." In *Africa's Past, Our Future*, 103 – 20. Bloomington: Indiana University Press, 2015.

So, Jenny F. 苏芳淑, and Emma C. Bunker. *Traders and Raiders on China's Northern Frontier.* Seattle: Arthur M. Sackler Museum, 1995.

Song, Jixiang 宋吉香, Lizhi Wang, and Dorian Fuller 傅稻镰. "A Regional Case in the Development of Agriculture and Crop Processing in Northern China from the Neolithic to Bronze Age: Archaeobotanical Evidence from the Sushui River Survey, Shanxi Province." *Archaeological and Anthropological Sciences* 11 (2017): 667 – 82.

Soothill，William E.苏慧廉. *The Hall of Light：A Study of Early Chinese Kingship.* London：Lutterworth，1951.

Spengler，Robert N. "Anthropogenic Seed Dispersal：Rethinking the Origins of Plant Domestication." *Trends in Plant Science* 25，no. 4（2020）：340 – 48.

——. *Fruit from the Sands：The Silk Road Origins of the Foods We Eat.* Berkeley：University of California Press，2019. 中译本为［美］罗伯特·N. 斯宾格勒三世著，陈阳译：《沙漠与餐桌：食物在丝绸之路上的起源》，北京：社会科学文献出版社，2021年。

Staack，Thies史达，and Ulrich Lau劳武利. *Legal Practice in the Formative Stages of the Chinese Empire：An Annotated Translation of the Exemplary Qin Criminal Cases from the Yuelu Academy Collection.* Leiden，Netherlands：Brill，2016.

Sterckx，Roel. "Attitudes towards Wildlife and the Hunt in Pre-Buddhist China." In *Wildlife in Asia：Cultural Perspectives，* edited by John Knight，15 – 35. London：Routledge Curzon，2004.

——. *Food，Sacrifice，and Sagehood in Early China.* Cambridge：Cambridge University Press，2011. 中译本为［英］胡司德著，刘丰译：《早期中国的食物、祭祀和圣贤》，杭州：浙江大学出版社，2018年。

Stevens，Chris，Charlene Murphy，Rebecca Roberts，Leilani Lucas，Fabio Silva，and Dorian Fuller. "Between China and South Asia：A Middle Asian Corridor of Crop Dispersal and Agricultural Innovation in the Bronze Age." *The Holocene* 26（2016）.

Stol，Marten. "Milk，Butter and Cheese." *Bulletin on Sumerian Agriculture.* Volume 7：*Domestic Animals of Mesopotamia，* 1993，99 – 113.

Storozum，Michael J.，Zhen Qin秦臻，Haiwang Liu刘海旺，Kui Fu，and Tristram R. Kidder. "Anthrosols and Ancient Agriculture at Sanyangzhuang，Henan Province，China." *Journal of Archaeological Science：Reports* 19（2018）：925 – 35.

Streusand，Douglas E. *Islamic Gunpowder Empires：Ottomans，Safavids and Mughals.* Boulder，CO：Westview，2011.

孙次舟：《史记商君列传史料抉原》，《史学季刊》1941年第2期，第77—96页。

（清）孙诒让著：《周礼正义》，北京：中华书局，1987年。

孙永刚：《大麻栽培起源与利用方式的考古学探索》，《农业考古》2016年第1期，第16—20页。

Sun，Zhouyong 孙周勇. *Craft Production in the Western Zhou Dynasty（1046 – 771 BC）: A Case Study of a Jue-Earrings Workshop at the Predynastic Capital Site, Zhouyuan, China.* Oxford: Archaeopress，2008.

Sun，Zhouyong 孙周勇，Jing Shao 邵晶，Li Liu 刘莉，Jianxin Cui 崔建新，Michael F. Bonomo，Qinghua Guo 郭庆华，Xiaohong Wu 吴小红，and Jiajing Wang 王佳静."The First Neolithic Urban Center on China's North Loess Plateau: The Rise and Fall of Shimao." *Archaeological Research in Asia* 14（2018）: 33 – 45.

Swann，Nancy Lee 孙念礼. *Food & Money in Ancient China: The Earliest Economic History of China to A.D 25.* New York: Octagon，1974.

Szonyi，Michael. *Practicing Kinship: Lineage and Descent in Late Imperial China.* Stanford，CA: Stanford University Press，2002. 中译本为［加］宋怡明著，王果译：《实践中的宗族》，北京：北京师范大学出版社，2022年。

谭其骧主编：《中国历史地图集》八卷本，上海：中华地图学社，1975年。

Tan，Zhihai 谭志海，Chun Chang Huang 黄春长，Jiangli Pang 庞奖励，and Qunying Zhou 周群英."Holocene Wildfires Related to Climate and Land-Use Change over the Weihe River Basin，China." *Quaternary International* 234，nos. 1 – 2（2011）: 167 – 73.

唐华清宫考古队：《唐华清宫汤池遗址第一期发掘简报》，《文物》1990年第5期，第11—20页。

Tch'ou，Tö-I 褚德彝，and Paul Pelliot 伯希和. *Bronzes antiques de la Chine appartenant à C. T. Loo et cie.* Paris and Brussels: G. van Oest，1924.

Teng，Mingyu 滕铭予."From Vassal State to Empire: An Archaeological Examination of Qin Culture." In *Birth of an Empire: The State of Qin Revisited*，edited by Yuri Pines，Gideon Shelach，Lothar von Falkenhausen，and Robin D. S.

Yates，71 - 112. Berkeley：University of California Press，2013.

［日］藤田胜久（Katsuhisa Fujita）著，曹峰、［日］广濑薫雄译：《史记战国史料研究》，上海：上海古籍出版社，2008年。

Thalmann，Olaf，et al. "Complete Mitochondrial Genomes of Ancient Canids Suggest a European Origin of Domestic Dogs." *Science* 342，no. 6160（2013）：871 - 74.

Thatcher，Melvin. "Central Government of the State of Ch'in in the Spring and Autumn Period." *Journal of Oriental Studies* 23，no. 1（1985）：29 - 53.

——. "Marriages of the Ruling Elite in the Spring and Autumn Period." In *Marriage and Inequality in Chinese Society*，edited by Rubie Watson and Patricia Ebrey，25 - 57. Berkeley：University of California Press，1991.

Thierry，François. *Monnaies chinoises：Catalogue.* Paris：Bibliothèque nationale de France，1997.

Thorp，Robert L. 杜朴. *China in the Early Bronze Age：Shang Civilization.* Philadelphia：University of Pennsylvania Press，2006.

Tilly，Charles. *Coercion，Capital，and European States，AD 990 - 1990.* Cambridge，MA：Basil Blackwell，1990. 中译本为［英］查尔斯·蒂利著，魏洪钟译：《强制、资本和欧洲国家：公元990—1992年》，上海：上海人民出版社，2012年。

——. "War Making and State Making as Organized Crime." In *Bringing the State Back In*，edited by Peter Evans，Dietrich Reuschemeyer，and Theda Skocpol，169 - 91. Cambridge：Cambridge University Press，1985. 中译本为［美］查尔斯·梯利：《发动战争与缔造国家类似于有组织的犯罪》，收入［美］彼得·埃文斯等编著，方力维等译：《找回国家》，北京：生活·读书·新知三联书店，2009年，第228—261页。

Tilly，Charles，and Gabriel Ardant，editors. *The Formation of National States in Western Europe.* Princeton，NJ：Princeton University Press，1975.

同号文：《第四纪以来中国北方出现过的喜暖动物及其古环境意义》，《中国科学》2007年第7期。

Totman, Conrad. *Japan: An Environmental History.* London: I. B. Tauris, 2014.

Trautmann, Thomas R. *Elephants and Kings: An Environmental History.* Chicago: University of Chicago Press, 2015.

Trigger, Bruce G. "Maintaining Economic Equality in Opposition to Complexity: An Iroquoian Case Study." In *The Evolution of Political Systems: Sociopolitics in Small-Scale Sedentary Societies*, 119 – 45. New York: Cambridge University Press, 1990.

——. *Sociocultural Evolution: Calculation and Contingency.* Oxford: Blackwell, 1998.

——. *Understanding Early Civilizations: A Comparative Study.* Cambridge: Cambridge University Press, 2003. 中译本为 [加] 布鲁斯·G. 崔格尔著, 徐坚译:《理解早期文明: 比较研究》, 北京: 北京大学出版社, 2014年。

Tuan, Yi-fu. *China.* The World's Landscapes. Chicago: Aldine, 1969. 中译本为 [美] 段义孚著, 赵世玲译:《神州: 历史眼光下的中国地理》, 北京: 北京大学出版社, 2019年。

Tucker, Marlee A., et al. "Moving in the Anthropocene: Global Reductions in Terrestrial Mammalian Movements." *Science* 359, no. 6374 (2018): 466 – 69.

Turvey, Samuel T., Jennifer J. Crees, Zhipeng Li 李志鹏, Jon Bielby, and Jing Yuan 袁靖. "Long-Term Archives Reveal Shifting Extinction Selectivity in China's Postglacial Mammal Fauna." *Proceedings of the Royal Society B* 284, no. 1867 (2017): 20171979.

Turvey, Samuel T., and Susanne A. Fritz. "The Ghosts of Mammals Past: Biological and Geographical Patterns of Global Mammalian Extinction across the Holocene." *Philosophical Transactions of the Royal Society B* 366, no. 1577 (2011): 2564 – 76.

Twitchett, Denis. *Financial Administration under the T'ang Dynasty.* Cambridge: Cambridge University Press, 1963. 中译本为 [英] 杜希德著, 丁俊译:《唐代财政》, 上海: 中西书局, 2016年。

Underhill, Anne P. 文德安, editor. *A Companion to Chinese Archaeology.* Chichester:

John Wiley & Sons，2013.

——. *Craft Production and Social Change in Northern China*. New York：Kluwer Academic/Plenum Publishers，2002.

——. "Warfare and the Development of States in China." In *The Archaeology of Warfare：Prehistories of Raiding and Conquest*, edited by Elizabeth N. Arkush and Mark W. Allen，253 – 85. Gainesville：University Press of Florida，2006.

Underhill，Anne P. 文德安，and Junko Habu. "Early Communities in East Asia：Economic and Sociopolitical Organization at the Local and Regional Levels." In *Archaeology of Asia*, edited by Miriam T. Stark，121 – 48. Oxford：Blackwell，2006.

Vandermeersch, Léon 汪德迈. "An Enquiry into the Chinese Conception of the Law." In *The Scope of State Power in China*, edited by Stuart R. Schram，3 – 25. London：School of Oriental and African Studies，University of London，1985.

——. *La formation du légisme：Recherche sur la constitution d'une philosophie politique caractéristique de la Chine ancienne*. Paris：École française d'Extrême Orient，1965.

——. *Wangdao；ou，La voie royale：Recherches sur l'esprit des institutions de la Chine archaïque*. 2 vols. Paris：École française d'Extrême-Orient，1977，1980.

Vigne，Jean-Denis et al. "Earliest 'Domestic' Cats in China Identified as Leopard Cat（*Prionailurus bengalensis*）." *PLoS One* 11，no. 1（2016）：e0147295.

Vogel，Hans Ulrich 傅汉思，and Günter Dux，editors. *Concepts of Nature：A Chinese-European Cross-Cultural Perspective*. Leiden，Netherlands：Brill，2010.

Vogel，Ulrich 傅汉思. "K. A. Wittfogel's Marxist Studies on China（1926 – 1939）." *Bulletin of Concerned Asian Scholars* 11，no. 4（1979）：30 – 37.

Vogt，Nicholas. "Between Kin and King：Social Aspects of Western Zhou Ritual." PhD diss.，Columbia University，New York，2012.

von Glahn，Richard. *The Country of Streams and Grottoes：Expansion，Settlement，and the Civilizing of the Sichuan Frontier in Song Times*. Cambridge，MA：Harvard University Asia Center，1987.

——. *The Economic History of China：From Antiquity to the Nineteenth Century*.

Cambridge：Cambridge University Press，2016. 中译本为［美］万志英著，崔传刚译：《剑桥中国经济史：古代到19世纪》，北京：中国人民大学出版社，2018年。

Wagner，Donald B. *Iron and Steel in Ancient China.* Leiden，Netherlands：E. J. Brill，1993. 中译本为［丹］华道安著，［加］李玉牛译：《中国古代钢铁技术史》，成都：四川人民出版社，2018年。

——. *Science and Civilisation in China.* Volume 5.11：*Ferrous Metallurgy.* Cambridge：Cambridge University Press，2008.《李约瑟中国科学技术史》第5卷《化学及相关技术》第11分册《钢铁冶金》。

Wagner，Mayke 王 睦，Pavel Tarasov，Dominic Hosner，Andreas Fleck，Richard Ehrich 李查得，Xiaocheng Chen，and Christian Leipe. "Mapping of the Spatial and Temporal Distribution of Archaeological Sites of Northern China during the Neolithic and Bronze Age." *Quaternary International* 290 – 91（2013）：344 – 57.

Walden，Viscount. "Report on the Additions to the Society's Menagerie." *Proceedings of the Zoological Society of London*（1872）：789 – 860.

Waley，Arthur. *The Book of Songs：Translated from the Chinese.* Boston and New York：Houghton Mifflin，1937.

Wan，Xiang 万翔. "The Horse in Pre-Imperial China." PhD diss.，University of Pennsylvania，Philadelphia，2013.

Wang，Can 王灿，Houyuan Lu 吕厚远，Wanfa Gu 顾万发，Xinxin Zuo 左昕昕，Jianping Zhang 张健平，Yanfeng Liu 刘彦锋，Yingjian Bao 鲍颖建，and Yayi Hu 胡亚毅. "Temporal Changes of Mixed Millet and Rice Agriculture in Neolithic – Bronze Age Central Plain，China：Archaeobotanical Evidence from the Zhuzhai Site." *The Holocene* 28，no. 5（2018）：738 – 54.

Wang，Can 王灿，Houyuan Lu 吕厚远，Jianping Zhang 张健平，Zhaoyan Gu 顾兆炎，and Keyang He. "Prehistoric Demographic Fluctuations in China Inferred from Radiocarbon Data and Their Linkage with Climate Change over the Past 50 000 Years." *Quaternary Science Reviews* 98（2014）：45 – 59.

Wang，Haicheng. *Writing and the Ancient State：Early China in Comparative Perspective.* Cambridge：Cambridge University Press，2014.

Wang，Hua王华，Louise Martin，Songmei Hu胡松梅，and Weilin Wang王炜林. "Pig Domestication and Husbandry Practices in the Middle Neolithic of the Wei River Valley，Northwest China：Evidence from Linear Enamel Hypoplasia." *Journal of Archaeological Science* 39，no. 12（2012）：3662 – 70.

Wang，Hua王华，Louise Martin，Weilin Wang王炜林，and Songmei Hu胡松梅. "Morphometric Analysis of *Sus* Remains from Neolithic Sites in the Wei River Valley，China，with Implications for Domestication." *International Journal of Osteoarchaeology* 25，no. 6（2015）：877 – 89.

王利器校注:《新语校注》，北京：中华书局，1986年。

——《盐铁论校注》，北京：中华书局，1992年。

（清）王聘珍撰:《大戴礼记解诂》，北京：中华书局，1983年。

Wang，Rui. "Fishing，Farming，and Animal Husbandry in the Early and Middle Neolithic of the Middle Yellow River Valley，China." PhD diss.，University of Illinois，Urbana Champaign，2004.

（清）王先慎:《韩非子集解》，北京：中华书局，1998年。

（清）王先谦:《汉书补注》，上海：上海古籍出版社，2012年。

——《荀子集解》，北京：中华书局，1988年。

Wang，Xiao-ming王小明，Ke-jia Zhang章克家，Zheng-huan Wang王正寰，You-zhong Ding丁由中，Wei Wu吴巍，and Song Huang黄松. "The Decline of the Chinese Giant Salamander *Andrias davidianus* and Implications for Its Conservation." *Oryx* 38，no. 2（2004）：197 – 202.

王欣、尚雪、蒋洪恩等:《陕西白水河流域两处遗址浮选结果初步分析》，《考古与文物》2015年第2期，第100—104页。

王学理主编，尚志儒、呼林贵副主编:《秦物质文化史》，西安：三秦出版社，1994年。

王勇:《东周秦汉关中农业变迁研究》，长沙：岳麓书社，2004年。

Wang，Yongjin汪永进，et al. "The Holocene Asian Monsoon：Links to Solar Changes and North Atlantic Climate." *Science* 308，no. 854（2005）：854 - 57.

王玉清：《陕西咸阳尹家村新石器时代遗址的发现》，《文物》1958年第4期，第55—56页。

王宇信、杨升南主编：《甲骨学一百年》，北京：社会科学文献出版社，1999年。

王子今：《秦定都咸阳的生态地理学与经济地理学分析》，《人文杂志》2003年第5期，第115—120页。

——《秦汉交通史稿》，北京：中共中央党校出版社，1994年。

——《秦汉时期生态环境研究》，北京：北京大学出版社，2007年。

——《秦献公都栎阳说质疑》，《考古与文物》1982年第5期。

王子今、李斯：《放马滩秦地图林业交通史料研究》，《中国历史地理论丛》2013年第2期，第5—10页。

Warnke，Martin. *Political Landscape: The Art History of Nature.* London：Reaktion，1994.

Watson，Burton 华兹生. *Records of the Grand Historian: Han Dynasty.* Volume 2. Hong Kong：Renditions-Columbia University Press，1993.

Watts，Jonathan. "30% of Yellow River Fish Species Extinct." *Guardian*，January 18，2007. www.theguardian.com/news/2007/jan/18/china.pollution.

Weber，Charles. "Chinese Pictorial Bronze Vessels of the Late Chou Period，Part IV." *Artibus Asiae* 30，nos. 2 - 3（1968），145 - 236.

Weber，Max. *Economy and Society: An Outline of Interpretive Sociology.* 2 vols. Berkeley：University of California Press，1978. 中译本为［德］马克斯·韦伯著，阎克文译：《经济与社会》第1卷，上海：上海人民出版社，2010年。

——. *The Religion of China: Confucianism and Taoism.* New York：Free Press，1968. 中译本为［德］马克斯·韦伯著，康乐、简惠美译：《中国的宗教：儒教与道教》，上海：上海三联书店，2020年。

Wei，Miao 尉苗，Wang Tao 王涛，Zhao Congcang 赵丛苍，Liu Wu 刘武，and Wang Changsui 王昌燧. "Dental Wear and Oral Health as Indicators of Diet among the Early Qin People." In *Bioarchaeology of East Asia: Movement，Contact，*

Health, edited by Kate Pechenkina and Marc Oxenham. Gainesville: University Press of Florida, 2013.

Weld, Susan. "Covenant in Jin's Walled Cities: The Discoveries at Houma and Wenxian." PhD diss., Harvard University, Cambridge, MA, 1990.

Whyte, Martin King 怀莫霆. *The Status of Women in Preindustrial Societies.* Princeton, NJ: Princeton University Press, 1978.

Wilkin, Shevan, et al. "Dairy Pastoralism Sustained Eastern Eurasian Steppe Populations for 5 000 Years." *Nature Ecology & Evolution* 4, no. 3 (2020): 346 – 55.

Wilkinson, Endymion. *Chinese History: A New Manual.* Cambridge, MA: Harvard University Asia Center, 2013. Digital edition on Pleco. 中译本为 [英] 魏根深著, 侯旭东等译:《中国历史研究手册》, 北京: 北京大学出版社, 2016年。

Will, Pierre-Étienne. "Clear Waters versus Muddy Waters: The Zheng-Bai Irrigation System of Shaanxi Province in the Late-Imperial Period." In *Sediments of Time: Environment and Society in Chinese History*, edited by Mark Elvin and Ts'ui-jung Liu, 283 – 343. Cambridge: Cambridge University Press, 1998. 中译本为 [法] 魏丕信:《清流对浊流: 帝制后期陕西省郑白渠的灌溉系统》, 刘翠溶、[英] 伊懋可主编:《积渐所至: 中国环境史论文集》, 台北: "中央研究院" 经济研究所, 2000年, 第435—506页。

——. "State Intervention in the Administration of a Hydraulic Infrastructure: The Example of Hubei Province in Late Imperial Times." In *The Scope of State Power in China*, edited by Stuart R Schram, 295 – 347. London: School of Oriental and African Studies (SOAS), 1985. 中译本为 [法] 魏丕信著, 魏幼红译, 鲁西奇校:《水利基础设施管理中的国家干预——以中华帝国晚期的湖北省为例》, 陈锋主编:《明清以来长江流域社会发展史论》, 武汉: 武汉大学出版社, 2006年, 第614—650页。

Will, Pierre-Étienne 魏丕信, and Roy Bin Wong 王国斌. *Nourish the People: The State Civilian Granary System in China, 1650 – 1850.* Ann Arbor, MI: Center for Chinese Studies, 1991.

Williams，Raymond. "Ideas of Nature." In *Culture and Materialism：Selected Essays*，67 – 85. London：Verso，2005.

Willis，Katherine J.，and Jennifer McElwain. *The Evolution of Plants*. 2nd edition. Oxford：Oxford University Press，2014.

Wiseman，Rob. "Interpreting Ancient Social Organization：Conceptual Metaphors and Image Schemas." *Time and Mind* 8，no. 2（2015）：159 – 90.

Wittfogel，Karl A. "The Foundations and Stages of Chinese Economic History." *Zeitschrift für Sozialforschung* 4（1935）：26 – 60. 中译本为［美］魏特夫格著，冀筱泉译：《中国经济史的基础和阶段》，陶希圣主编：《食货半月刊》第6卷第1期。

——. "Geopolitics，Geographical Materialism and Marxism." Translated by G. L. Ulmen. *Antipode* 17，no. 1（1985）：21 – 71.

——. *Oriental Despotism：A Comparative Study of Total Power*. New Haven，CT：Yale University Press，1957. 中译本为［德］卡尔·A. 魏特夫著，徐式谷等译：《东方专制主义——对于极权力量的比较研究》，北京：中国社会科学出版社，1989年。

——. *Wirtschaft und Gesellschaft Chinas：Versuch der wissenschaftlichen Analyse einer grossen asiatischen Agrargesellschaft*. Leipzig：C. L. Hirschfeld，1931.

Wolfe，Nathan D.，Claire Panosian Dunavan，and Jared Diamond. "Origins of Major Human Infectious Diseases." *Nature* 447，no. 7142（2007）：279 – 83.

Wong，Roy Bin，and Jean-Laurent Rosenthal. *Before and Beyond Divergence：The Politics of Economic Change in China and Europe*. Cambridge，MA：Harvard University Press，2011. 中译本为［美］王国斌、［美］罗森塔尔著，周琳译：《大分流之外：中国和欧洲经济变迁的政治》，南京：江苏人民出版社，2018年。

Wood，Ellen M. "The Separation of the 'Economic' and the 'Political' in Capitalism." In *Democracy against Capitalism：Renewing Historical Materialism*，19 – 48. Cambridge：Cambridge University Press，1995. 中译本为［加］艾伦·梅克森斯·伍德著，吕薇洲、刘海霞、邢文增译：《民主

反对资本主义——重建历史唯物主义》第1章《资本主义"经济"与"政治"的分离》，重庆：重庆出版社，2007年。

Wood，Gordon S. *The Radicalism of the American Revolution*. New York：Vintage，1991. 中译本为［美］戈登·伍德著，傅国英译：《美国革命的激进主义》，北京：商务印书馆，2011年。

Worster，Donald. *The Wealth of Nature：Environmental History and the Ecological Imagination*. New York：Oxford University Press，1993.

武汉水利电力学院《中国水利史稿》编写组：《中国水利史稿》，北京：水利电力出版社，1979年。

Wu，Huining 仵慧宁，Yuzhen Ma 马玉贞，Zhaodong Feng 冯兆东，Aizhi Sun 孙爱芝，Chengjun Zhang 张成军，Fei Li 李霏，and Juan Kuang 匡娟．"A High Resolution Record of Vegetation and Environmental Variation through the Last 25 000 Years in the Western Part of the Chinese Loess Plateau." *Palaeogeography，Palaeoclimatology，Palaeoecology* 273, nos. 1 - 2（2009）：191 - 99.

Wu，Hung 巫鸿．"The Art and Architecture of the Warring States Period." In *The Cambridge History of Ancient China：From the Origins of Civilization to 221 B.C.*，edited by Michael Loewe and Edward Shaughnessy，651 - 744. Cambridge：Cambridge University Press，1999.《剑桥上古史》。

Wu，Wenxiang 吴文祥，and Tung-sheng Liu 刘东生．"Possible Role of the 'Holocene Event 3' on the Collapse of Neolithic Cultures around the Central Plain of China." *Quaternary International* 117（2004）：153 - 66.

Wu，Xiaolong．"Cultural Hybridity and Social Status：Elite Tombs on China's Northern Frontier during the Third Century BC." *Antiquity* 87（2013）：121 - 36.

Wu，Xiaotong 吴晓桐，Anke Hein，Xingxiang Zhang 张兴香，Zhengyao Jin 金正耀，Dong Wei，Fang Huang 黄方，and Xijie Yin．"Resettlement Strategies and Han Imperial Expansion into Southwest China：A Multimethod Approach to Colonialism and Migration." *Archaeological and Anthropological Sciences*，2019，1 - 31.

武庄、袁靖、赵欣、陈相龙：《中国新石器时代至先秦时期遗址出土家犬的动物考古学研究》，《南方文物》2016年第3期，第155—161页。

西安半坡博物馆：《陕西双庵新石器时代遗址》，《考古学集刊》第三集，1983年，第51—68页。

西安半坡博物馆编：《西安半坡》，北京：文物出版社，1982年。

西安半坡博物馆等：《渭南北刘新石器时代早期遗址调查与试掘简报》，《考古与文物》1982年第4期，第1—10页。

西安半坡博物馆、蓝田县文化馆：《陕西蓝田怀珍坊商代遗址试掘简报》，《考古与文物》1981年第3期，第45—54页。

西安半坡博物馆、陕西省考古研究所、临潼县博物馆编：《姜寨：新石器时代遗址发掘报告》，北京：文物出版社，1988年。

西安半坡博物馆、渭南县文化馆：《陕西渭南史家新石器时代遗址》，《考古》1978年第1期，第41—53页。

夏商周断代工程专家组编著：《夏商周断代工程1996—2000年阶段成果报告　简本》，北京：世界图书出版公司，2000年。

西北大学历史系考古专业：《西安老牛坡商代墓地的发掘》，《文物》1988年第6期，第1—22页。

西北大学文博学院考古专业编著：《扶风案板遗址发掘报告》，北京：科学出版社，2000年。

西北大学文化遗产与考古学研究中心、陕西省考古研究院、淳化县博物馆：《陕西淳化县枣树沟脑遗址先周时期遗存》，《考古》2012年第3期，第20—34页。

邢义田：《论马王堆汉墓"驻军图"应正名为"箭道封域图"》，《湖南大学学报（社会科学版）》2007年第5期，第12—19页。

Xu，Jiongxin 许炯心． "Naturally and Anthropogenically Accelerated Sedimentation in the Lower Yellow River，China，over the Past 13，000 Years." *Geografiska Annaler*. Series A：*Physical Geography* 80，no. 1（1998）：67 ‐ 78.

徐少华：《周代南土历史地理与文化》，武汉：武汉大学出版社，1994年。

徐卫民：《秦汉都城与自然环境关系研究》，北京：科学出版社，2011年。

徐卫民:《秦汉历史地理研究》,西安:三秦出版社,2005年。

许维遹校释:《韩诗外传集释》,北京:中华书局,1980年。

徐元诰撰,王树民、沈长云点校:《国语集解》,北京:中华书局,2002年。

徐中舒:《〈豳风〉说》,江矶编:《诗经学论丛》,台北:崧高书社,1985年,第243—278页。

[日]山田胜芳:《秦漢財政收入の研究》,東京:汲古書院,1993年。

晏昌贵:《天水放马滩木板地图新探》,《考古学报》2016年第3期,第365—384页。

杨丙安校理:《十一家注孙子》,北京:中华书局,1999年。

杨博:《北大藏秦简〈田书〉初识》,《北京大学学报(哲学社会科学版)》2017第5期。

杨伯峻编著:《孟子注译》,北京:中华书局,1960年。

——《春秋左传注》,北京:中华书局,1990年。

Yang,Dongya 杨东亚,Li Liu 刘莉,Xingcan Chen 陈星灿,and Camilla F. Speller. "Wild or Domesticated: DNA Analysis of Ancient Water Buffalo Remains from North China." *Journal of Archaeological Science* 35, no. 10 (2008): 2778 – 85.

杨建华:《春秋战国时期中国北方文化带的形成》,北京:文物出版社,2004年。

杨宽:《春秋时代楚国县制的性质问题》,《中国史研究》1981年第4期,第19—30页。

——《西周史》,上海:上海人民出版社,1999年。

——《战国史》,上海:上海人民出版社,2003年。

Yang,Lien-sheng. "Notes on the Economic History of the Chin Dynasty." *Harvard Journal of Asiatic Studies* 9, no. 2 (1946): 107 – 85. 中译本为[美]杨联陞著,彭刚、程刚译:《晋代食货志注解》,《中国制度史研究》,南京:江苏人民出版社,2007年,第96—158页。

杨守敬、熊会贞疏,段熙仲点校,陈桥驿复校:《水经注疏》,南京:江苏古籍出版社,1989年。

Yang,Xiaoneng 杨晓能. "Urban Revolution in Late Prehistoric China." In *New*

Perspectives on China's Past: Chinese Archaeology in the 20th Century, edited by Xiaoneng Yang, 1：98 – 143. New Haven, CT：Yale University Press, 2004.

Yang, Xiaoyan 杨晓燕, Zhiwei Wan 万智巍, Linda Perry, Houyuan Lu 吕厚远, Qiang Wang 王强, Chaohong Zhao, Jun Li 李军, et al. "Early Millet Use in Northern China." *Proceedings of the National Academy of Sciences* 109, no. 10 (2012): 3726 – 30.

杨亚长：《东龙山遗址的年代与文化性质》，《中国文物报》2000年8月9日。

Yang, Yimin 杨益民, Anna Shevchenko, Andrea Knaust, Idelisi Abuduresule, Wenying Li 李文瑛, Xinjun Hu 胡新军, Changsui Wang 王昌燧, and Andrej Shevchenko. "Proteomics Evidence for Kefir Dairy in Early Bronze Age China." *Journal of Archaeological Science* 45 (2014): 178 – 86.

杨振红：《出土简牍与秦汉社会（续编）》，桂林：广西师范大学出版社，2015年。

——《〈二年律令〉与秦汉名田宅制》，《出土简牍与秦汉社会》，桂林：广西师范大学出版社，2009年，第126—186页。

Yao, Alice. *The Ancient Highlands of Southwest China: From the Bronze Age to the Han Empire.* Oxford：Oxford University Press, 2016.

Yates, Robin D. S. 叶山. "Early China." In *War and Society in the Ancient and Medieval Worlds: Asia, the Mediterranean, Europe, and Mesoamerica*, edited by Kurt A. Raaflaub and Nathan Stewart Rosenstein, 7 – 45. Washington, DC：Center for Hellenic Studies, 1999.

——. "Evidence for Qin Law in the Qianling County Archive: A Preliminary Survey." *Bamboo and Silk* 1, no. 2 (2018): 403 – 45.

——. "The Horse in Early Chinese Military History." 黄克武主编：《军事组织与战争：中央研究院第三届国际汉学会议论文集》，台北："中央研究院"近代史研究所，2002年。

——. "The Rise of Qin and the Military Conquest of the Warring States." In *The First Emperor: China's Terracotta Army*, edited by Jane Portal, 31 – 55. Cambridge, MA：Harvard University Press, 2007.

——. "Social Status in the Ch'in: Evidence from the Yun-Meng Legal Documents. Part One: Commoners." *Harvard Journal of Asiatic Studies* 47, no. 1（1987）: 197 – 237.

——. "Some Notes on Ch'in Law: A Review Article of *Remnants of Ch'in Law* by A.F.P. Hulsewé." *Early China* 11 – 12（1985）: 243 – 75.

——. "War, Food Shortages, and Relief Measures in Early China." In *Hunger in History: Food Shortage, Poverty, and Deprivation*, edited by Lucile F. Newman, 147 – 88. New York: Blackwell, 1990.

［加］叶山:《解读里耶秦简:秦代地方行政制度》,《简帛》第8辑,上海:上海古籍出版社,2013年,第89—138页。

Yeh, Hui-Yuan, Xiaoya Zhan 詹小雅, and Wuyun Qi 齐乌云. "A Comparison of Ancient Parasites as Seen from Archeological Contexts and Early Medical Texts in China." *International Journal of Paleopathology* 25（2019）: 30 – 38.

银雀山汉墓竹简整理小组:《银雀山汉墓竹简（壹）》,北京:文物出版社,1985年。

Yoffee, Norman. *Myths of the Archaic State: Evolution of the Earliest Cities, States and Civilizations.* Cambridge: Cambridge University Press, 2005.

游修龄:《中国农业通史:原始社会卷》,北京:中国农业出版社,2008年。

Yuan, Jing 袁靖, Jian-Ling Han 韩建林, and Roger Blench. "Livestock in Ancient China: An Archaeozoological Perspective." In *Past Human Migrations in East Asia: Matching Archaeology, Linguistics and Genetics*, edited by Alicia Sanchez-Mazas, 84 – 104. London: Routledge, 2008.

袁靖、徐良高:《沣西出土动物骨骼研究报告》,《考古学报》2000年第2期,第246—256页。

［日］原宗子（Hara Motoko）:《古代中国の開発と環境——「管子」地員篇研究》,東京:研文出版,1994年。

——《「農本」主義と「黄土」の発生——古代中国の開発と環境2》,東京:研文出版,2005年。

Zeder, Melinda A. "The Domestication of Animals." *Journal of Anthropological*

Research 68, no. 2（2012）: 161 - 90.

——. "Pathways to Animal Domestication." In *Biodiversity in Agriculture: Domestication, Evolution, and Sustainability,* edited by Paul Gepts, 227 - 59. Cambridge: Cambridge University Press, 2012.

Zelin, Madeleine. *The Magistrate's Tael: Rationalizing Fiscal Reform in EighteenthCentury Ch'ing China.* Berkeley: University of California Press, 1984. 中译本为［美］曾小萍著，董建中译：《州县官的银两——18世纪中国的合理化财政改革》，北京：中国人民大学出版社，2005年。

张波、樊志民主编：《中国农业通史（战国秦汉卷）》，北京：中国农业出版社，2007年。

Zhang, Chi 张弛, A. Mark Pollard, Jessica Rawson, Limin Huan, Ruiliang Liu 刘睿良, and Xiaojia Tang 唐小佳. "China's Major Late Neolithic Centres and the Rise of Erlitou." *Antiquity* 93, no. 369（2019）: 588 - 603.

张帆：《频婆果考——中国苹果栽培史之一斑》，《国学研究》第13卷，2004年，第217—238页

Zhang, Jianping 张健平, Houyuan Lu 吕厚远, Naiqin Wu 吴乃琴, Fengjiang Li 李丰江, Xiaoyan Yang 杨晓燕, Weilin Wang 王炜林, Mingzhi Ma 马明志, and Xiaohu Zhang 张小虎. "Phytolith Evidence for Rice Cultivation and Spread in Mid-Late Neolithic Archaeological Sites in Central North China." *Boreas* 39, no. 3（2010）: 592 - 602.

Zhang, Jing 张静, et al. "Genetic Diversity and Domestication Footprints of Chinese Cherry [*Cerasus pseudocerasus*（Lindl.）G. Don] as Revealed by Nuclear Microsatellites." *Frontiers in Plant Science* 9（2018）: 238.

Zhang, Ling 张玲. *The River, the Plain, and the State: An Environmental Drama in Northern Song China, 1048 - 1128.* Cambridge: Cambridge University Press, 2016.

张天恩：《关中商代文化研究》，北京：文物出版社，2004年。

张兴照：《商代地理环境研究》，北京：中国社会科学出版社，2018年。

张亚初、刘雨：《西周金文官制研究》，北京：中华书局，1986年。

张政烺:《卜辞裒田及其相关诸问题》,《考古学报》1973年第1期,第93—120页。

Zhao,Huacheng 赵化成. "New Explorations of Early Qin Culture." In *Birth of an Empire: The State of Qin Revisited*, edited by Yuri Pines, Gideon Shelach, Lothar von Falkenhausen, and Robin D. S. Yates, 53–70. Berkeley: University of California Press, 2013.

郑永昌文字撰述:《水到渠成:院藏清代河工档案舆图特展》,台北:台北故宫博物院,2012年。

Zhao,Zhijun 赵志军. "New Archaeobotanic Data for the Study of the Origins of Agriculture in China." *Current Anthropology* 52, no. S4（2011）: S295–306.

赵志军、徐良高:《周原遗址（王家嘴地点）尝试性浮选的结果及初步分析》,《文物》2004年第10期,第89—96页。

Zheng,Yunfei 郑云飞, Gary W. Crawford, and Xugao Chen 陈旭高. "Archaeological Evidence for Peach（*Prunus persica*）Cultivation and Domestication in China." *PLoS One* 9, no. 9（2014）: 1–9.

郑之洪:《论〈诗七月〉的用历与观象知时》,《中国历史文献与教学》,北京:光明日报出版社,1997年,第3—8页。

中国科学院考古研究所甘肃工作队:《甘肃永靖大何庄遗址发掘报告》,《考古学报》1974年第2期,第29—62页。

中国科学院考古研究所、陕西省西安半坡博物馆编:《西安半坡:原始氏族公社聚落遗址》,北京:文物出版社,1963年。

中国社会科学院考古研究所编著:《宝鸡北首岭》,北京:文物出版社,1983年。

——《沣西发掘报告:1955—1957年陕西长安县沣西乡考古发掘资料》,北京:文物出版社,1963年。

——《临潼白家村》,成都:巴蜀书社,1994年。

——《南邠州·碾子坡》,北京:世界图书出版公司北京公司,2007年。

——《武功发掘报告:浒西庄与赵家来遗址》,北京:文物出版社,1988年。

中国社会科学院考古研究所丰镐队:《西安市长安区冯村北西周时期制骨作坊》,

《考古》2014年第11期，第29—43页。

——《西安市长安区丰京遗址水系遗存的勘探与发掘》，《考古》2018年第2期，第26—46页。

——《张家坡西周墓地》，北京：中国大百科全书出版社，1999年。

——《中国考古学·两周卷》，北京：中国社会科学出版社，2004年。

中国社会科学院考古研究所汉长安城工作队：《西安相家巷遗址秦封泥的发掘》，《考古》2001年第4期，第509—544页。

中国社会科学院考古研究所栎阳发掘队：《秦汉栎阳城遗址的勘探和试掘》，《考古学报》1985年第3期，第353—381页。

中国社会科学院考古研究所陕西六队：《陕西蓝田泄湖遗址》，《考古学报》1991年第4期，第415—448页。

中国社会科学院考古研究所、陕西省考古研究所：《陕西宜川县龙王辿旧石器时代遗址》，《考古》2007年第7期，第3—10页。

中国社会科学院考古研究所、西安市文物保护考古研究院阿房宫与上林苑考古队：《西安市汉唐昆明池遗址区西周遗存的重要考古发现》，《考古》2013年第11期，第3—6页。

Zhou, Ligang 周立刚, Sandra J. Garvie-Lok, Wenquan Fan, and Xiaolong Chu 楚小龙. "Human Diets during the Social Transition from Territorial States to Empire: Stable Isotope Analysis of Human and Animal Remains from 770 BCE to 220 CE on the Central Plains of China." *Journal of Archaeological Science: Reports* 11 (2017): 211 – 23.

周晓陆：《〈关中秦汉陶录〉农史资料读考》，《农业考古》1997年第3期，第32—40页。

周晓陆、路东之：《秦封泥集》，西安：三秦出版社，2000年。

周昕：《中国农具发展史》，济南：山东科学技术出版社，2005年。

Zhou, Xinying 周新郢, Xiaoqiang Li 李小强, Keliang Zhao 赵克良, John Dodson, Nan Sun 孙楠, and Qing Yang 杨青. "Early Agricultural Development and Environmental Effects in the Neolithic Longdong Basin (Eastern Gansu)." *Chinese Science Bulletin* 56, no. 8 (2011): 762 – 71.

Zhou，Yiqun 周轶群. *Festivals，Feasts，and Gender Relations in Ancient China and Greece.* Cambridge：Cambridge University Press，2010.

朱凤瀚:《商周家族形态研究》，天津：天津古籍出版社，2004年。

朱汉民、陈松长主编:《岳麓书院藏秦简（贰）》，上海：上海辞书出版社，2011年。

Zhuang，Yijie 庄奕杰. "Geoarchaeological Investigation of Pre-Yangshao Agriculture，Ecological Diversity and Landscape Change in North China." PhD thesis，Cambridge University，Cambridge，England，2012.

Zong，Yunbing 宗云兵，et al. "Selection for Oil Content during Soybean Domestication Revealed by X-Ray Tomography of Ancient Beans." *Scientific Reports* 7，no. 1（2017）: 43595.

插图出处

图片

扉页插图。感谢贝格利（Robert Bagley）为我提供这张图片，我采自Tch'ou and Pelliot, *Bronzes antiques*，plate 16并有所调整。

图1、9、11。照片采自维克多·谢阁兰（Victor Segalen）、奥古斯都·吉尔贝·德·瓦赞（Augusto Gilbert de Voisins）和让·拉尔蒂格（Jean Lartigue）对中国考古调查留下的"Mission archéologique, Chine, 1914"（《中华考古记1914》）图集。每幅照片采自不同的部分，图1出自"灵宝县，汉口关"，图9出自"秦岭"，图11出自"临潼县"。由法国国家图书馆数字图书馆（gallica.bnf.fr）和法国国家图书馆（Bibliothèque nationale de France）提供。

图2。图片经普林斯顿大学出版社授权转载，出自Andrew T. Smith and Yan Xie, eds., *A Guide to the Mammals of China*（［美］史密斯、解焱主编：《中国兽类野外手册》），由Federico Gemma（Princeton, NJ: Princeton University Press, 2008）绘制；许可通过版权使用费结算中心转发。除了水牛（摘自"Animals Exhibited at the Calcutta Agricultural Show," *Illustrated London News*, July 2, 1864, 5）、犀牛（摘自Viscount Walden, "Report on the Additions to the Society's Menagerie," *Proceedings of the Zoological Society of London 1872*, 789 – 860）和原始牛（摘自Smith, *The Animal Kingdom*, plate 51）。

图3。16世纪的日本画家芸爱（Geiai）的花鸟图之局部，由纽约大都会艺术博物馆提供。

393

图4。中国西周时期（前11世纪）的青铜器，带盖的礼仪性酒器（兽面纹卣），有8个字的铭文。器高25厘米。图片来自波士顿美术博物馆，安娜·米歇尔·理查德基金会（Anna Mitchell Richards Fund），34.63 a-b。

图5。华盛顿特区史密森学会弗利尔美术馆，查尔斯·朗·弗利尔（Charles Lang Freer）捐赠（F1915.107）。感谢弗利尔美术馆提供图片，感谢倪雅梅（Amy McNair）和《亚洲艺术》（*Artibus Asiae*）允许使用Weber，"Chinese Pictorial Bronze Vessels，"figure 69。

图6。感谢孙周勇和陕西省考古研究院允许使用该图，采自Liu，*China's Terracotta Warriors*，121。该俑高22.6厘米。

图7。关于汉景帝阳陵，参见汉阳陵博物馆编著:《汉阳陵》。感谢孙周勇提供这些图片，感谢陕西省考古研究院允许使用这些图片。

图8。感谢焦南峰提供图片并允许使用。

图10。拍摄于陕西省博物馆。该器高27厘米。作者自摄。

图12。图片采自陈伟主编，孙占宇、晏昌贵等撰著:《秦简牍合集》第四册，第350页。尺寸为26.5×18.1×1.1厘米。感谢陈伟和武汉大学出版社允许使用此图片。

地图 *

地图1。中国地形图（详图），维基共享资源。来源：美国国家公园管理局，Tom Patterson。标志和区画线自加。

地图2、3、6、8。底图由地理信息系统专业（GISP）的林恩·卡尔森（Lynn Carlson）制作。

地图4、5。点位资料采自禾多米（Hosner）等人的"中国新石器时代和青铜时代的考古遗址"资料补充（https://doi.org/10.1594/PANGAEA.860072）中

---

* 中译本的地图由中华地图学社据英文原著重新绘制。

电子化的《中国文物地图集》陕西、山西、甘肃和河南分册，地图由GISP的林恩·卡尔森制作。

地图7。据谭其骧《中国历史地图集》第1册，第33—34页绘制。底图由GISP的林恩·卡尔森制作。

地图9。点位资料采自国家文物局主编:《中国文物地图集·陕西分册》。

地图10。感谢《考古》杂志允许使用秦建明、杨政、赵荣《陕西泾阳县秦郑国渠首拦河坝工程遗址调查》一文中的图片。

地图11。据谭其骧《中国历史地图集》第2册，第3—12页、Korolkov，"Empire-Building,"195绘制。底图由GISP的林恩·卡尔森制作。

索 引 *

斜体字的页码表示插图页码。

Agriculture 农业: and commercial expansion 农业与商业扩张, 107, 108; continuity in 农业的连续性, 59-60; environmental impact 农业的环境影响, 6-11, 12, 14-15, 32-33, 56-57, 74-75, 190, 194-95; evolution in China 中国的农业进化, 16-17; historical development 农业的历史发展, 6-10, 12, 33, 46; irrigation 农业灌溉, 34, 70-71; as labor service for states 农业力役, 21-22, 95-96, 104-5, 136, 155; as main subsistence strategy 以农业为主要生业模式, 42; manuals 农 书, 199; origins and expansion 农业的起源与扩展, 39, 42-43, 191-92; plot sizes and layout 农业地块与田亩布局, 172-73, 174; political organizations' origin in 政治组织起源于农业, 74-75, 155, 191; and population growth 农业与人口增长, 15-16; seasonal cycle of farmers 农民的季节性周期, 117-19, 121-22; and sedentism 农业与定居, 48-49, 52-57; Shang dynasty 商代农业, 82-83; state and power evolution 农业国家与权力演进, 3, 6, 15, 17, 21, 74-75, 194, 197-98; and taxation 农业与税收, 9-10, 18, 22, 74-75, 193; tools in archaeology 考古发现的农具, 54, 59; Zhou Period 周代的农业, 64-73

* 译者注: 页码为原版书页码, 即本书边码。

定义，17-18；early ideas 关于政治权力的早期观点，11；and economy 政治权力与经济，13，202，203-4；emergence from agriculture 政治权力从农业中兴起，3，6，15，17，21，74-75，194，197-98；environmental impact 政治权力的环境影响，15，75；origins in East Asia 东亚政治权力的兴起，76-90；resistance to 对政治权力的抵抗，104，105-6；use of existing systems 政治权力采用了现有制度，10，23-24. 亦参见各王朝各时期

pollen 花粉，6，52-53

population（human）人口：cultural homogenization 人口的文化同质化，100-101，196；density in Guanzhong Basin 关中盆地的人口密度，221-22n24；increase due to agriculture 农业带来的人口增长，42，44；and labor 人口与劳动力，71；and land 人口与土地，170-71；numbers as proxy for environmental impact 人口是衡量环境影响的指标，15-16；in Yangshao 仰韶时期的人口，54，57

precipitation 降水，34-38，118

Prunus fruits 李属植物，56，66

"Qin" as origin of "China" "中国"源于"秦"，3，188

Qinling Mountains 秦岭山脉，35，37，130-31，*131*，132

Qin state and empire 秦国与秦帝国：administrative history 秦行政管理史，30，126-27，133，134，137-38，142-45，155-67，190-91；agricultural system 秦的农业制度，155-56；agriculture and food supply 秦的农业与食物供应，128，144，145，175-76；agriculture expansion and reforms 秦的农业扩张与变法，115，133，135-36，138-39，146，151-52，192-93；animals 秦的动物，180-82；archaeological documents 考古出土的秦文献，2；archaeological sites 秦的考古学遗址，140，141，233n49；armies and military 秦的军队与军事，10，136；bureaucracy（centralized）秦的官制（中央），116，133，143-44，154，156，157，161，168，193；burials in archaeological evidence 考古学所见秦墓，122-23，124；

中文版后记

　　不论受教育程度的高低，北美人常常以为古代的历史是深奥无用的。本书的写作是为了让他们了解早期中国史。

　　美国历史学会授予了本书2022年度的詹姆斯·亨利·布雷斯特奖（James Henry Breasted Prize），该奖主要奖励研究时段为公元1000年以前的英文历史著作，这说明我的写作对北美读者是有价值的。

　　本书的基本思路是，人类皆为同一物种，从比较的角度研究人类社会是有益的，可以展现各个群体的相似之处，而非过分强调文化差异。基于这一角度，本书努力想要说明，早期中国史对于理解政治组织在世界各地的相似运作、在改造环境中的作用具有重要意义。

　　感谢王泽先生、杨姚瑶女士出色的中文翻译；感谢东方出版中心和朱宝元先生出版中文版。

　　我很想了解中国读者对这本书的看法。学者肯定会发现它的不足之处，但我也希望本书的比较方法能为中国学者超越国家这一分析模式提供助益，把中国的历史作为我们这个星球的迷人历史中的一部分来研精覃思。

兰德

2023年1月

译后记

　　有一款叫《三十八亿年沧海悲歌之物种起源》的游戏，玩家要扮演海水中的一个小小的细胞，四处游走生长，选择不同的进化方向，在亿万年的进化中长成不同的生物。当然，有的进化方向会被热死、冷死或一口吃掉。

　　本书的副标题译作"从农业起源到秦帝国的中国政治生态学"，英文直译是"从第一批农民到第一个帝国的中国政治生态学"（*A Political Ecology of China from the First Farmers to the First Empire*），英文更能给人一种观感：几个人凑在一起，形成了政治体，小巧的政治体进化成了宏大帝国。如果要改编成一款游戏的话，可以叫"四千年自然悲歌之帝国崛起"。

　　日升月落，草木枯荣，鸟兽褪毛又长出新毛，地里的庄稼长了又割，割了又长。自然界的盈余，被人汲取；人的盈余，又被政治体汲取。这或许是作者要表达的核心意思。本书的主标题，英文是 *The King's Harvest*，正好，甲骨卜辞中有"王受年"，便以此为中译书名。"年"是"丰收"的意思，北京天坛的祈年殿，就是清代皇帝向上天祈求丰年的地方。接受自然的丰收馈赠，"受年""受佑"的人是"王"，[1] 受苦受累的则是"众人"。因此，中译在"王受年"前面加了"惟"，"惟"可以是无意义的发语词，也可以是"惟独""仅有"的意思。

本书标题可以提炼出"汲取"和"进化"两个概念，即政治体在自然中汲取资源并进化。

跟物种进化一样，在"四千年自然悲歌之帝国崛起"里，同样有许多选项，要选择不同的进化方向、适当的汲取方式，只有全部选对了，才能达成"帝国崛起"的成就。

首先要选择"暴力程度"。善良的玩家很可能会选择"减少暴力"。这样的话，游戏就结束了，画面上飘出作者的提示：

> 暴力存在于所有人类社会，但不同的是人类对待暴力的方式。许多小型社会有着妥善减少暴力和削弱等级制度的方法。政治制度的建立，需要打破这些旧俗，代之以崇尚暴力的制度。

在文明发展的游戏里，GAME OVER 过一次的玩家就有了经验：不能从个人的角度去决定政治体的走向。于是，下一个选项"母权制/父权制"就容易选择了。随着游戏进程的加快，政治体渐渐扩大，多数玩家在某个节点都果断切换到"父权制"。否则，

1　"受佑"的基本是"王"；"受年"前面的，多是国族地名，"王受年"的卜辞也有几条。参见彭邦炯：《甲骨文农业资料考辨与研究》，长春：吉林文史出版社，1997年，第484—517页。

画面上又会出现死亡提示：

> 男性主导地位随着社会发展而日益强化的原因在于，群体
> 暴力在政治机构的发展过程中起到了关键作用。随着政治机构
> 的发展，有组织的暴力和实施暴力的群体的社会价值由此提
> 高了。

选项不是一成不变、一劳永逸的，要随着游戏进程做出改变。比如汲取方式，一开始默认的是协商汲取："最早的税收关系可能是自愿性和协商性的。最有可能的情形是，地方组织的成立是为了执行许多人认为有价值的任务，例如协调争端、组织灌溉、作战，或是祈雨。地方组织提供这些服务的同时，社群中的人们也许会愿意为之出力出物。"随着玩家之间竞争日渐激烈，必须选择一种让政治体受益最大、可调动资源最多的汲取方式。那么，汲取方式就从协商汲取变成了强制汲取。

过于明显的强制会导致民众认同度降低，这该怎么办？作者举出了古代美索不达米亚的做法，这种做法为强制汲取蒙上一层面纱：在乌尔第三王朝时，农民对自己的土地还有一定的控制权，他们的辛勤劳动供养了公共机构，政治体得对他们负责。后来，精英控制了土地，租地给农民，这就倒转成农民对政治体负责了。地是你的，你交粮你伟大；地是我的，你交粮理所应当。

游戏到了强制汲取的阶段，就要细致地调整"汲取"这个选项了。汲取力度强，可以给人压力，有压力就能生产出更多的盈余，促进农业的集约化。不过，老百姓也会运用"弱者的武器"展现出"被统治的艺术"，使得政治体汲取的总量变少。在政治体的中心和

新地，汲取力度也不能端平，作者比较秦朝和罗马帝国，说道：

> 六国之人世世代代畏秦如畏虎狼，但如果秦朝的统治能带来和平与繁荣，而不是持续的剥削，东方之民本可以接受秦的统治。而秦朝继续滥用民力以开地广境、大兴大建，可以显见秦朝不会偃武行文、德养小民，民众也就被推上了反叛这一条路。比较来看，罗马帝国在一些被征服的地区降低了税率，可见刻削之政不宜行于新地。

此外，还有许多重要的选项。改变汲取力度，靠的是管理细密程度的调整，靠的是官僚制和文书行政的下探程度。汲取所得的盈余资源，在政治体的内部也要做好分肥，在统治者和地方精英之间、统治者和上层精英之间，有时要选五五开，有时要选三七开。更多选项，请读者进入《惟王受年》体验。

本书的另一条线索，是政治体对环境的影响。即标题中的"政治生态学"（Political Ecology），[2] 作者概括道，"（政治生态学）研究国家的形式与组织如何影响生物分布和数量。大体来说，国家鼓励人们用可以创造应税盈余的物种，尤其是谷物和其他驯化的动植物，取代不能创造应税盈余的生态系统"。

自古至今，我们都觉得，披荆斩棘、筚路蓝缕以启山林的先

2　乍一眼看，或许会把"政治生态学"看成"政治生态""政治背景"之类。政治生态学跟中文里的"政治生态"不是一回事，政治生态学关注的是政治对环境的影响，"把环境变化和生态条件视为政治进程的产物"。参见蔡华杰：《国外政治生态学研究述评》，《国外社会科学》2017年第6期。

祖是伟大的文明先驱。《诗经》颂扬周人先祖"作之屏之，其菑其翳"（砍倒树木再清理，枯枝朽木全扫光）的辛劳，赞美"乃左乃右，乃疆乃理"（开辟左右荒芜，划定大小田界）的兴建之功。

环境史学者的笔下是另一幅图景。古代中国的腹心地带曾经有可观的森林覆盖，可随着农田从平原向林地深入，使得森林一步步退向深山之中。森林的退却、大象的退却，都是被人类一步步逼退的。

在政治生态学的视角下，同样的材料有不同的解读。为什么要把森林辟为农田？林间有野鹿、野猪可猎，枝头有榛子、栗子可采，农业反而让个人的食谱变得更单调。个人不会选择农业，但政治体会选择农业，因为农业创造了更为密集的人口、产生了更多的盈余，为政治体带来了竞争优势。周人"乃疆乃理"之后，紧接着"柞棫拔矣，行道兑矣。混夷駾矣！"（橡林一扫而空，道路尽可畅行。昆夷仓皇逃净。）农田取代了森林，农业生态系统取代了自然生态系统，高农业政治体驱逐了低农业政治体。

驱逐、取代，又强化了政治体自身的合法性。周人"作之屏之"之后，紧接着"串夷载路"（犬戎败逃）、"受命既固"（政权巩固），驱逐与战争强化了政治体的合法性。政治体朝着复杂精巧的方向发展，农业生态系统则与之相反，愈发简化、脆弱。农业生态系统取代了物种多样的自然生态系统，只能依靠少数几种作物，易受灾害影响。政治体的调剂、常平，大大弥补了农业生态系统的适应力。民众对政治体的驱逐、取代歌功颂德，又对政治体维护农业生态的能力感恩戴德。

最后一条线索，政治体驯化了动植物、驯化了自然环境，在这个过程中，人也被驯化了。如伊懋可所说"人类自身变成了其自己驯化的物种之一。为征服自然，我们奴役了自身"。[3]

个人不会选择农业，但政治体会选择农业。农业生活中的人，似乎经历了从野生动物到家养动物的驯化。野生的人类在山间在平原畅快奔行，比起面朝黄土背朝天、守着一亩三分地的家养人类，他们的身体更强健、身材更高大。虽然，在食物匮乏的冬春时节，野生人类会挨饿受冻，但如果跟家养人类比较——他们只靠谷物过活，营养不良且龋齿多发——野生人类可能会选择避免农业。狗是人类最早最好的伙伴，人的驯化和狗的驯化很相似，家养狗和野狗也有上述差别（家养狗的寿命，同样比野狗长）。

政治体驯化了个体的人，也驯化了集体的人。作者描绘了这样的场面："统治阶级乘坐着骇人的马车，挥舞着锋利的兵器，趾高气昂地穿过民居。"商、西周时期，马要牧场、要专人喂养，就像今天的豪华跑车，有财有势的精英才养得起。锋利的兵器和明亮夺目的礼器一样，是青铜所制，而这一时期的青铜工具，出土数量只有礼器、兵器的零头，青铜农具更是少之又少，[4] 平民用的多是木、石、骨器。驯化物种、新的技术，最早为政治体的上层所用，用于扩大统治优势。用作者的话说，"就像野猪花了数千年才成为家猪一样，经历了无数代人之后，相对平等的社会才成为大多数人接受少数精英统治并习以为常的社会"。

---

3 ［英］伊懋可著，梅雪芹、毛利霞、王玉山译：《大象的退却：一部中国环境史》，南京：江苏人民出版社，2014年，第94页。

4 渭河流域青铜工具的出土情况，作者引据陈振中编著：《先秦青铜生产工具》，厦门：厦门大学出版社，2004年，第50—62页。

本书最后，作者用"人类世"（Anthropocene）的概念作结。这个词化用了代、纪、世、期（侏罗纪、全新世……）等地质分期术语，意在强调近现代以来人类活动对地球的改造之深。人类世的起点，有人认为要追溯到农业起源，有人认为晚至原子弹爆炸。[5] 根据本书的讨论，如果我们有大胆造词的勇气，可以在"人类世"中区分出"政治体期"。

政治体期的环境问题，作者提供了两大前提：

> 环境问题的核心是经济活动，而经济活动正是政治权力的基础。
>
> 地球的资源是有限的，但经济增长又是建立在增加资源消耗基础之上的。

读到这里，很难不联想到《三体》中著名的两大公理：

> 生存是文明的第一需要。
>
> 文明不断增长和扩张，但宇宙中的物质总量保持不变。

《三体》说的是外星人跟外星人的相处之道。宇宙中有无数文明，文明之间因为隔得太远了而互相猜疑。根据"生存、扩张、总量有限"的基本定理，只要看到别的文明，就必须灭了它。

环境问题的两大前提，跟宇宙的困境相似，地球上是否也会发

5　张磊:《"人类世"：概念考察与人文反思》,《中国社会科学报》2022年3月22日第3版。

展到"必须灭了它"的局面？幸运的是，地球上的各个政治体之间，并没有像外星人之间那样难以沟通。在作者看来，环境友好、资源节约的可持续发展，意味着在国际竞争中自甘落后、自废武功。因为改善环境需要缩减经济，这就会降低政治实力。因此，一个国家不会在其竞争对手之前建立起可持续发展体系。可持续发展需要国际间的携手合作。

可持续发展的反面，是人的持续驯化。如果理想愿景破灭，那么人会再次经历从野生人类到家养人类的驯化。人类反复适应不断恶化的环境，适应先民难以忍受的生存状态。

杨姚瑶翻译了本书第1—3章，王泽翻译了第4—6章和其他部分并对全书统稿。作者兰德先生、责任编辑朱宝元先生多次审读了书稿，并纠正了许多译者的疏误。

在译稿中，原文不便理解之处，以"译者注"的形式注出，或径改；引用史料，有时在括号内有语译，是将作者的英译回改为了中文，并参考了相关著作的白话译注；注释引外文论著多略称，由责任编辑补全；引外文论著有中译本的，在六角括号内增补了中译本的情况。

王泽

2023年3月